全国高等院校设计艺术类专业创新教育规划教材

art+design

工业设计图学

主　编　穆存远
副主编　袁和法
参　编（以姓氏笔画为序）
李志港　杨晓辉
张兰成　张明春
主　审　杜海滨

本书是作者在多年教学经验的基础上全面考虑近年来教学发展需要编写而成的，内容丰富，由浅入深，循序渐进，重点突出，便于自学。

本书内容包括设计制图基础理论、组合体、轴测投影图、表面展开图与焊接图、零件图与装配图、正投影与轴测图的阴影、透视图、透视图的阴影，总共9章，附习题集一册。

本书可作为高等学校工业设计、艺术设计、建筑学、城市规划、景观园林等专业本科使用的教材，也可供从事艺术类专业设计人员及有关工程技术人员参考。

图书在版编目（CIP）数据

工业设计图学 / 穆存远主编. —北京：机械工业出版社，2011.3
全国高等院校设计艺术类专业创新教育规划教材
ISBN 978-7-111-32625-0

Ⅰ. ①工…　Ⅱ. ①穆…　Ⅲ. ①工业设计—工程制图—高等学校—教材
Ⅳ. ①TB47

中国版本图书馆CIP数据核字（2010）第235797号

机械工业出版社（北京市百万庄大街22号　邮政编码100037）
策划编辑：宋晓磊　责任编辑：宋晓磊　张大勇
版式设计：霍永明　责任校对：张玉琴
封面设计：鞠　杨　责任印制：杨　曦
保定市中画美凯印刷有限公司印刷
2011年3月第1版第1次印刷
210mm×285mm · 16.25印张 · 424千字
标准书号：ISBN 978-7-111-32625-0
定价：49.00元

凡购本书，如有缺页、倒页、脱页，由本社发行部调换

电话服务
社服务中心：（010）88361066
销 售 一 部：（010）68326294
销 售 二 部：（010）88379649
读者服务部：（010）68993821

网络服务
门户网：http://www.cmpbook.com
教材网：http://www.cmpedu.com
封面无防伪标均为盗版

本教材编审委员会

出版说明

为配合全国高等院校设计艺术创新型人才的培养和教学模式的改革，提高我国高等院校的课程建设水平和教学质量，加强新教材和立体化教材建设，深入贯彻《教育部财政部关于实施高等学校本科教学质量与教学改革工程的意见》精神，我们经过深入调查，组织了全国四十多所高校的一批优秀教师编写出版了本套教材。

根据国家教育委员会“质量工程”建设的目标和评价标准，创新能力的培养是目前我国高等教育急需解决的问题。本系列教材的编写与以往同类教材相比，突出了创造性能力培养的目标，从教材编写的风格和教材体例上表现出了创新意识、创新手法和创新内容。

本系列教材的编写考虑了环境艺术设计、平面设计、产品设计、服装设计、视觉传达及新媒体设计等专业方向的兼容性和可持续性，突出了艺术设计大学科的特点。有利于学生掌握宽泛的艺术设计学科的基本理论和技能，具有一定的前瞻性。

本系列教材是针对普通高等院校的艺术设计专业而编写的，但是在“普及”的平台上不乏“提高”的成分。尤其是专业理论和基础理论，深入探讨和研究的学术问题在教材中进行了启迪式的介绍。

本系列教材包括22本，分别为《设计素描》、《设计色彩》、《设计构成》、《设计史》、《设计概论》、《人因工程学》、《设计管理》、《形式语言及设计符号学》、《设计前沿》、《图形与字体设计基础》、《计算机辅助平面设计》、《计算机辅助产品造型设计》、《视觉传达设计原理》、《环境艺术设计图学》、《工业设计图学》、《工业设计表达》、《环境艺术设计表达》、《环境艺术设计原理》、《景观规划设计原理》、《产品设计原理》、《计算机辅助动画艺术设计》、《计算机辅助环境艺术设计》。

本系列教材可供高等院校环境艺术设计、平面设计、产品设计、服装设计、视觉传达及新媒体设计等专业的师生使用，也可作为相关从业人员的培训教材。

机械工业出版社

前　　言

为配合全国高等院校设计艺术创新型人才的培养和教学模式的改革，提高我国高等院校的课程建设水平和教学质量，加强新教材和立体化教材建设，深入贯彻《教育部财政部关于实施高等学校本科教学质量与教学改革工程的意见》（教高〔2007〕1号）精神，机械工业出版社在广泛调研的基础上，组织编写了全国高等院校设计艺术类专业创新教育规划教材，《工业设计图学》就是该规划教材中的一部。

本教材突出设计艺术大学科的特点，有利于学生掌握宽泛的设计图学的基本理论和技能，注重逻辑思维和理性创造过程的训练，结合工业产品设计示例，通过学习几何元素投影关系的理论和国家标准中关于图样表达的规定与方法，达到产品设计图样表达的目的。该课程是工业产品设计课程群中与工程实践紧密结合的一门技术基础课程。

本课程的教学目的在于培养学生的空间形象思维能力和设计制图的表达能力，并为后续CAD、表现技法及有关设计软件类课程的学习奠定理论基础。各章均配有大量例图，并配有习题集。力求做到由浅入深，内容全面，重点突出，语言通俗易懂，便于自学。

本书由国内多所大学的工业设计专业设计图学课程任课教师联合编写，所用图例和例题多数来自工程实践，部分选自有关资料、标准，具有理论联系实际的特点。由于参加编写的作者来自不同的学校，各自的情况和需要也不尽相同，所以本书在内容上较为广泛，读者在使用时可根据需要进行取舍。

参加本教材编写工作的人员有：沈阳建筑大学穆存远（第1章、第4章、第5章、第7章、第8章、第9章），上海第二工业大学袁和法（第3章、第6章中的6.1、6.2、6.5），景德镇艺术学院张明春（第6章中的6.3、6.4），燕山大学张兰成（第2章中的2.1、2.2、2.3），沈阳工业大学杨晓辉（第2章中的2.4），沈阳理工大学应用技术学院李志港（第2章中的2.5、2.6），由鲁迅美术学院工业设计系主任杜海滨教授担任主审。

由于编者水平所限，书中难免存在某些缺点和错误，敬请读者批评指正。

编　者

目　录
CONTENTS

第1章 绪论

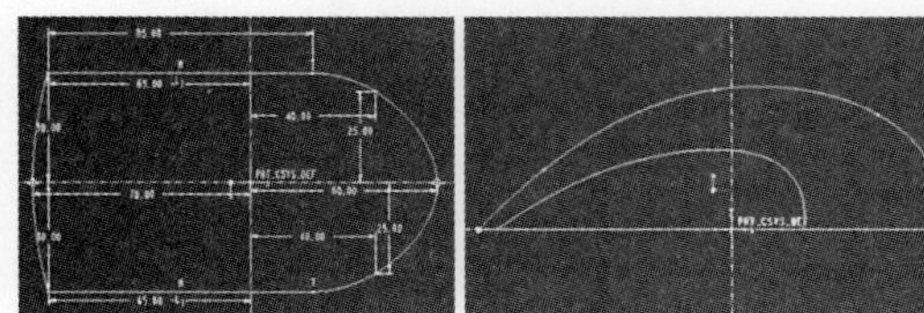

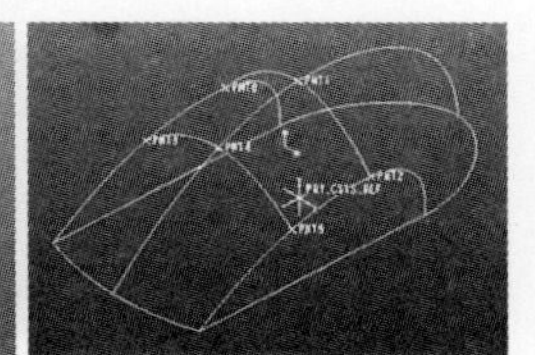

1.1 图形的历史与作用

有史以来，人类就试图用图形来表达和交流思想，从远古洞穴岩石上的石刻可以看出，在语言文字出现以前，图形就已经是一种有效的交流工具了。

考古发现，早在公元前2600年就出现了可以称为工程图样的图，那是刻在古尔迪亚泥板上的一张神庙的地图。直到1500年文艺复兴时期，才出现将平面图和其他多面图画在同一画面上的设计图。300年之后，法国著名科学家加斯帕·蒙日（G.Monge 1746～1818）总结创立了画法几何学，他将各种表达方法总结归纳写成《画法几何》一书。蒙日的著作在工业革命中起到了重大作用，它使工程设计有了统一的表达方法和科学法则，从而便于技术交流和批量生产。我国早在2000年前就有了正投影法表达的图样。1977年在河北省平山县出土的公元前323～公元前309年的战国中山王墓，发现在青铜板上用金银线条和文字制成的建筑平面图，这也是世界上迄今为止罕见的最早的工程图样。随着科学技术的不断发展，在而后的百余年中工程技术的进步以及生产规模的逐渐扩大，许多学者和工程技术人员对工程制图的理论和方法做了大量的研究工作，使之不断发展乃至日趋完善。

在现代化的工业生产中，各种产品、机器、仪表或设备都是按照图样来进行生产的。图样以图形为主，包括尺寸、符号以及必要的文字说明，是设计与生产过程中的重要技术资料。在生产活动中，人们离不开图样，就如同在生活中离不开语言一样，它是交流设计思想、表达设计意图与设计要求的重要工具。因而工程图样被公认为设计界的“工程语言”。

计算机技术的飞速发展使制图技术发生了重大变化，计算机图形学（Computer Graphics，简称CG）和计算机辅助设计（Computer Aided Design，简称CAD）技术大大地改变了传统的设计方式。人们从设计开始就能从三维入手，直接产生三维实体，然后赋予各种属性（如材料、力学特性等），再赋予加工信息，直接到车间进行数控加工，这样大大改变了用画法几何绘制二维图形的方式。

值得一提的有两点：一是计算机的广泛应用，并不意味着可以取代人的作用；二是CAD/CAPP/CAM一体化，实现无纸生产，并不等于无图生产，而且对图提出了更高的要求。计算机的广泛应用，CAD/CAPP/CAM一体化，技术人员可以用更多的时间进行创造性的设计工作，而创造性的设计离不开运用图形工具进行表达、构思和交流。所以，随着CAD和无纸生产的发展，图形的作用不仅不会削弱，反而显得更加重要。

目前，在设计制图中用计算机绘图来代替手工绘图已经非常普遍，绝大多数设计单位已经全部实现计算机绘图，由此引发了制图技术的一场根本性变革，我国的工程设计领域已经完成了从手工绘图到计算机绘图，根本性甩掉手工绘图图板的历史性转变。

概括来说，图形在人类社会中的作用有：

（1）图形是设计师表达、交流信息的语言。

（2）在工程设计中，工程图形作为构思、设计与制造工程与产品信息的定义、表达和传递的主要媒介，在机械、土木、建筑、水利、园林等领域的技术工作和管理工作中有着广泛的应用。

（3）在科学研究中，图形作为直观表达实验数据、反映科学规律，对于人们把握事物的内在联系，掌握问题的变化趋势，具有重要意义。

（4）在表达、交流信息、形象思维的过程中，图形的形象性、直观性和简洁性是人们认识规律、探索未知的重要工具。

因此，对于大学生来讲，设计图学就像数学、物理、化学、外语、计算机应用一样，是一种素质，一种工具，一种思维方式。

1.2 本课程的任务和目的

学校是培养人才的摇篮，而人的培养要注重过程，这个过程不仅仅是知识的积累和传递，更重要的是能力的培养与提高。作为工程技术人员，不具备分析问题和解决问题的能力以及创新的思维，是不能胜任技术工作的；不会用仪器绘图、不会用计算机绘图是欠缺的、不完整的，与人交流也是不方便的。

本课程的主要目的是培养学生能够自觉地运用各种绘图手段来构思、分析和表达工程问题的能力。这种能力是每个工程技术人员所必须具备的。

学习工程制图的任务和目的主要有以下几点：

（1）学习正投影法的原理和应用。

（2）培养空间几何问题的图解能力和将工程技术问题抽象为几何问题的初步能力。

（3）培养读图和设计图样的基本能力，培养贯彻、执行和遵守制图国家标准的能力。

（4）培养空间想象、构思和造型能力，培养认真、细致、严谨和科学的作风和素质。

（5）培养仪器绘图、徒手绘草图，为后续课程如表现技法、应用软件等学习奠定基础。

1.3 本课程主要内容和学习方法

1.3.1 本课程主要内容

1.制图标准

学习国家标准中的有关规定，并严格遵守国家标准和规定。

2.表达方法

运用投影原理和方法，遵照国家标准的规定，研究制图投影原理、产品零件图、装配图绘制、几何体表面展开、阴影与透视图绘制等与工业设计有关的工程图样和效果图基础的表达和读图方法。

3.绘图技法

学习并掌握用二、三维图形方式表达设计对象的仪器作图、徒手绘草图以及计算机绘图的方法和技能，遵循正确的作图步骤和方法。

1.3.2 本课程的学习方法

1.空间想象和空间思维与投影分析和作图过程紧密结合

空间想象能力的培养既是本课程的重要任务，又是学好本课程的关键，对于后续课程的学习也是非常重要的。在理论学习中，要尽量弄清相关问题的空间情况；在绘图与读图实践中，要反复地由空间到平面，再由平面到空间多次地交叉练习；读图时注意记忆常见结构，增加头脑中的表象积累，在课程的学习中不断提高自己的空间想象能力。

2.理论联系实际，掌握正确的方法和技能

本课程的动手实践性很强，掌握基本概念和基本理论后，必须通过大量地、反复的练习，才能学会和掌握用理论去分析实际问题和解决实际问题的正确方法和步骤以及实际绘图的正确方法、步骤和操作技能。

3.加强标准化意识和对国家标准的学习

为了确保图样传递信息准确无误，对图形形成的方法和图样的具体绘制、标注方法等都必须有严格、统一的规定，保证其正确与规范。在我国，对工程技术图样重要的统一规定是以“国家标准”的形式作出的。

国家标准简称“国标”，代号“GB”。第一个国家标准《机械制图》是1959年颁布的，第一个国家标准《建筑制图》是1965年颁布的。此后，随着科学技术的进步、社会的发展以及对外交流的加强，国家标准也在不断地修订和制定，并按照需要制定了对各个技术领域和部门共同适用的统一的国家标准《技术制图》。

国家标准对投影方法、图样画法、尺寸注法、图纸幅面及格式、比例、字体、图线等诸多方面都作了规定，每个学习者都必须从开始学习本课程时就树立标准化意识，认真学习并严格遵守国家标准的各项规定，保证自己所绘图样的正确、规范。

4.与工程实际相结合

本课程是一门具有系统理论又有较强实践性的专业基础课，也是服务于工程实际的工具课，因此，从它的课程定位来看，在学习中必须注意学习和积累相关工程实际知识，这些知识的积累对加强读图和画图能力以及后续课程的学习都是非常有益的。

5.树立良好的学习、工作作风

工程图样是组织工程生产、施工中重要的技术文件，图样上的错误会给生产带来损失，甚至造成事故，所以在学习过程中应注意自觉培养认真负责、一丝不苟的工作作风。

1.4 产品设计图表达方法与工程制作

例如，使用Pro／E设计鼠标建模的过程如下：

基本设计思想：先绘制出大概的整体外观造型，然后确定分型面，把整个造型分成几个部分进行细节设计。

具体步骤：

1.启动软件，设置工作目录

在进行绘图前先“设置工作目录”，这样点击存储时才能储存至目标文件夹中。比如要将文件储存至电脑F盘的“shubiao”文件夹中，则需要把工作目录设置在F盘的“shubiao”文件夹中，具体方法如下，点击菜单栏中的“文件”→“设置工作目录”→“选取工作目录”，选取F盘的“shubiao”文件夹点击确定即可。

2.新建文件

文件名为“shubiao”，类型为“零件”，子类型为“实体”，将“使用缺省模块”方框内的钩去掉，表示不使用缺省模块，点击“确定”，选择“mmns_part_solid”模块，点击确定进入绘图界面。

3.绘制鼠标底面轮廓线

利用“草绘曲线”工具，在top基准面上绘制底面形状轮廓，如图1-1所示。

4.绘制侧面横向轮廓线

首先建立一基准平面“DTM1”，点击“基准平面工具”，选择front平面，然后选择“偏移”属性，偏移距离设置为30，完成基准平面“DTM1”的建立。点击“草绘曲线工具”，选取DTM1为草绘平面，在基准平面DTM1中绘制侧面轮廓线（见图1-2）。

5.绘制其他横向侧面线

先用镜像命令把图1-2所示的侧面线镜像移至鼠标的另一侧。然后利用“草绘曲线工具”，在front基准平面上绘制中间的侧面线，如图1-3所示。

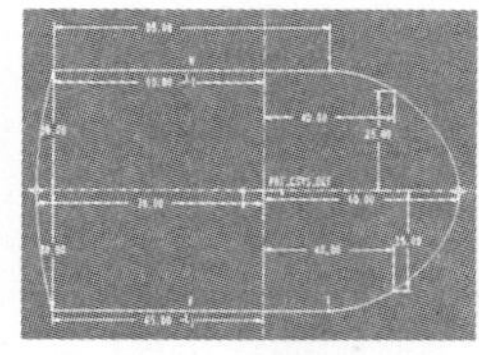

图1-1 鼠标面轮廓

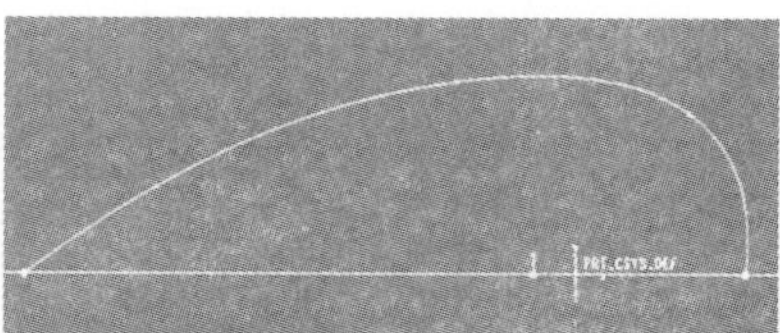

图1-2 鼠标侧面线

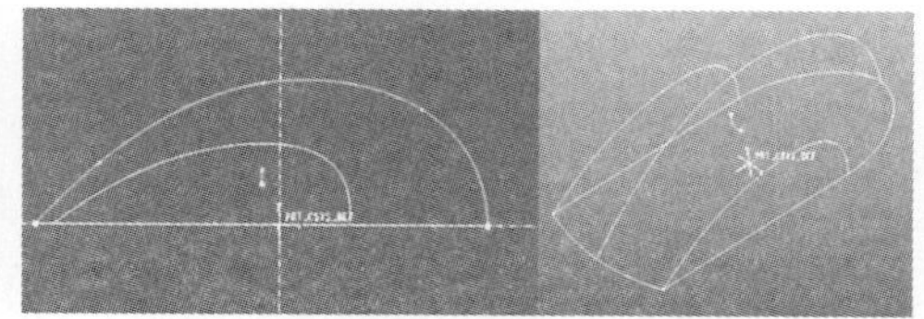

图1-3

6.绘制纵向轮廓线

要绘制纵向轮廓线，必须先建立基准点，然后利于样条曲线的命令建立轮廓线。

点击“基准点工具”，选择right基准平面和横向侧面线，这就创建出right基准平面与三根横向线的交点为三个基准点（PNT0，PNT1，PNT2），利用这三个基准点创建第一条纵向轮廓线。

点击“基准平面工具”命令，选择right基准平面，利用偏移的方式创建基准平面DTM2，偏移距离为-30。点击“基准点工具”，选择DTM2基准平面和横向侧面线，这样就创建出DTM2基准平面与三根横向线的交点为三个基准点（PNT3，PNT4，PNT5），利用这三个基准点创建第二条纵向轮廓线（见图1-4）。

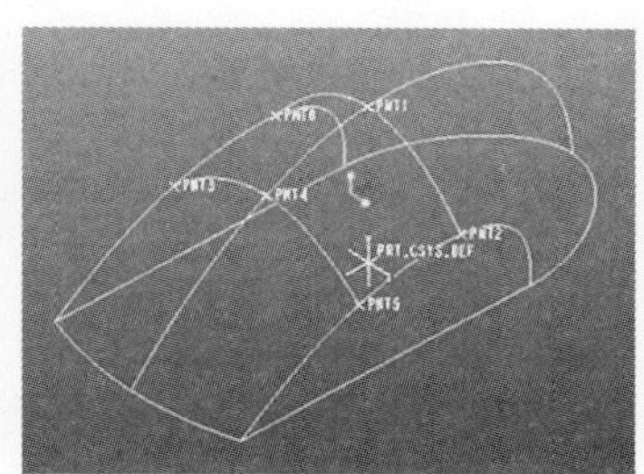
图1-4

7.用轮廓线创建鼠标曲面

点击“边界混合工具”，选第一方向线，即依次选三条曲面横向线，然后选第二方向线，即依次选四条纵向线，创建出鼠标上表面（见图1-5）。

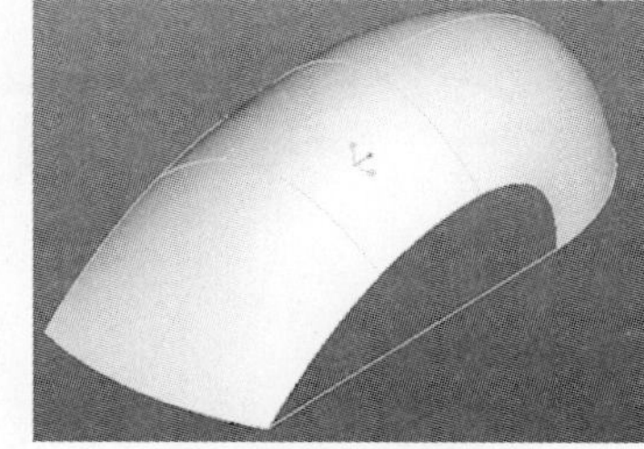
图1-5

8.隐藏所有曲线和创建的基准点

从模型树中点击“显示”→“层数”，选中曲线层和点层，点击鼠标右键，点击隐藏层命令，把多余的线、点隐藏起来，便于以后的操作（Pro/E中不能把多余的线删掉）。

9.在鼠标的前端绘制曲面，合并曲面

点击“拉伸工具”，选择top基准平面为绘图面，拉伸特征为面，绘制一曲线，绘制完成后输入拉伸长度20（这个长度可以任意选，只要与鼠标曲面充分相交即可），如图1-6所示。然后利用“合并工具”对曲面进行合并，如图1-7所示。

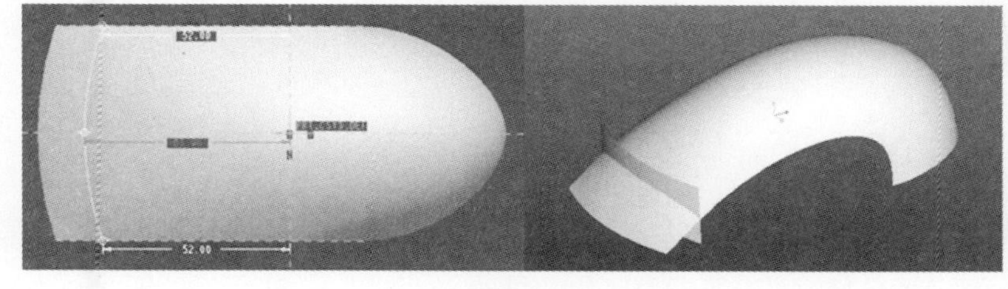
图1-6

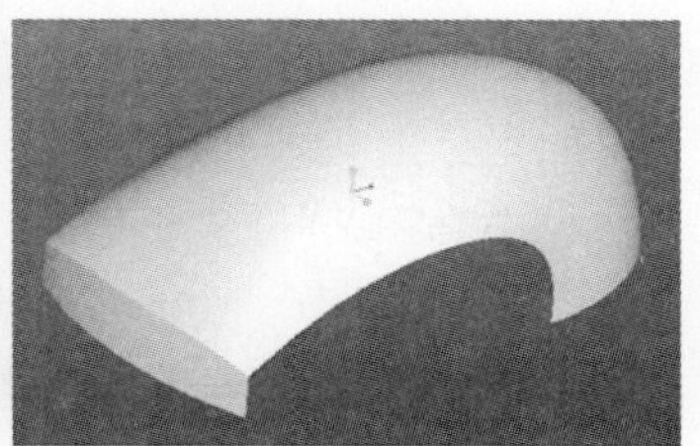
图1-7

10.绘制拉伸两侧曲面

该步骤与第9步类似，具体方法略。最终绘制效果如图1-8所示。

11.倒圆角

点击“倒圆角工具”，对图1-8造型进行倒圆角，最终结果如图1-9所示。

12.对造型加厚

现在建立的造型曲面是没有厚度的，而实际鼠标外壳是有厚度的，因此需要给图1-9的造型增加一个厚度。加厚的方法为：选择整个曲面，点击“加厚工具”，在对话框中输入2，加厚方向为向内。加厚的造型图如图1-10所示。

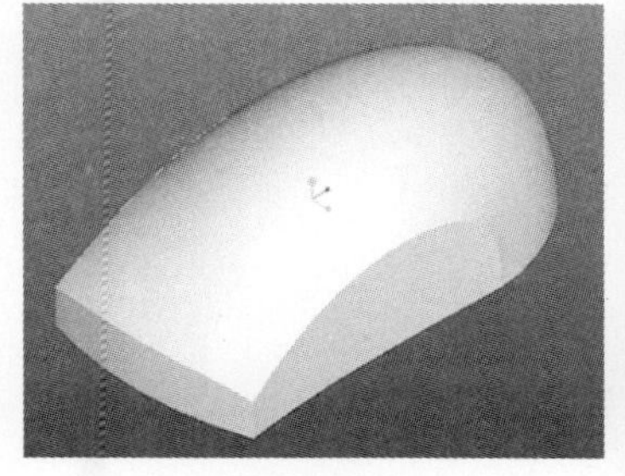
图1-8

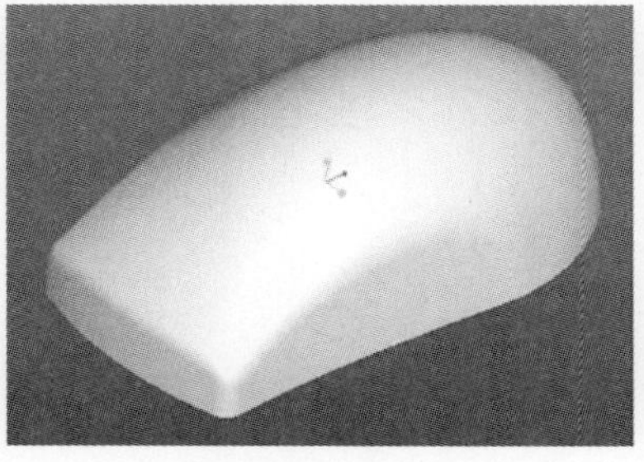
图1-9

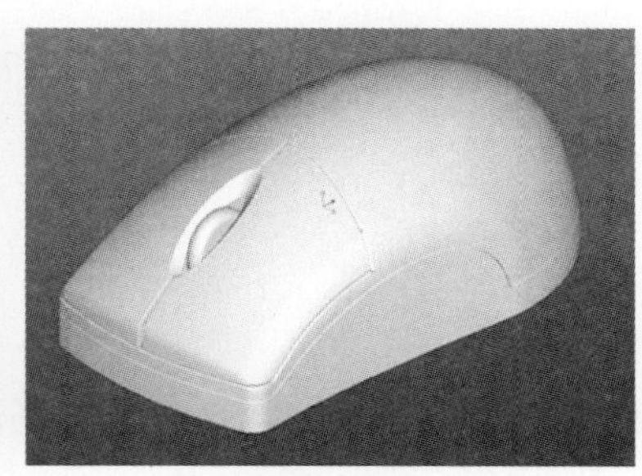
图1-10

第2章 设计制图基础理论

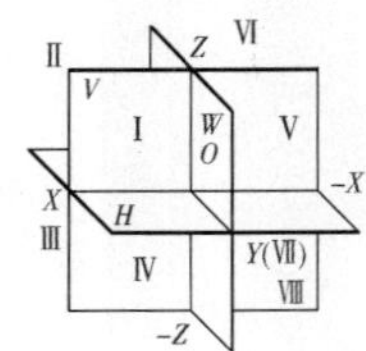

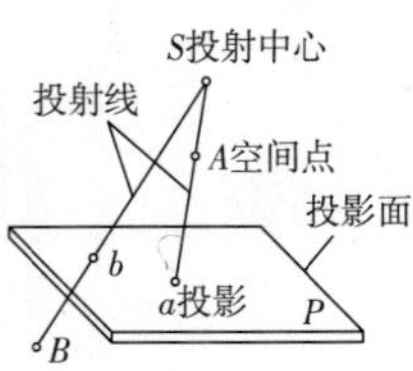

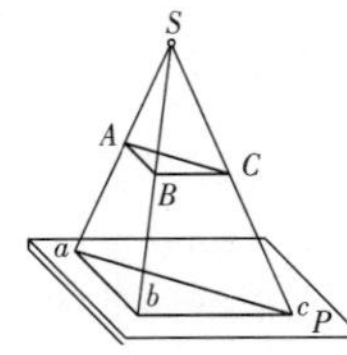

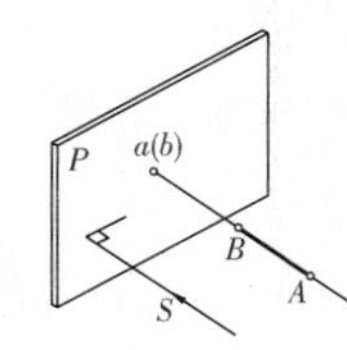

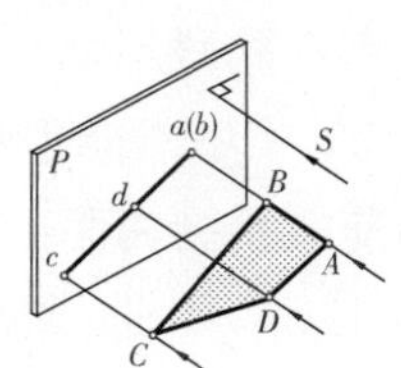

学习目标

（1）掌握点、线、面的投影原理及规律。

（2）掌握特殊位置直线和平面的投影特点及其应用。

（3）了解一般位置直线和平面的投影特点。

（4）了解常见曲线和曲面的表示法。

（5）掌握相贯线的求法。

学习重点

（1）特殊位置直线和平面的投影特点及其应用。

（2）相贯线的求法。

2.1 投影的基本知识

2.1.1 投影方法概述

当人们将物体放在光源和预设的平面之间时，在该平面上便呈现出物体的影像。如果将这种自然现象加以几何抽象，就可得到投影方法。

如图2-1所示，设定平面P为投影面，不属于投影面的定点S（如光源）为投射中心，投射线均由投射中心发出。通过空间点A的投射线与投影面P相交于点a，则a称作空间点A在投影面P上的投影。同样，b也是空间点B在投影面P上的投影。这种按几何法则将空间物体表示在平面上的方法称为投影法。图2-2是以光源S为投影中心，平面P为投影面，三角板ABC为投影元素的投影体系，abc是三角板ABC在平面P上的投影。

2.1.2 投影法的分类

1.中心投影法

当投影中心距离投影面为有限远时，所有投射线都汇交于一点（即投影中心），这种投影法称为中心投影法（见图2-1和图2-2）。用这种方法所得的投影称为中心投影。

在中心投影中，物体上原来平行且相等的线段，当它们距投影面的距离不等时，其投影长度也不等，而且不反映原线段的真实长度。根据中心投影法绘制的图样立体感较强，常用于绘制建筑物或工业产品的外观图。

2.平行投影法

当投影中心距离投影面为无限远时，所有投射线都互相平行，这种投影法称为平行投影法。用平行投影法所得的投影称为平行投影。根据投射线与投影面夹角的不同，平行投影法又可分为斜投影法和正投影法。

斜投影法：投射线倾斜于投影面所得的投影称为斜投影，又称斜角投影（见图2-3）。

正投影法：投射线垂直于投影面所得的投影称为正投影，又称直角投影（见图2-4）。

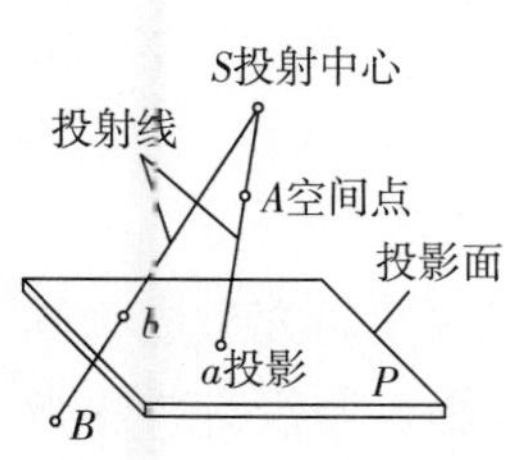

图2-1 投影法

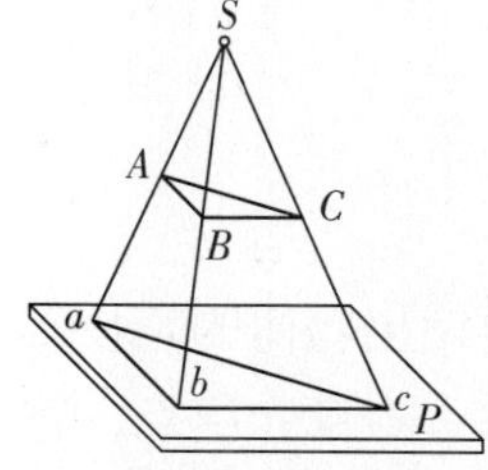

图2-2 中心投影法

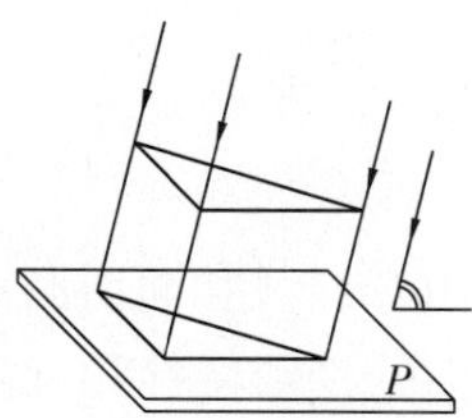

图2-3 斜投影

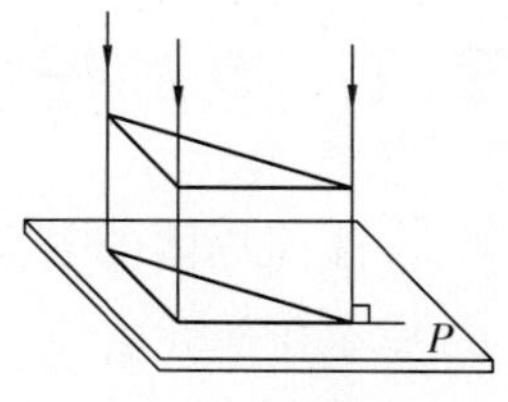

图2-4 正投影

2.1.3 平行投影的基本性质

1.类似性

点的投影仍为点（见图2-1）；在一般情况下，直线的投影仍为直线（见图2-5）。因为通过空间直线上各点的投影线形成一平面，此平面与投影面的交线必为直线。同理，平面图形的投影一般仍为原图形的类似形，如图2-3和图2-4所示。

2.实形性

平行于投影面的直线或平面，其投影反映原直线的实长或原平面图形的实形，投影的这种性质，称为实形性，如图2−3和图2−4所示。

3.平行性

在空间彼此平行的两直线，其投影仍互相平行（见图2-5）。这是因为通过两平行直线*AB*和*CD*的投影线所形成的两平面*ABab*和*CDcd*互相平行，而两平行平面与同一投影面的交线必平行，即*ab//cd*。

4.从属性

属于直线上的点，其投影仍属于直线的投影。已知点*H*属于直线*EF*，则*H*点的投影*h*属于直线*EF*的投影*ef*，如图2-6所示。

5.积聚性

平行于投影线的直线或平面，其投影有积聚性。在图2-7中，平行于投影线*S*的直线*AB*，其投影积聚为点*a*（*b*）；平行于投影线*S*的平面*ABCD*，其投影积聚成直线*a*（*b*）*dc*。通常把直线投影成点或平面投影成直线的这种性质称为积聚性，其投影称为有积聚性的投影。

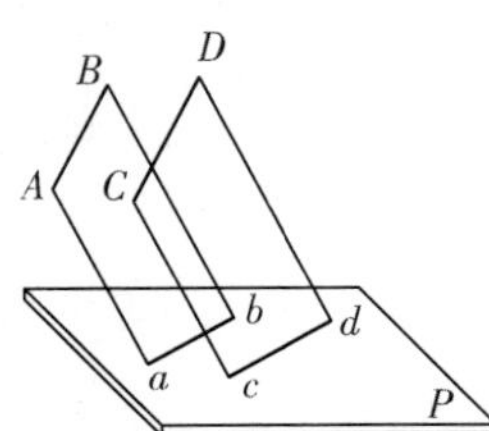

图2−5　平行两直线

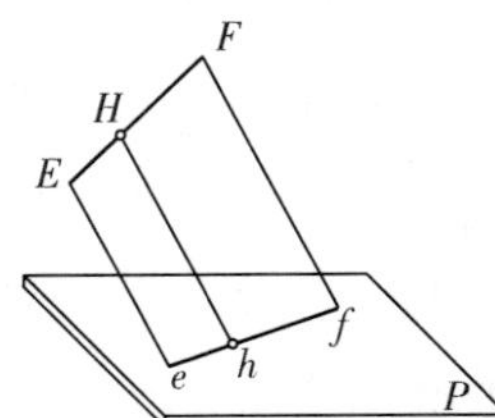

图2−6　属于直线上的点

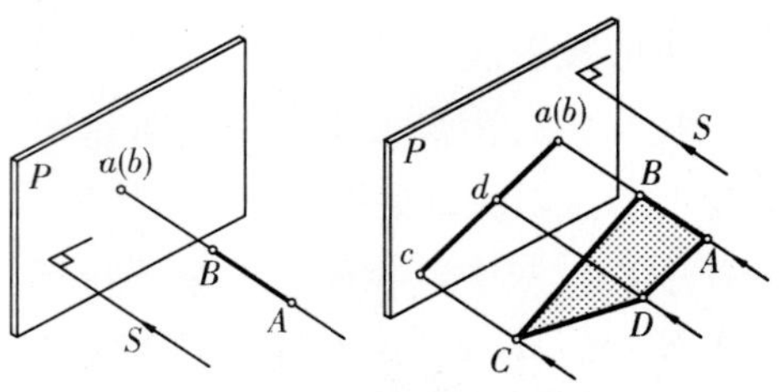

图2−7　投影的积聚性

6.定比性

点分线段之比，投影后保持不变（见图2-6）。点*H*在直线*EF*上，则*h*必落在*ef*上，同时，点*H*分*EF*成定比*EH*：*HF*，则点*H*的投影*h*亦分*EF*的投影*ef*成相同比例，即*EH*：*HF*＝*eh*：*hf*。因为同一平面内两直线（*EF*和*ef*）被一组平行线（*Ee//Hh//Ff*）所截，所截得的各线段对应成比例。

上述规律，均可用初等几何的知识得到证明。

2.2　点的投影

任何物体的表面总是由点、线和面所围成，要画出物体的正投影图，必须要研究组成物体的基本几何元素点、线、面的投影特性和画图方法。本章介绍点、直线的投影。若没有特殊指明时，后面所提到的“投影”均是正投影。

1.点的投影

如图2−1所示，水平放置的投影面称为水平投影面，用*H*表示，简称*H*面。正对着观察者、与水平投影面垂直的投影面称为正立投影面，用*V*表示，简称*V*面。与水平投影面和正立投影面同时垂直的投影面称为侧立投影面，用*W*表示，简称*W*面。

空间点用大写字母（如*A*、*B*）表示。

在水平投影面上的投影称为水平投影，用小写字母（如*a*、*b*）表示。

在正立投影面上的投影称为正面投影，用小写字母加一撇（如*a*′、*b*′）表示。

在侧立投影面上投影称为侧面投影，用小写字母加两撇（如*a*″、*b*″）表示。

两投影面的交线称为投影轴，*V*面与*H*面的交线用*OX*表示，称为*OX*轴。*H*面和*W*面的交线用

*OY*表示，称为*OY*轴。*V*面与*W*面的交线用*OZ*表示，称为*OZ*轴。三投影轴垂直相交的交点用*O*表示，称为投影原点。*H*、*V*、*W*三投影面将空间分为八个分角，其排列顺序如图2-8所示。

投影面展开时，规定*V*面保持不动，*H*面绕*OX*轴向下旋转90° 与*V*面重合，*W*面绕*OZ*轴向右旋转90° 与*V*面重合。*OY*轴随*H*面向下转动的用OY_H表示，称为OY_H轴，随*W*面向右转动的用OY_W表示，称为OY_W轴，如图2-9a、b所示。设第一分角内有一点*A*，自点*A*分别向*H*、*V*、*W*面作垂线*Aa*、*Aa′*、*Aa″*，其垂足*a*、*a′*、*a″*即为点*A*在三个投影面上的投影。

将三个投影面按规定展开，展成同一平面并取消投影面边界线后，就得到点*A*的三面投影图，如图2-9c所示。但必须明确，OY_H与OY_W在空间是指同一投影轴。

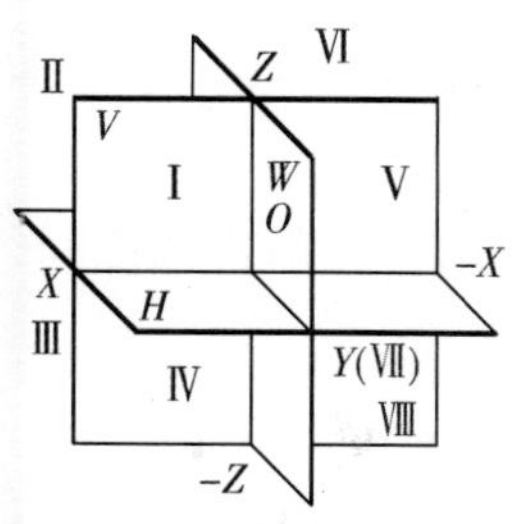

图2-8 三投影面体系

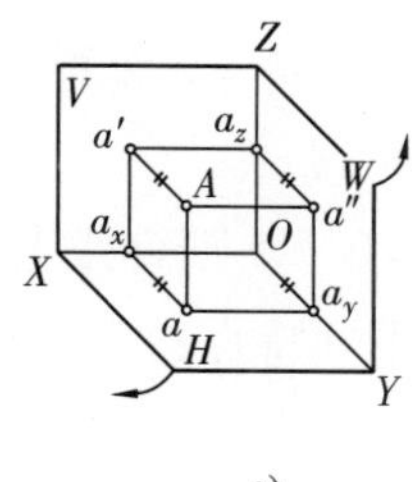

a)

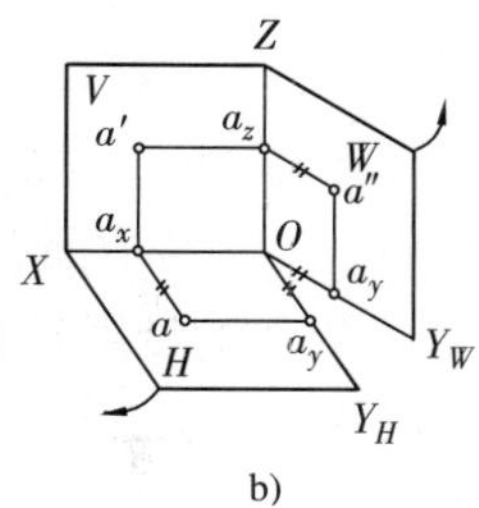

b)

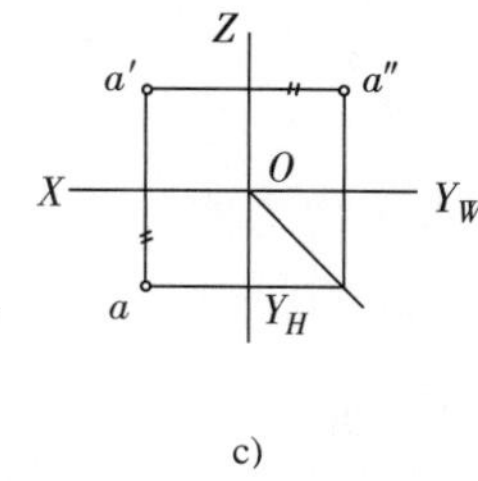

c)

图2-9 点的三面投影

2.点的投影规律

（1）点*A*的正面投影*a′*和水平投影*a*的连线垂直于*OX*轴，即$aa' \perp OX$。

（2）点*A*的正面投影*a′*和侧面投影*a″*的连线垂直于*OZ*轴，即$a'a'' \perp OZ$。

（3）点*A*的水平投影*a*到*OX*轴的距离aa_x及点*A*的侧面投影*a″*到*OZ*轴的距离$a''a_z$相等，均反映点*A*到*V*面的距离，即$aa_x=a''a_z$。

3.空间点的相对位置

（1）两点的相对位置。两点的相对位置指空间两点的上下、前后、左右的位置关系。这种位置关系可通过两点的各同面投影之间的坐标大小来判断。

（2）重影点。当空间两点有两个坐标相同，即空间两点处于同一投影线上时，则它们在与该投影线垂直的投影面上的投影重合，这两点称为对该投影面的**重影点**。如图2-10所示，点*A*与点*B*在垂直于*H*面的同一条投影线上，故其水平投影*a*与*b*重合，这两点是**对*H*面的重影点**。两点为某投影面的重影点时，规定距投影面距离近的一点是不可见的，不可见点在该投影面上的投影加括号表示，以示区别，规定“前遮后，左遮右，上遮下”。

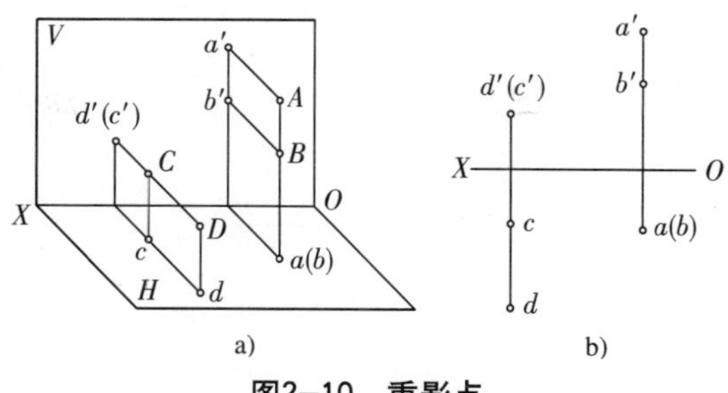

a) b)

图2-10 重影点

2.3 直线的投影

直线的投影一般仍为直线。任何直线都可由该直线上的任意两点（或由直线上的一点以及该直线的方向）所确定，所以要作直线的投影图时，只需作出直线上任意两点（通常取线段的两个端点）的投影，然后用直线连接这两点的同面投影，即是直线的三面投影图。

2.3.1 直线对投影面的相对位置

在三投影面体系中，直线对投影面的相对位置有三种情况：

直线对三个投影面都是倾斜的，这种直线称为一般位置直线。

直线平行于某一投影面，这种直线称为投影面平行线。

直线垂直于某一投影面，这种直线称为投影面垂直线。

后两类统称为特殊位置直线。

空间直线与H、V、W投影面之间的夹角分别用α、β、γ表示。

由于直线对投影面的相对位置不同，其投影特点也不相同，现分述如下：

1.特殊位置直线

（1）投影面平行线。投影面平行线有三种：平行于H面的直线，称为水平线。平行于V面的直线，称为正平线。平行于W面的直线，称为侧平线。

以水平线为例（见表2-1），因$AB//H$面，$\alpha=0°$，则直线上各点与H面的距离都相同，即各点都有相同的Z坐标。因此，水平线的投影具有下列特点：

1）水平投影反映线段的实长，即$ab=AB$。

2）正面投影和侧面投影分别平行于相应的投影轴，即$a'b'//OX$，$a''b''//OY_W$。

3）水平投影反映与另外两个投影面的倾角，即ab与OX轴的夹角反映该直线对V面的倾角β，与OY_H轴的夹角反映该直线对W面的倾角γ。

对于正平线和侧平线，也可作同样的分析而得到类似的投影特点，如表2-1所示。

表2-1 投影面平行线的投影特点

	水平线	正平线	侧平线
立体图	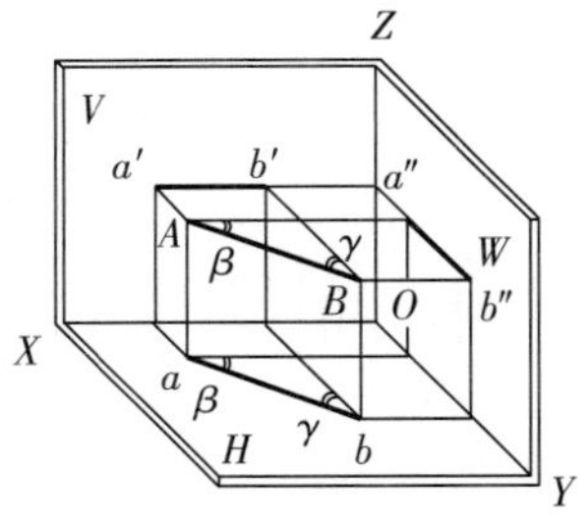	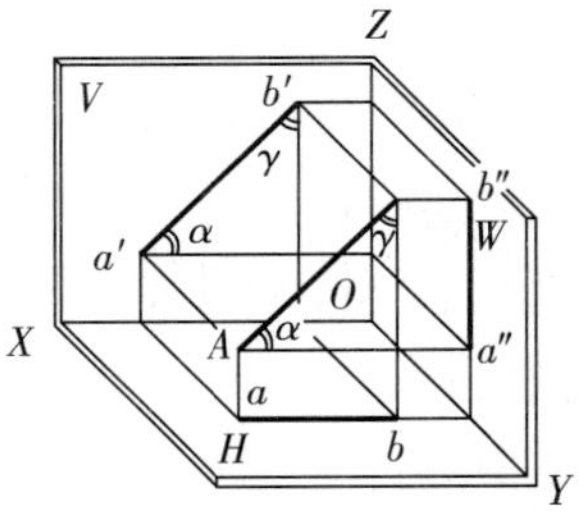	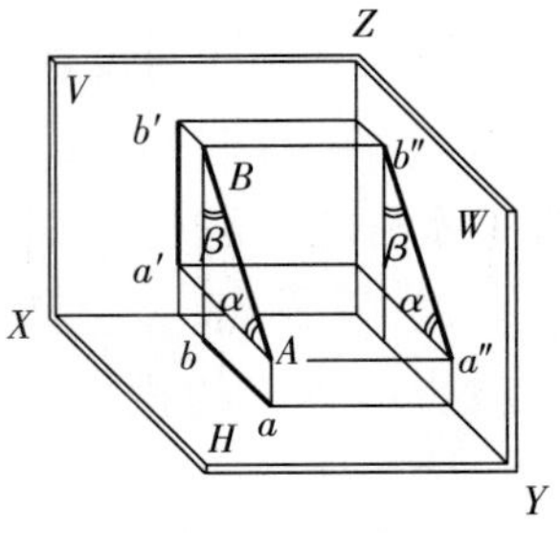
投影图	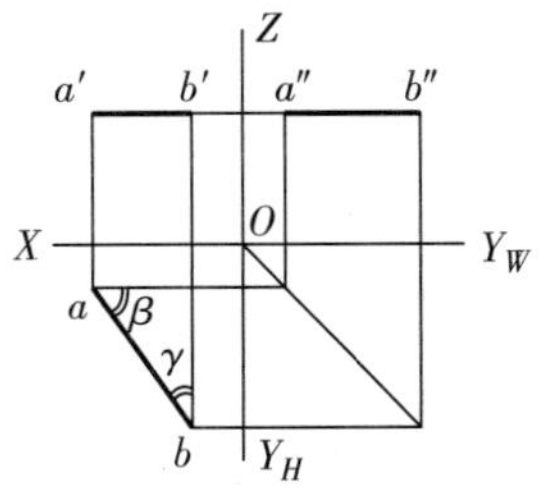	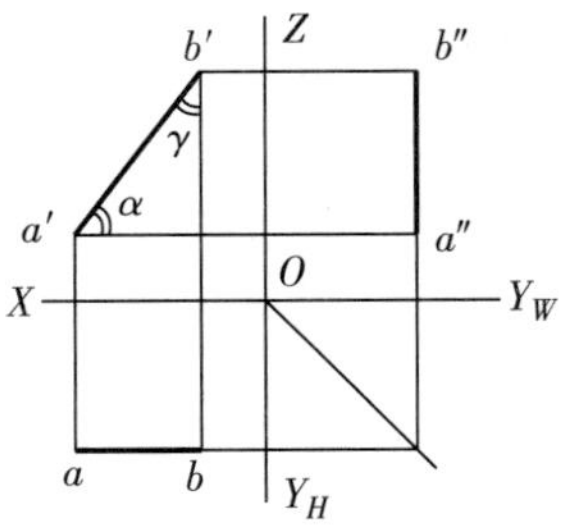	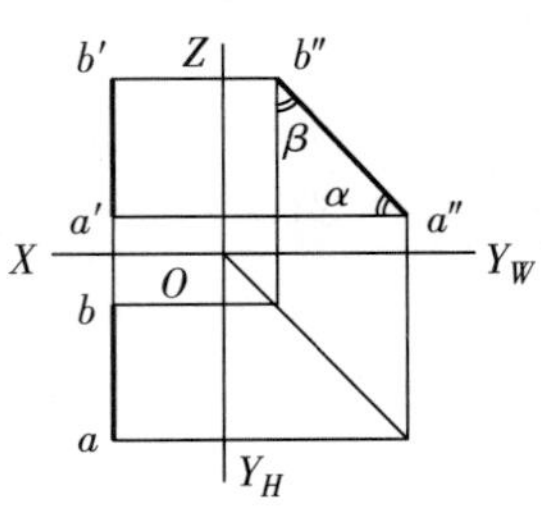
投影特点	1. $ab=AB$ 2. $a'b'//OX$，$a''b''//OY_W$ 3. 反映β、γ角	1. $a'b'=AB$ 2. $ab//OX$，$a''b''//OZ$ 3. 反映α、γ角	1. $a''b''=AB$ 2. $ab//OY_H$，$a'b'//OZ$ 3. 反映α、β角
	1. 直线在所平行的投影面上的投影，反映该线段的实长和对另外两个投影面的倾角 2. 直线在另外两个投影面上的投影分别平行于相应的投影轴，且都小于该线段的实长		

（2）投影面垂直线。投影面垂直线可分为三种：垂直于H面的直线，称为铅垂线。垂直于V面的直线，称为正垂线。垂直于W面的直线，称为侧垂线。

以铅垂线为例（见表2–2），因$AB \perp H$面，则必平行于V面和W面。因此，铅垂线具有下列投影特点：

1）水平投影面积聚成一点。

2）正面投影和侧面投影分别垂直于相应的投影轴，即$a'b' \perp OX$，$a''b'' \perp OY_W$。

3）正面投影和侧面投影反映线段实长，即$a'b'=AB$，$a''b''=AB$。

对于正垂线和侧垂线，也可作同样的分析而得到类似的投影特点（见表2–2）。

表2–2　投影面垂直线的投影特点

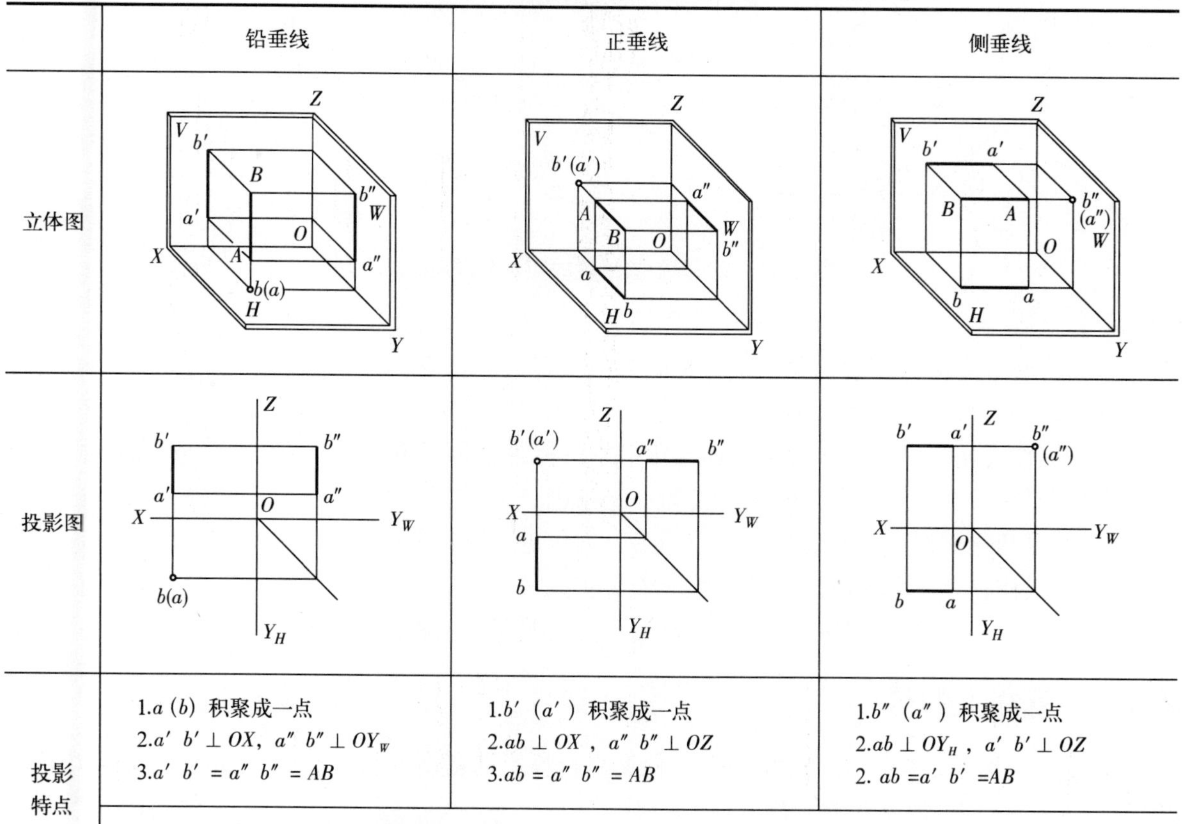

	铅垂线	正垂线	侧垂线
投影特点	1.a（b）积聚成一点 2.$a'b' \perp OX$，$a''b'' \perp OY_W$ 3.$a'b' = a''b'' = AB$	1.b'（a'）积聚成一点 2.$ab \perp OX$，$a''b'' \perp OZ$ 3.$ab = a''b'' = AB$	1.b''（a''）积聚成一点 2.$ab \perp OY_H$，$a'b' \perp OZ$ 2. $ab = a'b' = AB$
	1. 直线在所垂直的投影面上的投影积聚成一点 2. 直线在另外两个投影面上的投影分别垂直于相应的投影轴，反映该线段的实长		

2.一般位置直线

图2–11为一般位置直线AB，其对H、V、W面的倾角为α、β、γ。则直线AB的各个投影长度分别为：$ab=AB\cos\alpha$；$a'b'=AB\cos\beta$；$a''b''=AB\cos\gamma$。

一般位置直线的投影特点是：直线的三个投影均不反映线段的实长，也不反映其对投影面的倾角。

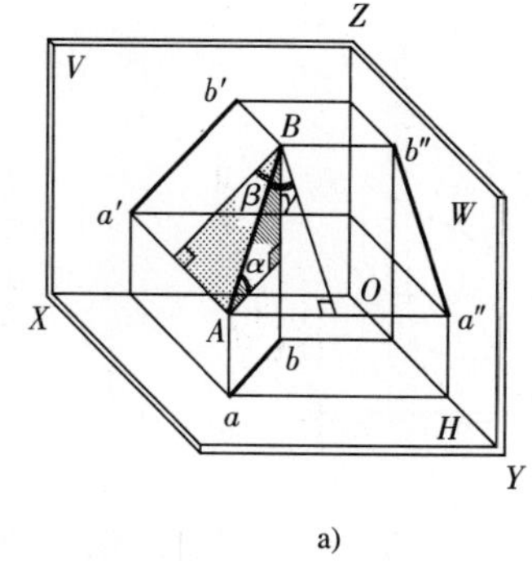

a）

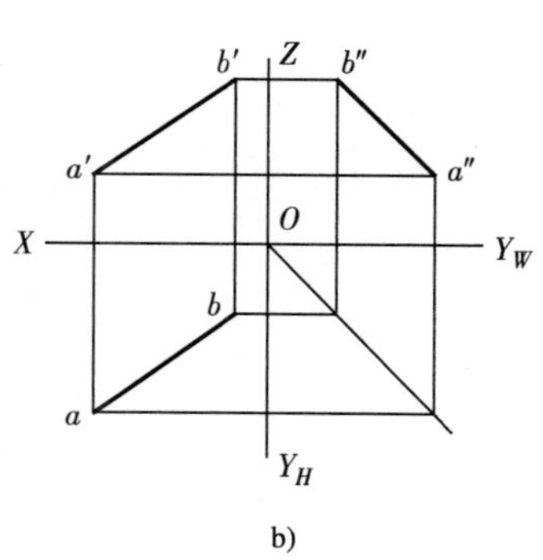

b）

图2–11　一般位置直线的三面投影

a）一般位置直线的直观图　b）一般位置直线的投影图

2.3.2 一般位置线段的实长及其对投影面的倾角

图2-12a为一般位置线段AB的直观图。现分析线段及其投影之间的关系，以寻求图解方法。图中过点A作$AC//ab$，构成直角三角形ABC。该直角三角形的一直角边$AC=ab$（即线段AB的水平投影）；另一直角边$BC=Bb-Aa=Z_B-Z_A$（即线段AB的两端点的Z坐标差）。由于两直角边的长度在投影图上均已知，因此可以作出这个直角三角形，从而求得空间线段AB的实长和倾角α的大小。

直角三角形可在投影图上任何空白位置作出，但为了作图简便准确，一般常利用投影图上已有的图线作为其中的一条直角边。具体作图见图2-12b、c。

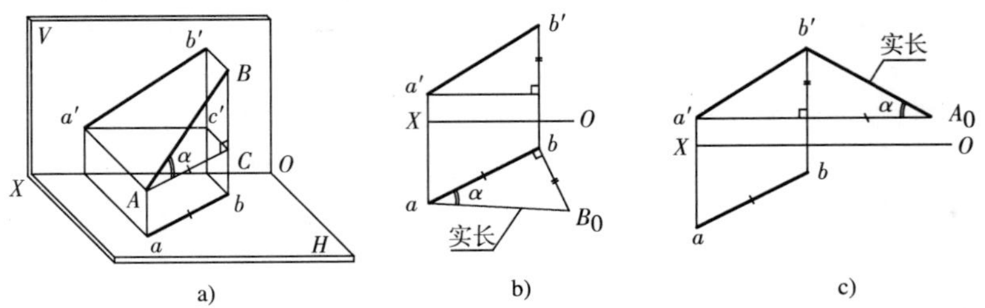

图2-12 求一般位置线段的实长及倾角α

显然这两种方法所作的两个直角三角形是全等的。

同理，利用线段的侧面投影和X坐标差，可求出线段的实长和对W面的倾角γ。

上述用作直角三角形求线段实长和倾角的方法称为直角三角形法，作图要领如下：

（1）以线段在某投影面上的投影长为一直角边。

（2）以两端点对该投影面的坐标差为另一直角边（坐标差可在另一投影上量得）。

（3）所作直角三角形的斜边即为线段的实长。

（4）斜边与线段投影的夹角为线段对测量高度差所在投影面的倾角。

2.3.3 直线上的点

如图2-13所示，C点位于直线AB上，根据平行投影的基本性质，有$AC:CB=ac:cb=a'c':c'b'=a''c'':c''b''$（图中没有示出）。

因此，点在直线上，则点的各个投影必在直线的同面投影上，且点分直线长度之比等于点的投影分直线投影长度之比。反之，如果点的各个投影均在直线的同面投影上，且分直线各投影长度成相同之比，则该点一定在直线上。

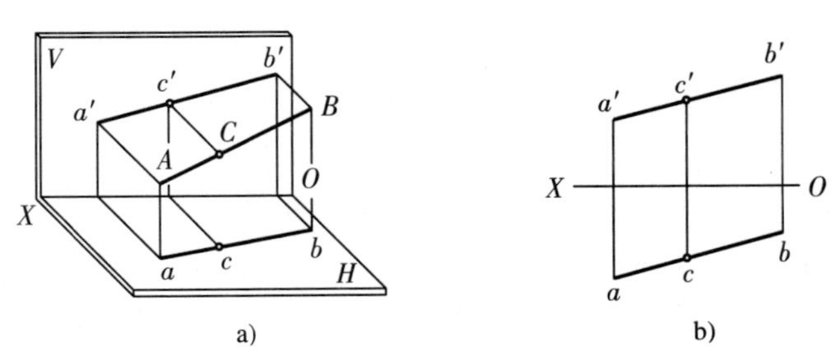

图2-13 直线上的点

a）直线上点的直观图 b）直线上点的投影图

2.4 平面

2.4.1 平面的表示法

平面可由不属于同一直线的三点、一直线和该直线外一点、相交两直线、平行两直线、任意平面图形（如三角形）等来表示，如图2-14a、b、c、d、e所示。各组元素之间是可以相互转换的。实际作图中，较多采用平面图形表示法（图2-14e）。

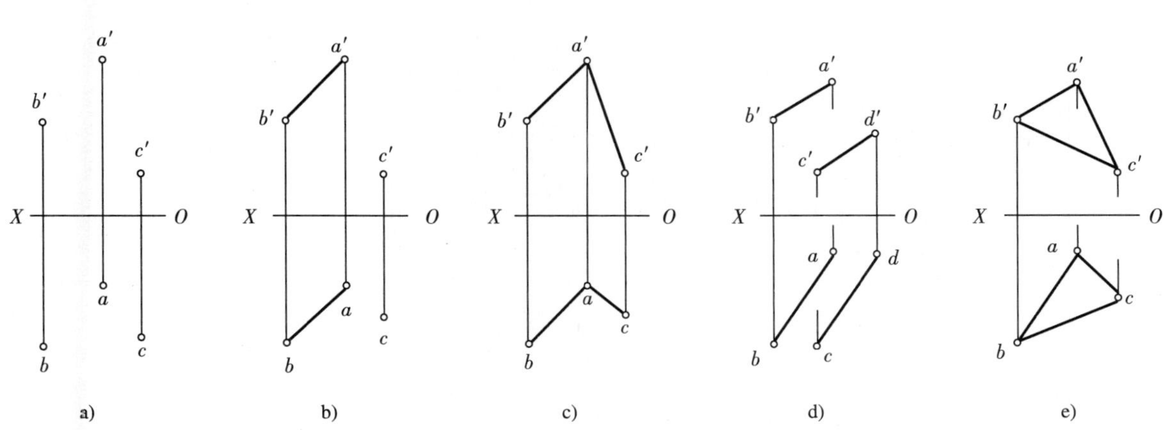

图2-14 几何元素表示的平面

2.4.2 各种位置平面

在三面体系中，平面对投影面的相对位置可分为三类：

（1）和三个投影面都倾斜的平面，称为一般位置平面。

（2）垂直于一个投影面的平面，称为投影面的垂直面。

（3）平行于一个投影面的平面，称为投影面的平行面。

后两种平面称为特殊位置平面，分别各有三种情况。

1.一般位置平面

一般位置平面对三面投影均为面积缩小的类似形（边数相等的类似多边形），如图2-15所示。

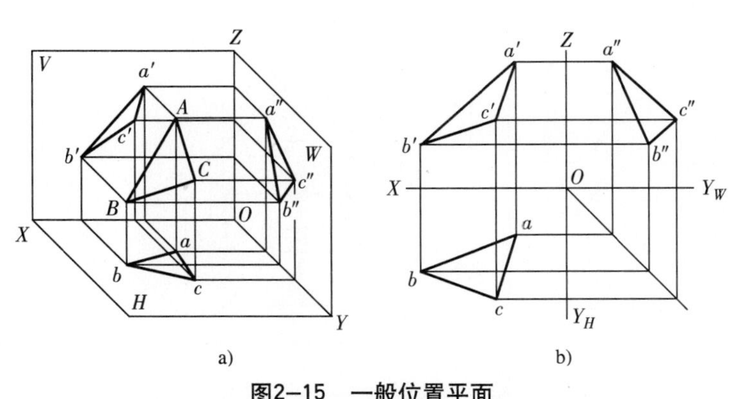

图2-15 一般位置平面

a）一般位置平面的直观图 b）一般位置平面的投影图

2.投影面的垂直面

表2–3中列出了处于三种投影面垂直面的立体图、投影图和投影特性。

表2–3　投影面的垂直面及其投影特性

	铅垂面	正垂面	侧垂面
立体图			
投影图			
投影特性	1. 水平投影积聚为一直线 2. 水平投影反映 β、γ 角的大小 3. 正、侧面投影分别为空间平面图形的类似形	1. 正面投影积聚为一直线 2. 正面投影反映 α、γ 角的大小 3. 水平、侧面投影分别为空间平面图形的类似形	1. 侧面投影积聚为一直线 2. 侧面投影反映 α、β 角的大小 3. 水平、正面投影分别为空间平面图形的类似形

3.投影面的平行面

表2–4中列出了处于三种投影面平行面位置平面图形的立体图、投影图和投影特性。

表2–4　投影面的平行面及其投影特性

	水平面	正平面	侧平面

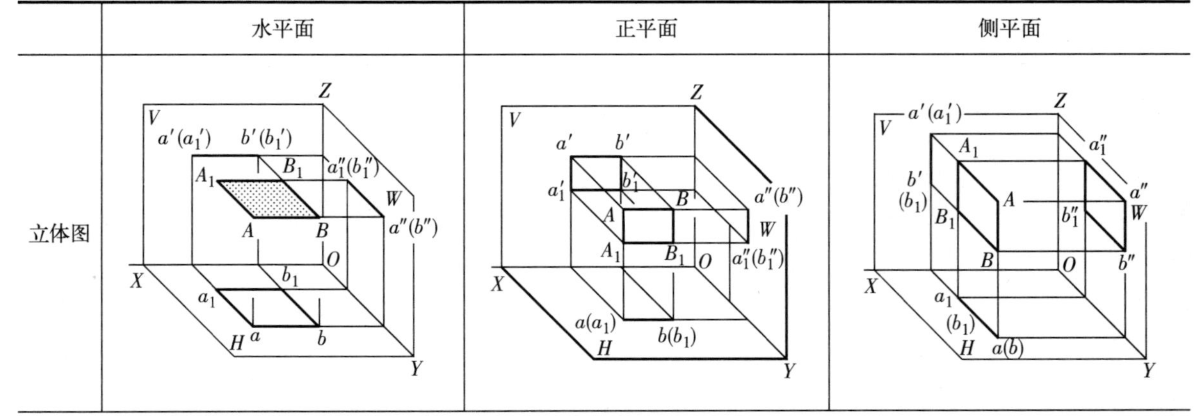

（续）

	水平面	正平面	侧平面
投影图	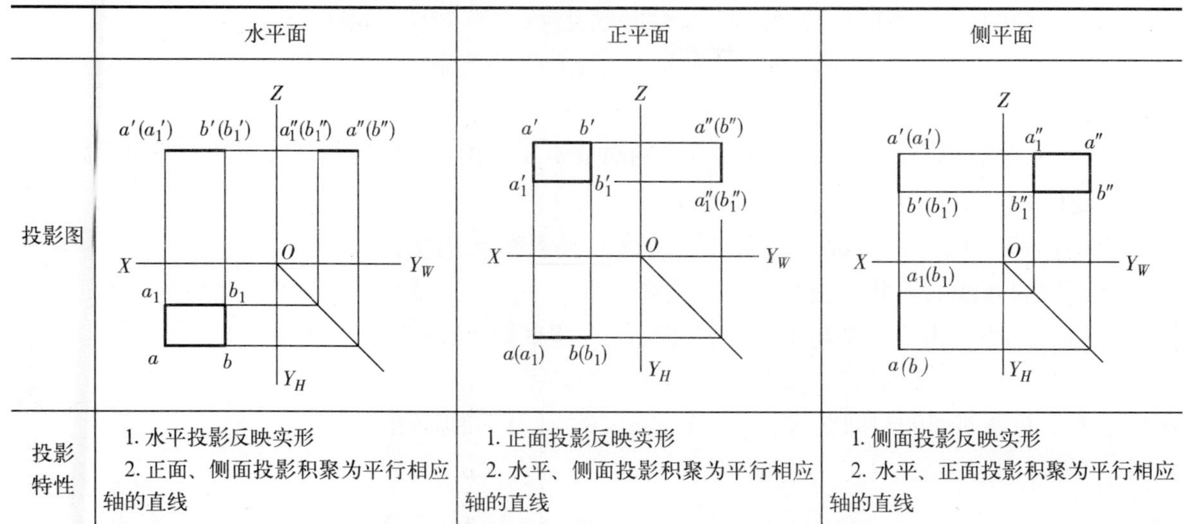		
投影特性	1. 水平投影反映实形 2. 正面、侧面投影积聚为平行相应轴的直线	1. 正面投影反映实形 2. 水平、侧面投影积聚为平行相应轴的直线	1. 侧面投影反映实形 2. 水平、正面投影积聚为平行相应轴的直线

2.4.3 平面上的点和直线

如果点从属于平面上的已知直线，则点必在该平面上。因此，在平面上取点，应取自面上的已知直线。如图2–16所示，相交直线AB、AC确定一平面P，在AB线上取M点，在AC线上取N点，由于直线AB、AC均属于P平面，因此，M、N点必在P平面上。如果点M和N都在平面ABC上，则直线MN即属于平面ABC。

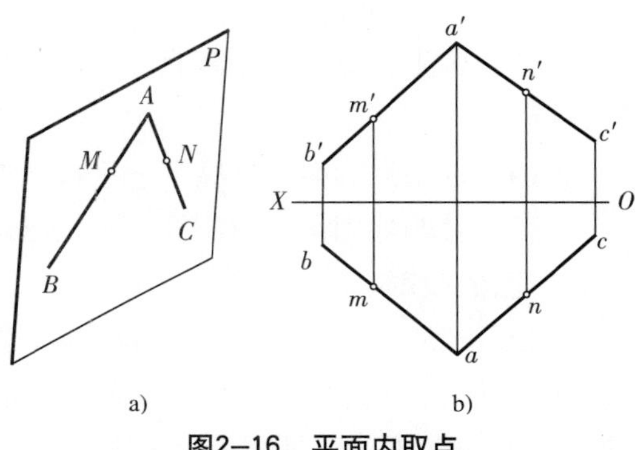

图2–16 平面内取点

a）平面内取点的直观图 b）平面内取点的投影图

2.5 曲线与曲面

2.5.1 曲线的形成与投影

曲线通常可分成平面曲线和空间曲线两类。平面曲线指曲线上所有的点都在同一平面上，如圆、椭圆等；空间曲线指曲线上任意连续四个点不在同一平面上，如螺旋线等。

1.平面曲线的投影性质

（1）平面曲线的投影在一般情况下仍为平面曲线，平面曲线上点的投影必定在平面曲线的同面投影上。

（2）平面曲线所在平面垂直投影面时，曲线在该投影面上的投影为一直线。

（3）平面曲线所在平面平行投影面时，曲线在该投影面上的投影反映实形。

（4）平面曲线的割线和切线的投影仍是该曲线投影的割线和切线。其割点和切点的投影仍是该曲线投影上的割点和切点。

（5）一般情况下平面曲线及其投影的次数和类型不变。即二次曲线的投影仍为二次曲线，抛物线的投影仍为抛物线等。

2.空间曲线的投影性质

（1）空间曲线上点的投影必定在空间曲线的同面投影上。

（2）空间曲线的割线和切线一般情况下其投影仍是该曲线投影的割线和切线。其割点和切点的投影仍是该曲线投影上的割点和切点。

（3）一般情况下，空间曲线及其投影的次数不变，在特殊情况下其投影的次数可以减少，但不可能投影为直线。

空间曲线的投影由曲线上一系列点的同面投影顺次连接而成。判别空间曲线的形状，至少要根据两个投影，一般除了要标注曲线的端点外，为了清楚起见，最好还标注一些重影点和特殊点。虽然图2-17a、b两投影完全相同，但仔细观察，发现它们显然表示的是两条不同的空间曲线，若不标明a、b、c、1、2等点的投影，就容易发生误解。

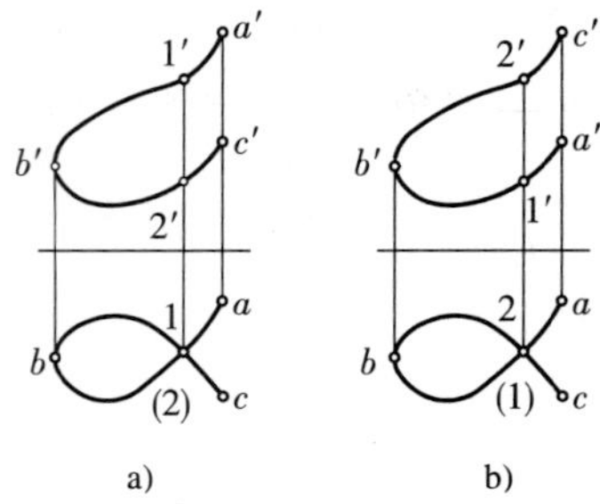

图2-17　空间曲线的投影作法

2.5.2　圆的投影

1.圆的一般投影性质

（1）圆上任意一对垂直直径的投影必定为投影椭圆的一对共轭直径。

（2）过切点的圆的直径平分平行于切线的弦。

（3）圆的外切正方形的投影为投影椭圆的外切平行四边形。

2.圆的投影

当圆平行于某投影面时，则在该投影面上的投影反映实形，其他两投影为一直线；当圆垂直于某投影面时，则在该投影面上的投影为一直线，而另两投影为椭圆，如图2-18所示。当圆处于一般位置时，它在各个投影面上的投影均为椭圆。

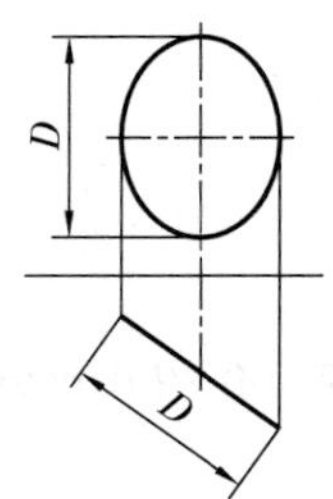

图2-18　铅垂面上圆的投影

2.5.3　圆柱螺旋线

1.圆柱螺旋线的形成

一动点在正圆柱表面上绕其轴线作等速回转运动，同时沿圆柱的轴线方向作等速直线运动，则动点在圆柱表面上的轨迹称为圆柱螺旋线。动点转一圈沿轴向移动的距离称为导程。当圆柱的轴线为铅垂线时，我们从前垂直向后看，如螺旋线的可见部分为自左向右上升则称为右旋螺旋线，反之称为左旋螺旋线。

2.圆柱螺旋线的投影作图方法

已知右旋螺旋线所在圆柱直径和导程（图2-19a），其投影的作图步骤如下：

（1）作出圆柱面的两投影，然后将其水平投影和正面投影上的导程分成相同的等分，如图2-19b所示（图中为12等分）。

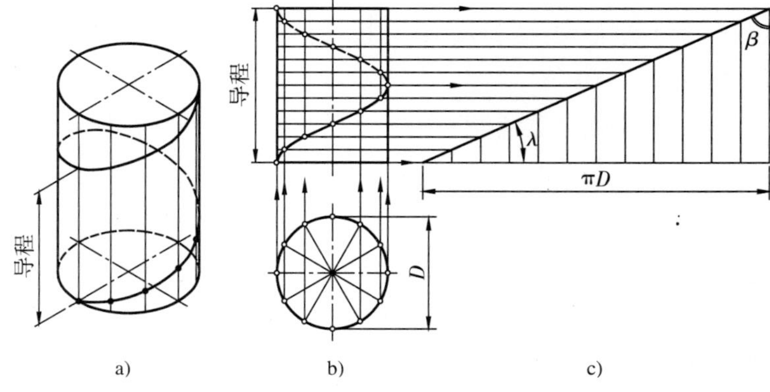

图2-19　圆柱螺旋线的形成、投影和展开

（2）将一个导程12等分，过导程上的各分点作水平线，再从圆周上各分点作垂直投影连线、它们相应的交点，即得螺旋线上各点的正面投影，如图2−19b所示。

（3）依次光滑地连接这些点的投影即得螺旋线的正面投影，在可见圆柱面上的螺旋线是可见的，其投影画成实线；在不可见圆柱面上的螺旋线是不可见的，其投影画成虚线，螺旋线的水平投影重影在圆柱面的水平投影圆周上。

如将圆柱表面展开，则螺旋线随之展成一直线，该直线为直角三角形的斜边，底边为圆柱面圆周的周长，高为螺旋线的导程，直角三角形斜边与底边的夹角称为螺旋线的升角λ，斜边与另一直角边（尺寸等于导程）的夹角称为螺旋角β，如图2−19c所示。

2.5.4　常见曲面的形成与表示法

曲面为一动线在空间连续运动的轨迹。该动线称为母线，母线的每一位置称为该曲面上的素线，无限接近的相邻两素线称为连续两素线。用来控制母线运动的一些点、线和面称为导点、导线和导面。

曲面可根据其母线是直线还是曲线而分为直线面与曲线面。如果曲面可以由直线也可以由曲线来形成，则仍称直线面。直线面的连续两直素线彼此平行或相交（即它们位于同一平面上），这种能无变形地展开成一平面的曲面，属于可展曲面。连续两直素线彼此交叉（即它们不位于同一平面上）的曲面，则属于不可展曲面。

表示曲面时，应确定该曲面几何性质的各几何元素，如母线、导线、导面等。此外，为了清楚地表达一曲面，一般需画出曲面的外形线，以确定曲面的范围。

下面介绍几种常见曲面的形成和表示方法。

1.柱面

（1）柱面的形成。一直母线沿着一曲导线运动且始终平行于直导线而形成的曲面称为柱面。曲导线可以是闭合的，也可以是不闭合的。如图2-20所示，ⅠⅡ为母线，Q为曲导线，AB为直导线，当母线ⅠⅡ沿着曲导线Q运动，且平行直导线AB，所形成的曲面即为柱面。由于柱面上连续两母线是平行两直线，能组成一平面，因此柱面是一种可展直线面。

（2）柱面的表示法。在投影图上表达柱面一般要画出导线及曲面的外形轮廓线，必要时还要画出若干素线。如图2-20所示，导线Q为平行于H面的圆，导线AB为一般位置直线，表示这一柱面时，可先画出Q的正面投影和水平投影，Q即为柱面的顶圆，其底圆通常选取平行于顶圆Q，顶圆和底圆的圆心连线即为该柱面的轴线，轴线必定平行于直导线AB，由于母线的方向可由轴线控制，因此直导线AB可以不再画出。最后画出柱面的外形轮廓线，如在正面投影上，顶圆和底圆最左、最右点投影的连线，即为前后曲面转向线的投影，在水平投影上为两圆的公切线，它们是上、下曲面转向线的投影。这些外形轮廓线均应平行于轴线的同面投影。

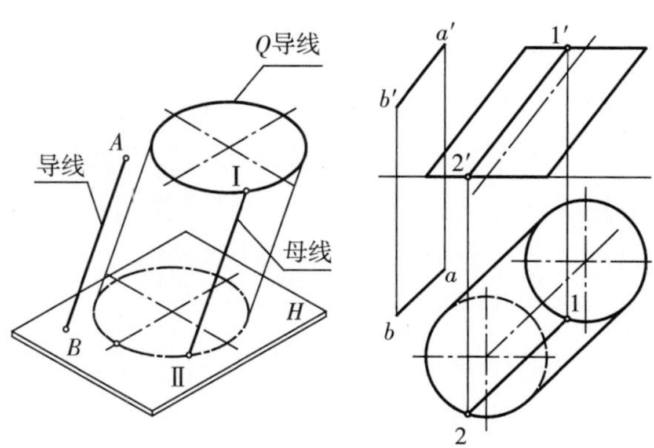

图2−20　柱面的形成和投影

2.锥面

（1）锥面的形成。一直母线沿着一曲导线运动且始终通过一定点而形成的曲面称为锥面。该点称为导点，即为锥面的顶点。如图2-21所示，SⅠ为母线，Q为曲导线，S为导点，当母线SⅠ沿着曲导线Q运动，且始终通过导点S，所形成的曲面即为锥面。由于锥面上相邻两母线必定为过锥顶的相交两直线，因此锥面是一种可展直线面。

（2）锥面的表示法。在投影图上表达锥面一般要画出导点（锥顶）、导线以及曲面的外形轮廓线，必要时还要画出若干母线。如图2-21所示，导线Q为一水平圆，导点S和导圆的中心O的连线为一正平线，分别作出S点和Q圆的两个投影，然后作出其外形轮廓线，也就是锥面转向轮廓线的投影。

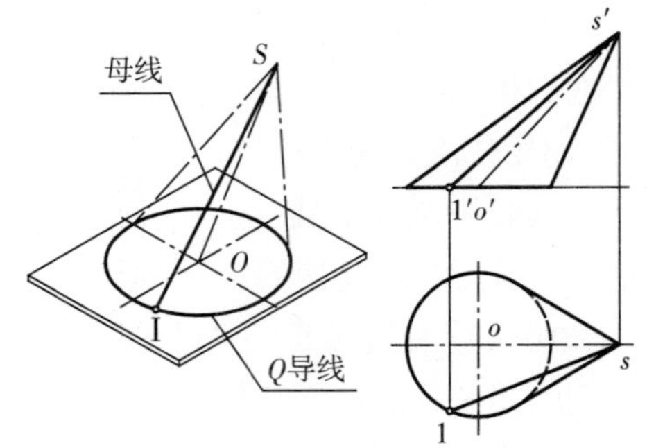

图2-21　锥面的形成和投影

3.曲线回转面

（1）曲线回转面的形成。任意一曲线绕一轴线（即导线）回转而形成的曲面称为曲线回转面。如图2-22所示，母线为平面曲线$ABCD$，绕轴线回转，回转时曲线两端点A、D形成的圆为顶圆和底圆，曲线上距离轴线最近的点B和最远的点C形成的圆分别为最小圆（喉圆）和最大圆（赤道圆）。

（2）曲线回转面的表示法。在投影图上表示曲线回转面通常要画出其轴线、顶圆、底圆、最小圆和最大圆的投影及其外形轮廓线。如图2-22所示，一般反映轴线的投影图上不必画出最小圆和最大圆的投影。

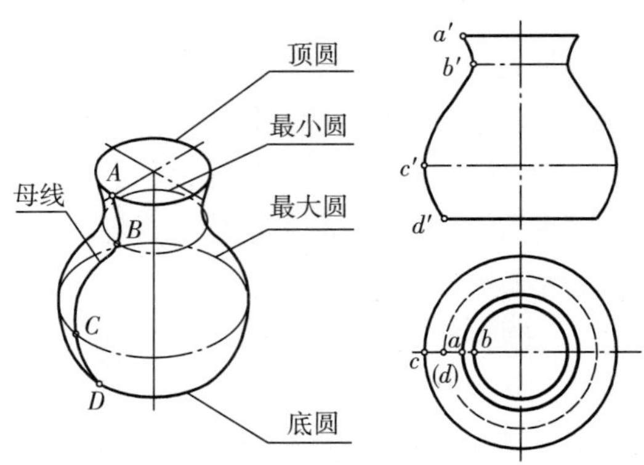

图2-22　曲线回转面的形成和投影

2.6　立体

立体是我们所涉及的几何形体中最简单的基本立体。通常指的是单一基本体，是由平面或曲面以及平面加曲面围成的立体。

立体的表面是由不同的面围成的，由若干个平面围成的立体是平面立体。由曲面或平面与曲面共同围成的立体是曲面立体。平面立体和曲面立体统称为基本立体。相对于组合体而言，基本立体是构成组合体的基本单元体。

2.6.1　平面立体的投影及表面取点

平面立体的投影实际上就是按正投影的方法，将平面立体置于三投影面体系中，画出其棱边及顶点的投影，判别可见性。可见轮廓线用粗实线画出，不可见的轮廓线用虚线画出。

1.六棱柱

投影分析：六棱柱是由上、下底（都是正六边形）及六个侧表面围成。按图2-23所示的摆放位置，将六棱柱置于三投影面体系中，其上下底的水平投影是六边形（反应实形），而六个侧表面由于都垂直于H投影面，因此这六个侧表面的水平投影都积聚成直线。同理可分析六棱柱的正面投影和侧面投影。其三面投影图如图2-24所示。

可见性分析：六棱柱的左前、前及右前三个侧表面在正面投影图上是可见的；六棱柱的左前及左后两侧表面在侧面投影图中是可见的。其余都是不可见的。

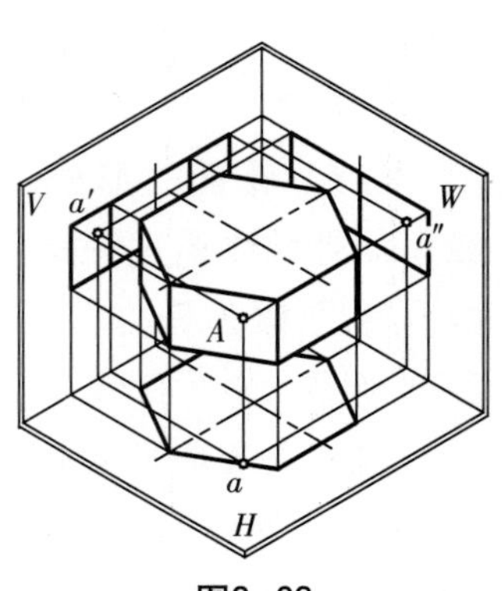

图2-23

（1）画三面投影图。先画出水平投影的六边形。具体作图方法是：以六棱柱的六个顶点作外接圆，再六等分圆，画出六边形的水平投影。六棱柱的摆放位置如图2−23所示。然后根据正面投影与水平投影的投影关系，在V量取六棱柱的高度，画出六棱柱的正面投影图。最后由正面投影及水平投影与侧面投影的投影关系，画出六棱柱的侧面投影图，如图2−24所示。

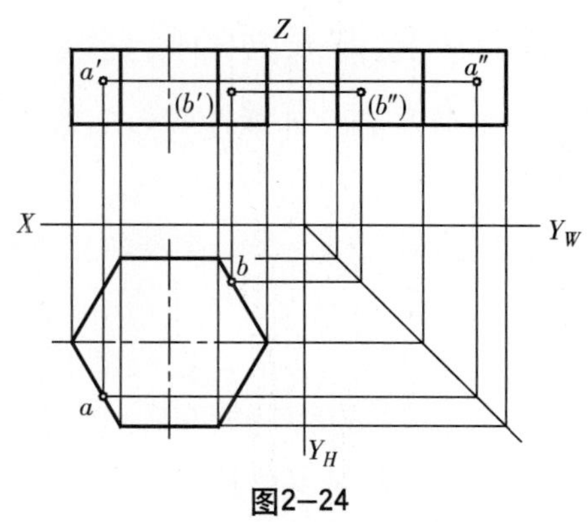

图2−24

（2）立体表面取点。在六棱柱的左前侧表面上存在一点A。利用A点所在的侧表面在水平投影图具有积聚性的特性，由a'向水平投影连线交于水平投影外轮廓的两个点，取前一点即为A点的水平投影a。由正面投影a'及水平投影a求出侧面投影a''，如图2−24所示。

2.三棱锥立体表面取点

三棱锥是由下底以及三个侧表面围成的平面立体。

如图2−25a所示，棱锥左前侧表面SAC上一点K，已知K点的正面投影k'，求K点的水平投影k和侧面投影k''。利用平面内取点的方法求解。棱锥表面取点的作图方法有两种。

方法一（素线法）：在K点所在平面SAC内过已知点的正面投影k'及锥顶s'作一辅助直线$s'd'$，交棱锥底边$a'c'$于d'，该辅助线是平面SAC内的直线。由平面内取直线的投影方法，求出辅助直线的水平投影sd。根据点在直线上，点的投影仍在直线同面投影上的投影原理，点的水平投影k仍在该辅助线的水平投影sd上，即由k'向水平投影画线交于辅助线水平投影sd于一点k，即为K点的水平投影k。最后由点的正面投影k'及水平投影k分别向侧投影面投影得到点的侧面投影k''，如图2−25b所示。

方法二（平面法）：如图2−25c所示，设想过K点做一水平面，然后做出该水平面与平面SAC的交线，则K点一定在此交线上。于是，过K点作一辅助线MN，使其平行于平面SAC的底边AC，即在正面投影图中过k'作下底边的投影$a'c'$的平行线$m'n'$，再根据两平行直线投影后，各组同面投影仍平行的原理，以及平面内取线的方法，做出平行线的水平投影mn，且仍平行于下底边的水平投影ac。根据点在直线上，点的投影仍在直线同面投影上的投影原理，由k'向水平投影作连线，交mn于k；最后由k'及k求得k''，如图2−25c所示。

判别可见性：由于K点所在的平面SAC的侧面投影是可见的，因此，其表面内点的侧面投影k''也是可见的。

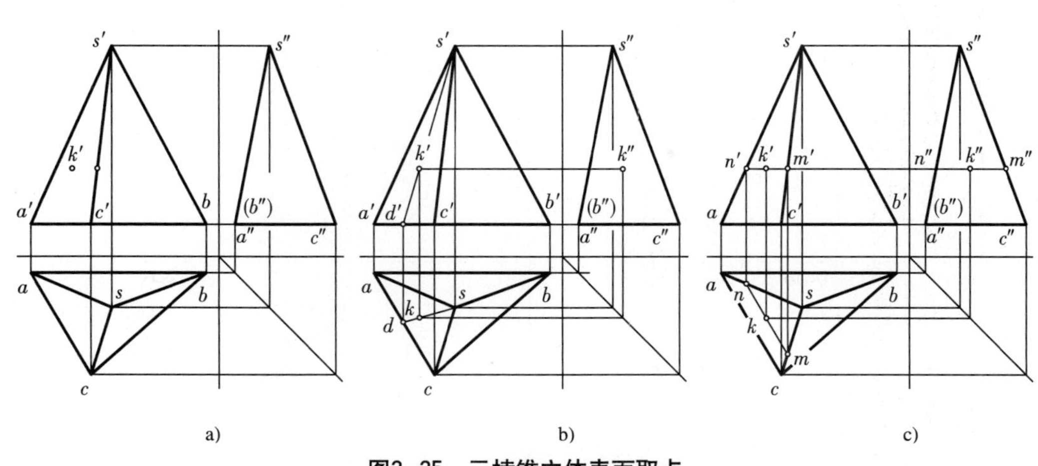

图2−25　三棱锥立体表面取点

a）已知K点正面投影k'　b）素线法求k及k'　c）平面法求k及k'

2.6.2 立体表面的截交线

工业产品的外观及其内部零件都是由一些基本立体根据不同的需要组合或切割而成的，产品的表面上会产生一些交线。最常见的交线可分为两类：一类是平面与立体表面相交产生的交线，称为截交线。另一类是两立体的表面相交产生的交线，称为相贯线。

为了清晰地表达机件的形状，一般应正确画出各种交线的投影，这样，便于读图时对机件进行形体分析。另外，在钣金工放样下料时，也要求准确地画出机件表面的交线，以保证焊接件在卷曲成形后焊缝能准确地吻合。

1.截交线及其性质

平面与立体表面相交的交线称为截交线。平面称为截平面。如图2−26所示，为截平面P与圆柱表面的交线。由图2−26中可以看出，截交线有下述性质：

（1）截交线是平面与立体表面的共有线，它既在平面上，又在立体表面上。截交线上的点是截平面与立体表面的共有点。

（2）截交线是一条封闭的平面曲线（包括含有直线段的情况），它的形状取决于立体的形状以及截平面与立体轴线的相对位置。

2.平面与圆柱体表面相交

平面与圆柱面相交时，根据截平面对圆柱面轴线的位置不同，截交线有三种不同的形状，即两条与轴线平行的直线、圆和椭圆，见表2−5。

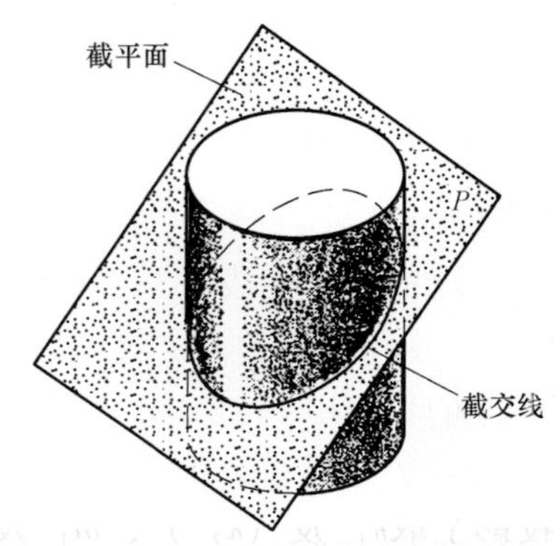

图2−26 平面与圆柱面相交

表2−5 圆柱的截交线

截平面位置	立体图	投影图	截交线形状
截平面平行于圆柱轴线			两条平行于轴线的直线
截平面垂直于圆柱轴线			圆
截平面倾斜于圆柱轴线			椭圆

根据截交线是截平面和圆柱表面共有线这一性质，作截交线的投影图时，可以利用圆柱面上取点、取线的方法作图，下面举例说明。

例：求作轴线为铅垂线的圆柱体被一正垂面P截得的截交线，如图2–27所示。

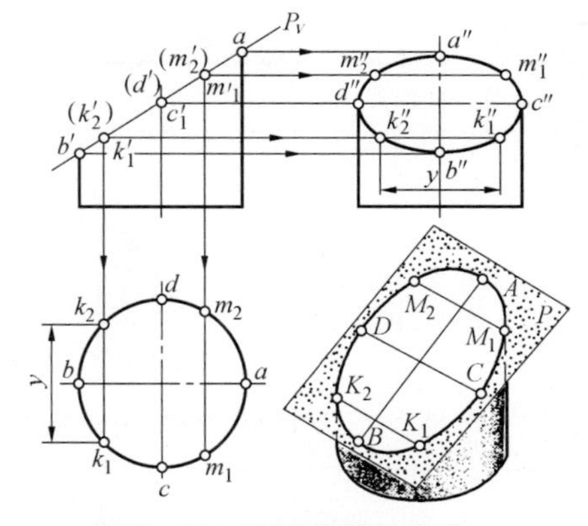

图2–27 圆柱体的截交线

分析：

由图2–27中可以看出，截交线是一椭圆。由于平面P为正垂面，所以椭圆的正面投影与P_V重合；又因圆柱面的水平投影积聚为圆，则截交线椭圆的水平投影与圆重合，需求作的是椭圆的侧面投影。可利用圆柱面上取点的方法，作出椭圆上一系列点的侧面投影后，再连成光滑的椭圆曲线即为所求。

作图：

（1）求特殊点。特殊点通常指投影中外形轮廓线上以及曲线上的最高、最低、最左、最右、最前、最后、中分等决定曲线投影范围的极限点。由图2–27可看出，椭圆长轴端点A、B在圆柱正面投影外形轮廓线上，它们分别是曲线的最高点和最低点；而椭圆短轴端点C、D在圆柱侧面投影外形轮廓线上，它们分别是曲线的最前点和最后点。根据圆柱外形轮廓线在各投影中的对应位置及线上点的对应原理，先确定上述四点的水平投影a、b、c、d（在圆上）及正面投影a'、b'、c'（d'）（在P_V上），然后求出其侧面投影a''、b''、c''、d''。

（2）求一般点。为了把曲线连得光滑，可在特殊点之间求取适当数量的一般点。如在正面投影上取k_1'及（k_2'）、m_1'及（m_2'），再用圆柱面上取点的方法，求出各点的水平投影k_1、k_2、m_1、m_2及它们的侧面投影k_1''、k_2''、m_1''、m_2''。

（3）连曲线。将上述所求得各点的侧面投影按水平投影的顺序连成光滑的曲线，即得到椭圆的侧面投影。注意：曲线过c''、d''点时，与圆柱侧面投影外形轮廓线相切。

（4）整理外形轮廓线及判别可见性。由正面投影可以看出，圆柱侧面投影外形轮廓线在c'（d'）以上的一段被截掉。同时，在侧面投影中，该轮廓线只画到$c''d''$处。由于平面P朝向左上方，所以，整个椭圆的侧面投影均可见，画成粗实线。

3.平面与圆锥体表面相交

平面和圆锥面相交，由于截平面与圆锥体轴线的相对位置不同，其截交线有五种形状：圆、过锥顶的二直线、椭圆、抛物线和双曲线，见表2–6。求截交线时，仍首先利用截平面的积聚性，求得截交线的一个投影，再根据圆锥面上取点、线的方法，求出截交线的其他投影。当截交线的投影即非直线也不是圆时，可以求出截交线上一系列点的投影，然后将这些点的同面投影连成光滑曲线。

表2–6 圆锥的截交线

截平面位置	立体图	投影图	截交线形状
截平面垂直圆锥轴线			圆

（续）

截平面位置	立体图	投影图	截交线形状
截平面通过圆锥顶点	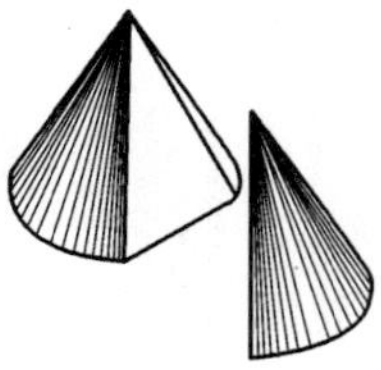	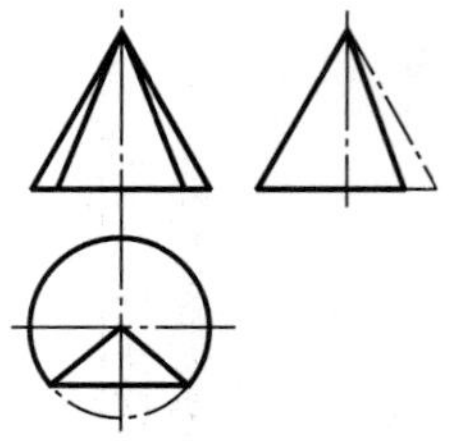	过锥顶的二直线
截平面与底面的夹角 $\alpha < \theta$	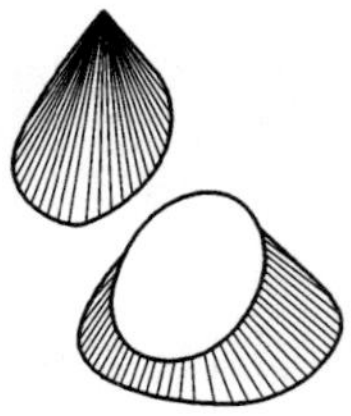	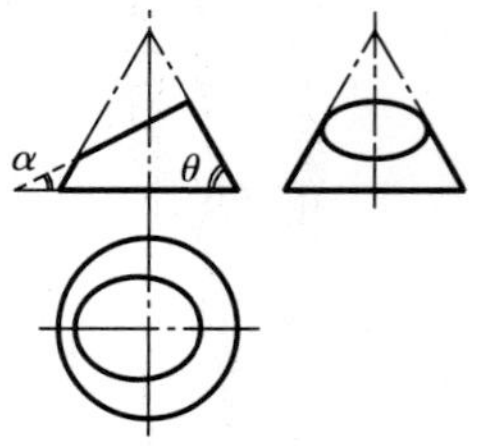	椭圆
截平面与底面夹角 $\alpha=\theta$	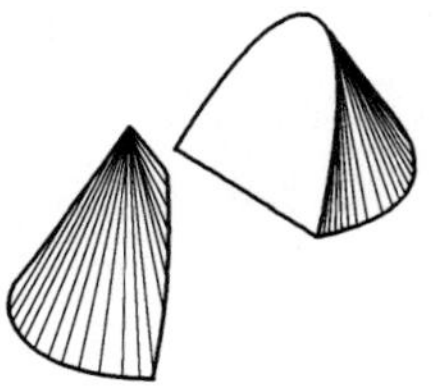	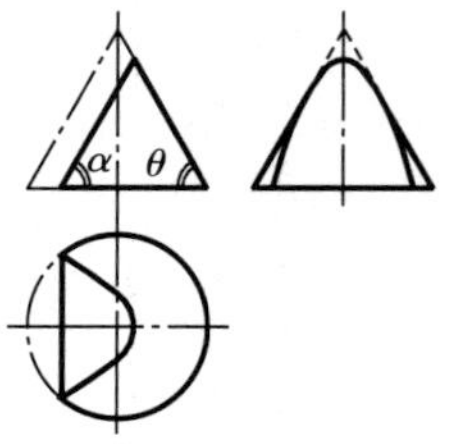	抛物线
截平面与轴线平行 $\alpha=90^\circ$	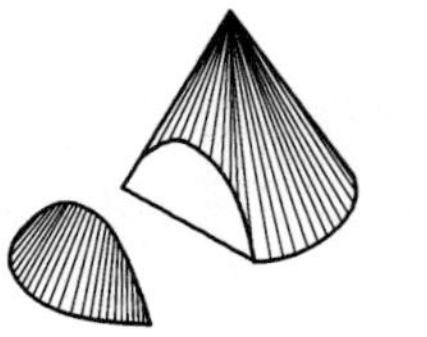	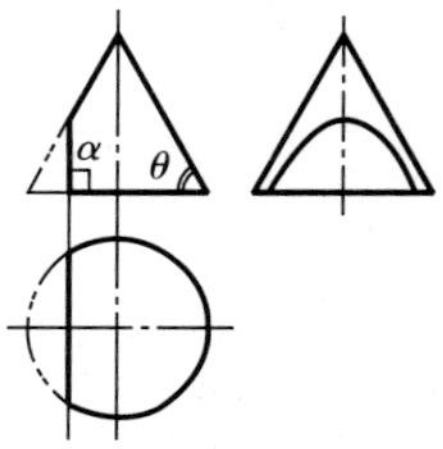	双曲线

4.平面与球体表面相交

平面截切圆球时，截交线都是圆。当截平面平行某投影面时，截交线在该投影面上的投影反映实形，其余两个投影积聚为直线段，线段的长度等于截交线圆的直径。图2−28a和图2−28b分别表示用水平面和侧平面截切圆球时截交线的画法。画图时，一般先确定截平面的位置，即先画出截交线积聚成直线的投影，然后画出反映为圆的投影。

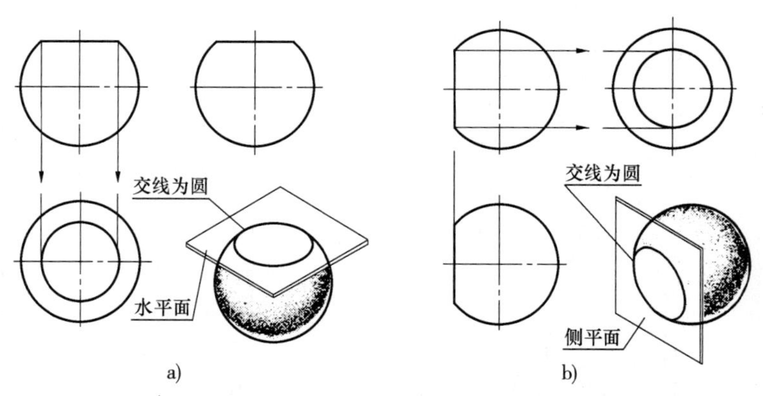

图2−28　平面截切圆球的投影

a）水平面截切圆球时的投影　b）侧平面截切圆球时的投影

当截平面垂直于某投影面而倾斜于其他两投影面时，则截交线在该投影面上的投影积聚为一直线，在其他两投影面上的投影为椭圆。

2.6.3 两回转体的相贯线

1.相贯线及其性质

两回转体表面相交时所产生的交线称为相贯线。相贯线有以下性质：

（1）相贯线是两回转体表面的共有线，也是两回转体表面的分界线，所以相贯线上的点是两回转体表面的共有点。

（2）一般情况下，相贯线是封闭的空间曲线，在特殊情况下成为平面曲线或直线。相贯线的形状由两相交回转体的表面形状、大小及相对位置决定。

根据相贯线的上述性质，相贯线的画法归结为求两回转体表面的共有点。只要作出两回转体表面上一系列共有点的投影，再依次将各点的同面投影连成光滑曲线即可。相贯线上点的求法，一般采用的方法有表面取点法、辅助平面法和辅助球面法㊀。下面分别介绍表面取点法和辅助平面法的原理与作图方法。

2.表面取点法

当相交的两回转体中有一个是圆柱体，且其轴线为投影面垂直线时，则该圆柱的一个投影为圆，且具有积聚性，即相贯线的投影也一定积聚在该圆上，其他投影可根据表面上取点的方法做出。

例：求作图2−29所示的正交两圆柱的相贯线。

分析：

由图2−29中可以看出，大圆柱轴线垂直于侧平面，小圆柱轴线垂直于水平面，两圆柱轴线垂直相交。因为相贯线是两圆柱面上的共有线，所以，其水平投影积聚在小圆柱的水平投影的圆周上，而侧面投影积聚在大圆柱侧面投影的圆周上（在小圆柱外形轮廓线之间的一段圆弧）。需要求的是相贯线的正面投影。因相贯线前、后对称，所以相贯线前、后部分的正面投影重合。

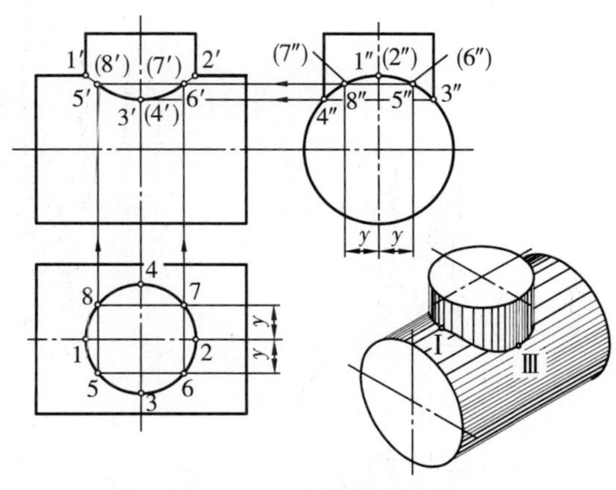

图2−29 正交两圆柱相贯

作图：如图2−29所示。

（1）求特殊点。特殊点是决定相贯线的投影范围及可见性的点，它们大部分在外形轮廓线上。显然，本题相贯线的正面投影应由最左、最右及最高、最低点决定其范围。由水平投影可看出，1、2两点是最左、最右点Ⅰ、Ⅱ的投影，它们也是圆柱正面投影外形轮廓线的交点，可由1、2对应求出1′、2′及1″、（2″），此两点也是最高点；由侧面投影可看出，小圆柱侧面投影外形轮廓线与大圆柱交点3″、4″是相贯线最低点Ⅲ、Ⅳ的投影，可由3″、4″直接对应求出水平投影3、4和正面投影3′、4′。

（2）求一般点。一般点决定曲线的形状。任取对称点Ⅴ、Ⅵ、Ⅶ、Ⅷ的水平投影5、6、7、8，求出其侧面投影5″、（6″）、（7″）、8″，最后求出正面投影5′、6′、（7′）、（8′）。

（3）连曲线。按各点水平投影的顺序，将正面投影连成光滑的曲线。

㊀ 辅助球面法见参考文献[10]。

（4）判别可见性。判别相贯线投影可见性的原则是：当两回转体表面在该投影面上均可见时，其相贯线才可见，画成实线，否则不可见，画成虚线；可见性分界点一定在外形轮廓线上。两圆柱的前半个圆柱面的正面投影均可见，曲线由1′、2′点分界，前半部分1′5′3′6′2′可见画成实线，不可见的后半部分1′（8′）（4′）（7′）2′与前半部分重合。

（5）整理外形轮廓线。由于两圆柱正面投影外形轮廓线相交于1′、2′两点，所以，相交的外形轮廓线的投影只画到1′、2′为止，而大圆柱最高母线在1′、2′之间不画线。

通过上例分析可知，当轴线垂直交叉两圆柱的相对位置变化时，其相贯线的形状也随之变化。图2−30为两圆柱直径不变而相对位置变化时相贯线的几种形状。

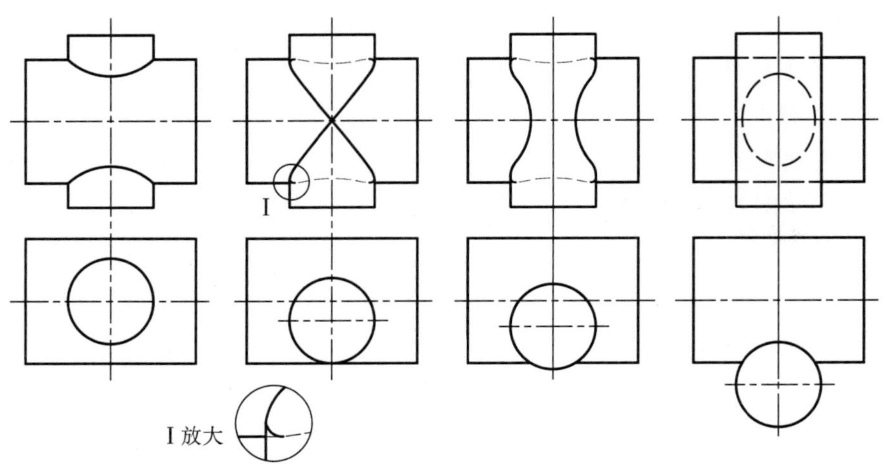

图2−30 圆柱与圆柱轴线相对位置变化投影

在机件上除了实体两圆柱轴线垂直相交或垂直交叉的结构外，有时还遇到图2−31所示的情况。图2−31a是外圆柱面与内圆柱面相交，即从实心圆柱体上挖去一个圆柱孔；图2−31b是在两圆管中除两外圆柱表面相交外，两圆管内表面也相交。

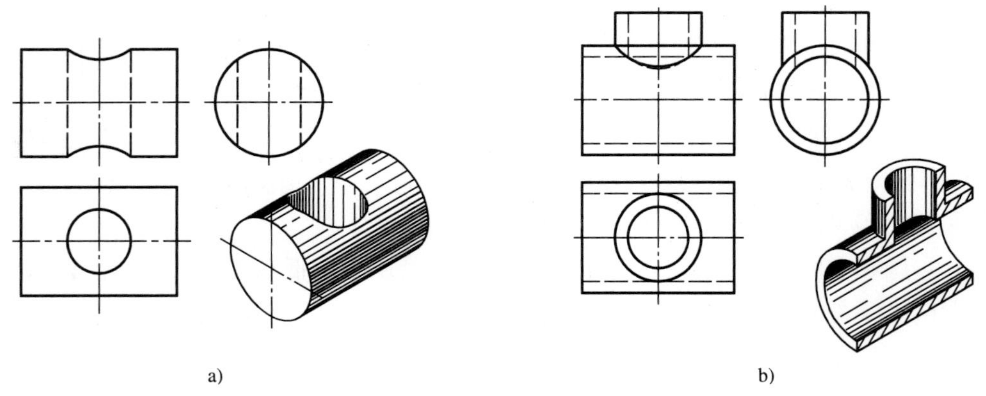

图2−31 圆柱与圆柱相交的不同情况

a）实心圆柱被挖去空心圆柱 b）两空心圆柱相贯

比较上面的情况可以看出，不管是实体圆柱的外表面，还是空心圆柱的内表面，只要相交，实质上都是圆柱面相交，其相贯线的求法都是相同的。

3.辅助平面法

辅助平面法是利用三面共点的原理求相贯线上点的方法。如图2−32a所示，图中是一圆柱与半球相交，假想用一平行圆柱轴线的辅助平面截切两回转体，辅助平面与圆柱面的截交线是两条直线A、B，与半球的截交线是半圆C；A、B与C分别交于Ⅰ、Ⅱ两点，它们是辅助平面、圆柱面及球面三个面上的共有点，因而是相贯线上的点。也可以如图2-32b所示选择垂直于圆柱轴线的辅助平面，它与圆柱面及球面的截交线分别为两圆D、E，两圆D、E的交点Ⅲ、Ⅳ即为相贯线上的点。选择一系列的辅助平面，就可以得到一系列相贯线上的点。

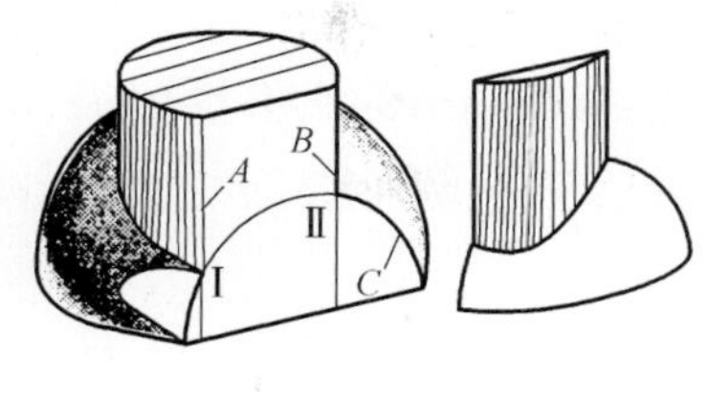

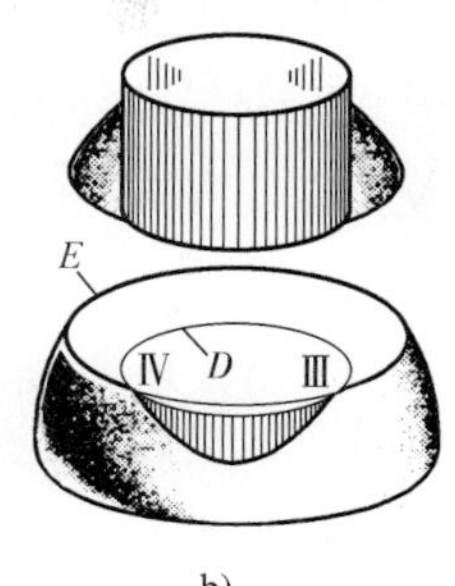

图2-32　辅助平面法作图原理

辅助平面要依相交两回转体的形状及其相对位置来决定，其原则应使辅助平面与两回转体的截交线的投影为直线或圆，以便于准确作图，用该方法求相贯线的步骤如下：

（1）选择适当的辅助平面与两回转体都相交。

（2）分别求出辅助平面与两回转体表面的截交线。

（3）求出两回转体表面截交线的交点。

例：求作图2-33所示圆柱与圆锥台的相贯线。

分析：如图2-33所示，圆锥台的轴线为铅垂线，圆柱的轴线为侧垂线，且两轴线正交又平行于正面，所以相贯线前、后对称，其正面投影重合。因圆柱的侧面投影为圆，则相贯线的侧面投影重合于圆上，需求作的是相贯线的水平投影和正面投影。

为使辅助平面与回转体截交线的投影为圆和直线，选择水平面和过锥顶的侧垂面作为辅助平面时，其作图最方便，图2-33a画出了选用水平辅助平面的情况。

作图：

（1）求特殊点。如图2-33b所示，由侧面投影可知1″、2″是相贯线最高点和最低点Ⅰ、Ⅱ的投影，此两点是两回转体正面投影外形轮廓线的交点，可直接确定1′、2′，并由此投影确定水平投影1、（2）；而3″、4″是最前点、最后点Ⅲ、Ⅳ的侧面投影，它们在圆柱水平投影外形轮廓线上，过圆柱轴线作水平面P为辅助平面（画出P_V，求出平面P与圆锥面截交线圆的水平投影，此圆与圆柱面水平投影外形轮廓线交于3、4两点，并求出此两点的正面投影3′、（4′）。

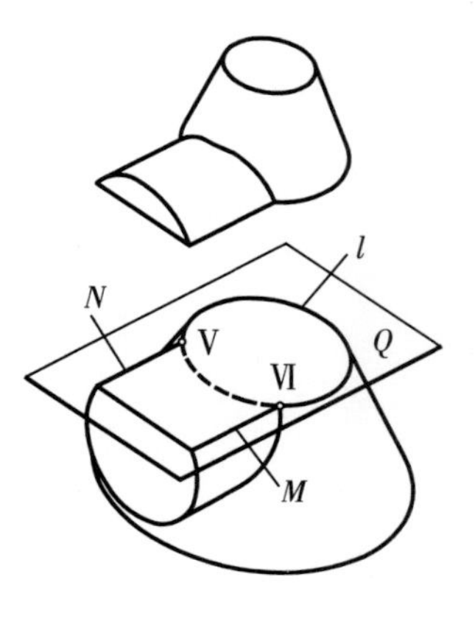

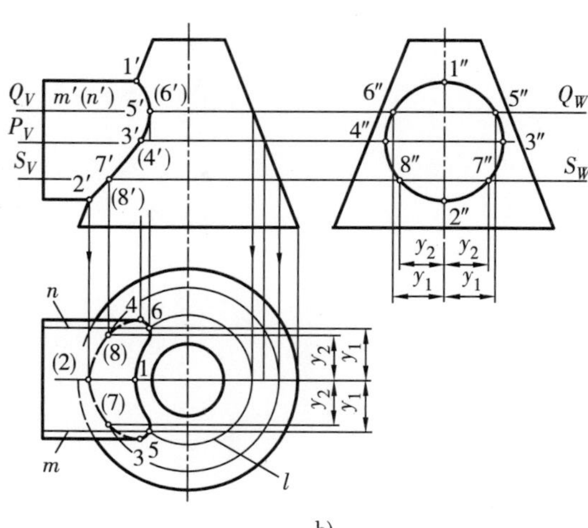

图2-33　求圆柱与圆锥台相贯线的作图方法

（2）求一般点。作水平辅助平面Q，画出Q_V及Q_W，求出Q与圆锥面的截交线L的水平投影l，并画出Q与圆柱面的两条截交线M、N的水平投影m、n，则l与m、n的交点5、6即是L与M、N的交点Ⅴ、Ⅵ的水平投影，最后在Q_V上确定5′、（6′）；同理，作水平面S，求出（7）、（8）及7′、（8′）。

（3）连曲线及判别可见性。因曲线前、后对称，正面投影中相贯线重合，用实线画出可见的前半部分曲线；水平投影中，由3、4点分界，在上半部分圆柱面上的曲线可见，将3−5−1−6−4段曲线画成实线，其余部分不可见，画成虚线，注意：水平投影中，所连曲线在3、4两点与圆柱的外形轮廓线相切。

（4）整理外形轮廓线。如图2−33b所示，在正面投影中，两回转体外形轮廓线画到交点1′、2′为止；而在水平投影中，圆柱外形轮廓线则画到3、4点为止。

第3章 组合体

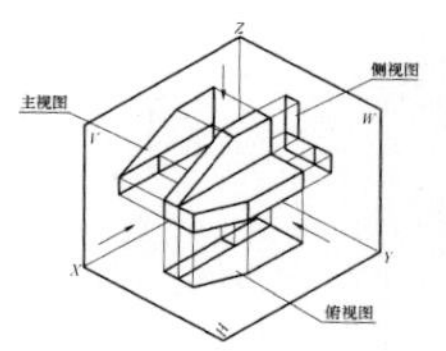

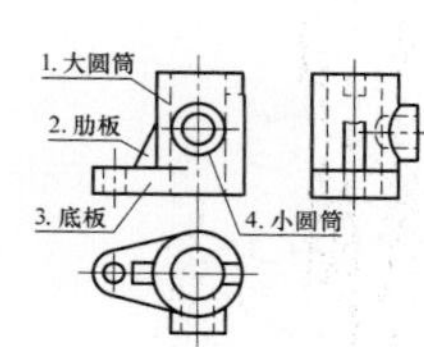

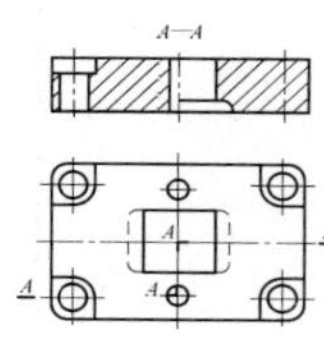

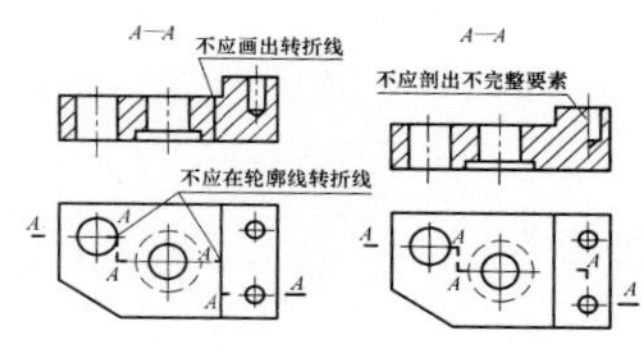

学习目标

（1）熟练掌握用形体分析法和线面分析法绘制和阅读组合体的视图。

（2）掌握组合体视图的尺寸标注方法。

（3）掌握组合体的剖视图和断面图的表达方法。

学习重点

（1）组合体的绘制、尺寸标注和阅读。

（2）剖视图和断面图的表达。

3.1 组合体的构成及三视图

从几何形体分析，机器零件大多可以看成是由简单的棱柱、棱锥、圆柱、圆锥、球、环等基本形体组合而成。因此，我们把由基本形体按一定形式组合起来的形体称为组合体。

3.1.1 组合体的构成方式

组合体的构成方式可分为叠加、切割、综合三种形式。其中综合方式最为常见，综合包含了叠加和切割两种形式，如图3−1所示。叠加又可分为叠合、相切、相交三种情况，如图3−2所示。

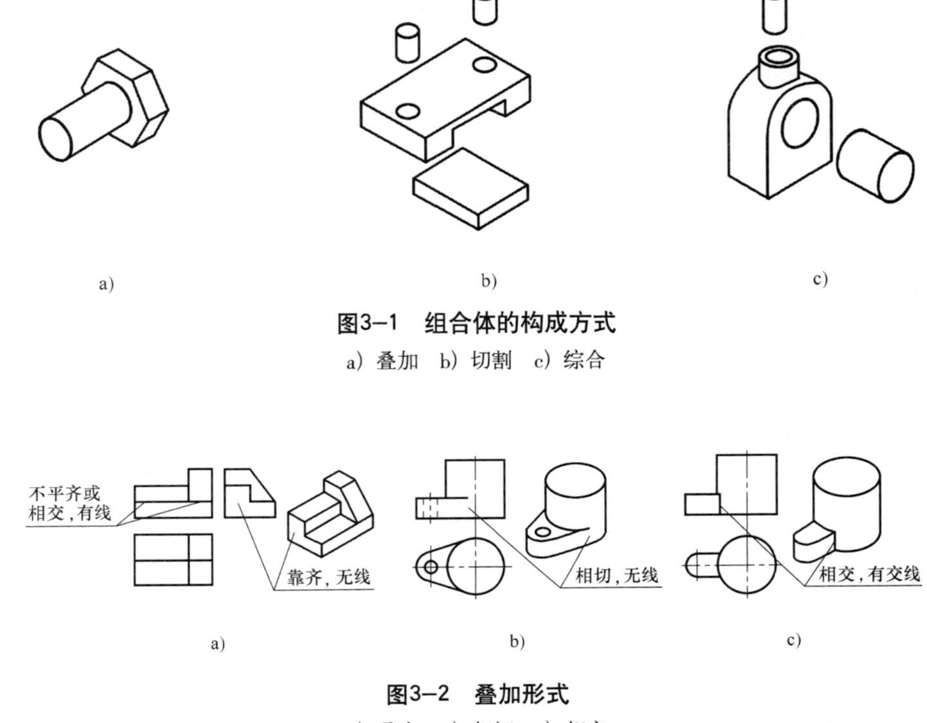

图3−1 组合体的构成方式

a) 叠加 b) 切割 c) 综合

图3−2 叠加形式

a) 叠合 b) 相切 c) 相交

3.1.2 组合体的三视图

1.三视图的形成

如图3−3所示，将组合体置于三投影面体系中。根据有关标准和规定，用正投影法所绘制出的立体的投影图称为视图。在正投影面上，由前向后投射所得的正面投影称为主视图，通常反映立体的主要形状特征；在水平投影面，由上向下投射所得的水平投影称为俯视图；在侧投影面上，由左向右投射所得的侧面投影称为左视图，亦即立体的侧面投影。

2.三视图的对应关系

如图3−4所示，由投影面展开后的三视图可看出：主视图反映立体的长和高；俯图反映立体的长和宽；侧视图反映立体的高和宽。由此可得出三视图的对应关系：主、俯视图**长对正**；主、左视图**高平齐**；俯、左视图**宽相等**。为了清晰表达视图，在三视图中不画投影轴。

Z
侧视图
主视图
V
W
X
Y
H
俯视图

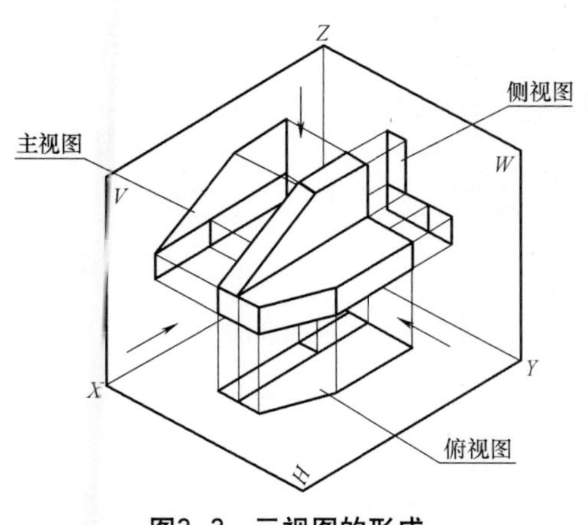

图3-3 三视图的形成

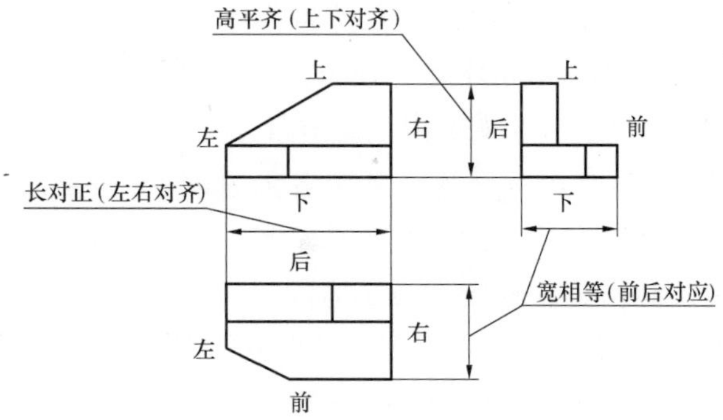

高平齐(上下对齐)
上
上
左
右
后
前
长对正(左右对齐)
下
下
后
宽相等(前后对应)
右
左
前

图3-4 三视图的对应关系

3.2 组合体视图的画法与尺寸标注

3.2.1 形体分析法

在画组合体三视图之前，可先对组合体进行形体分析，即将组合体分解成若干个基本形体。弄清楚各部分的形状、相对位置及组合方式，这种分析方法称为形体分析法。通过形体分析，可以把复杂的形体转化为较简单的形体，从而理解复杂形体的本质。这样就能保证正确地绘制组合体的视图。

图3-5所示的轴承座，通过形体分析可将其分解成五个简单形体，这些形体分别是直立凸台、轴承、肋板、支承板和底板。凸台与轴承是两个垂直相交的空心圆柱体，内外表面上都会产生相贯线；支承板、肋板和底板分别是不同形状的平板，支承板的左右两侧与轴承的外圆柱面相切，肋板的左右两侧面与轴承的外圆柱面相交，产生截交线；底板的顶面与支承板、肋板的底面上下叠合。

3.2.2 组合体视图绘制

1.选择主视图及其他视图

画三视图时，主视图是最主要的视图，视图选择应该从主视图入手，下面以图3-5所示的轴承座为例说明选择主视图的基本原则。

（1）主视图一般应最能反映出组合体的形体特征。即把能较全面地反映组合体各基本体形体特征以及其相互位置特征的某一方向作为主视图的投影方向，并尽可能使形体上的主要面平行于投影面，以便使投影能得到实形，便于画图。

（2）考虑组合体的安装位置（或加工位置），如图3-5b所示。

（3）应兼顾其他两个视图表达的清晰性，虚线尽可能少，如图3-5b所示，按A，B，C，D四个方向投影所得的视图进行比较，来确定主视图的投影方向。

如图3-6所示，若以D向作为主视图，则C向视图将成为

直立凸台
轴承
肋板
支承板
底板
a)
B
C
D
A
b)

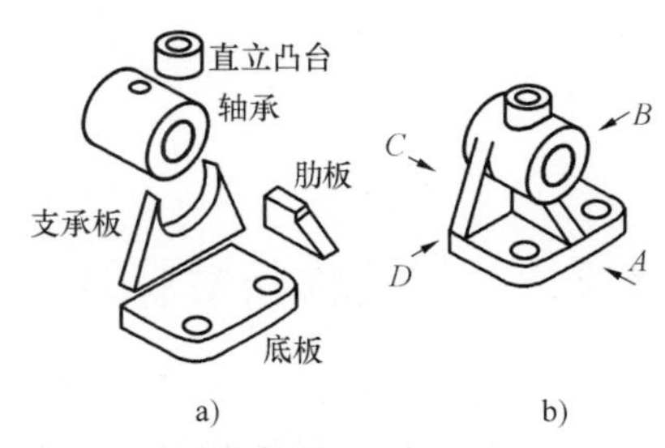

图3-5 轴承座的形体分析与投影方向

a）形体分析 b）投影方向

形体左视图，视图虚线较多，显然没有B向清晰；C向与A向视图虽然虚实线的情况相近，但如以C向作为主视图，则会出现较多虚线，没有A向好；再比较B向与A向视图，B向和A向均能反映轴承座各部分的形体特征，但B向的主体特征更为清晰，最终确定以B向作为主视图的投影方向。主视图确定以后，俯视图和左视图的投影方向也就随之确定。

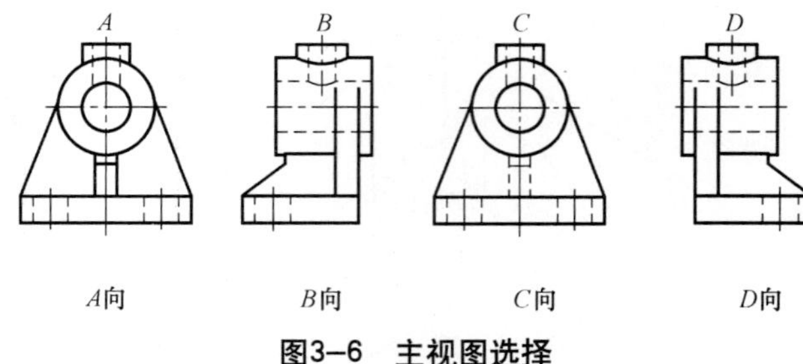

图3–6　主视图选择

2.确定比例，选定图幅

视图确定后，要根据实物大小，按国标规定选择适当的比例和图幅。在一般情况下，设计图一般按1∶1绘制，这样既便于直接估量组合体的大小，也便于画图。图幅则要根据所绘制视图的面积大小以及留足标注尺寸和画标题栏的位置而定。

3.布置视图位置

应根据各视图的最大尺寸、视图间的空隙、标全所需尺寸及视图与图框边界的间距来确定每个视图的位置，各视图在图幅中布局应匀称合理。

4.绘图步骤

为了迅速而正确地画出组合体的三视图，应按步骤画图：

（1）画图顺序常由主视图入手，先主要，后次要；先圆弧，后直线；先实线，后虚线。

（2）画图时，物体的各个部分最好三个投影（视图）配合着画，这样既能保证各视图之间的相对位置和投影关系的正确性，又能提高绘图速度，而且还能避免多线和漏线。

（3）检查时，按形体逐个仔细检查，纠正错误和补充遗漏，然后加深图线。

下面以轴承座为例，说明其绘图过程和步骤，具体见图3–7。

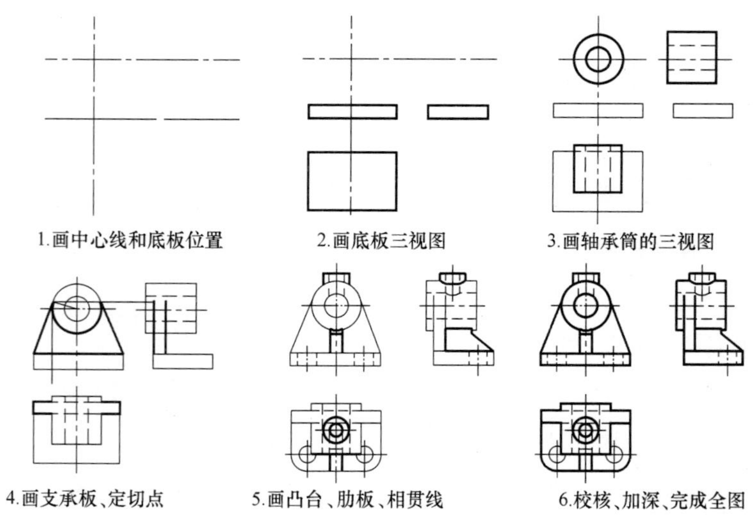

图3–7　轴承座的画图步骤

3.2.3　组合体尺寸标注

画出组合体的三视图，仅表达了组合体的形状，而要表示形体的大小，则不仅需要标注出尺寸，而且必须标注完整、清晰。掌握好在组合体三视图上标注尺寸的方法，可为今后在零件图上标注尺寸打下良好的基础。

1.尺寸标注的基本要求

尺寸标注的基本要求：完整、正确、清晰。完整即所标注的尺寸要齐全，不遗漏、不重复。正确即标注内容符合国家标准的规定。清晰即尺寸布置清晰、整齐，便于看图。

2.尺寸类型和标注方法

（1）尺寸类型与尺寸基准。组合体尺寸可分为三类，即定形尺寸（定大小）、定位尺寸（定位置）和总体尺寸。

1）定形尺寸：是指确定组合体上各基本体形状大小的尺寸。

2）定位尺寸：是指确定组合体各基本形体之间相对位置的尺寸。

3）总体尺寸：用来确定组合体的总长、总宽、总高的尺寸。

尺寸基准是指形体上确定尺寸起点位置的点、线、面要素。

组合体有长、宽、高三个方向的尺寸，每一方向至少应有一个尺寸基准（一般为主要基准），以便确定各形体间的相对位置。对比较复杂的组合体，有时要增加一个或多个辅助基准，这时，在主要基准与辅助基准之间，必须有一个联系尺寸。

对于尺寸基准一般可选组合体上的对称面、底面、重要端面及主要回转体的轴线等要素作为尺寸基准。如图3−8a支架中的尺寸基准，底面作为高度方向的尺寸基准，形体的前后对称面及底板的右端面分别作为宽度和长度方向的尺寸基准，如图3−8c所示。

（2）标注方法。尺寸标注方法仍是按形体分析法进行，即首先将组合体分解成若干个基本形体，逐个注出各基本体大小的定形尺寸，如图3−8b中，主视图上的30、7、8、6，俯视图上的*R*6、ϕ6，左视图上的*R*10、ϕ10、4、24均为定形尺寸。

其次标注各基本形体之间的定位尺寸。而相对位置尺寸的确定，必须先确定尺寸基准，如图3−8c中主视图上的4、24，俯视图上的12，左视图上的20均为定位尺寸。

最后标注总体尺寸，图3−8d中的30、24和20+*R*10分别为总长、总宽和总高。

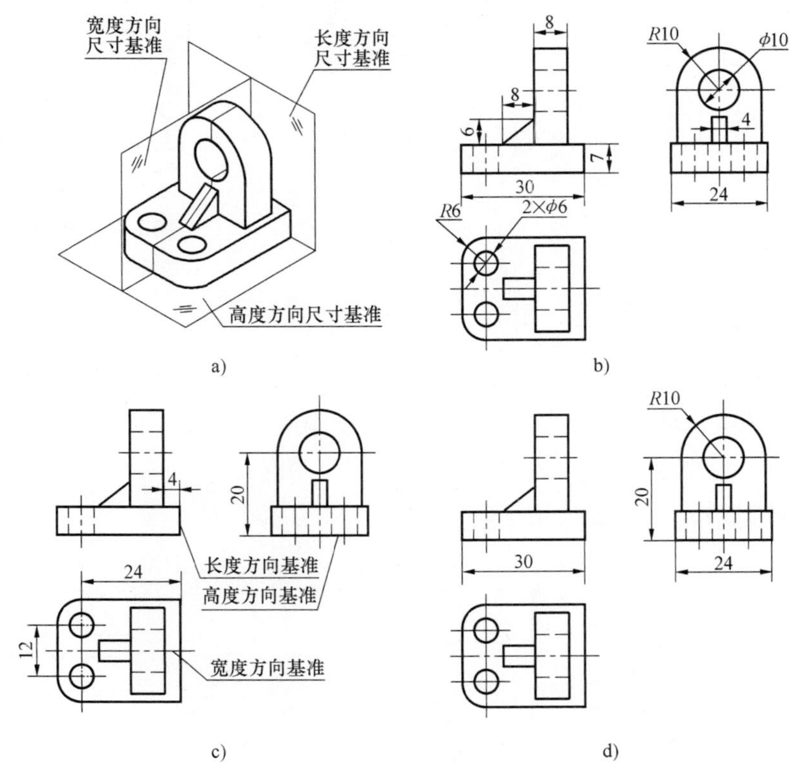

图3−8　组合体尺寸类型与尺寸基准

a）尺寸基准分析　b）逐个标注基本形体的定形尺寸　c）尺寸基准与定位尺寸　d）总体尺寸

标注总体尺寸后，为避免产生多余和重复尺寸，要对已标注的定形尺寸和定位尺寸作适当调整，图3−9是调整后的组合体尺寸。

图3−9　组合体的尺寸标注

3.3　组合体视图的阅读

3.3.1　形体分析法读图

形体分析法即从表达特征明显的主视图入手，将组合体分解为若干个基本形体，逐个想出各部分形状，然后综合起来，想象出组合体的整体形状。

现以图3−10所示支架的三视图为例说明形体分析法看图的具体方法和步骤。

1.分线框、对投影

如图3−11所示，先把主视图分为四个封闭的线框1、2、3、4，然后分别找出这些线框在俯视图及左视图中的相应投影。

2.按投影定形体

由各基本形体投影特点，确定各线框所表示的形状，见图3−12a。

3.想细部出整体

确定各基本形及相对位置后，想出支架的总体形状，见图3−12b。

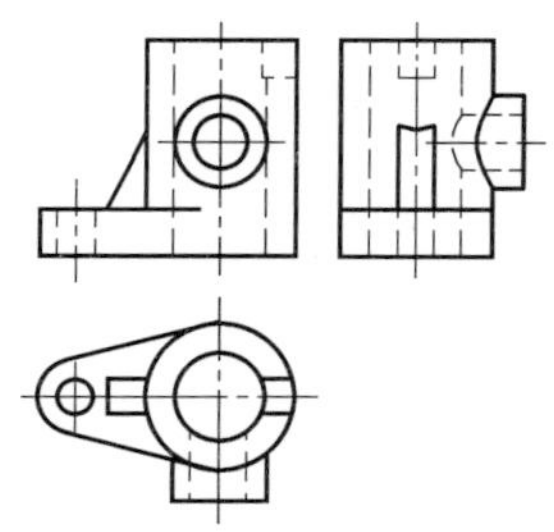

图3−10　由三视图想象立体

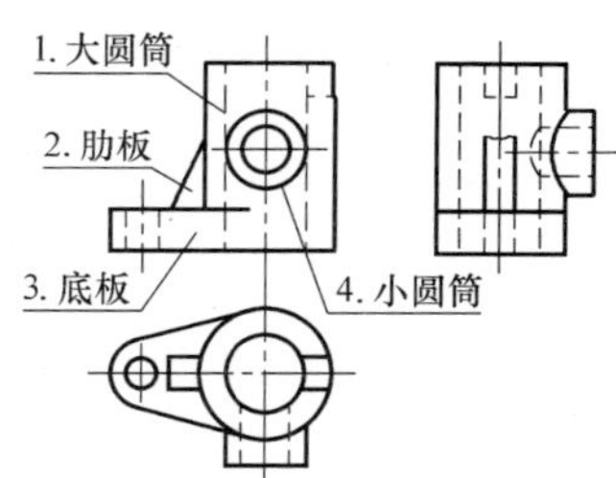

图3−11　形体分析法

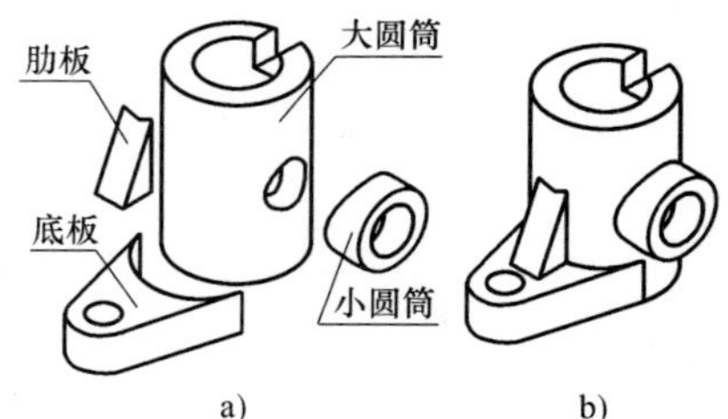

图3−12　形体分析法看图过程

a) 按投影、定形体　b) 想细部、出整体

3.3.2　线面分析法读图

线面分析法是把物体表面分解为线、面等几何要素，通过分析这些要素的空间位置、形状，从而想象出物体的形状。在看挖切类形体和较复杂的不易用形体分析的形体时，主要运用线面分析法来分析。运用线面分析法看图，应注意以下两点：

(1) 分析面的形状，如图3−13所示。

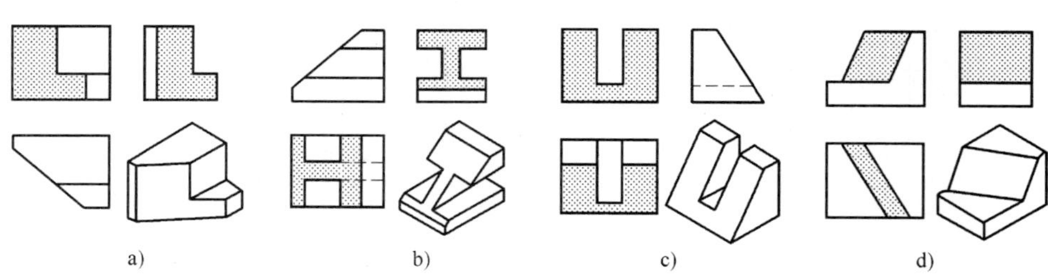

图3−13　分析面的形状

（2）分析面的位置，如图3−14a中A是正平面，B是侧垂面，而在图3−14b中则相反。

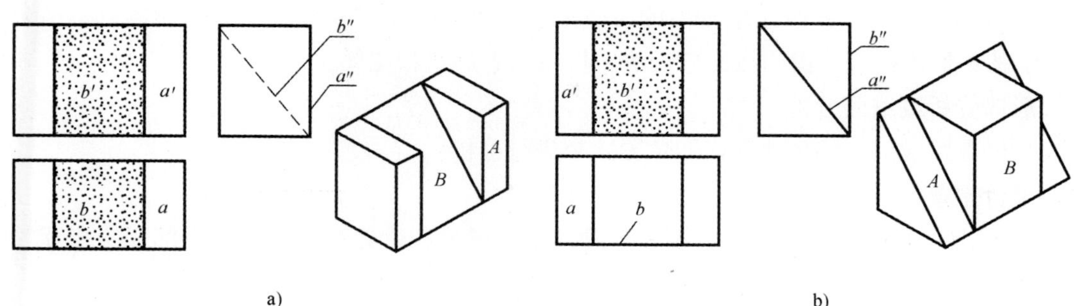

图3−14　分析面的相对位置

例：读懂图3−15所示组合体的视图，想象其空间形状，并画出其左视图。

分析：从图3−15知，该形体的形状特征明显，而各面的位置特征不明显。若能确定各面的空间位置，则不难想象该形体的空间形状。因此，采用线面分析法分析，如图3−16所示。将主视图分成三个封闭线框，它表示三个不同的面，逐一分析其形状和位置，最后想象整体形状。其具体分析步骤见图3−17。

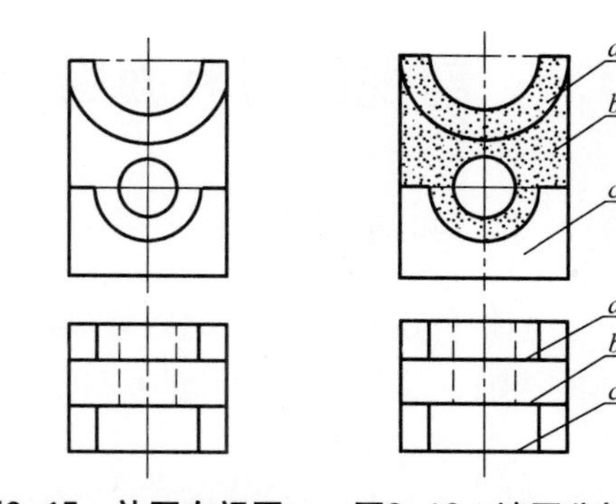

图3−15　补画左视图　　图3−16　读图分析

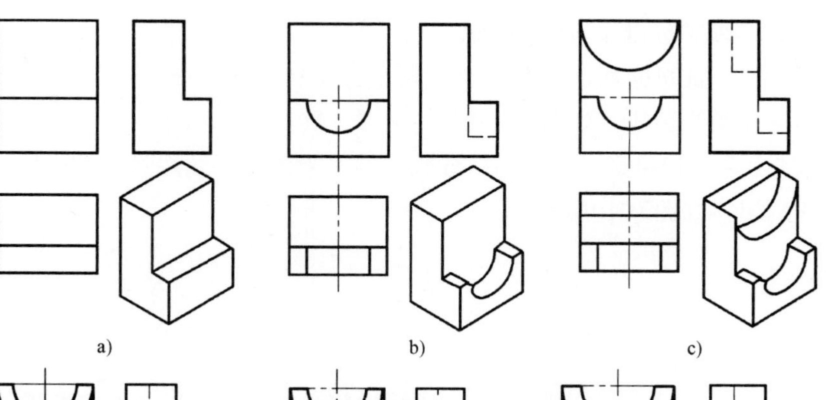

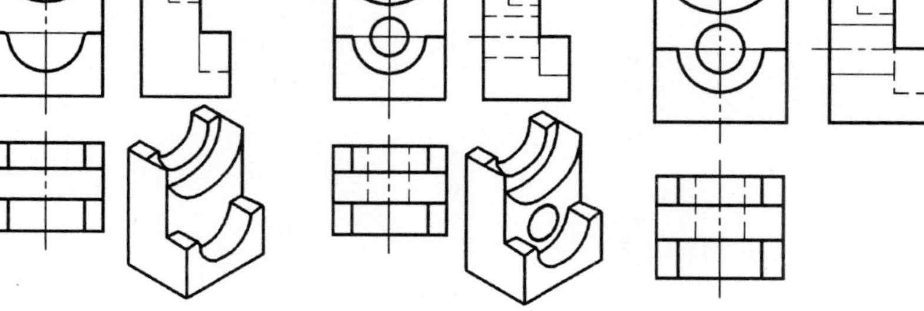

图3−17　线面分析法的看图过程

a）画外轮廓　b）画前层半圆槽　c）画中层半圆槽　d）画后层半圆槽
e）画中层与后层通孔　f）加深

3.3.3 看图的步骤

1.概括了解

根据视图及尺寸，初步了解物体的大概形状和大小，从主视图入手，用形体分析法分析它由哪几个基本形体组成，或用线面分析法分析各面的形状和位置。

2.形体分析或线面分析

对物体各组成部分的形状和线面位置逐个进行分析。

3.综合想象

通过形体分析和线面分析，了解各组成部分的形状和位置、了解各组成部分的相互关系及产生的交线，从而想象出整个物体的形状。

4.画出左视图

看图要领：概括成三句话①分线框、对投影。②按投影、定形体。③想细部、出整体。

3.4 剖视图与断面图

3.4.1 剖视图

当机件的内部结构比较复杂时，视图中就会出现较多的虚线，过多的虚线既影响了图形表达的清晰，又不利于尺寸的标注，不便于看图。为此国家标准规定了剖视图的画法。

1.剖视图的形成

假想用剖切面剖开机件，将处在观察者和剖切面之间的部分移去，而将其余部分向投影面投射所得的图形，称为剖视图，如图3–18所示。

2.剖视图的画法

画剖视图时，必须掌握以下方法和步骤：

（1）确定剖切平面的位置，一般要求剖切平面平行于某个基本投影面，通过机件的对称面、基本对称面或孔槽的轴线，如图3–18所示。

（2）移去剖切平面和观察者之间的部分画出的剖视图，必须注意剖切平面后面的可见轮廓线均应用粗实线画出，如图3–19所示。

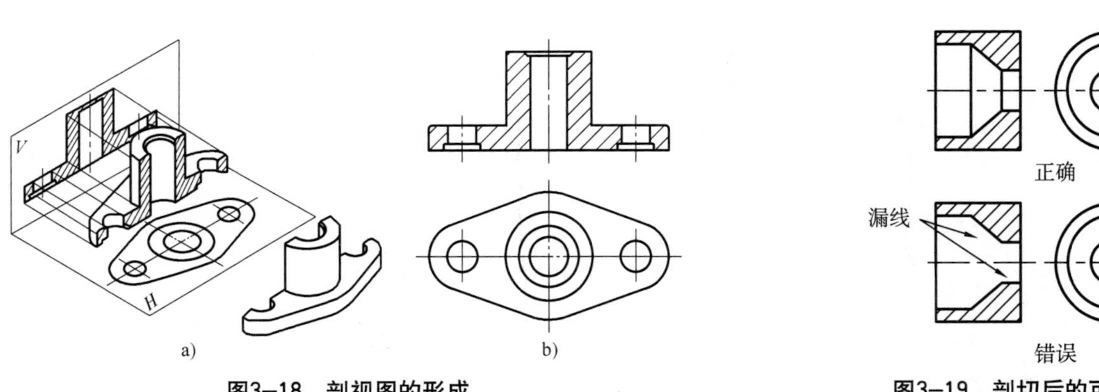

图3–18 剖视图的形成

图3–19 剖切后的可见线

（3）由于剖视图是假想剖开机件，当机件的一个视图画成剖视图后，其他视图不受影响，仍应完整地画出。

（4）在剖视图中，剖切平面与机件相接触的部分，称为剖面区域。《技术制图》（GB/

T 17452—1998）规定，剖面区域要画上机件材料类别的剖面符号，各种材料的剖面符号见表3-1。用金属材料制造的机件，其剖面符号应与水平成45°且间隔距离相等的细实线，称为剖面线。注意：同一机件，各视图中的剖面线应间隔相等、方向相同。

表3-1 各种材料的剖面符号

金属材料（已有规定剖面符号除外）		钢筋混凝土		木材纵、横剖面	
非金属材料（已有规定剖面符号除外）		砖		液体	

（5）当剖切面通过肋板的最大对称面时，肋板上不画剖面符号，如图3-20b所示。

3.剖视图的配置与标注

剖视图一般要进行标注，标注是由剖切符号、箭头和名称组成。剖切符号表示剖切面的位置，在剖切面的起、止和转折处用短粗实线表示，并在上述各处注以相同的大写拉丁字母，起、止处配上箭头表示投影方向，在相应的剖视图上方用同样的字母标注其名称“×－×”，当被剖区域的主要方向接近45°时，剖面线的方向应适当调整，如图3-20a所示。在下列情况下，可简化或省略标注。

（1）当剖视图按投影关系配置，中间没有其他图形隔开时，可以省略箭头，如图3-20b所示。

（2）一剖切平面通过机件的对称平面或基本对称平面，切剖视图按投影关系配置，中间没有其他图形隔开时，可以省略标注，如图3-18所示。

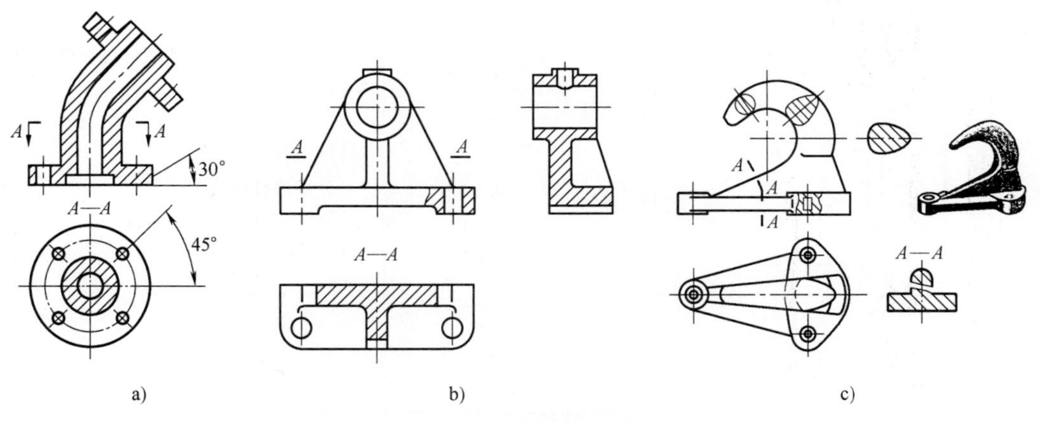

图3-20 剖视图的标注

（3）遇有变化较复杂的形体时，可用多个剖面表达其形状，如图3-20c所示的拖钩。

4.剖视图的种类

剖视图按剖开机件的范围不同，可将剖视图分为全剖视图、半剖视图和局部剖视图三种，见表3-2。

表3-2　全剖、半剖和局部剖视图

种类	图　例	说 明
全剖视图	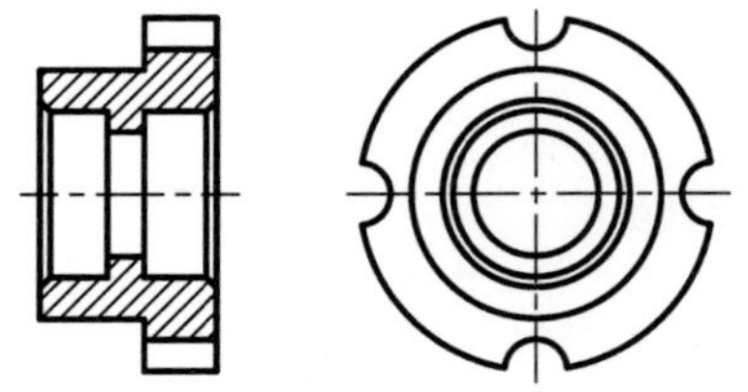	用剖面完全剖开机件所得剖视图，称为全剖视图。主要用于不对称的机件或外形简单、内部复杂的对称机件
半剖视图	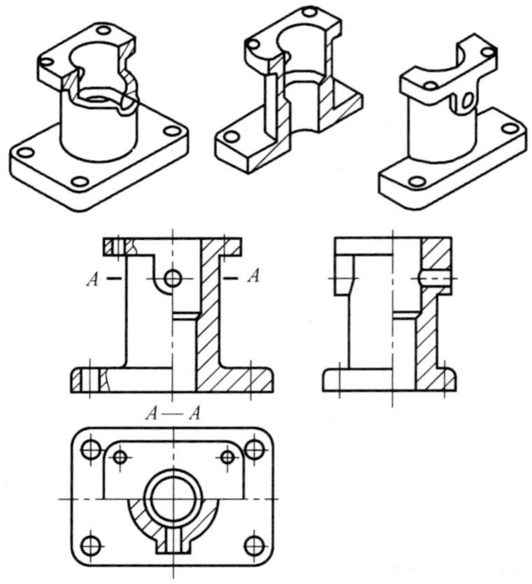 A　A A—A	具有对称或接近于对称结构的零件，将一半画成剖视图，称为半剖视图。主要用于内、外形状都需表达的对称件。注意： (1) 剖视与视图的分界线以机件对称线（细点画线）为界，不能是其他任何线条。 (2) 视图部分不必画出虚线。 (3) 标注与全剖视图标注方法相同。 (4) 尺寸线只能画出一端箭头，另一端只略超过对称中心线，不画箭头。 (5) 各视图中，应根据需要确定某个或某几个采用半剖视
局部剖视图	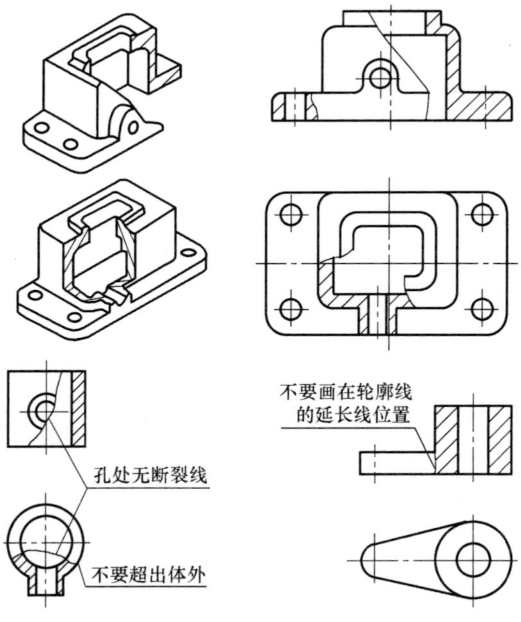 不要画在轮廓线的延长线位置 孔处无断裂线 不要超出体外	用剖切面局部地剖开机件所得到的剖视图，称为局部剖视图。局部剖视图主要用来表达机件上的局部内形（如孔、槽等），以及不对称机件的内、外形结构。 局部剖视图与视图部分的分界线以波浪线为界。画图时应注意以下几点： (1) 波浪线应画在机件的实体部分，遇到孔、槽时应断开。 (2) 波浪线不能和图形中的其他轮廓线重合，也不能画在其他图线的延长线上。 (3) 波浪线不能超出视图的外轮廓线

5.剖切面的种类

国家标准规定，剖切面可以是单个或几个平面或平面与曲面结合的组合剖切面，绘制剖视图时，根据机件内部结构形状的差异，可选用下列三种剖切面：单一剖切面；几个平行的剖切面；两个相交的剖切面（交线垂直于某一投影面）。无论采用哪种剖切面，都可以得到全剖视、半剖视和局部剖视图。

（1）单一剖切面。用单一斜剖切面时，必须对剖视图进行标注，其标注方法和图形的配置如图3−21所示。

（2）阶梯剖切面。几个互相平行的剖切平面指两个或两个以上平行的剖切平面，且各剖切平面间用直角转折联系，如图3−22所示。用阶梯剖切面可以得到全剖视图、半剖视图和局部剖视图，用阶梯剖切面时应注意的问题如图3−23所示。

（3）两个相交的剖切面。指用两个相交的剖切平面（交线垂直某一基本投影面）剖切机件，如图3−24a所示。

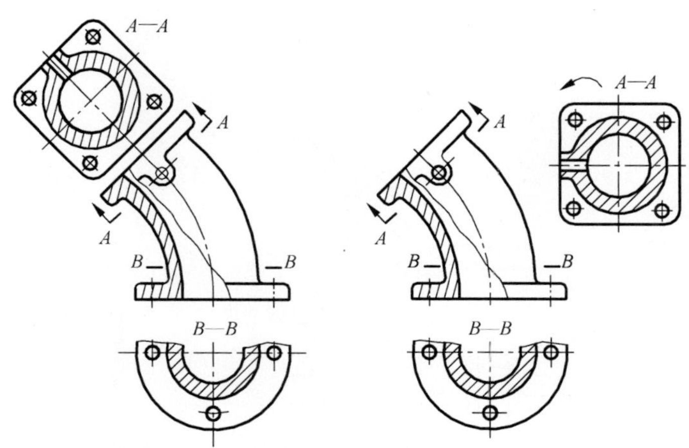

图3−21　单一斜剖切面剖切的全剖视图

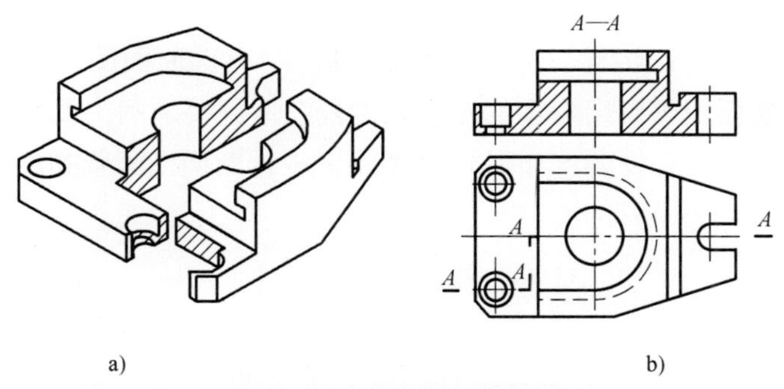

图3−22　阶梯剖切面剖切的画法

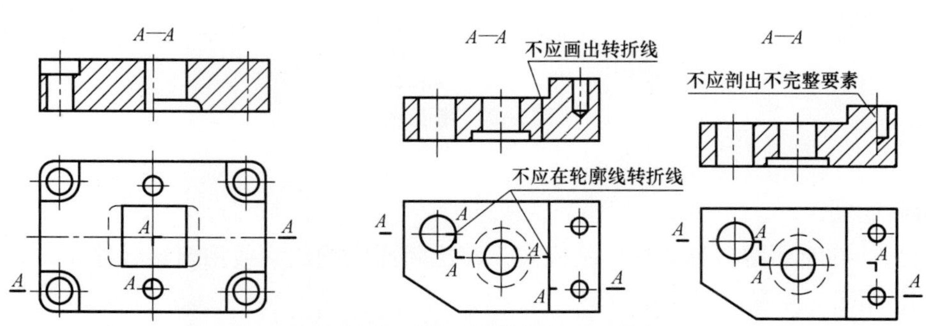

图3−23　阶梯剖画法及其标注时应注意的问题

用两个相交的剖切面剖开机件的方法，主要表达机件的孔、槽等结构不在同一剖切平面内，但又具有同一回转轴线的机件。具体画图时应注意以下几点：

1）假想用两相交的剖切面剖开机件，然后将剖开的倾斜结构及有关部分绕交线旋转到与选定的投影面平行，再投射画出，在剖切平面后的其他结构仍按原来的位置投射，如图3−24b所示。

2）用两个相交的剖切面剖开机件画出的剖视图必须进行标注。其标注形式及内容与阶梯剖切的剖视图相同。

3）当用几个相交的剖切面剖到机件的结构产生不完整结构要素时，应将此部分结构按不剖绘制，如图3−25所示。

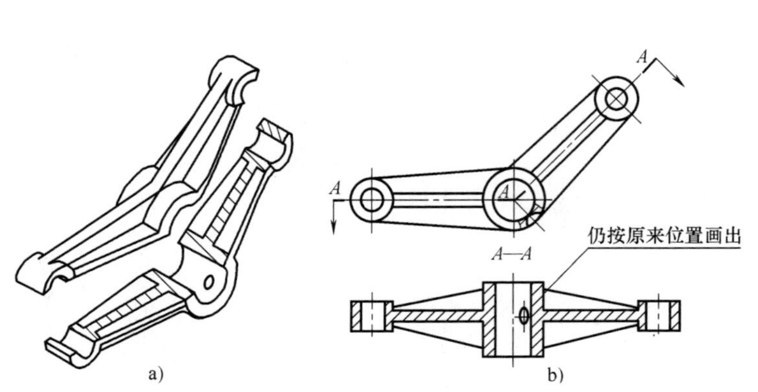

图3−24 两个相交的剖切面剖切的全剖视图

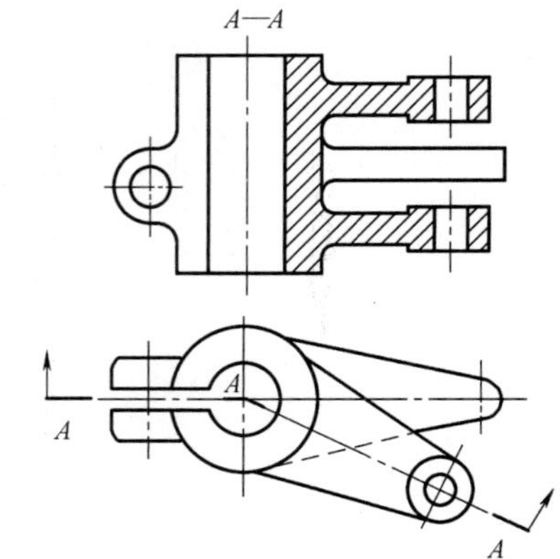

图3−25 剖到不完整结构要素的画法

3.4.2 断面图

假想用剖面将机件的某处切断，仅画出断面的图形，称为断面图，如图3−26所示。断面图与剖视图的区别是：断面图仅画出断面的图形，剖视图不仅要求画出机件截断面的图形外，还要画出剖切面后面机件的所有投影，如图3−26所示。根据断面图配置的位置不同，可分为移出断面和重合断面两类。

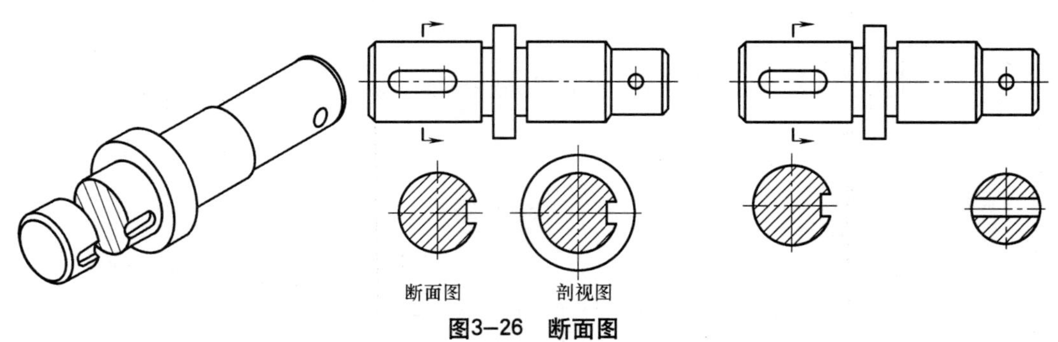

图3−26 断面图

1.移出断面图

画在视图外的断面图，称为移出断面图。移出断面图的轮廓线用粗实线绘制，如图3−27所示。画移出断面图应注意以下几点：

（1）移出断面图应尽量配置在剖切线的延长线上，必要时可画在其他适当位置，如图3−27

所示的A—A断面。

(2) 当断面通过回转轴时，应按剖视图绘制，如图3-27所示的键槽和A—A断面。

(3) 当断面通过非圆孔会导致完全分离的两个断面时，则此结构应按剖视图绘制，如图3-27所示的扁通孔和B—B断面。

(4) 当移出断面由两个以上相交剖切面形成时，断面中间应断开，如图3-28所示。

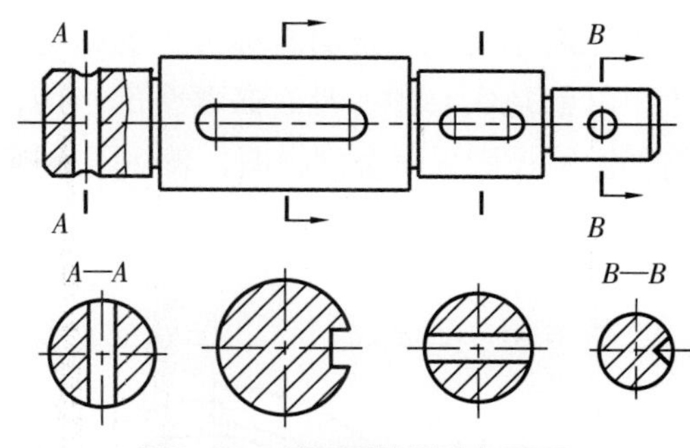

图3-27 断面图的画法与配置

(5) 移出断面的标注，一般应在断面图的上方用大写字母标出断面的名称“×—×”，在相应的视图上，用剖切符号表示剖切面的位置，用箭头表示投影方向，并标注相同的字母，如图3-27所示A—A断面。

2.重合断面图

画在视图之内的断面图称为重合断面图，重合断面图的轮廓线用细实线绘制，如图3-29a所示。当重合断面轮廓与视图中轮廓重合时，视图中的轮廓线仍应连续画出，不可间断，如图3-29b所示。对称的重合断面可省略标注，如图3-29a所示，不对称的重合断面图必须标注剖切符号和箭头，如图3-29b所示。

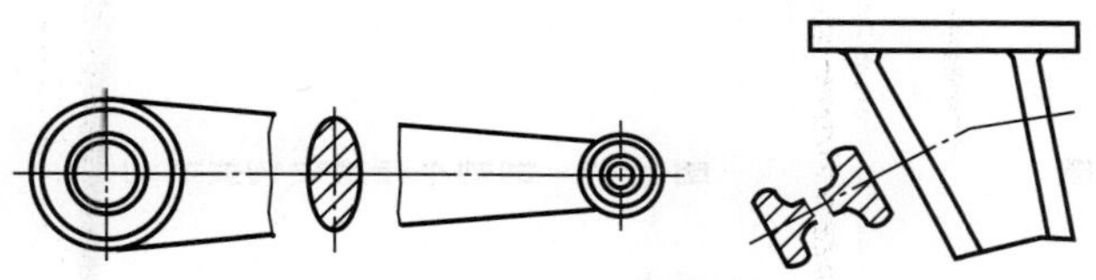
图3-28 剖切平面相交的断面图

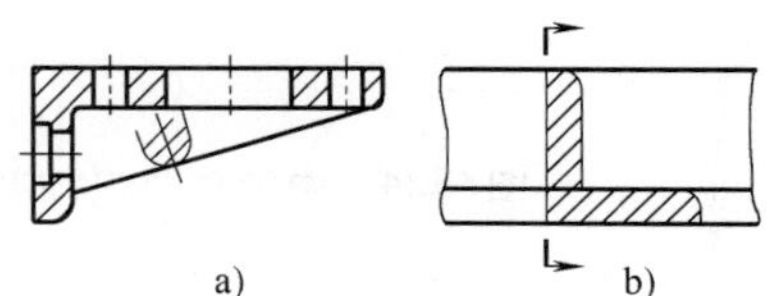

图3-29 重合断面图

3.4.3 剖视图、断面图的综合应用

在绘制机械图样时，对于任何一个机件除主视图以外，所需其他视图的数量应根据机件的形状、结构和表达方法来确定，在明确表示机件的前体下，使视图（包括剖视图和断面图）的数量为最少，尽量避免虚线表达物体的轮廓及棱线。一个机件往往可以选用几种不同的表达方案，在确定表达方案时，还应结合标注尺寸等问题一起考虑。下面举例说明。

图3-30为一组合体（泵体），其表达方法分析如下：

1.分析泵体形状

泵体的上部主要由直径不同的两个圆柱体、圆柱体内腔、左右两个凸台以及背后的锥台等组成；底座为一长方形板，用来支承上面的圆柱体。

2.选择表达方法

通常选择最能反映零件特征的投影方向作为主视图的投影方向。由于泵体最前面的圆柱直径最大，它遮住了后面直径较小的圆柱，为了表达它的形状和左右两端的螺孔以及底板上的两个安装孔，主视图上应取剖视；但泵体前端的大圆柱及均布的3个螺孔也需表达，考虑到泵体左右是对称的，因而选用半剖视图，同时表达它的内部结构和外部形状，如图3-31所示。选择

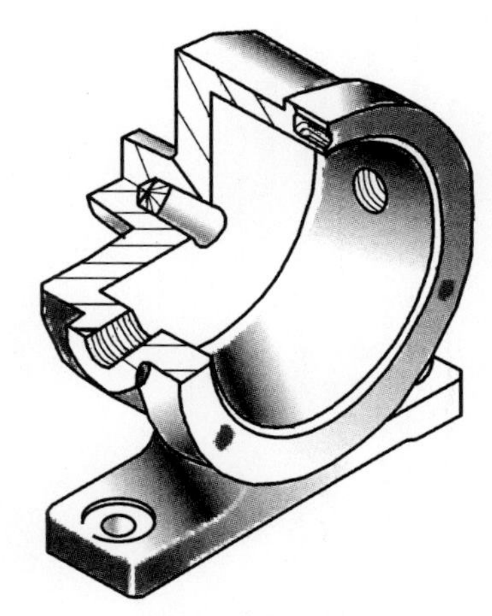
图3-30 泵体

左视图表示泵体上部沿轴线方向的结构，为了表示内腔形状，应取剖视，但若作全剖视，则由于下部都是实心体，没有必要全部剖切，因而采用局部剖视，这样可以保留一部分外形，便于看图。俯视图采用全剖视图，表达了底板及中间连接块和其两边肋板的形状。

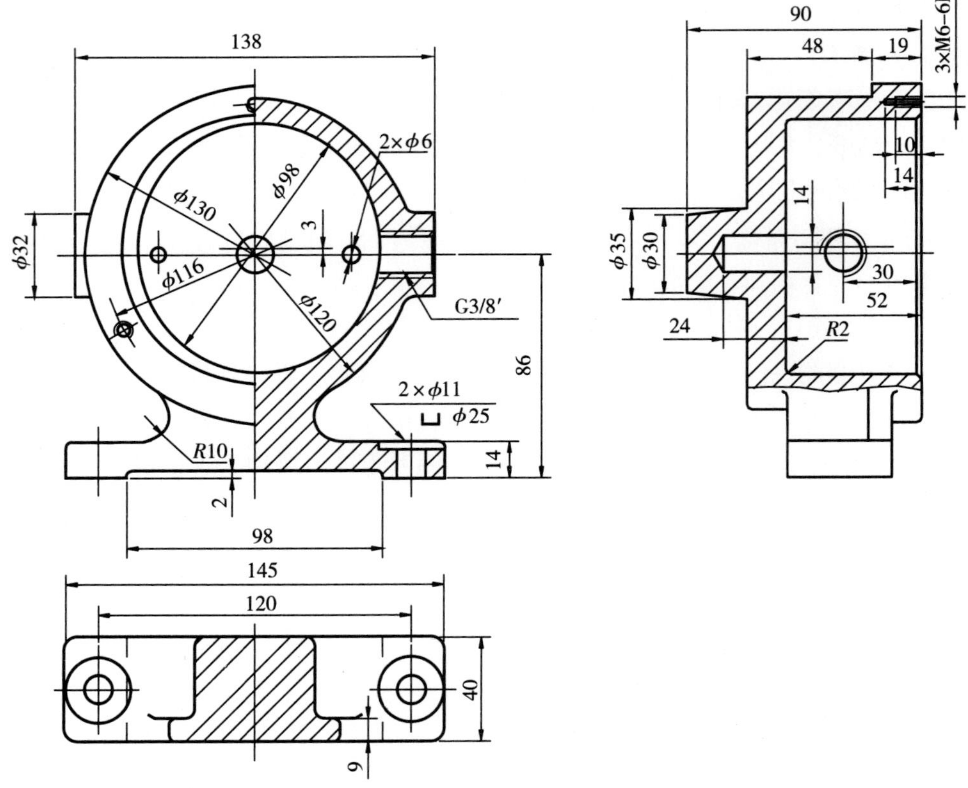

图3–31　组合体综合表达

第4章 轴测投影图

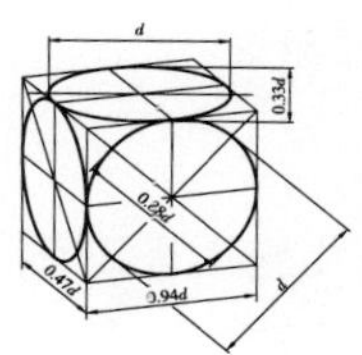

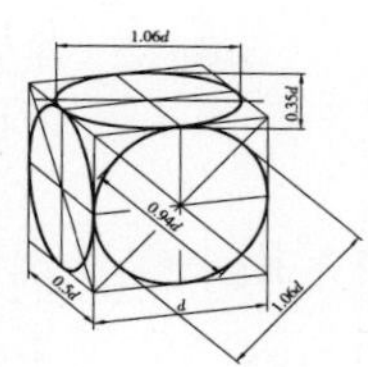

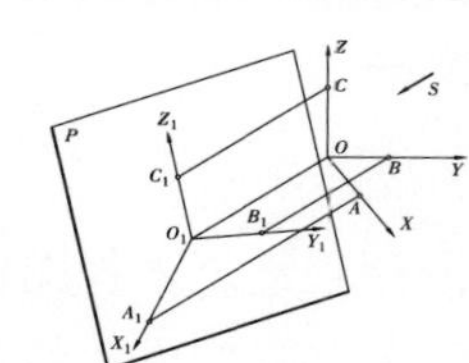

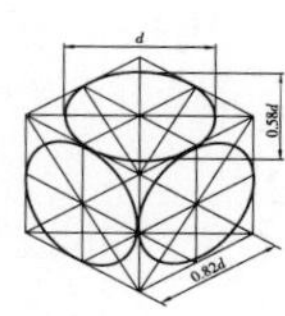

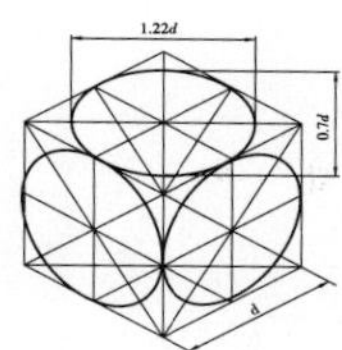

学习目标

（1）掌握正等测和正二测图轴测投影图绘制的方法。

（2）了解正面斜二测和水平斜等测图。

学习重点

正等测和正二测图轴测投影图的绘制。

4.1 概述

如图4-1所示，正投影图能够正确地表达物体的形状和大小，并且作图简便，因而在工程实践中得到广泛的应用。但是这种图缺乏立体感，如把图4-1所示的物体用图4-2a、图4-2b或图4-2c来表达就具有较强的直观性。这种图形就是轴测投影图，简称轴测图。

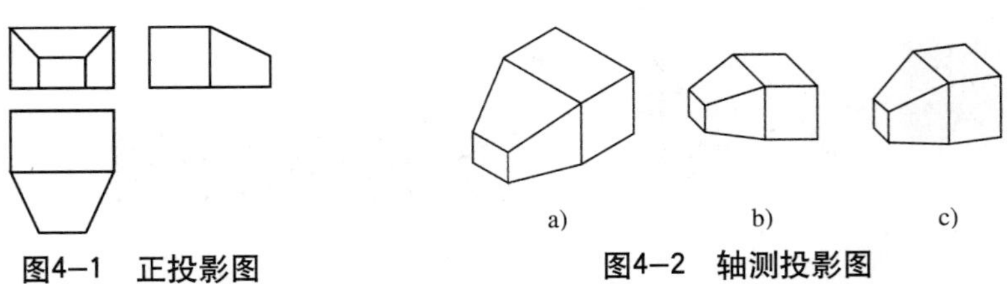

图4—1　正投影图　　图4—2　轴测投影图

轴测图在工业产品造型设计和建筑工程图中常用来作表现图及施工图的辅助图样。它对于研究工业产品的外观形状和建筑空间构成、外观与内部的关系及构造关系具有简明、直观的效果。建筑设计（包括城市规划）的概貌，有时也用轴测图来表现。

4.1.1　轴测投影图绘制的两种方法

轴测投影与正投影的投射光线都是平行光线，但轴测投影的投影面只有一个，这个投影面称为轴测投影面。轴测投影图是一种单面投影图。为在单面投影图上反映空间物体的三个向度，一般采用两种方法：

（1）如图4-3a所示，在物体上与物体的三个主向相一致地加上一个空间直角坐标系O-XYZ，使物体的三个主向均与轴测投影面P倾斜，投射光线S垂直于轴测投影面P，把物体连同空间直角坐标系一起向轴测投影面P投影。

（2）如图4-3b所示，在物体上与物体的三个主向相一致地加上空间直角坐标系O-XYZ，使物体的两个主向平行于轴测投影面P，投射光线S倾斜于轴测投影面P，把物体连同空间直角坐标系一起向轴测投影面P投影。

第一种方法（图4-3a所示的方法）的投射光线与轴测投影面垂直（正交），所得到的投影图称为正轴测图，按物体与投影面角度的不同，常用的正轴测图有正等测图和正二测图；第二种方法（图4-3b所示的方法）的投射光线与轴测投影面倾斜，所得到的投影图称为斜轴测图，按取用投影面及光线角度的不同，常用的斜轴测图有正面斜二测图和水平斜等测图。

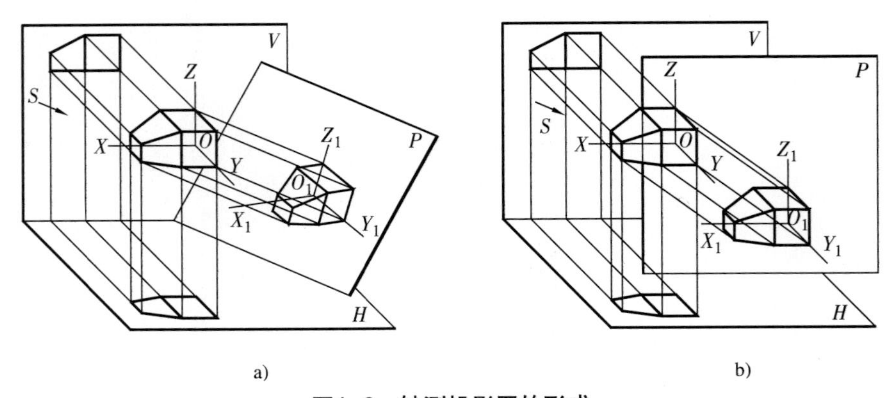

图4—3　轴测投影图的形成

4.1.2 轴测轴与轴间角

如图4-3、图4-4所示，轴测坐标轴O-XYZ的投影O_1-$X_1Y_1Z_1$称为轴测轴，轴测轴之间的夹角$\angle X_1O_1Z_1$、$\angle X_1O_1Y_1$和$\angle Y_1O_1Z_1$称为轴间角。

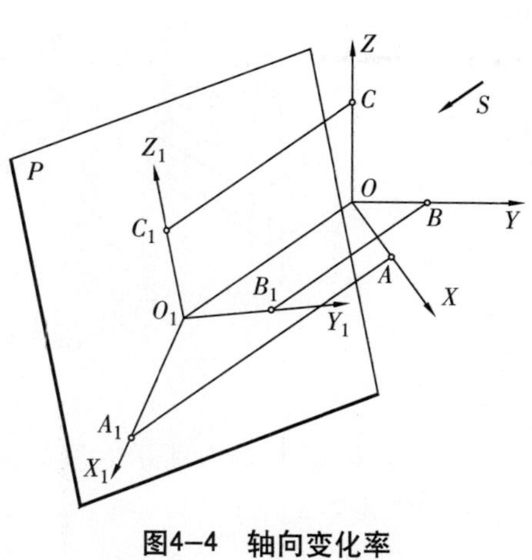

图4-4 轴向变化率

4.1.3 轴测投影的投影特性

轴测投影是一种平行投影，它具有平行投影的如下特性：

（1）平行性。空间互相平行的直线，它们的轴测投影也互相平行。物体上平行于坐标轴的直线，其轴测投影平行于相应的轴测轴。

（2）定比性。一组平行于某坐标轴的线段，它们轴测投影的长度与实长之比为一定值，称为该轴的轴向变化率。如图4-4所示，$p=O_1A_1/OA$，$q=O_1B_1/OB$，$r=O_1C_1/OC$分别为X、Y、Z轴的轴向变化率。

轴间角和轴向变化率是画轴测图的主要依据。在轴测图中，可用轴向变化率来测量平行于相应坐标轴的线段长度；也可利用物体上坐标轴的平行线，比较方便地作出物体的轴测图。由于是沿轴向测量，所以这种投影称轴测投影。至于物体上不平行于坐标轴的线段，一般不能直接作图和测量长度，它的轴测图可以利用平行于坐标轴的辅助线作出两个端点后连成。

4.2 正轴测投影图

4.2.1 正等测图

如图4-5所示，使空间物体的三根坐标轴都与轴测投影面P的倾角相等，这样得到的正轴测投影图，称为正等测图。此时，各轴向变化率和轴间角都是相等的，即有各轴向变化率：

$$p=q=r\approx 0.82,$$

有各轴间角：

$$\angle X_1O_1Y_1=\angle Y_1O_1Z_1=\angle Z_1O_1X_1=120°$$

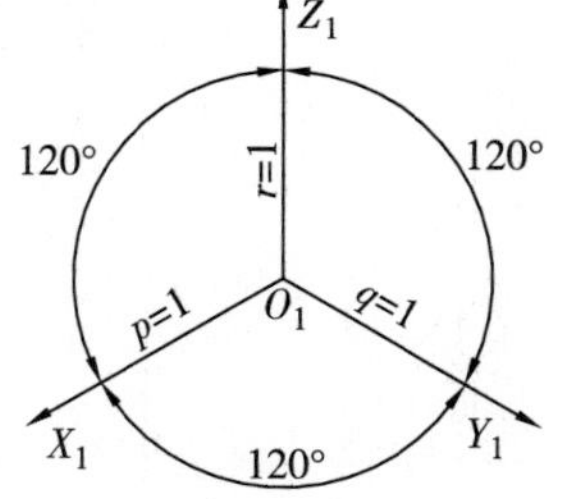

图4-5 轴间角和轴向实用系数

为了作图方便，常把轴向变化率取为1，称为简化变化率。如果把轴向变化率称为理论系数，简化变化率则称为实用系数。这样，在按实用系数画轴测图时，沿轴向的尺寸都可以按实长测量，所作出的轴测图比按实际投影所得的轴测图放大了1/0.82≈1.22倍。

作图时，轴O_1Z_1一般画成铅垂线，以便于用丁字尺和三角板作图；另外，要考虑到物体与轴测投影面的相对位置，使图形能清楚地反映出物体所需表达的部分。图4-6a、b、c、d是同一物体对轴测投影面处于四种不同位置时得到的轴测图，图4-6a、b是俯视位置，图4-6c、d是仰视位置。

画轴测图常用的方法有坐标法、切割法、端面法、叠加法等，其中坐标法是最基本的方法，而其他方法仍是以坐标法为基础。坐标法作图是按物体各特征点的坐标关系，找出各点的轴测投影，然后连各投影点画成物体的轴测图。

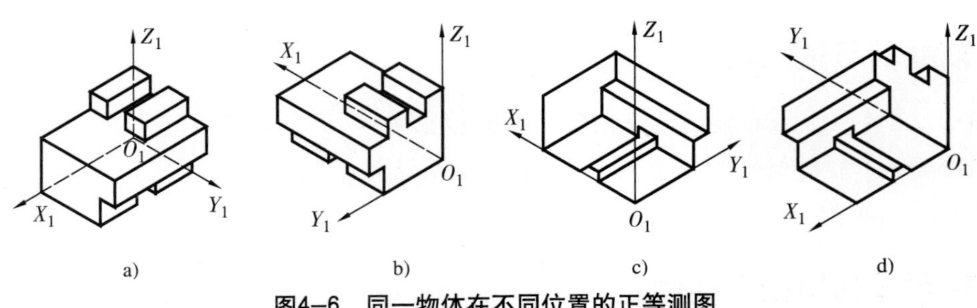

图4-6　同一物体在不同位置的正等测图

例1：根据图4-7a所示的三棱锥的正投影图，用坐标法画出它的正等测图。

作图步骤如下：

（1）根据图4-7a在正投影图中选择适当的坐标轴。

（2）画轴测轴，根据坐标值画出底面各顶点的轴测图，如图4-7b所示。

（3）根据顶点S的坐标定出锥顶S的水平投影s的轴测图s_1，将s_1升高至S的高度，得锥顶S的轴测图S_1，点的水平投影的轴测投影一般叫次投影，如图4-7b所示。

（4）连接各顶点，构成三棱锥的轴测图，如图4-7c所示。

（5）擦去被遮挡的棱线和轴测轴，加粗描深图线，完成全图，如图4-7d所示。

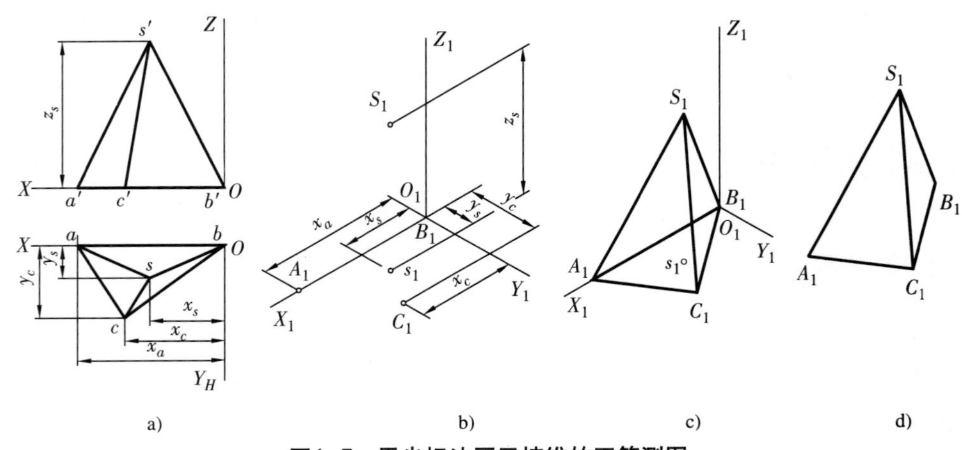

图4-7　用坐标法画三棱锥的正等测图

例2：画出图4-8a所示台座的正等测图。

作图步骤如下：

（1）在正投影图中选择适当的坐标轴，如图4-8a所示。

（2）根据坐标值画出台座底面的轴测图，如图4-8b所示。

（3）根据高度方向的坐标画出各个顶点，如图4-8c所示。

（4）连接各顶点，擦去多余线条，加粗描深可见棱线，完成全图。如图4-8d所示。

例3：画出如图4-9a所示小屋的正等测图。

小屋是由几个简单几何体组成的，宜用坐标法分块叠加画其轴测图，作图步骤如下：

（1）在正投影图中选择适当的坐标轴，如图4-9a所示。

（2）按地板的坐标值画出轴测图，切割出台阶，定出柱和墙的位置，如图4-9b所示。

（3）根据高度坐标，用叠加法，画出柱、墙、屋盖的轴测图，如图4-9c所示。

（4）按坐标作出倾斜雨篷板的端点，连线构成轴测图，如图4-9c、d所示。

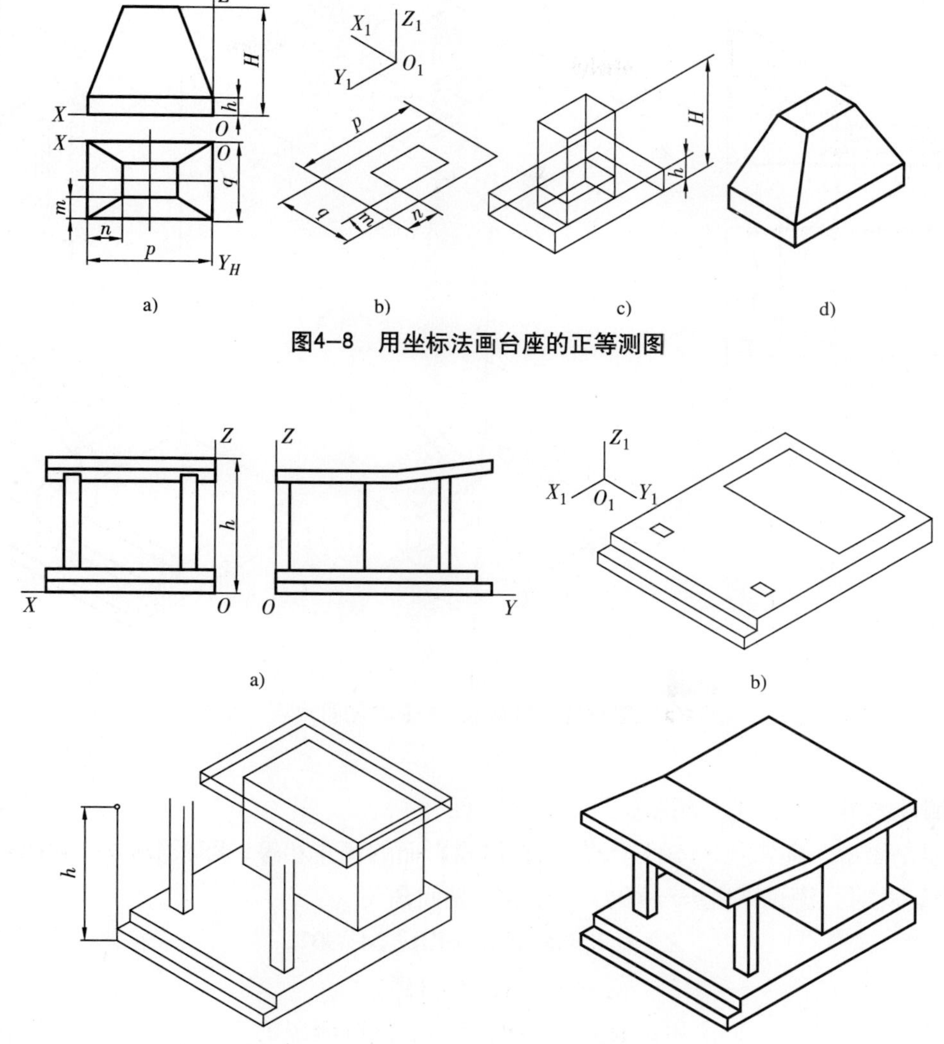

图4-8 用坐标法画台座的正等测图

图4-9 小屋的正等测图

（5）擦去被遮挡的棱线，加粗描深可见棱线，完成全图。

例4：画出图4-10a所示转角台阶的正等测图。

对于较复杂的楼梯、台阶等可采用先画出端面，再从各顶点平行延伸的端面法。

（1）在正投影图中选择适当的坐标轴，如图4-10a所示。

（2）画轴测轴，作出台阶平面和平台的轴测图，如图4-10b所示。

（3）用切割法画出侧栏板的轴测图，如图4-10c所示。

（4）画踏步，先按踏步的截面形状，在墙面上画出踏步端面的轴测图，然后过端面各顶点引线平行于相应的方向，得到踏步的轴测图，如图4-10d所示。

（5）擦去多余线条，加粗描深可见棱线，完成全部作图，如图4-10e所示。

4.2.2 正二测图

正等测图画法简便，使用广泛。但是，在某些情况下，正等测图显得呆板，立体感不够强。此时可以改变空间物体坐标轴与轴测投影面的相对位置，使得三根坐标轴中只有两根轴与轴测投影面的倾角相等，因此这两根轴的系数一样，三根轴的轴间角也只有两个相等，这样得

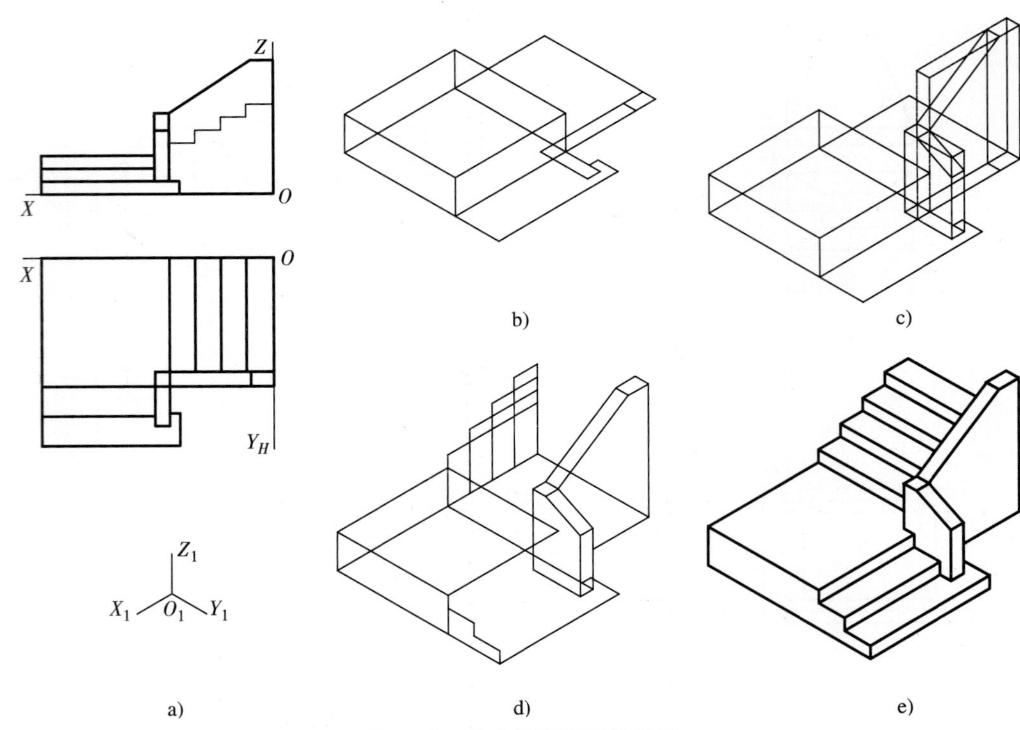

图4-10　转角台阶的正等测图

到的正轴测投影图，称为正二测图。

在工程制图中，通常使OX轴和OZ轴对轴测投影面的倾角相等，即系数$p=r$，并选定系数q为p、r的一半，此时，理论系数$p=r=0.94$，$q=0.47$，轴间角为

$$\angle X_1O_1Y_1=\angle Y_1O_1Z_1=131^\circ\ 24'\ 30'',$$

$$\angle Z_1O_1X_1=97^\circ\ 11'。$$

为方便作图，同样可取实用系数$p=r=1$和$q=0.5$。这时画出的正二测图比实际投影放大了$1/0.94\approx1.06$倍，正二测图的轴测轴画法如图4-11所示，O_1Z_1轴仍然面成铅垂线，因O_1X_1轴与水平线夹角为$97^\circ\ 11'-90^\circ=7^\circ\ 11'$的夹角，$\tan7^\circ\ 11'=1/8$，所以$O_1Z_1$轴与$O_1X_1$轴的轴间角可根据这一个比值而作出。$O_1Y_1$轴可通过做$\angle Z_1O_1X_1$的角平分线的方法作出。

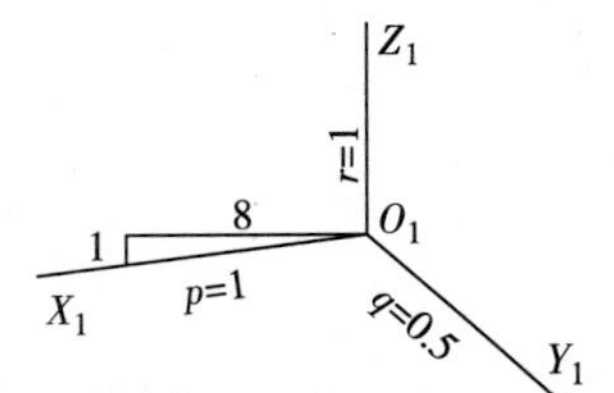

图4-11　正二测图的轴测轴

正二测图的画图方法和步骤与正等测图相同。

例1：画出柱基础的正二测图，并比较它与正等测图的效果。

分析：柱基础是由简单几何体组成，可用分块叠砌的方法画图，作图步骤如下：

（1）在正投影图中选择适当的坐标轴，如图4-12a所示。

（2）画轴测轴，作出底部方板的平面正二测图，如图2-12b所示。

（3）根据高度，用叠砌的方法，画出方板、四棱台、四棱块和四棱柱的轴测图，如图4-12c、d所示。

（4）擦去多余线条，加粗描深可见棱线，得到柱基础的正二测图，如图4-12e所示。

（5）用同样的方法作出柱基础的正等测图，如图4-12f所示。

显而易见，柱基础的正等测图呈左右对称图形，上部四棱柱的侧面积聚呈直线，下部三个几何体的左前角棱线投影呈一条直线，显得呆板，立体效果不好。柱基础的正二测图则没有这些缺点，立体感较强。

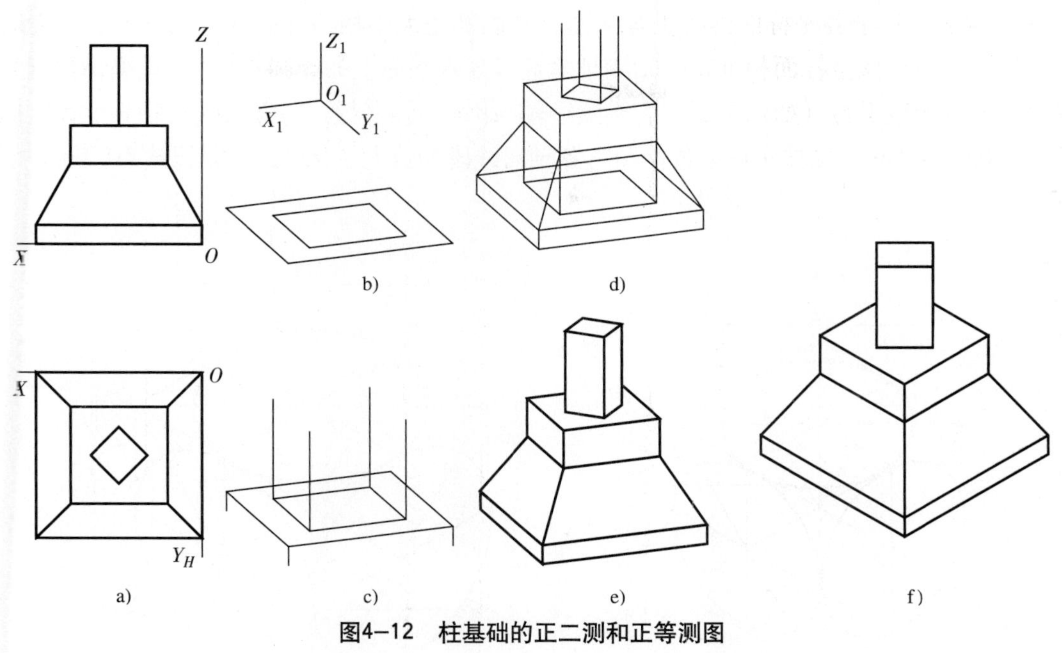

图4-12 柱基础的正二测和正等测图

例2：根据图4-13a所示小屋的正投影图画出正二测图，并比较它与正等测图的直观效果。

分析：小屋的斜脊线和天沟线的轴测图易用坐标法作出两个端点后连线而成。小屋正二测图的作图步骤如下：

（1）在正投影图中选择适当的坐标轴，如图4-13a所示。

（2）画轴测轴，作出小屋平面的正二测图，过平面轴测图的各个转角点、竖垂线，按高度求得斜脊线、天沟线的端点，如图4-13b所示。

（3）依次连接上述端点，构成屋顶的轴测图，画出墙体，清理并加粗描深图线，得到小屋的正二测图，如图4-13c所示。

（4）若用同样的方法，作出小屋的正等测图进行比较，如图4-13d所示。因为在正等测投影中，小屋左前角的斜脊线、檐口转角线和墙角线处在同一铅垂光平面内，所以这些转角交线投影成一条直线。这样，削弱了图形的立体感。而小屋的正二测图则立体感较强，图形较生动。

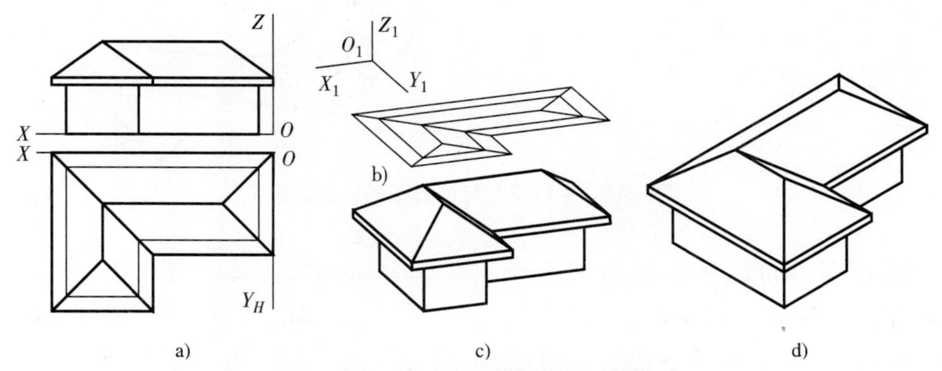

图4-13 小屋的正二测图和正等测图

4.2.3 圆和曲面立体的正轴测图

在正轴测投影中，因空间坐标平面倾斜于轴测投影面，所以，物体上平行于坐标面的圆的正轴测图是椭圆。

图4-14是平行于各坐标面圆的正等测图，它们都是大小相等的椭圆，只是长、短轴的方向不同，长轴方向与该坐标面相垂直的轴测轴垂直（如水平面上的椭圆长轴与Z轴测轴垂直）；短轴方向与该轴测轴平行（如水平面上的椭圆短轴与Z轴测轴平行）。椭圆的长轴长度为空间圆的直径d，短轴为$0.58d$。如按实用系数作图，各轴向线段均放大了1.22倍，即长轴为$1.22d$，短轴约为$0.7d$。

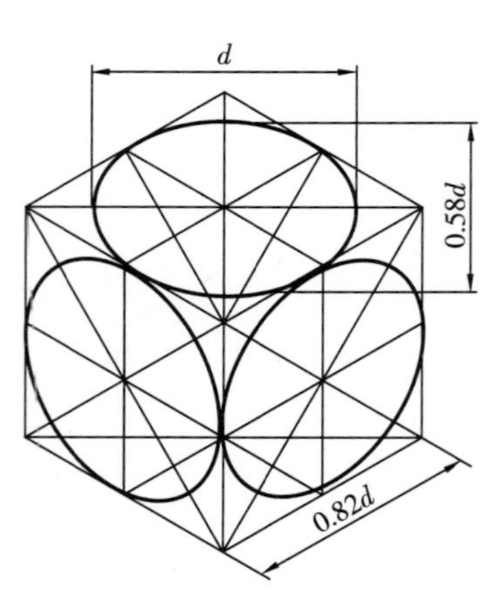

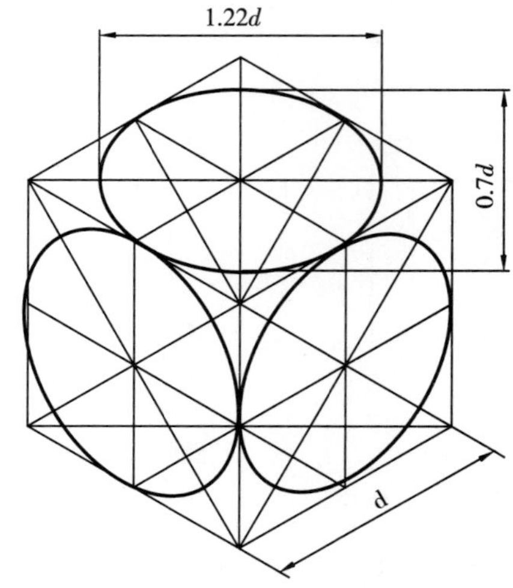

图4–14　平行于各坐标面圆的正等测图

坐标面上圆的正二测圆，椭圆长、短轴方向与轴测轴的关系和正等测图相同，长、短轴的长度如图4–15所示，当采用实用系数时轴向放大倍数为1.06倍。

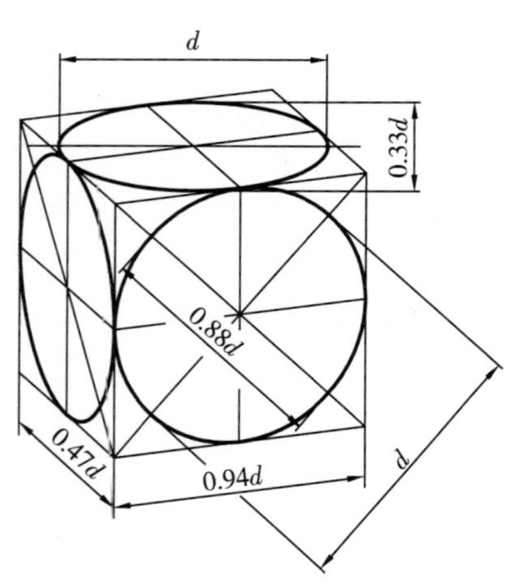

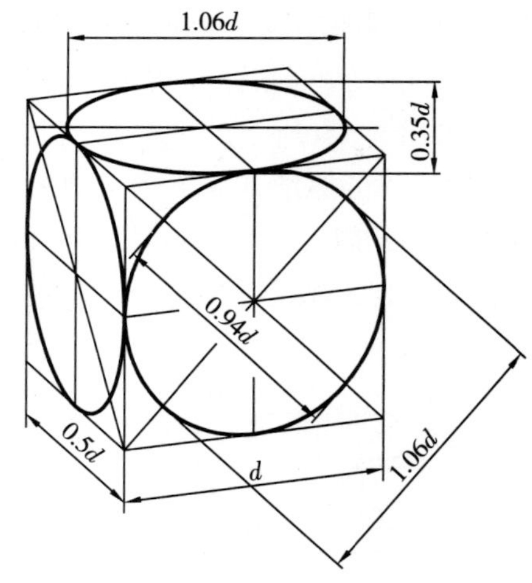

图4–15　平行于坐标面的圆的正二测图

在一般情况下，可以用坐标法画正轴测椭圆。如图4-16所示，圆O平行于坐标面xOy，在圆O内作平行于Ox的直线，在圆周上定出一系列的点，如图中的1、2、…然后按各点的坐标在轴测图中定出它们的投影，如图中的1_1、2_1、…最后用曲线光滑连接成椭圆。

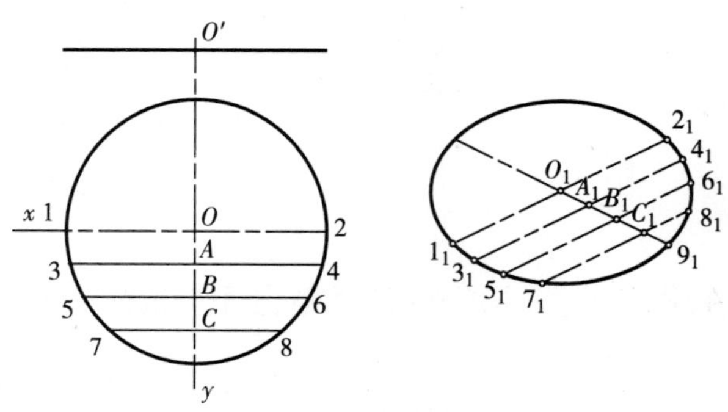

图4–16　水平圆正等测椭圆的坐标画法

为了简化作图，在对椭圆曲线的精确度

无特殊要求时，常采用各种近似画法作椭圆。正等测图的椭圆的近似画法如图4-17所示，实际也是四心扁圆法，但它是在菱形中作内切椭圆，作图方法如下：

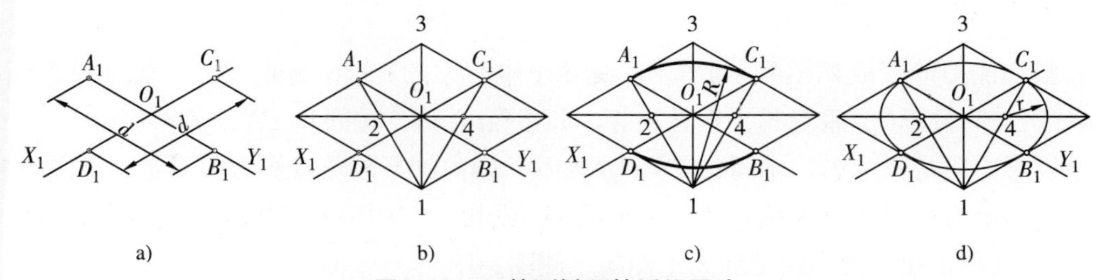

图4-17　正等测椭圆的近似画法

（1）过圆心沿轴测轴方向作中心线，按直径d量取A_1、B_1、C_1及D_1点，如图4-17a所示。

（2）作菱形，短对角线端点为1、3，连接$1A_1$、$1C_1$或$3D_1$、$3B_1$，它们分别垂直于菱形的相应边，并交长对角线于2、4，得四个圆心1、2、3、4，如图4-17b所示。

（3）分别以1、3为圆心，$1A_1$为半径作两大圆弧，如图4-17c所示。

（4）分别以2、4为圆心，$2A_1$为半径作两小圆弧，所得近似椭圆称为四心椭圆，如图4-17d所示。

例：求作图4-18a所示的带切口圆柱的正等测图。

解：作图步骤如下：

（1）在正投影图中选择适当的坐标轴，如图4-18a所示。

（2）画轴测轴，按圆柱的高度，用近似画法作出圆柱顶面和底面的四心椭圆，并作两椭圆的左右切线，得到不带切口圆柱的正等测图，如图4-18b所示。

（3）按切口的高度，作切口处半圆的近似椭圆，同时画出切口其他相应的轮廓线，如图4-18c所示。

（4）擦去辅助线，加粗描深图线即得带切口圆柱的正等测图，如图4-18d所示。

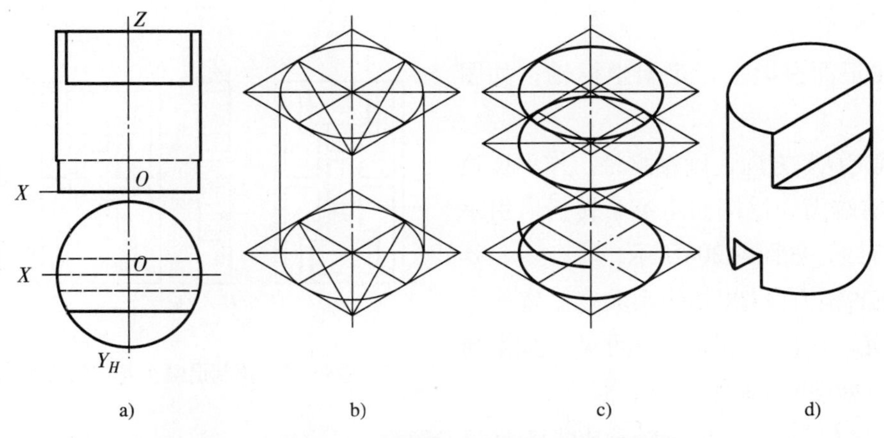

图4-18　带切口的圆柱的正等测图

4.3　斜轴测投影图

斜轴测投影的投影方向倾斜于轴测投影面。为了作图的简便，通常使物体及物体上坐标系的一个坐标平面与轴测投影面平行。如果XOZ坐标面平行于轴测投影面，所得的斜轴测图称为正面斜轴测图；如果XOY坐标面平行于轴测投影面，所得的斜轴测图成为水平斜轴测图。

4.3.1 正面斜二测图

正面斜轴测图的形成如图4-19a所示。物体上坐标系的XOZ坐标面平行于轴测投影面P，轴OX和OZ分别与其投影O_1X_1和O_1Z_1平行且相等，即系数$p=r=1$，轴间角$\angle X_1O_1Z_1=90°$。

由于投影方向是任意的，轴间角$\angle X_1O_1Y_1$和O_1Y_1轴向的系数随投影方向而定，可以单独随意选择。为了作图方便，通常使O_1Y_1轴与水平成45°或30°、60°；取O_1Y_1轴向的系数$q=0.5$，如图4-19b所示。这种正面斜轴测图常称为正面斜二测图。

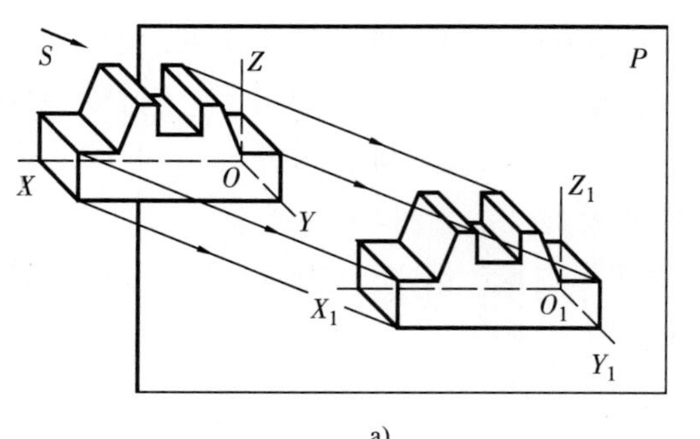

a)

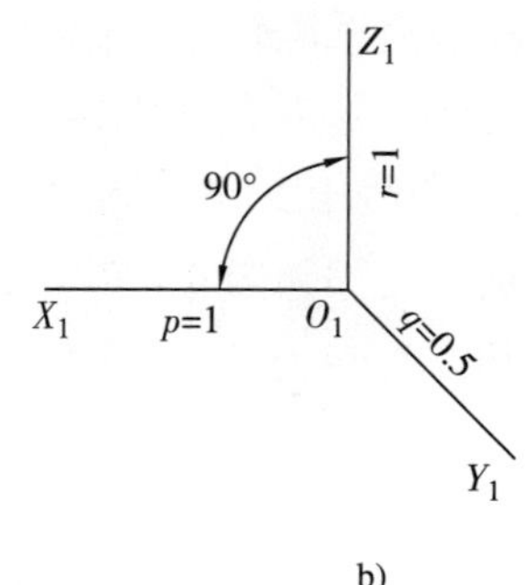

b)

图4-19 正面斜二测图

画正面斜二测图，以坐标法为基本方法，再配合使用端面法，常将物体上较复杂或带圆形特征的面平行于轴测投影面，使这个面的投影反映实形，这样易于作图；对于其他坐标平面上的圆，可用图4-16所示的坐标法作出其近似的投影椭圆。

例1：求作预制混凝土花饰的正面斜二测图。

分析：在花饰的正投影图中，正面投影反映主要特征，所以使它平行于轴测投影面。作图步骤如下：

（1）在正面投影上，定出坐标轴，如图4-20a所示。

（2）确定O_1Y_1方向，画轴测轴。作出反映实形的花饰前端面，过端面上每个转折点引平行于Y_1轴的直线，如图4-20b所示。

（3）在Y_1轴方向按0.5的系数定出宽度方向各点的位置，作出后端面。将可见线加粗描深完成全图，如图4-20c所示。

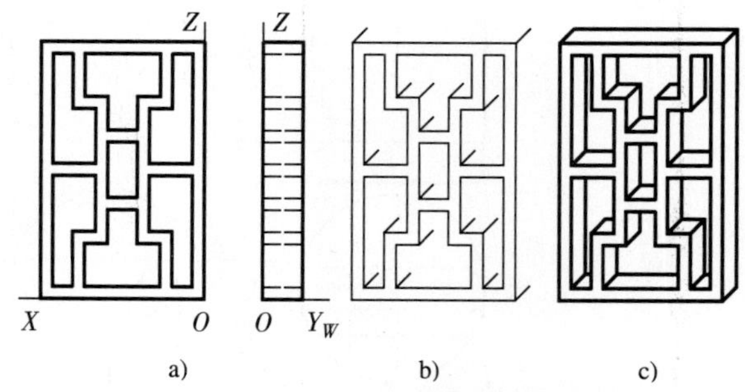

a) b) c)

图4-20 预制混凝土花饰的正面斜二测图

例2：画出如图4-21a所示轴承座的正面斜二测图。

分析：该轴承座的正面投影带有圆形，若使轴测投影面平行于正面，轴测投影则反映正面的实形，作图比较方便。作图方法和步骤与例1相同。这里应注意的是后端面圆心是在过前端面的圆心引平行于O_1Y_1的直线上，按0.5系数量取宽度而得；前、后端面上大圆的左上方的公切线也平行于O_1Y_1，如图4-21b所示。擦去多余图线，加粗描深后得到轴承座的正面斜二测图，如图4-21c所示。

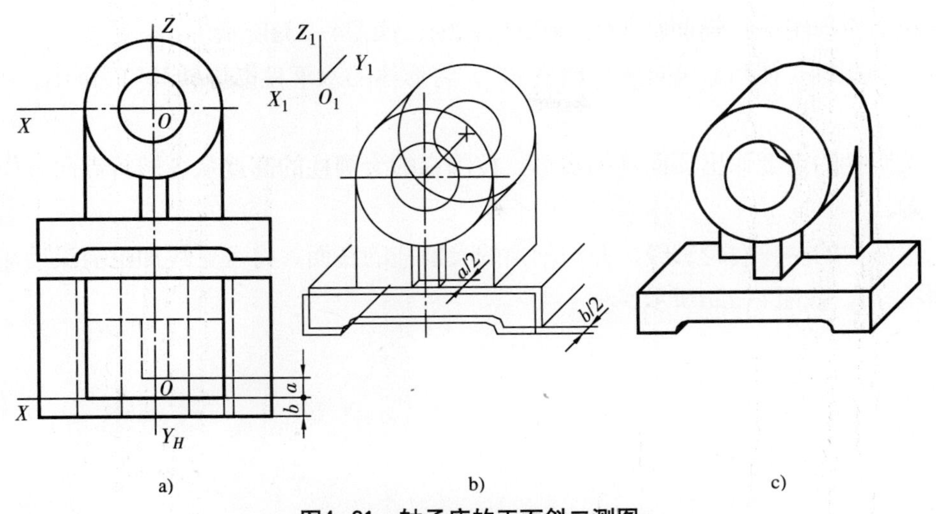

图4-21 轴承座的正面斜二测图

4.3.2 水平斜等测图

当选取轴测投影面P平行于空间物体上坐标系的XOY面时，进行斜投影可以得到水平斜轴测图。此时，轴OX和OY与其轴测投影O_1X_1和O_1Y_1平行且相等，即系数$p=q=1$，轴间角$\angle X_1O_1Y_1=90°$。

轴间角$\angle Z_1O_1X_1$和O_1Z_1轴向的系数，同样可以单独随意选择。一般情况下轴间角取120°，150°或135°，O_1Z_1轴向的系数仍取1。水平斜轴测图也称为水平斜等测图。为了加强直观性，习惯把O_1Z_1轴画成铅垂线，即相互正交的O_1X_1轴和O_1Y_1轴对水平线顺时针旋转30°、60°或45°，如图4-22所示。

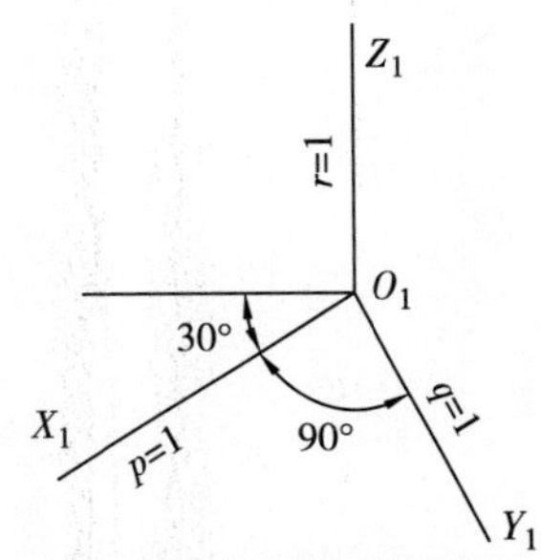

图4-22 水平斜等测图的轴测轴

水平斜等测图表达了物体在水平方向上的实形，作图简便，被广泛用来绘制房屋单体的俯视外观、水平剖视和建筑小区规划图等。

例：画出图4-23a所示形体的水平斜等测图。

分析：从正投影图可以看出，该形体由圆柱和削扁的大圆柱组成，水平投影有圆形。使轴测投影面平行于水平面，作图就很方便，其步骤如下：

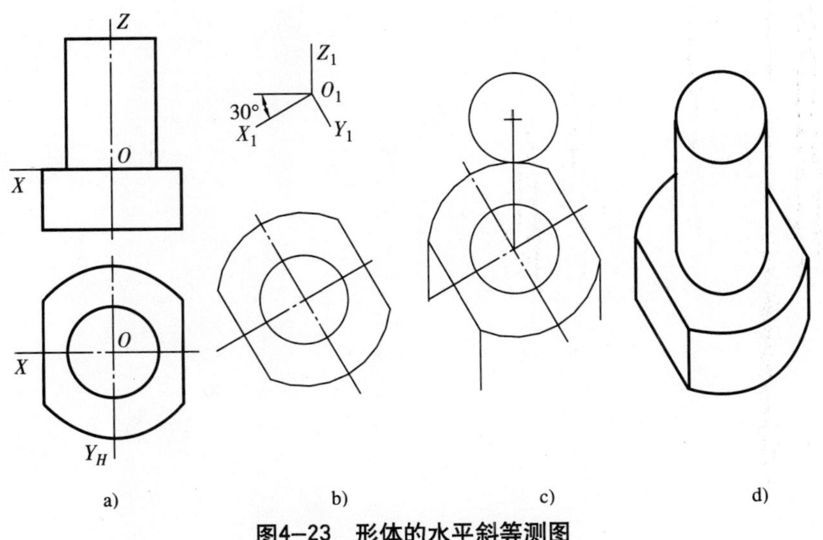

图4-23 形体的水平斜等测图

（1）在正投影图上，确定原点O，画出坐标轴，如图4-23a所示。

（2）画轴测轴，使O_1X_1轴对水平线成30°，将形体的水平投影旋转30°后画出，如图4-23b所示。

（3）按圆柱的高度作出顶面圆的实形，按削扁的大圆柱的高度从各转折点向下作垂线，如图4-23c所示。

（4）作圆柱的左、右轮廓线，并作削扁的大圆柱的底面。将可见线加粗描深后即得到形体的水平斜等测图，如图4-23d所示。

第5章 表面展开图与焊接图

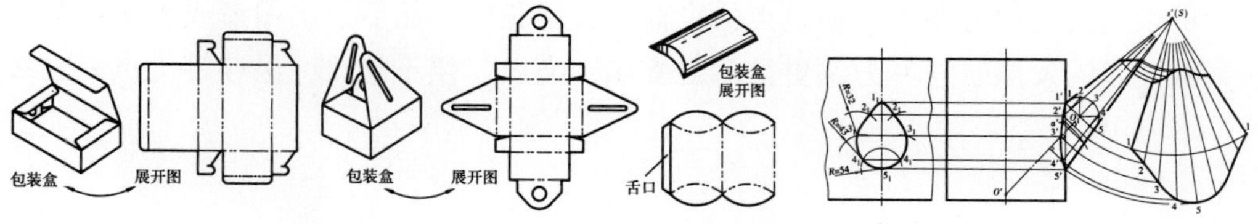

学习目标

（1）掌握平面立体和曲面立体表面的展开。

（2）了解常用焊接符号的含义与应用。

学习重点

柱与锥的展开方法与应用。

在现代工业产品中经常会见到一些用金属板材制成的零件，称为钣金件，制造这类零件时，通常是先在薄板上画出表面展开图，然后下料、咬缝或焊接成型。展开下料精确、误差小，在焊接时就省工省时，降低材料消耗，提高钣金件的加工质量和生产效率。

将立体表面按其实际大小和形状分成若干个小块平面，依次连续地展平在一个平面上，称为立体表面的展开。展开后所得的图形，称为展开图。立体表面按是否可展开的性质分为可展与不可展两种。平面立体的表面都是平面，是可展的；曲面立体的表面中的柱面、锥面等是可展曲面，而球面、圆环面、椭圆面等是不可展的，不可展表面可采用近似作图法展开。

绘制展开图有两种方法：图解法和计算法。图解法是根据展开原理得到的，其实质是作立体表面的实形，而作实形的关键是求线段的实长和曲线的展开长度。图解法具有作图简捷、直观等优点，目前应用较广。计算法是用解析计算代替图解法中的展开作图过程，求出曲线的解析表达式及展开图中一系列点的坐标、线段长度，然后绘出图形或直接下料的方法。随着计算机技术的发展，这种方法更显示出准确、高效、便于修改、保存等优点，它必将得到日益广泛的应用。

5.1 平面立体表面展开图

平面立体的各棱面均为多边形。绘制展开图时，首先应求出这些多边形的实形，然后将它们依次连续地画在一个平面上，即得该平面立体的表面展开图。

5.1.1 棱锥的表面展开

锥面的表面展开的关键是把它的各侧面三角形和底面的实形依次画在一个平面上，实际上就是要求出各个棱边的实长。如图5-1所示，求三棱锥S-ABC的表面展开图。底面ABC是水平面，因此ab、bc、ca反映了底面各底边的实长，abc反映了底面的实形。而各棱面都是一般位置平面，都不反映实形，为此，须求出各棱SA、SB、SC的实长，才能画出各个棱面的实形。

棱SA是正平线，$s'a'$反映实长。用直角三角形法求棱SB、SC的实长：先作s_1s_x竖直线，等于s'到水平面ABC距离，以s_1s_x为一直角边，并取$s_xb_1=sb$，$s_xc_1=sc$各为另一直角边，斜边s_1b_1和s_1c_1即为所求棱的实长。然后，从任意取定的一根棱开始，例如从SB开始，按已知三棱和各个底边的实长，依次画出各棱面三角形SAB、SBC、SCA和底面ABC，即得到如图5-1b所示的展开图。若用平面截切三棱锥，则三条棱线分别交于D、E、F三点，如图5-1a所示，去掉锥顶部分成为截头三棱锥，展开时，仍需先按完整的三棱锥展开，再截去锥顶部分。为此，先在投影图上定出D、E、F三点的位置，求出SD、SE、SF的实长，然后量到三棱锥展开图对应的棱线SA、SB、SC与SA上，如图5-1b所示，得点D、E、F和D，并把各点用直线连接，即得截头三棱锥的表面展开图。

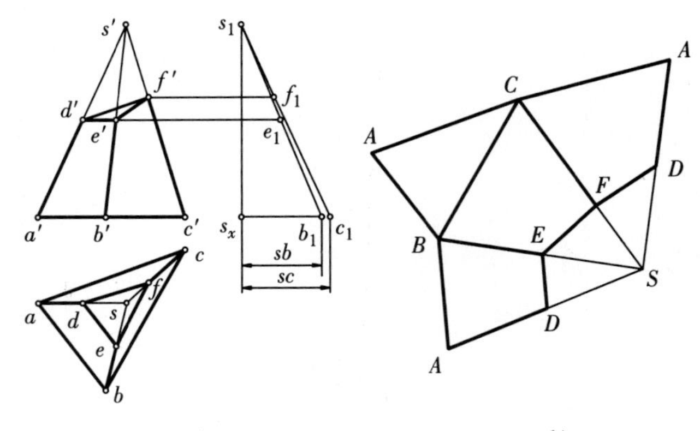

a) b)
图5-1 三棱锥或截三棱锥表面展开

5.1.2 棱柱的表面展开

图5-2a为斜三棱柱，求其侧面展开时首先作正截面P，并用换面法（或直角三角形法）求出所截实形$d_1e_1f_1$，如图5-2a所示。然后将$d_1e_1f_1$各边展成一直线，并按各段实际长度得D、E、F、D各点，如图5-2b所示。过各点作直线（即棱）垂直于直线DD，并在各个垂线上按各棱被平面P所分的两段比例做出各棱的端点。由于棱线为正平线，棱长实长可以自V面上量取，连接各个端点就得其侧面展开图。

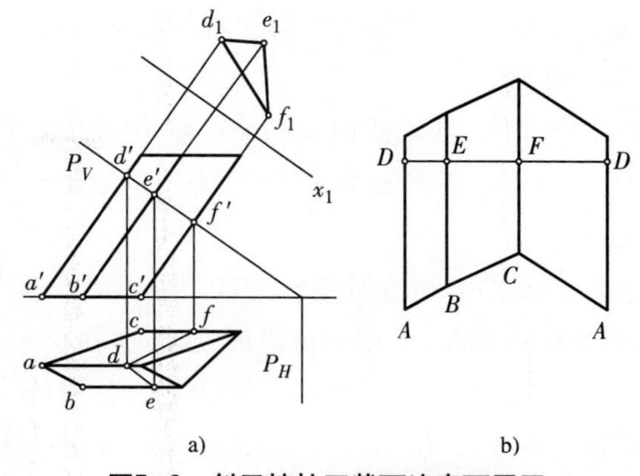

图5-2 斜三棱柱正截面法表面展开

5.2 曲面立体表面展开图

本节着重研究锥面和柱面的展开图画法。

5.2.1 锥面的展开

正圆锥侧面展开图为一扇形，可计算出相应参数直接作图，其圆心角α计算公式是α=360° r/L，r为锥底圆的半径，L为锥面素线长度，见图5-3a。近似展开锥面的方法是由锥顶引若干条素线，把相邻两素线间的表面作为一个三角形平面，在展开图上将各三角形底边各点依次连成光滑曲线。具体作图步骤如下，如图5-3b所示。

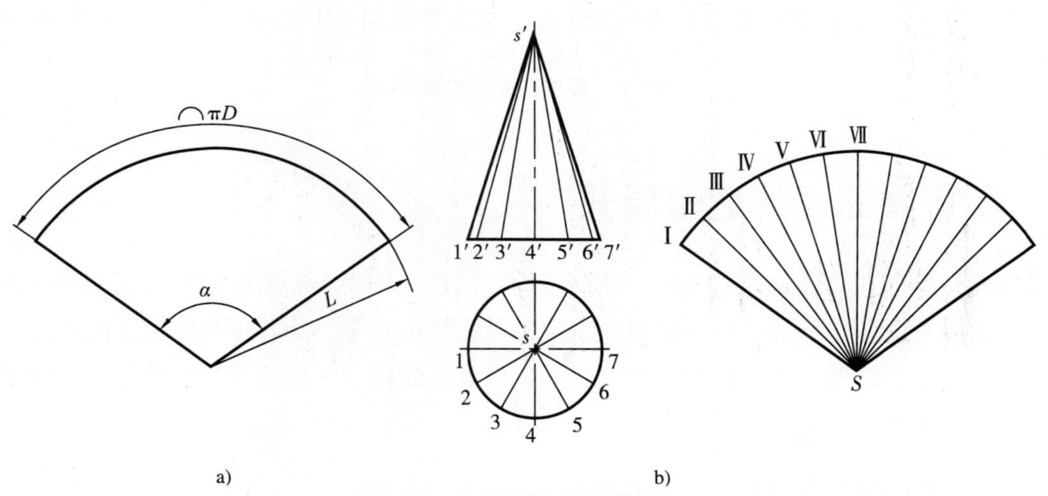

图5-3 圆锥面的近似展开图

（1）把水平投影圆周12等分，在正面投影图上作出相应投影$s'1'$、$s'2'$、……。

（2）以素线实长$s'7'$=SⅠ为半径画弧，在圆弧上依次量取弧$\widehat{\text{Ⅰ Ⅱ}}$=12、$\widehat{\text{Ⅱ Ⅲ}}$=23、……，将首尾两点与圆心相连，得正圆锥面的近似展开图。

若需展开大喇叭形平截口正圆锥，只需在展开图上截去上面小圆锥面即可。

5.2.2 圆柱面的展开

柱面可以看成具有无穷多棱线的棱柱面。因此，柱面可按棱柱侧面的展开方法进行展开。

圆柱面常用计算法或图解法进行展开，圆柱侧面展开后是以底边周长πD为长，以素线长为宽的一个矩形。

图5-4a所示的截头圆柱一般用图解法进行展开，其作图步骤如下：

（1）把底圆分为若干等分，如图5-4a中分为12等分，对应有12条素线，如AH、BI、CJ……。

（2）把底边展开成一直线段，其长度为12段弦长（如弦hi、ij……等）之和，在图5-4b中得各分点为H、I、J……也可先画长为πD的直线，并将其12等分得各分点，该方法更精确。

（3）过各分点作底边的垂线，如取HA、IB、JC……并从正面投影上量取对应素线实长，如取$HA=h'a'$、$IB=i'b'$……从而得A、B……各点。

（4）用曲线光滑连接A、B、C……诸点，即得截头圆柱的侧面的展开图。

可以看出，底边等分点数越多，作图结果越精确。

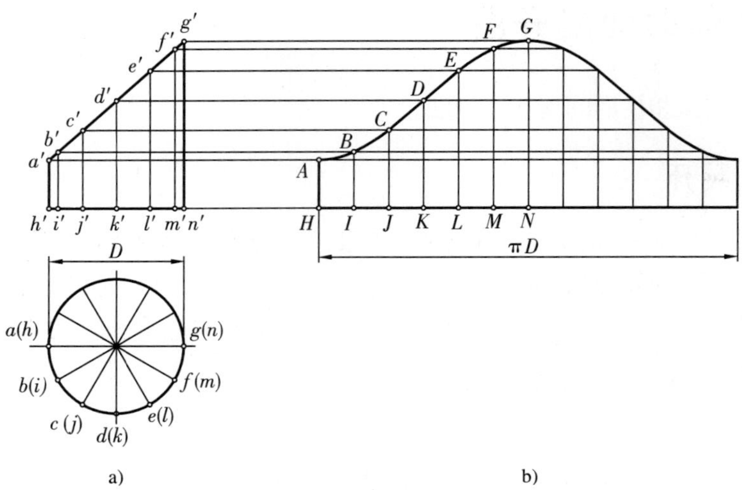

图5-4 截头圆柱面的展开图

5.3 不可展曲面的近似展开

螺旋面、球面与环面等理论上是不能展开的。但是由于生产需要，常采用近似展开法画出它们的表面展开图。作不可展曲面的展开图时，可假想把它划分为若干与它接近的可展开的很多小块柱面或锥面，按可展曲面进行近似展开；或者假想把它分成若干与它接近的小块平面，从而作近似展开。

5.3.1 球面的近似展开

球面可按柱面或锥面来近似展开，也可把两种方法结合起来展开。

1.柱面法做球面近似展开

如图5-5所示，将球面沿子午面分为若干等分，如12等分（瓣），每一瓣用外切圆柱面代替，作出1/12球面的近似展开图，并以此为模板，即可作出其余各等分的展开图。

作图步骤：

（1）将球面沿子午面12等分，并将其中一等分的1/2用圆柱面代替，如图中NAB。

（2）作直线$NS=\pi R$，并将其12等分，图中标出各分点N、3、6、S等。

（3）过各分点作NS的垂线，在各垂线上量取相应的长度，如在过点6的垂线上量取

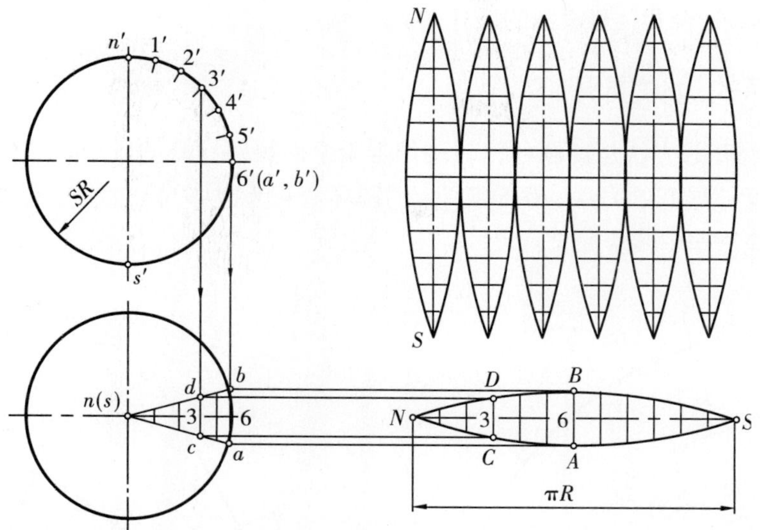

图5–5　柱面法球面近似展开

$B6=b6$、$6A=6a$；在过点3的垂线上量取$D3=d3$、$3C=3c$，得点D、B、C、A等点。

（4）顺次光滑地连接各点，即得1/12球面的近似展开图。

2.锥面法做球面近似展开

如图5–6所示，将球面沿着纬线划分成若干块，作各块的展开图，作图步骤如下：

（1）沿纬线将球面划分为若干块，块数视球的大小及所需精度而定，现为9块。

（2）将包含赤道的一块V用内接球面的圆柱面代替，作圆柱面V的展开图。

（3）以$R=0'1'$为半径作圆，得极板Ⅰ的展开图。

（4）Ⅱ、Ⅲ、Ⅳ各块（下半球与之对称也有三块）分别用内接球面的圆锥面代替，做圆锥面的展开图。现以锥台Ⅳ为例，其作法是：连4′、3′，4′3′直线与铅垂中心线交于点s_3'；以s_3'为圆心$s_3'4'$为半径，作锥Ⅳ表面的展开图，图5–6中只画出一半。

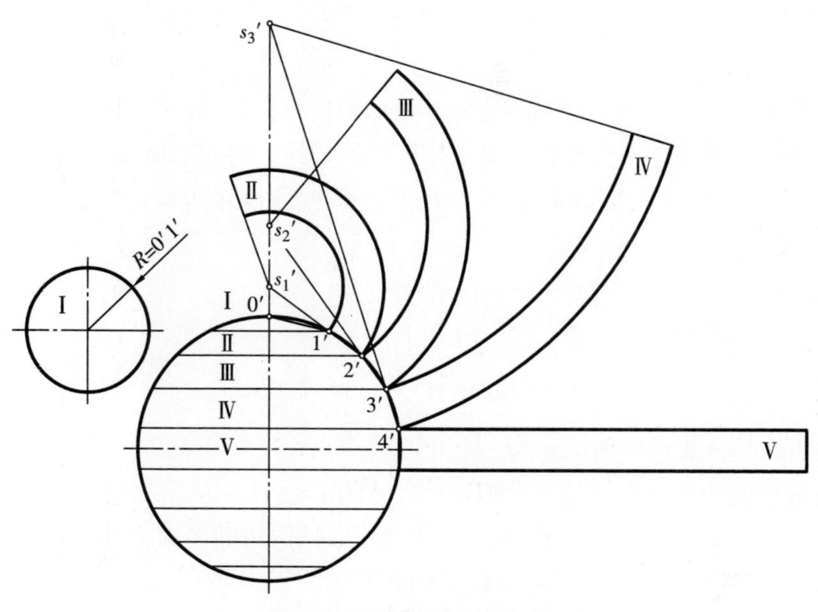

图5–6　锥面法球面近似展开

（5）类似地作锥台Ⅱ、Ⅲ表面的展开图。

5.3.2 圆环面的近似展开

圆环面近似展开的方法是过圆环回转轴作若干平面将圆环截切成相同的几段，然后将每段按截头圆柱面做近似展开的方法。图5-7所示的圆环弯头为圆环的一部分，已知D、R及θ，该圆环弯头的近似展开图作图步骤如下：

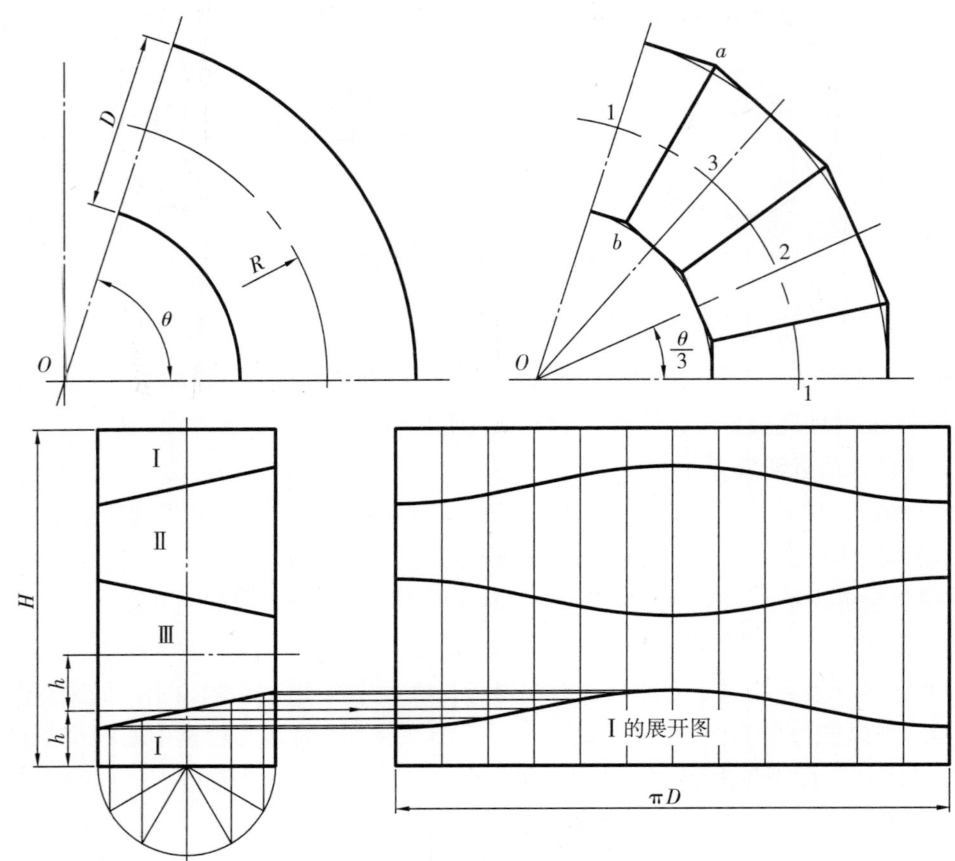

图5-7 圆环弯头展开图

（1）将圆心角θ分为若干等分，如3等分，分点为1、2、3，得四条辐射线。

（2）过四条辐射线与内、外圆弧的交点作圆弧的切线，得四节截圆柱。

（3）连接截圆柱对应轮廓线的交点（如点a、b）得相邻两截圆柱的相贯线的投影（如ab），完成投影图。

（4）将截圆柱每隔一节旋转180°，得一个整圆柱。

（5）计算半节高h和整圆柱高H：

$$h=R\tan\frac{\theta}{2n} \quad 和 \quad H=2nh$$

式中，n为圆心角的等分数，本例中$n=3$。

（6）作整圆柱面的展开图，是一个矩形，尺寸为$H\times\pi D$。

（7）截圆柱Ⅰ按截头圆柱面展开图，以D/2为半径作辅助半圆，并将其6等分，同时将周长12等分，作出截交线的展开图，得截圆柱Ⅰ的展开图。

（8）类似地作出其余各节的展开图，完成全部展开图。

5.3.3 正圆柱螺旋面的近似展开

1.作图法

采用三角形法，如图5−8所示，作图步骤如下：

（1）将一个导程的螺旋面的俯视图沿径向作若干等分，如12等分，得到12个四边形，如图5−8a所示。

（2）取一个四边形，如$ABCD$，作对顶点连线，如AC，得两个三角形。

（3）求这两个三角形边中未知的实长AB、CD和AC。

（4）作出四边形的展开图$ABCD$，并以此为模板，做12个相同的四边形依次拼合，可得一个导程的螺旋面的近似展开图，如图5−8b所示。

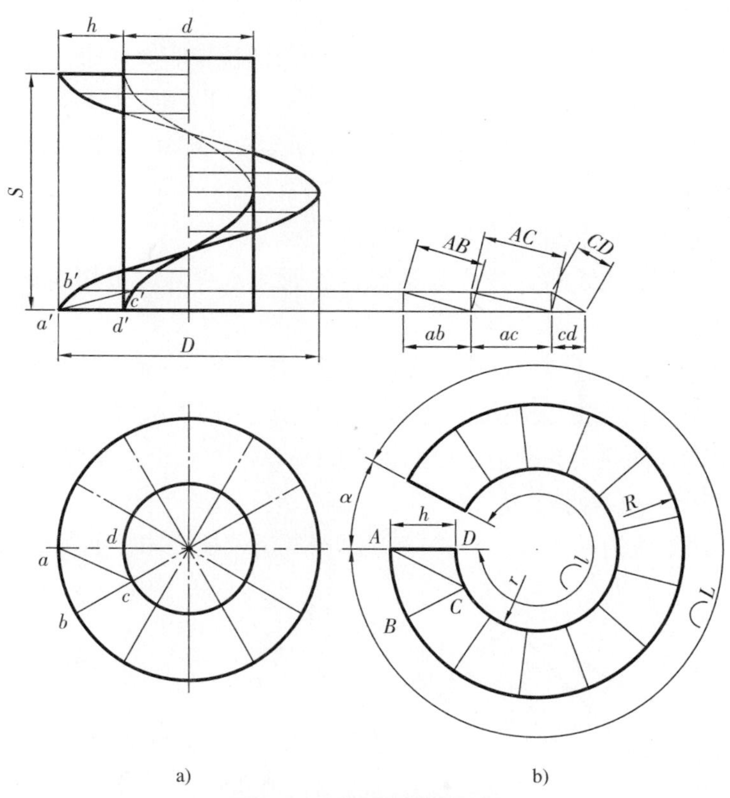

图5−8 正螺旋面的展开图

2.计算法

已知螺旋面外径D、内径d、导程S。则有：

$$L=\sqrt{(\pi D)^2+S^2}$$

$$l=\sqrt{(\pi d)^2+S^2}$$

$$r=\frac{lh}{L-l}$$

$$R=r+h$$

$$\alpha=\frac{2\pi R-L}{\pi R}180^\circ$$

式中，h为螺旋面宽度，可由D和d算得；l、L分别为内、外螺旋线一个导程的展开长度。由上述算式算出R、r和α后，即可画出展开图，如图5−8b所示。

5.4 应用举例

例1：图5-9是一个四棱锥漏斗，求作其四棱锥的表面展开图。

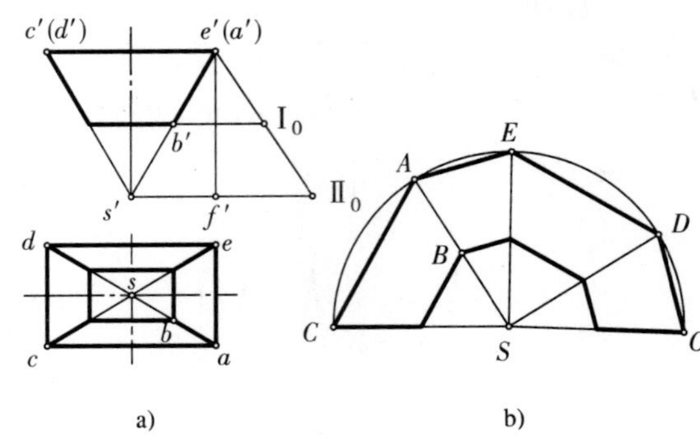

图5-9 四棱锥漏斗的表面展开图

解：如图5-9a所示，延长各棱线得棱锥顶点S，用直角三角形法求出棱线SA的实长。四根棱线长度相同。作展开图步骤如下，见图5-9b：

（1）作$SA=a'Ⅱ_0$。以S为圆心，SA为半径作一圆弧。

（2）因矩形$acde$反映实形，其各边反映实长。在圆弧上截取弦长$CA=ca$，$AE=ae$，$ED=ed$，$DC=dc$，得C、A、E、D、C交点，分别与点S相连，即为四棱锥的展开图。

（3）求漏斗的一棱线AB的实长，可由b'作水平线与$a'Ⅱ_0$相交于$Ⅰ_0$，$a'Ⅰ_0$便是AB的实长，并在SA上取$AB=a'Ⅰ_0$。过点B作与CA、AE底边平行的线段，其余两边作法类同，截出的部分即得漏斗四棱锥部分的展开图。

例2：试作图5-10所示的斜椭圆锥面展开图。

解：本锥面的垂直于轴线的正截面为椭圆，底面为水平圆，可用内接棱锥面代替椭圆锥面，作近似展开。作图步骤：

（1）将底圆12等分，并过各分点作素线，如$S2$，其余素线未画出，如图5-10a所示。

（2）用绕过点S的铅垂线的旋转法求各素线的实长，如$S2$、$S6$等。

（3）以相邻两素线的实长为两边，以底圆上的一等分的弦长（如12）为第三边，依次作出各三角形，如$S76$、$S65$……得点7、6、5……。

（4）用光滑曲线顺次连接7、6、5……点，即得其近似展开图，如图5-10b所示。

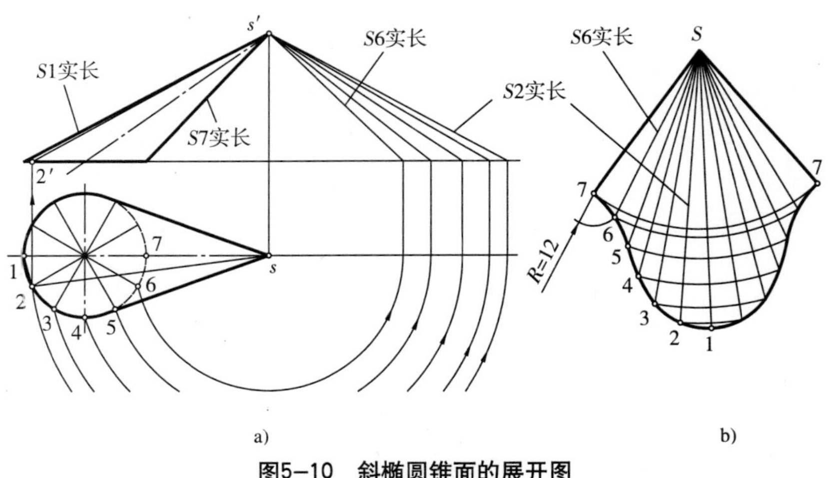

图5-10 斜椭圆锥面的展开图

例3：作出具有公共对称面的圆柱与圆锥相贯体的表面展开图（图5-11）。

解：如图5-11所示，作图步骤如下：

（1）用辅助球面法[㊀] 求出两立体相贯线上的点，图中只是表示求出点A的V投影a'的作图过程，作出相贯线的V投影。

㊀ 请查阅参考文献[10]

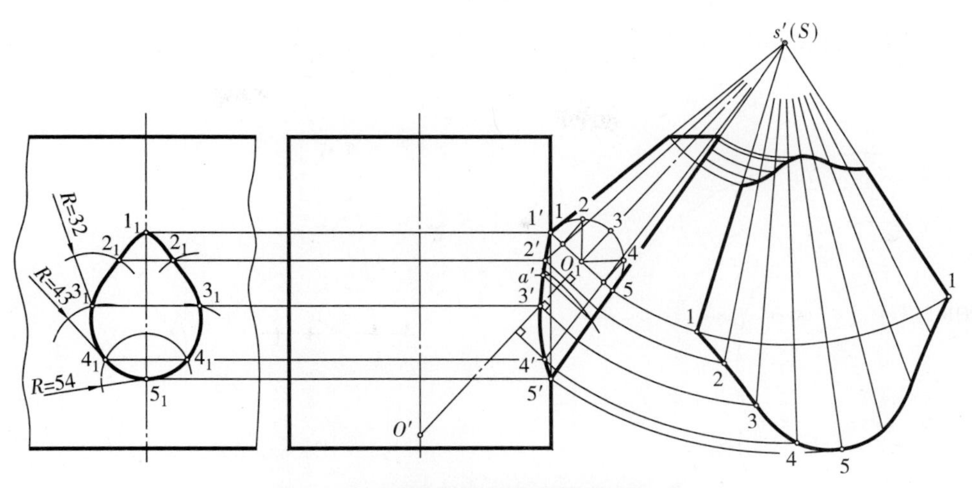

图5-11 圆柱与圆锥相贯体的表面展开图

（2）作圆锥面的圆截面（圆心为O_1），并将其等分若干段，图中为8等分，过各分点作素线。

（3）以圆截面为底圆，作圆锥面的展开图，扇形S11。

（4）底圆以上的截交线和底圆以下的相贯线上的各点，按所在素线，求出其在展开图上的位置，完成圆锥面的展开图。

（5）作圆柱面的展开图。过1′～5′各点，分别作水平线，其中过1′、5′的水平线与铅垂线1_15_1交于1_1、5_1。以5_1为圆心、54（弦长）为半径作圆弧，与过4′点的水平线交于4_1（两点）。

（6）类似地作出3_1、2_1（均有两点），依次光滑连接1_1、2_1、3_1、4_1、5_1各点，即得圆柱面上相贯线的展开图。

例4：已知D、d、R及θ，作渐缩圆管弯头展开图，如图5-12所示。

解：渐缩圆管弯头是球心在弯头曲率中心线上连续移动，同时直径均匀缩小的各球面的包络面，俗称牛角弯，是不可展曲面，现用圆锥面法作近似展开，作图步骤如下：

（1）将圆心角θ分为若干（如3）等分，得分点0、1、2、3，如图5-12a所示。

（2）过各分点作弯头曲率中心线的切线，得各节圆锥轴线及交点o_1、o_2、o_3。

（3）计算半节高h和圆锥台高H：

$$h=R\tan\frac{\theta}{2n} \quad 和 \quad H=2nh（n为圆心角等分数）$$

（4）根据总高H、直径d和D，作圆锥台，如图5-12b所示。

（5）过o_1、o_2、o_3向锥台的轮廓线引垂线，得垂足A、B、C，则o_1A、o_2B、o_3C为圆锥台内切球的半径。

（6）将三个内切球分别移到图5-12a上，其结果如图5-12c所示。

（7）由两端面圆直径的端点，向邻近的球o_1、o_3作切线，同时作两相邻球的公切线，得各节圆锥的轮廓线，得图5-12c。

（8）连接截圆锥对应轮廓线的交点（如点a、b），得相邻两截圆锥相贯线的投影（如ab），完成投影图。

（9）将相贯线移到圆锥台上，每隔一节旋转180°，如图5-12d所示。

（10）作圆锥台的展开图，即为渐缩圆管弯头的近似展开图，图5-12d为展开图之半。

例5：包装是产品设计、宣传、营销以及运输和储存的重要内容，图5-13为三种常见纸质包

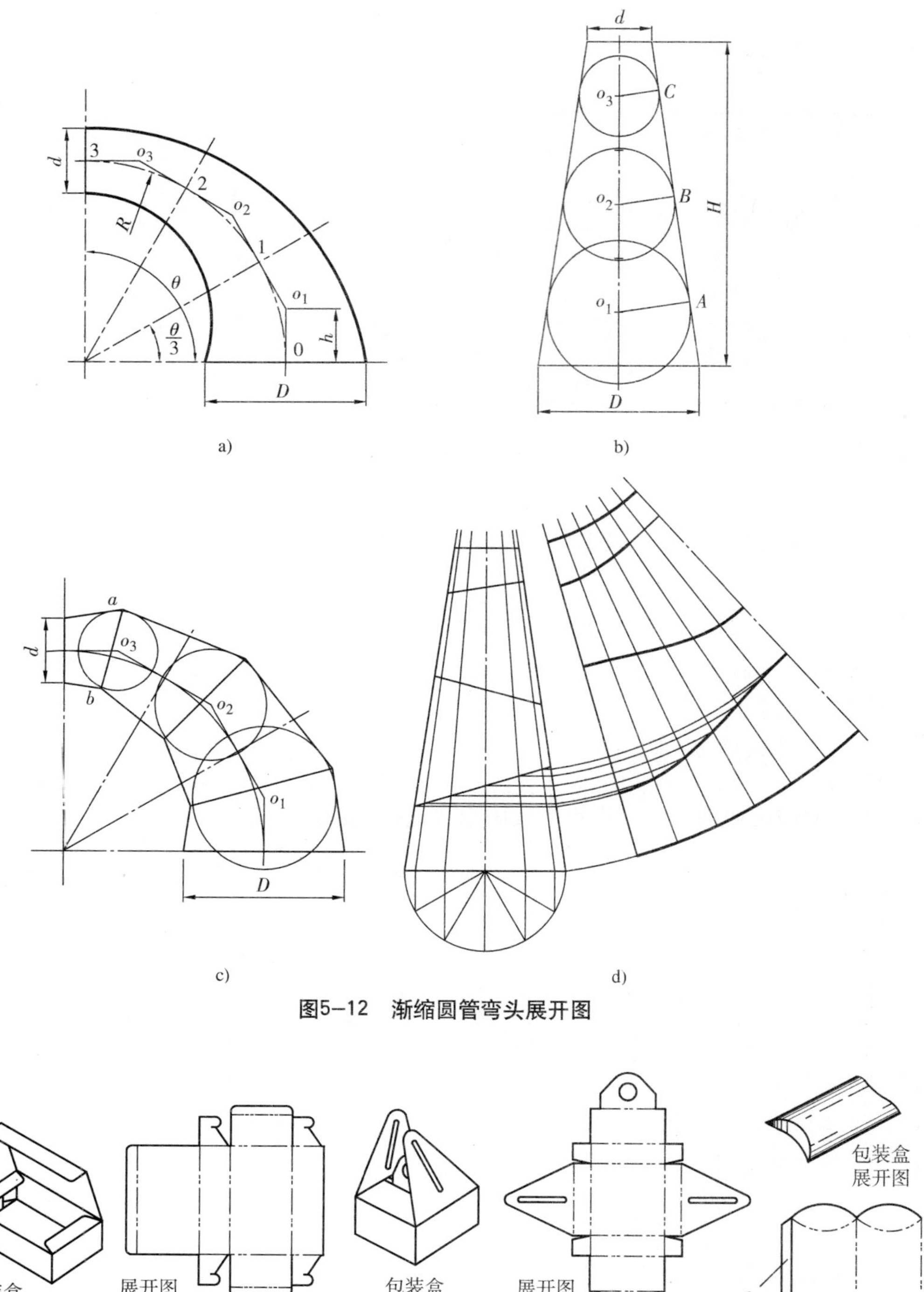

图5-12　渐缩圆管弯头展开图

图5-13　三种常见纸质包装盒及其展开图

装盒及其展开图，请结合日常生活中所遇到的包装盒实例自行分析。关于包装盒上的标识、产品介绍等内容可参考有关包装设计的资料。

5.5　焊接图及其标注

焊接是在工程上广泛使用的一种不可拆卸的连接方式，以此方式形成的零件称为焊接结构件。焊接主要是利用电流或火焰产生的热量将被连接件局部加热至熔化，或以熔化的金属材料填充，或用加压等方法将被连接件熔接并粘连到一起。具有连接可靠、节省材料、工艺简单、结构质量轻、易于现场操作等优点。

5.5.1 焊缝的形式及画法

1.焊接接头

常见焊接接头有：对接接头、搭接接头、角接接头和T形接头等，如图5−14所示。

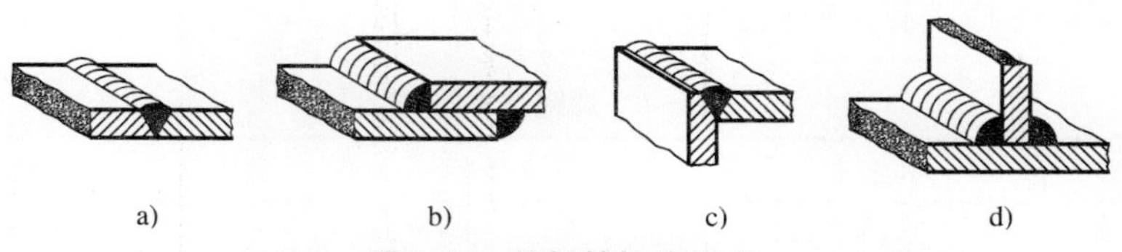

a) b) c) d)

图5−14 焊接的接头形式

a）对接接头 b）搭接接头 c）角接接头 d）T 形接头

2.焊缝形式及画法

焊接形成的被连接件熔接处称为焊缝。焊缝形式种类较多，常见的焊缝形式有对接焊缝和角接焊缝。在工程图样中，必要时可以用图示法表示或用轴测图示意表示。

（1）视图。焊缝用一系列细实线短画表示，这些细实线可徒手绘制（图5−15a），也允许用粗实线（宽度约为可见轮廓线的2～3倍）表示焊缝（图5−15b），但在同一图样上只允许采用上述两种表示法中的一种。

在表示焊缝的端面视图中，用粗实线画出焊缝的轮廓。必要时，可用细实线画出焊接前焊缝坡口的形状（图5−15c）。

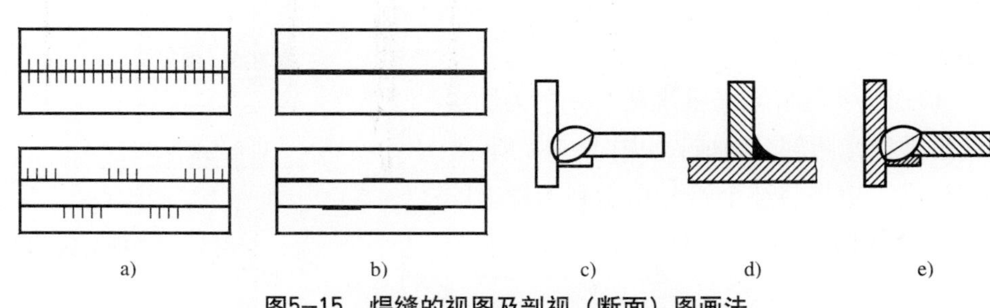

a) b) c) d) e)

图5−15 焊缝的视图及剖视（断面）图画法

（2）剖视图或断面图。在剖视图或断面图上，熔焊区通常涂黑表示（图5−15d），若同时需要表示坡口等的形状时，熔焊区也可按焊缝的端面视图画法表示（图5−15e）。

（3）轴测图。用轴测图示意地表示焊缝的画法如图5−14所示。

（4）局部放大图。必要时可将焊缝部位放大表示并标注，如图5−16所示。

（5）图示法与标注焊缝符号的关系。当在图样中采用图示法绘出焊缝时，同时应标注焊缝符号，如图5−17所示。

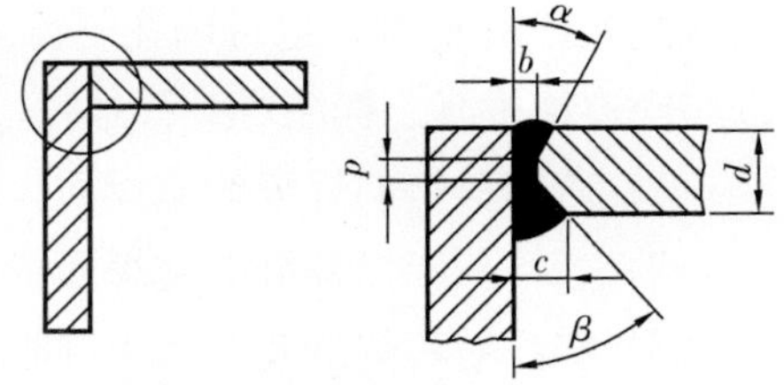

图5−16 焊缝的局部放大图

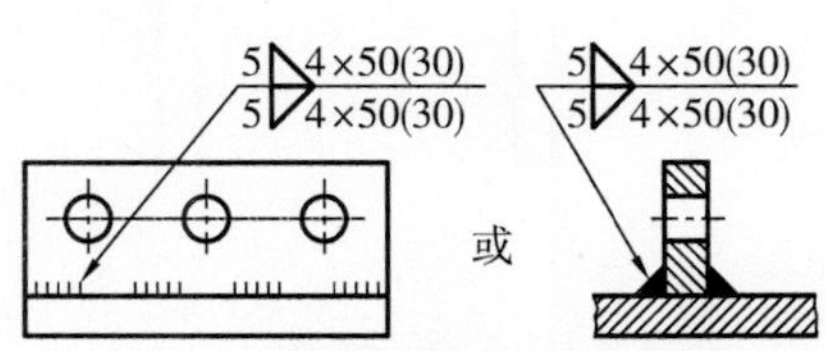

图5−17 焊缝的图示与符号标注

5.5.2 焊缝的符号

为了使图样清晰和减轻绘图工作量，一般并不按图示法画出焊缝，而是采用一些符号进行标注以表明它的特征。焊缝符号一般由基本符号与指引线组成。必要时还可以加上辅助符号、补充符号和焊缝尺寸符号等。焊缝的基本符号、辅助符号及补充符号在图上用可见轮廓线2/3的宽度绘制。焊接方法代号见《焊接及相关工艺方法代号》（GB/T 5185—2005）。

1.基本符号

基本符号是表示焊缝横截面形状的符号，见表5-1。

表5-1　焊缝基本符号

序号	名　称	示意图	符　号	序号	名　称	示意图	符　号
1	卷边焊缝（卷边完全熔化）		八	9	封底焊缝		◡
2	I 形焊缝		||	10	角焊缝		◺
3	V 形焊缝		V				
4	单边 V 形焊缝		|/	11	塞焊缝或槽焊缝		⊓
5	带钝边 V 形焊缝		Y				
6	带钝边单边 V 形焊缝		⊬	12	点焊缝		○
7	带钝边 U 形焊缝		Ψ	13	缝焊缝		⊖
8	带钝边 J 形焊缝		⊬				

注：不完全熔化的卷边焊缝用I形焊缝符号来表示，并加注焊缝有效厚度 S。

2.指引线

指引线一般由箭头线和两条基准线（一条为细实线，另一条为细虚线）两部分组成，如图 5-18a 所示。

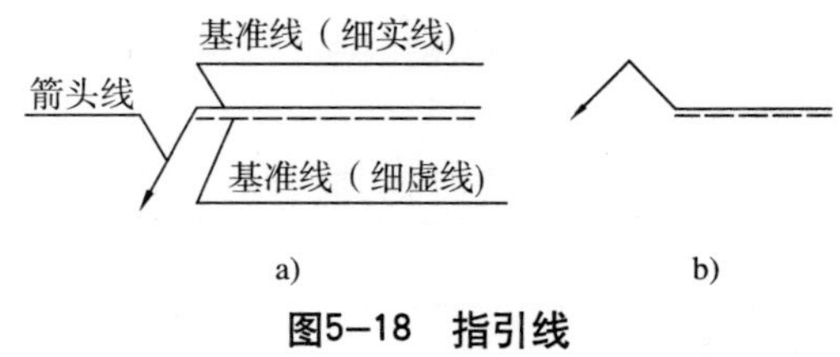

图5-18　指引线

（1）箭头线。用来将整个符号指引到图样上的有关焊缝处。必要时允许将箭头线弯折一次，如图5-18b所示。

（2）基准线。基准线的上面和下面用来标注有关的焊缝符号。基准线的细虚线既可画在基准线细实线的上侧，也可画在下侧。基准线一般应与图样的底边相平行，但在特殊情况下也可以与底边相垂直。标注焊缝符号时，注意焊缝符号相对于基准线的位置：

1）若箭头指向焊缝的施焊面，则焊缝符号标注在基准线的细实线侧，如图5-19a所示。

2）若箭头指向焊缝的施焊面背面，则焊缝符号标注在基准线的细虚线侧（图5-19b）。

3）标注对称焊缝及双面焊缝时，基准线的细虚线可省略不画，如图5-19c、d所示。

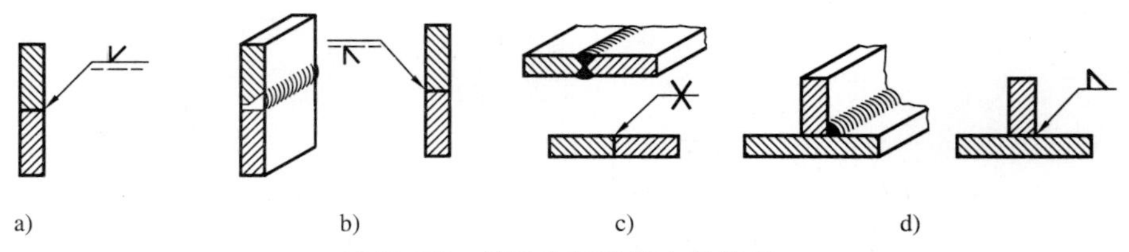

图5-19　符号在基准线上的位置

a）箭头指向施焊面　b）箭头指向施焊背面　c）对称焊缝　d）单面焊缝

5.5.3 焊缝的标注

在图样不会引起误解的情况下，可以简化焊缝的标注，方法如下：

（1）同一图样中全部焊缝的焊接方法完全相同时，焊接方法的代号可以省略不注，但必须在技术要求项内或其他技术文件中注明“全部焊缝均采用……焊”等字样；当大部分焊接方法相同时，可在技术要求项内或其他技术文件中注明“除图中注明的焊接方法外，其余焊缝均采用……焊”等字样。

（2）标注交错对称焊缝的尺寸时，允许在基准线上只标注一次。如图5－20a所示，基准线下侧可不重复标注5、35×50、（30）等尺寸。

（3）对于断续焊缝、对称断续焊缝及交错断续焊缝的段数无严格要求时，允许省略焊缝段数的标注。如图5－20b所示，即省略了焊缝段数“35”这一标注。

（4）对于若干条坡口尺寸相同的同一形式焊缝，可以采用集中标注（图5－20c）；若这些焊缝在接头中的位置都相同时，也可以采用在尾部符号内注出焊缝数量的方法以简化标注，但其他形式的焊缝仍需分别标注（图5－20d）。

（5）为了使图样清晰或当标注位置受到限制时，可以采用简化代号或符号代替通用的符号标注焊缝，但必须在该图的下方或标题栏附近说明这些简化代号的意义，这时简化代号的大小，应是图样中所注符号的1.4倍（图5－20e）。

（6）当焊缝的起始及终止位置明确（已由工件的尺寸或其他尺寸确定）时，允许在焊缝标注中省略长度尺寸的标注，如图5－20f所示。

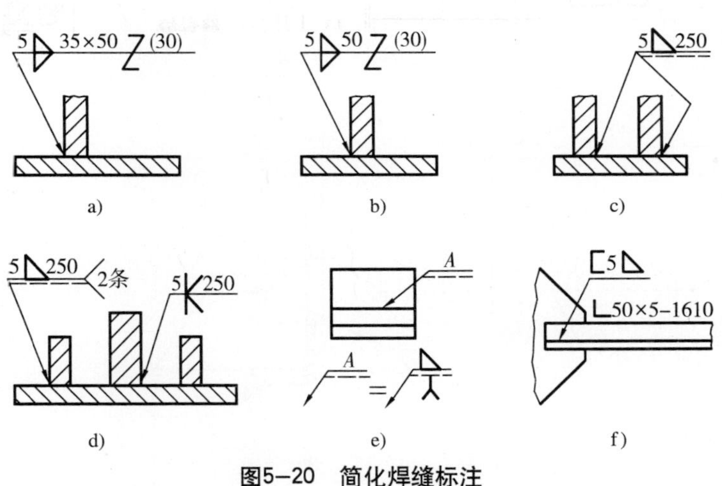

图5－20　简化焊缝标注

另外，焊缝位置的尺寸不在焊缝符号中给出，也可以标注在图样上。在基本符号右侧无任何标注又无其他说明时，意味着焊缝在工件的整个长度上是连续的。在基本符号左侧无任何标注又无其他说明时，表示对接焊缝要完全焊透。

5.5.4 焊接结构图图例

焊接结构图实际上是装配图，但对于简单的焊接构件，一般不单画各构成件的零件图，而是在结构图上标出各构成件的全部尺寸，如图5－21所示。

对于复杂的焊接构件应单独画出主要构成件的零件图，如图5－22所示轴承挂架的焊接结构图。若是由弯板卷曲成形的零件，可附有展开图，个别小构件仍附于结构总图上。

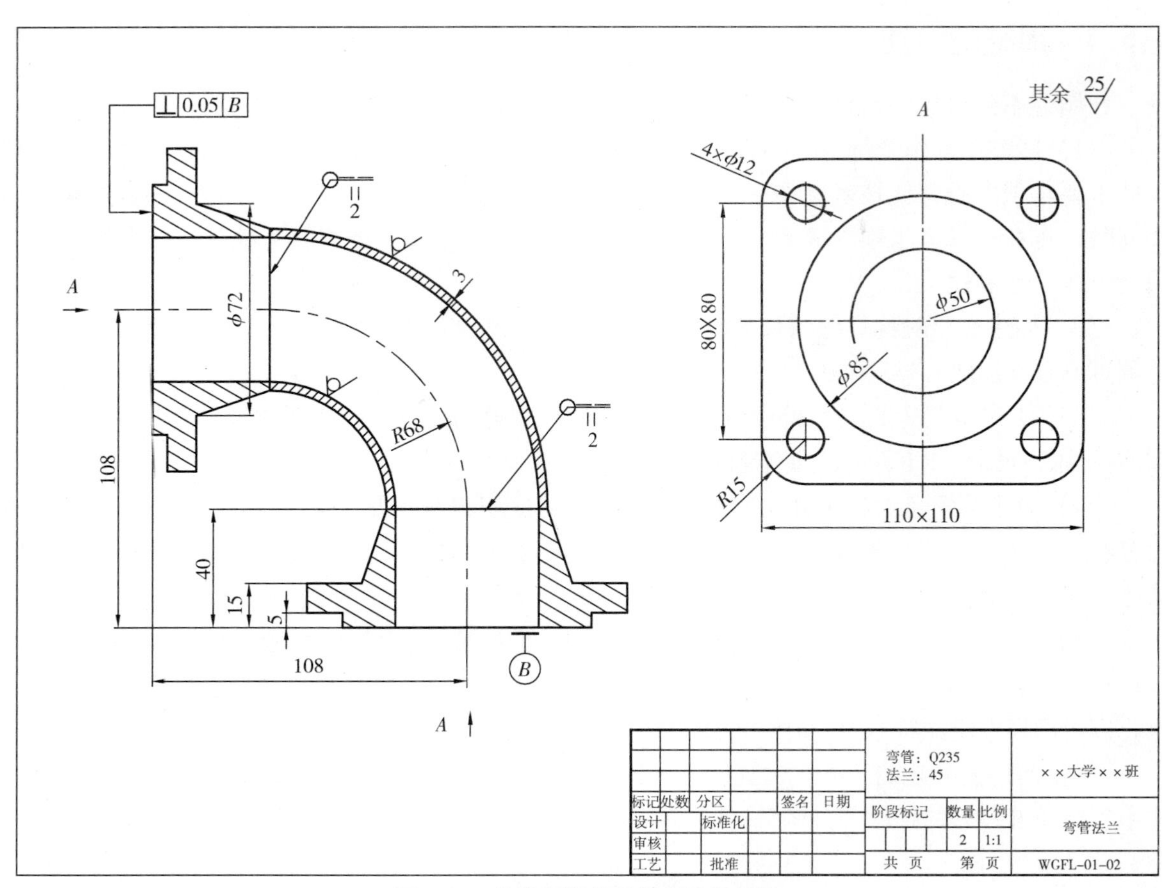

图5—21 简单焊接构件的焊接结构图

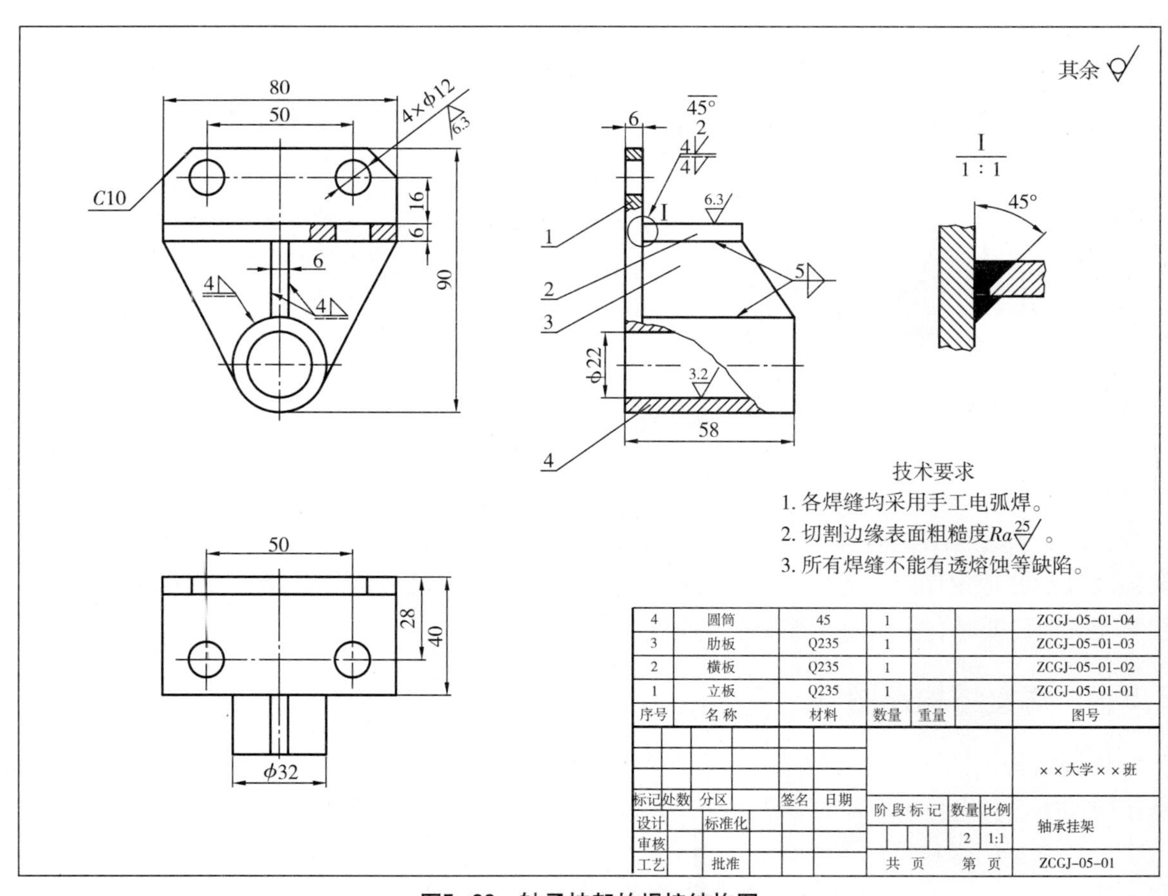

图5—22 轴承挂架的焊接结构图

第6章 零件图与装配图

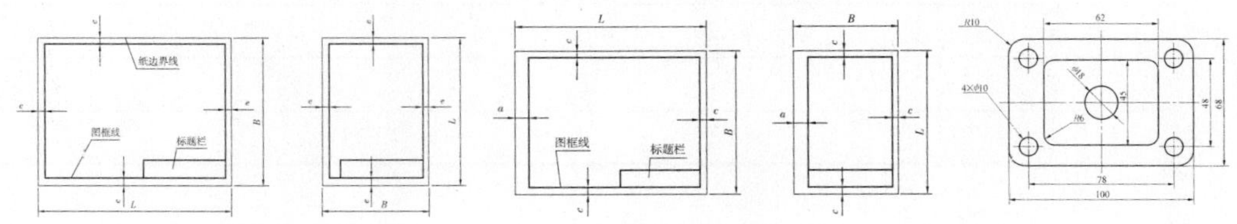

学习目标

（1）掌握标准件和常用件的画法。

（2）了解零件图、装配图的作用与内容。

（3）掌握正确标注尺寸的方法。

（4）掌握件号、指引线、明细栏和标题栏的正确注写。

（5）熟悉产品设计中图样的应用。

学习重点

（1）标注尺寸的方法。

（2）图样的应用。

6.1 制图国家标准的基本规定

6.1.1 图纸幅面和格式（GB/T 14689—2008）

1. 图纸幅面

绘制工程图样时，应优先采用表6-1所规定的基本幅面。

表6-1 图纸幅面代号和尺寸

幅面代号	A0	A1	A2	A3	A4
$B \times L$	841×1189	594×841	420×594	297×420	210×297
e	20		10		
c	10			5	
a	25				

由表6-1可见，各图幅为对折关系且均为$\sqrt{2}$矩形，不仅节约纸张，管理方便，$\sqrt{2}$矩形也具有较好的形式美感，因此在设计中经常使用。

图纸可以横放，也可以竖放，A4只能竖放。用粗实线画出图框，用来界定绘图边界，其格式分为不留装订边（图6-1）和留有装订边（图6-2）两种。同一产品的图样只能采用一种格式。对于加长幅面的图框尺寸，按所选用的基本幅面大一号的图幅尺寸确定。

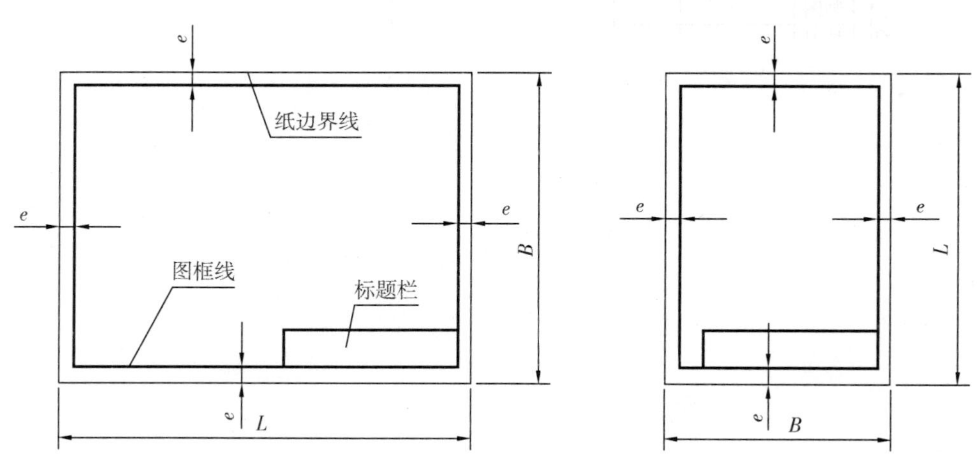

图6-1 不留装订边的图框格式

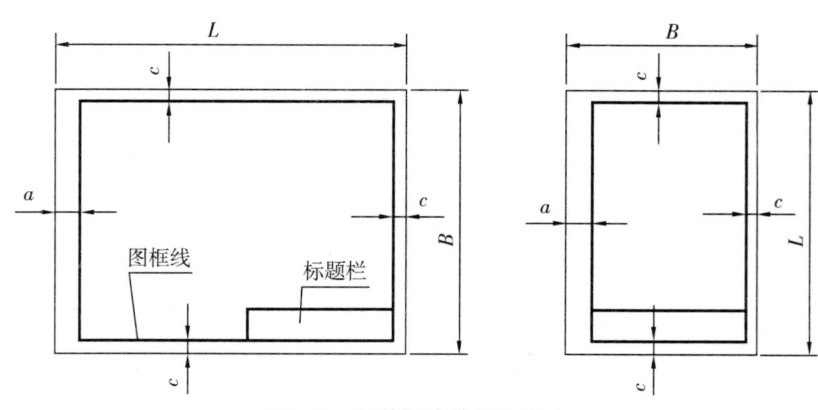

图6-2 留装订边的图框格式

2.标题栏及其方位

每张图纸上都必须画出标题栏，其位置按图6−1、图6−2所示方式配置，看图的方向与看标题栏的方向一致。国家标准中规定的标题栏及明细栏格式如图6−3a所示。在学生作业中可以使用的简化的标题栏，如图6−3b所示。

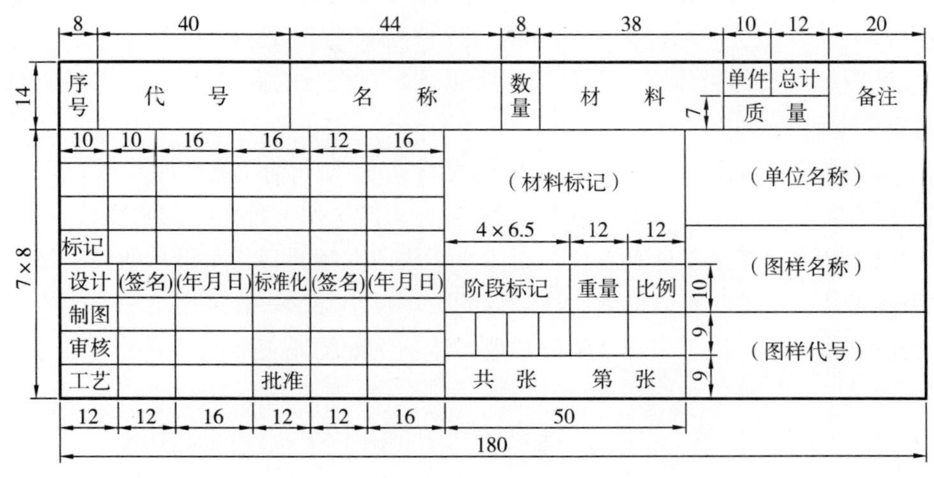

a)

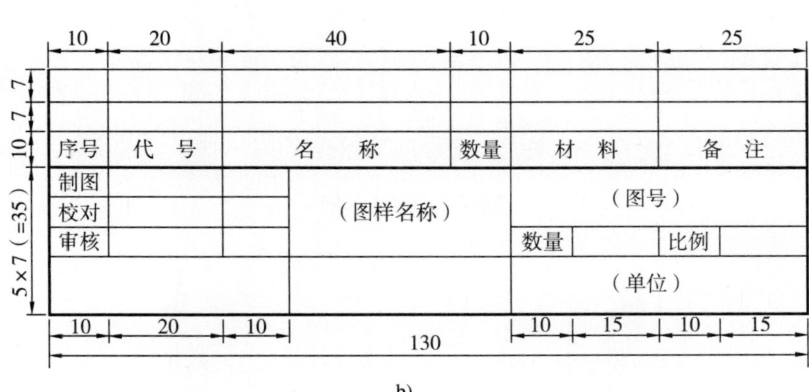

b)

图6−3 国家标准中规定的标题栏及明细栏格式

6.1.2 比例（GB/T 14690—1993）

图中图形与其机件相应要素的线性尺寸之比，称为比例。比值为1的比例称为等值比例，比值大于1的称为放大比例，比值小于1的称为缩小比例。绘制图样时，应尽量按1∶1画出，以方便看图。如机件太大或太小，可优先选用表6−2规定系列中的适当比例。必要时，也允许选取表中右侧的比例。图样不论放大或缩小，在标注尺寸数字时，应按机件的实际大小填写，与比例无关。绘制同一机件的各个视图应采用相同比例，并在标题栏的比例一栏中填写，如1∶1或1∶2。当某个视图需要采用不同比例时，必须另行标注。

表6−2 比例

种 类	优先选用比例	允许选用比例
原值比例	1∶1	
放大比例	2∶1，5∶1，1×10^n∶1，2×10^n∶1，5×10^n∶1	4∶1，25∶1，4×10^n∶1，25×10^n∶1
缩小比例	1∶2，1∶5，1∶10^n，1∶2×10^n，1∶5×10^n	1∶1.5，1∶2.5，1∶3，1∶4，1∶6，1∶1.5×10^n，1∶2.5×10^n，1∶3×10^n，1∶4×10^n，1∶6×10^n

6.1.3 字体（GB/T 14691—1993）

（1）书写的汉字、数字、字母必须字体端正、笔画清楚、间隔均匀、排列整齐。

（2）字体的号数，即字体的高度（用h表示），其公称尺寸系列为1.8mm，2.5mm，3.5mm，5mm，7mm，10mm，14mm，20mm八种。如需要书写更大的字，其字体高度应按$\sqrt{2}$的比率递增。

（3）汉字应写成长仿宋体字，并采用国家正式公布推行的简化字。汉字的高度h不应小于3.5mm，其宽度一般为$h/\sqrt{2}$。

（4）字母和数字分A型和B型。A型字体的笔画宽度（d）为字高（h）的1/14。B型字体的笔画宽度（d）为字高（h）的1/10。在同一图样上，只能选用一种型式的字体。

（5）字母和数字可写成斜体和直体，斜体字字头向右倾斜，与水平基准线成75°。

（6）用作指数、分数、极限偏差、注脚等的数字及字母，一般采用小一号字体。

（7）长仿宋体汉字、拉丁字母及阿拉伯数字体示例如图6-4所示。

字体工整　笔画清楚　间隔均匀　排列整齐

横平竖直注意起落结构均匀填满方格

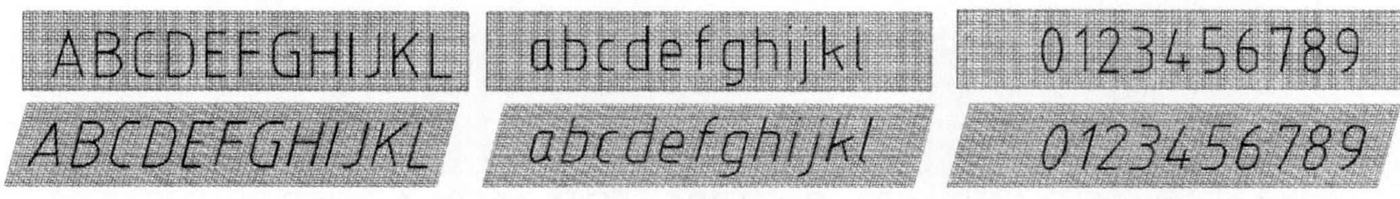

图6-4　字体示例

6.1.4 图线（GB/T 17450—1998）

图线是图中使用的各种型式的线。在国标中规定有15种基本线型，在表6-3中列出了常用图线的名称、型式、线宽及其应用。各种图线在图形上的应用如图6-5所示。

表6-3　图线的名称、型式、线宽及应用

图线名称	图线型式	图线宽度	应用举例
粗实线	b	b	可见轮廓线，可见过渡线
细实线		约$b/2$	尺寸线，尺寸界线，剖面线，重合断面的轮廓线，引出线
波浪线		约$b/2$	断裂处的边界线，视图和剖视的分界线
双折线		约$b/2$	断裂处的边界线
虚线	2~6　≈1	约$b/2$	不可见轮廓线
细点画线	≈30　≈3	约$b/2$	轴线，对称中心线
粗点画线	≈15　≈3	b	有特殊要求的线和表面的表示线
双点画线	≈20　≈5	约$b/2$	相邻辅助零件的轮廓线，极限位置的轮廓线，假想投影轮廓线，中断线

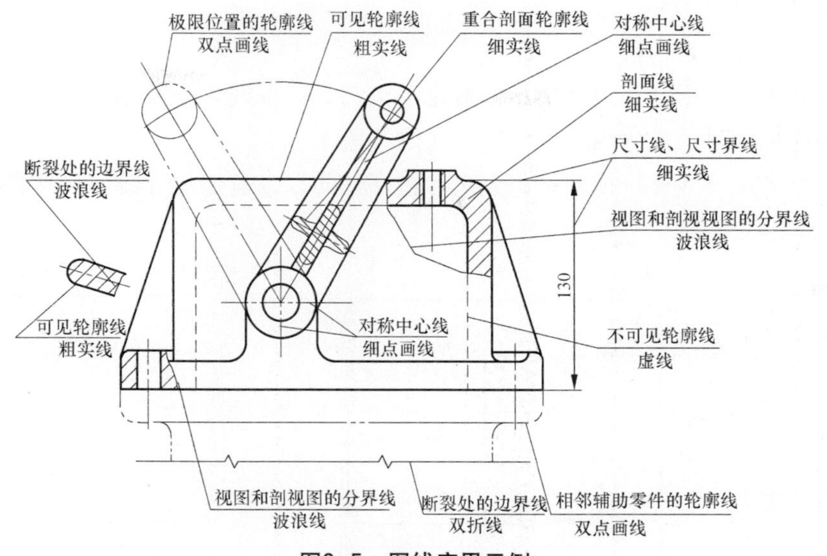

图6-5 图线应用示例

（1）同一图样中，同类图线的宽度应基本一致。虚线、点画线及双点画线的线段长短和间隔应大致相等。点画线和双点画线的首尾两端应是长画而不是短画。

（2）图线相交时应以线段相交，但当虚线是粗实线的延长线时，其连接处应留空隙。

（3）绘制圆的对称中心线时，圆心应为线段的交点，且对称中心线两端应超出圆弧3～5mm。在较小的图形上绘制点画线或双点画线有困难时，可用细实线代替。

6.1.5 尺寸标注（GB/T 16675.2—1996、GB 4458.4—2003）

1.基本规则

图样上所注的尺寸数值为真实大小，与图形的大小及绘图的准确程度无关。

（1）图样中（包括技术要求和其他说明）的尺寸，以毫米为单位时，不需标注计量单位的代号或名称，如采用其他单位，则必须说明相应的计量单位的代号或名称。

（2）图样中所标注的尺寸，为该图样所示机件的最后完工尺寸，否则应另加说明。

（3）机件的每一尺寸，一般只标注一次，并应注在反映该结构最清晰的图形上。

2.尺寸的组成及基本规定

每个完整的尺寸一般应由尺寸数字、尺寸界线、尺寸线及其终端等组成，如图6-6所示。

（1）尺寸数字。尺寸数字一般应注写在尺寸线上方，也允许注写在尺寸线的中断处。但在同一张图样上，应尽可能采用同一种形式注写。

尺寸数字方向按图6-7a注写，并尽可能避免在图示30°阴线范围内标注尺寸，无法避免时可引出标注，如图6-7b。尺寸数字不可被任何图线所穿通过，否则必须将该图线断开或将尺寸

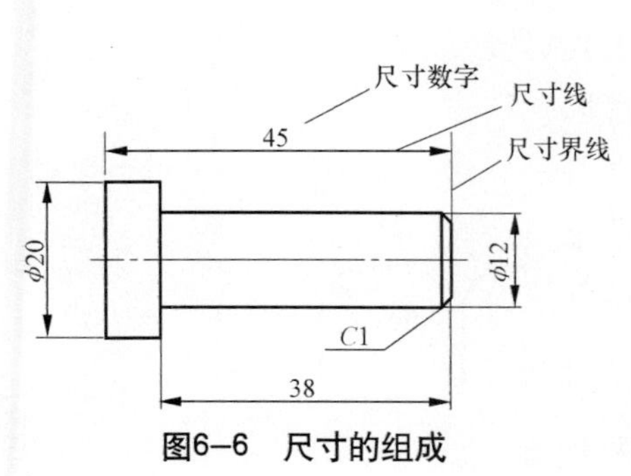

图6-6 尺寸的组成

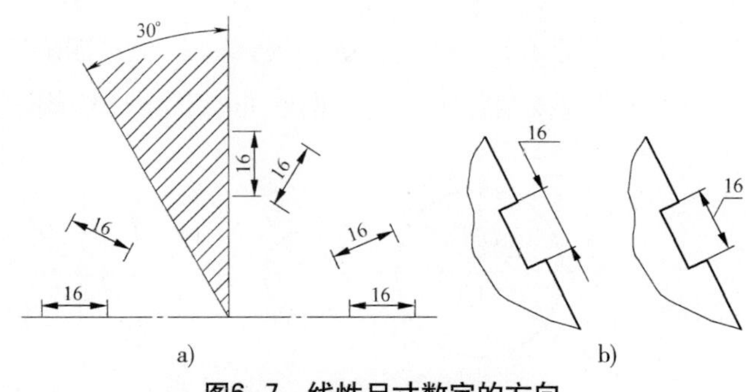

图6-7 线性尺寸数字的方向

数字引出标注，如图6-8所示。

（2）尺寸线如图6-9所示。

1）尺寸线必须单独用细实线画出，一般也不得与其他图线重合或画在其延长线上。

2）标注线性尺寸时，尺寸线必须与所标注的线段平行。

3）当一处有多尺寸线平行排列时，大尺寸排在外面，以避免尺寸线与尺寸界线相交。

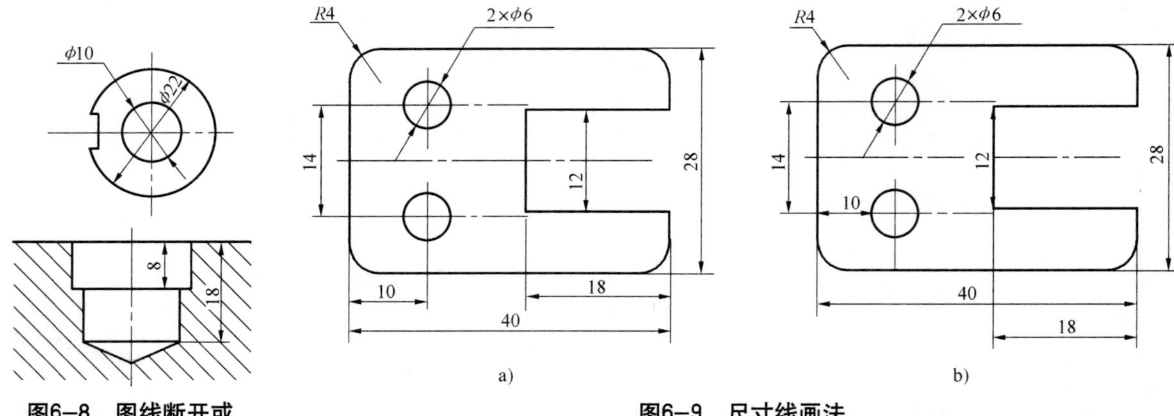

图6-8　图线断开或引出标注

图6-9　尺寸线画法
a）正确　b）错误

（3）尺寸线的终端可以有下列两种形式：

1）箭头。如图6-10所示，图中所有箭头大小应基本相同。主要用在机械图样中。

2）斜线。斜线用细实线绘制，如图6-10所示。主要用在建筑与施工图样中。

同一张图样中只能采用一种尺寸线终端的形式，不得混用。当采用箭头时，在地方不够的情况下，允许用圆点或斜线代替箭头，如图6-11所示。

3）标注直径尺寸时，应在尺寸数字前加注符号“ϕ”；标注半径时，加注符号“R”，其尺寸线应通过圆心。圆的直径和圆弧半径的尺寸线的终端应画成箭头，如图6-12所示。

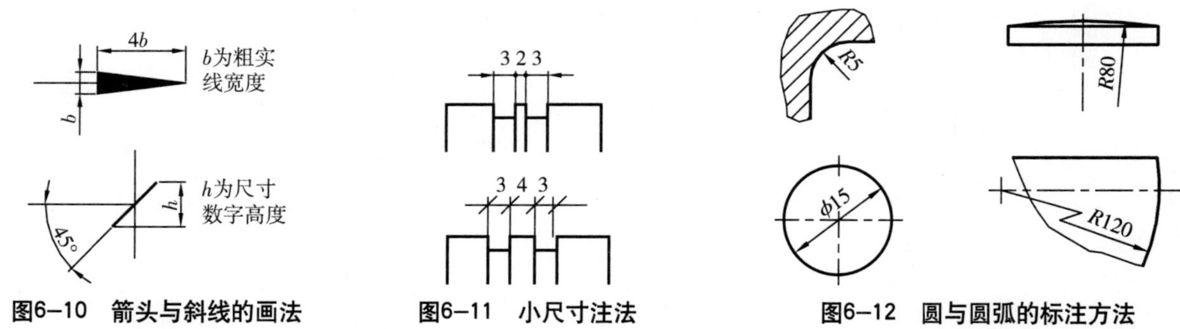

图6-10　箭头与斜线的画法

图6-11　小尺寸注法

图6-12　圆与圆弧的标注方法

4）当圆弧半径过大，圆心很远时，可按图6-12所示的方法处理。

5）当圆或圆弧半径过小时，可按图6-13所示的方法处理。

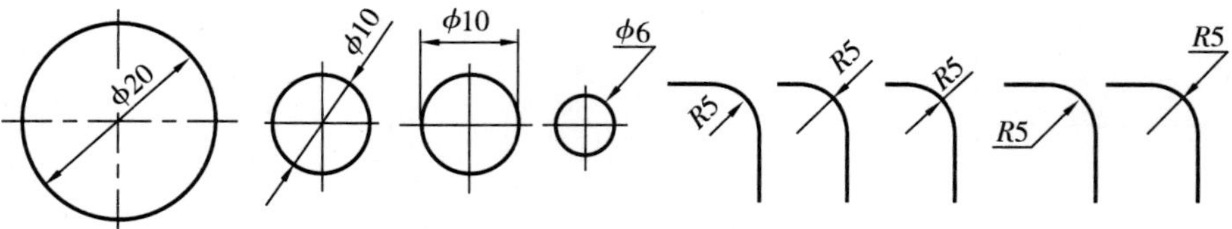

图6-13　小圆和小圆弧标注方法

6）标注球面的直径或半径时，应在符号“ϕ”或“R”前再加注符号“S”，如图6−14所示。

7）弦长的尺寸线应垂直于所注弦的垂直平分线，弧长的尺寸线平行于所注的弧，弧长的尺寸数字上方应加弧长符号“⌒”，如图6−15所示。

8）当对称机件图形只画出一半或略大于一半时，尺寸线应略超过对称中心线或断裂处的边界线，此时仅在尺寸线的一端画出箭头，如图6−16所示。

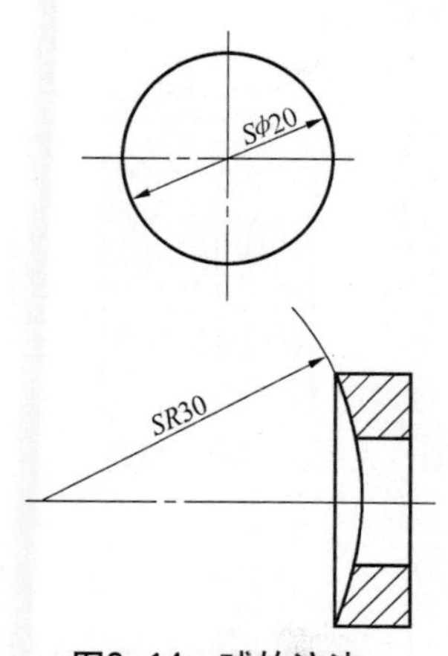

图6−14　球的注法

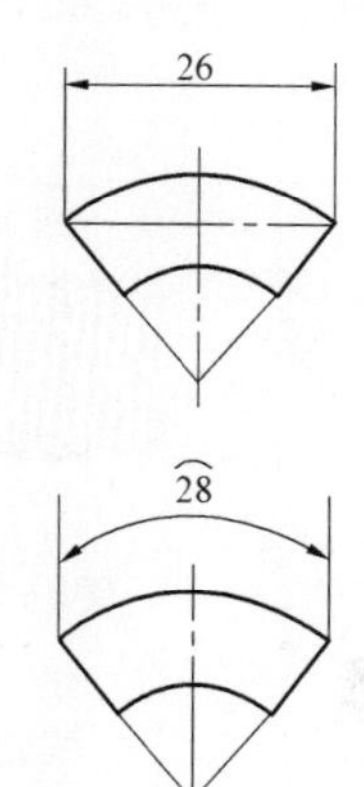

图6−15　弦和弧长的注法

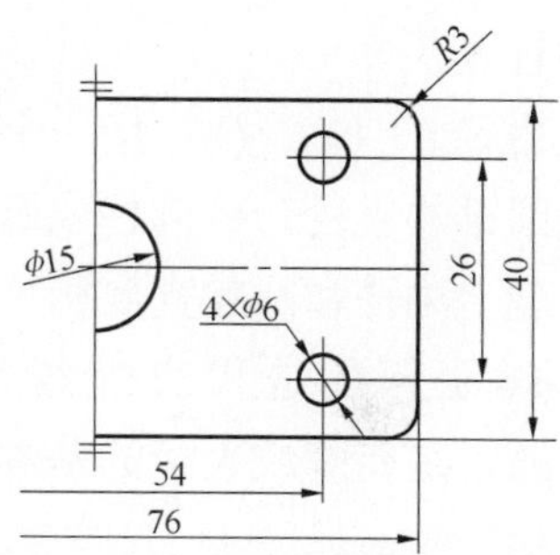

图6−16　对称注法

（4）尺寸界线。尺寸界线用细实线绘制，并应由图形的轮廓线、轴线或对称中心线处引出，也可利用轮廓线、轴线或对称中心线作尺寸界线。尺寸界线一般应与尺寸线垂直，如图6−17所示，必要时允许倾斜，如图6−18所示。

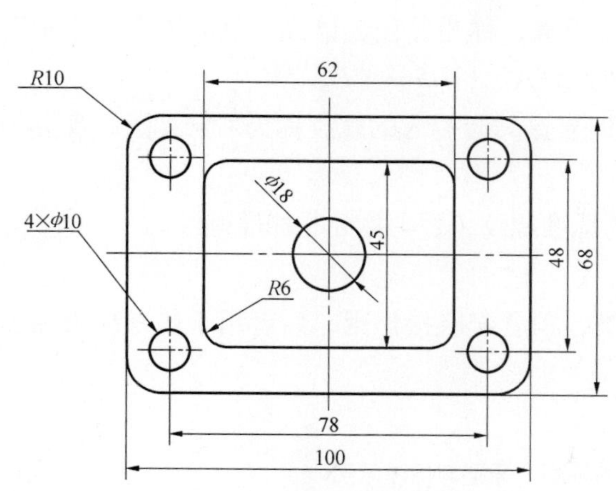

图6−17　尺寸界线标注示例图

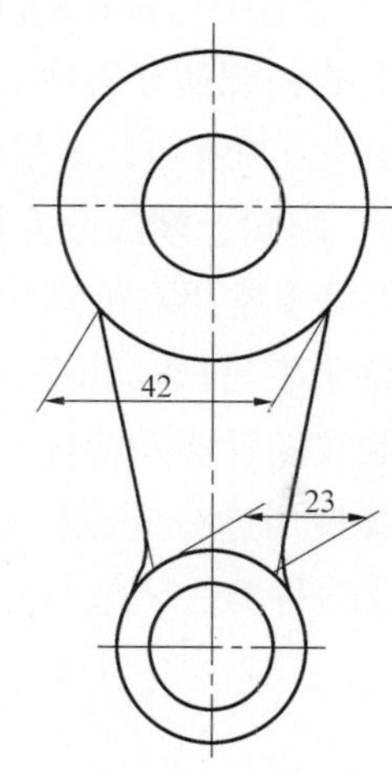

图6−18　尺寸界线倾斜画法

6.2　标准件与常用件的表达

在各种机械设备上常见有这样一类零件和组件，如螺栓、螺钉、螺母、垫圈、键、销等，它们的结构、尺寸及技术要求均已标准化、系列化，故称其为标准件；而齿轮、蜗轮、蜗杆、弹簧等，它们的部分结构和尺寸也已标准化、系列化，这些零件称为常用件。本章主要介绍国家标准中对它们在画法、标记及标注等方面的基本规定。

6.2.1 螺纹及其规定画法

1.螺纹的要素

（1）牙型。在通过螺纹轴线的剖面上，螺纹的轮廓形状称为螺纹的牙型。常见螺纹牙型有三角形、梯形、锯齿形和矩形等。

（2）公称直径。螺纹的直径有大径、中径和小径三种，如图6-19所示。

大径：（d、D）指外螺纹牙顶或内螺纹牙底相切的假想圆柱或圆锥的直径。

小径：（d_1、D_1）指外螺纹牙底或内螺纹牙顶相重合的假想圆柱或圆锥的直径。

中径：（d_2、D_2）指一个假想的圆柱或圆锥的直径，该圆柱或圆锥母线通过牙型上沟槽和凸起宽度相等处。

公称直径是代表螺纹尺寸的直径，通常是指螺纹大径的基本尺寸（管螺纹除外）。

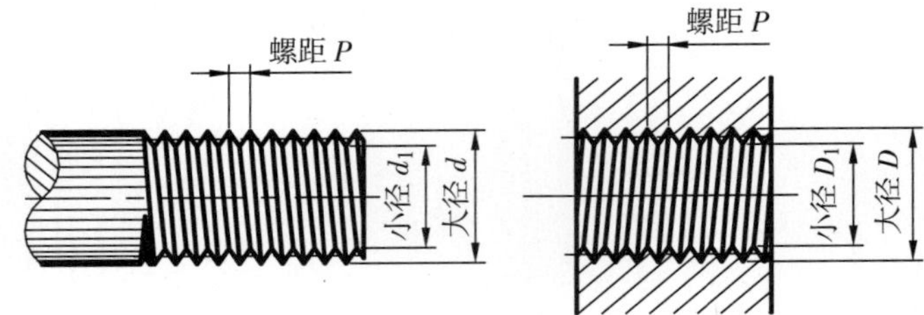

图6-19　螺纹的牙型、大径、小径和螺距

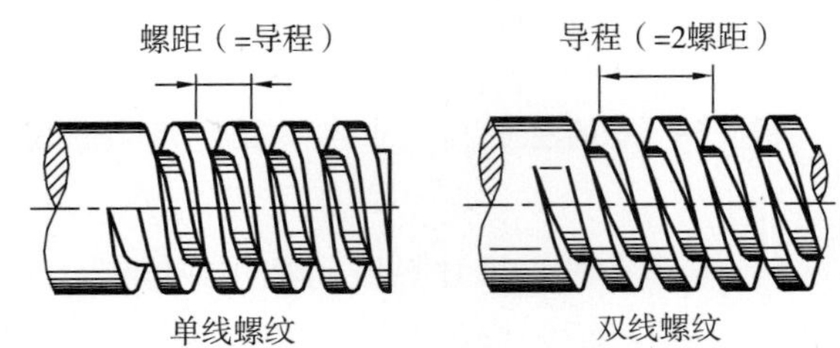

图6-20　螺纹的线数、导程与螺距

（3）线数n。如图6-20所示，螺纹有单线和多线之分：沿一条螺旋线形成的螺纹为单线螺纹；沿轴向等距分布的两条或两条以上的螺旋线所形成的螺纹为多线螺纹。

（4）螺距P与导程S。螺纹相邻两牙在中径线上对应两点间的轴向距离，称为螺距。同一条螺旋线上的相邻两牙在中径线上两点间的轴向距离，称为导程。单线螺纹的导程等于螺距。即$S=P$，如图6-20所示；多线螺纹的导程等于线数乘螺距，即$S=n\times P$。

（5）旋向。螺纹分左旋和右旋两种。顺时针旋转时旋入的螺纹称为右旋螺纹，反之为左旋螺纹。工程上常用右旋螺纹。

螺纹牙型与尺寸都符合标准的螺纹，称为标准螺纹。否则称为非标准螺纹。

2.螺纹的种类及标注

螺纹按用途分为联接螺纹和传动螺纹两类，前者起联接作用，后者用于传递动力和运动。常用螺纹的种类、牙型与标注示例见表6-4。

表6-4　常用螺纹的种类、牙型与标注示例

螺纹种类		特征代号	牙型放大图	标记示例	标注方法
普通螺纹	粗牙	M	60°	M 20—6g（公差等级；公称直径；特征代号）	M20-6g
	细牙			M 20×2—7H（公差等级；螺距；公称直径；特征代号）	M20×2-7H

（续）

螺纹种类		特征代号	牙型放大图	标记示例	标注方法
管螺纹	非螺纹密封	G		G 1/2 A 公差等级 尺寸代号 特征代号	G1/2
	用螺纹密封的	圆锥内螺纹 Rc	55°	Rc $1\frac{1}{2}$	Rc $1\frac{1}{2}$A
		圆柱内螺纹 Rp		Rp $1\frac{1}{2}$	Rp $1\frac{1}{2}$
		圆锥外螺纹 R		R $1\frac{1}{2}$	R $1\frac{1}{2}$
梯形螺纹		Tr	30°	Tr 40×14（P7）—7H 公差等级 线数 14/7=2 导程 公称直径 特征代号	Tr40×14(P7)−7H

3.螺纹的规定画法

（1）外螺纹的规定画法如图6−21所示。

（2）内螺纹的规定画法如图6−22所示。

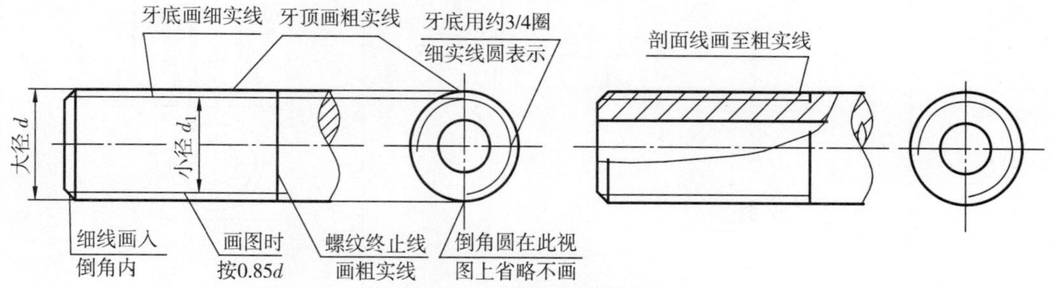

图6−21 外螺纹的规定画法

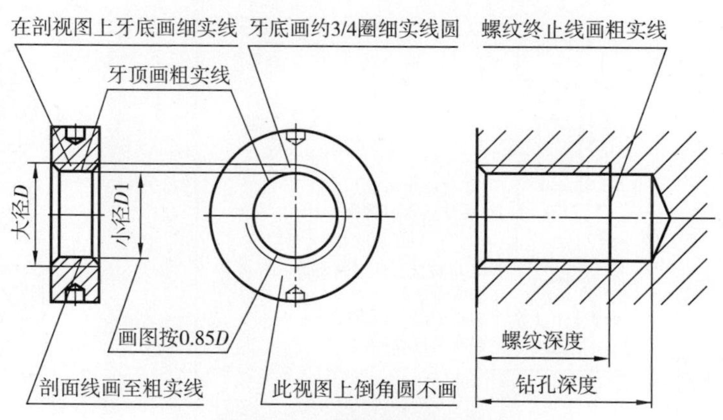

图6−22 内螺纹的规定画法

（3）内、外螺纹旋合的画法。内、外螺纹旋合时，常用剖视图画出，如图6–23所示。其旋合部分应按外螺纹的画法绘制，其余部分仍按各自的画法表示。内、外螺纹旋合也是两个零件的装配，根据装配图画法规定，在剖切平面通过螺纹轴线的剖视图中实心螺杆按不剖绘制。

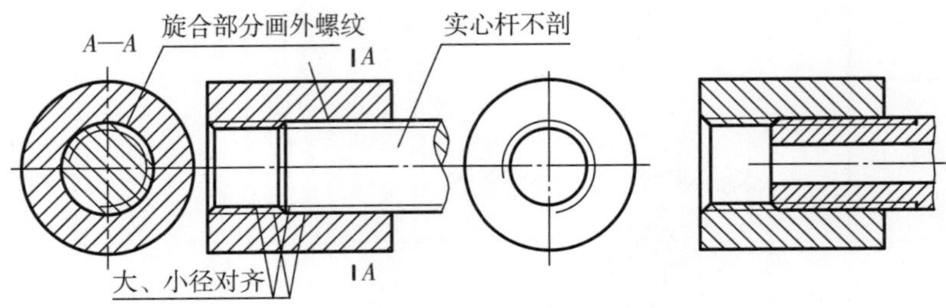

图6–23　内、外螺纹旋合的画法

6.2.2　螺纹紧固件及其规定画法

常用的螺纹紧固件有螺栓、双头螺柱、螺钉、螺母、垫圈等。

螺纹紧固件的联接形式有三种，即螺栓联接、螺柱联接和螺钉联接，见表6–5。绘制螺纹紧固件联接装配图还必须遵守如下国家标准的画法规定：

表6–5　螺纹紧固件的联接形式及装配画法

联接形式	比例画法	简化画法
螺栓联接	d, a, 30°, b, m, d_1, h, d_0, k, $C\times45^\circ$, δ_2, δ_1, L, Dw, e	
螺柱联接	d, 60°, h, l, n, δ, d_h, b_m, $0.5d$, $0.5d$ 螺纹终止线应与螺纹结合面重合 b_m与被旋入件材料有关 铜或青铜b_m=1d 铸铁b_m=1.25d或1.5d 铝及其合金b_m=2d d_b=1.5d, h=0.25d, n=0.12d	

（续）

联接形式	比例画法	简化画法
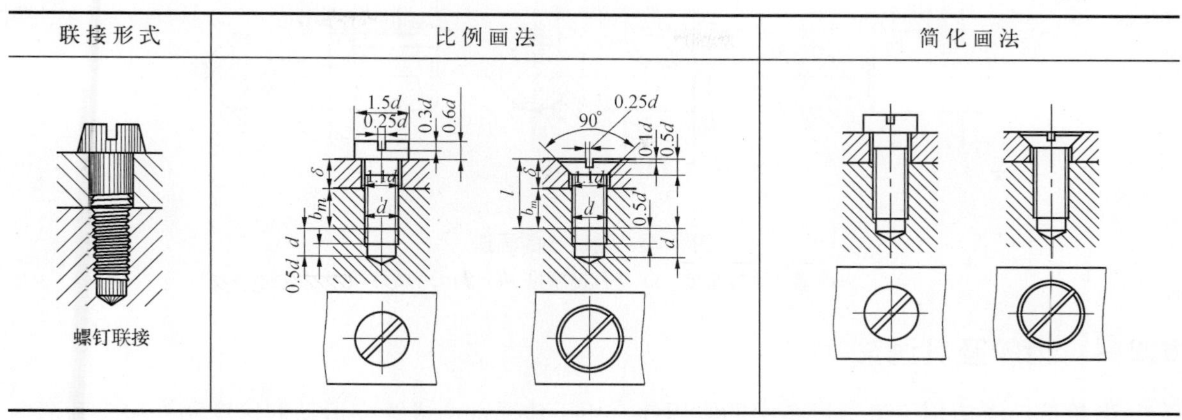 螺钉联接		

（1）两零件的接触表面只画一条线，而非接触表面画两条线。

（2）相邻两个（或三个）零件的剖面线方向应相反，或者方向一致但间隔不等。

（3）当剖切平面通过标准件的轴线时，这些零件均按不剖绘制。

6.2.3 键、销及其联接画法

1.键的结构形式及标记

键通常用来联接轴和轴上的传动零件（如齿轮、带轮等），以传递转矩，如图6-24所示。键是标准件，其结构形式很多。常用的键有普通平键、半圆键和钩头楔键等三种。

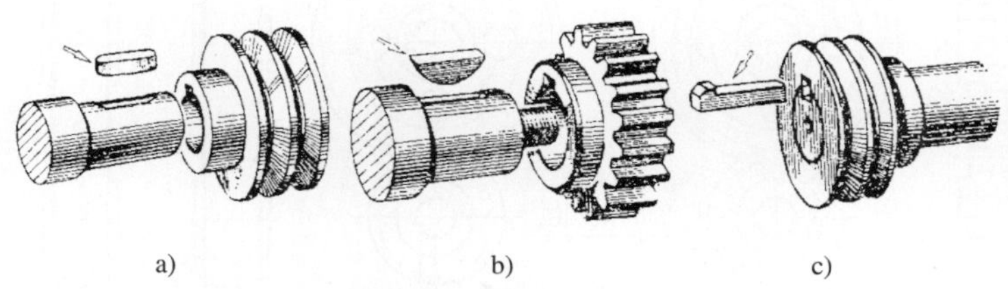

图6-24 常用键的联接形式

a）平键联接 b）半圆键联接 c）钩头楔键联接

2.键联接的装配画法

图6-25、图6-26为三种键联接的画法。由于普通平键和半圆键的两个侧面是工作表面，所以键的两侧面与轴、轮毂的键槽侧面接触；顶面为非工作表面，它与轮毂上键槽的顶面存有间隙。钩头楔键的顶面有1∶100的斜度，联接时将键打入键槽，顶面与底面为工作表面。画图时，上、下表面与键槽接触，而两侧面留有间隙。

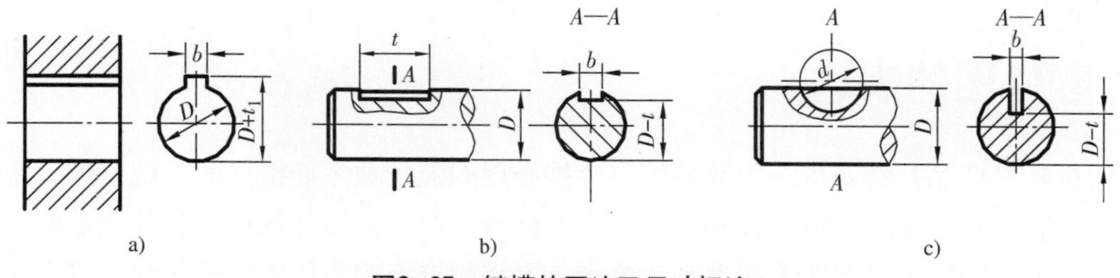

图6-25 键槽的画法及尺寸标注

a）孔上的键槽 b）轴上的平键键槽 c）轴上的半圆键键槽

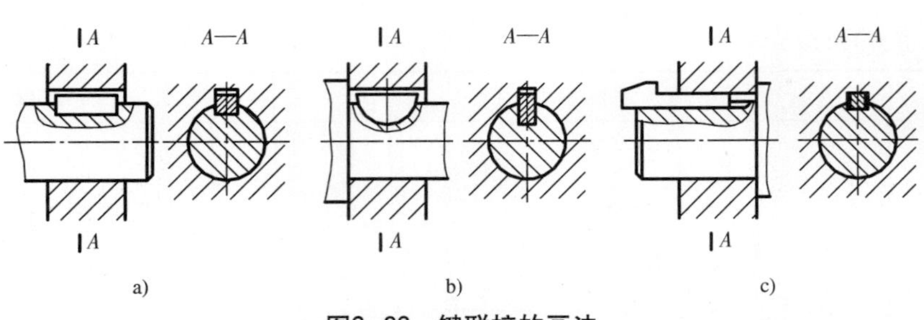

图6-26　键联接的画法

a）普通平键联接　b）半圆键联接　c）钩头楔键联接

6.2.4　齿轮及其画法

齿轮是广泛应用于机器设备中的常用件，用于传递动力或改变运动的速度和方向。画两个相互啮合的圆柱齿轮时，在垂直于轴线的投影面的视图中，节圆相切，齿顶圆在啮合区内均用粗实线画出或省略不画，齿根圆省略不画，如图6-27b所示。在平行于轴线的投影面的视图中，常用剖视表达。当剖切平面通过两啮合齿轮的轴线进行剖切时，啮合区内两节线重合，用细点画线画出，一个齿轮的轮齿用粗实线绘制，另一个齿轮的轮齿被遮住的部分用虚线绘制，也可省略不画，如图6-27a、f所示。

当剖切平面不通过啮合齿轮的轴线时，齿轮一律按不剖绘制。当不采用剖视绘制时，齿顶线和齿根线在啮合区不必画出，而节线用粗实线表示，如图6-27c、d、e所示。

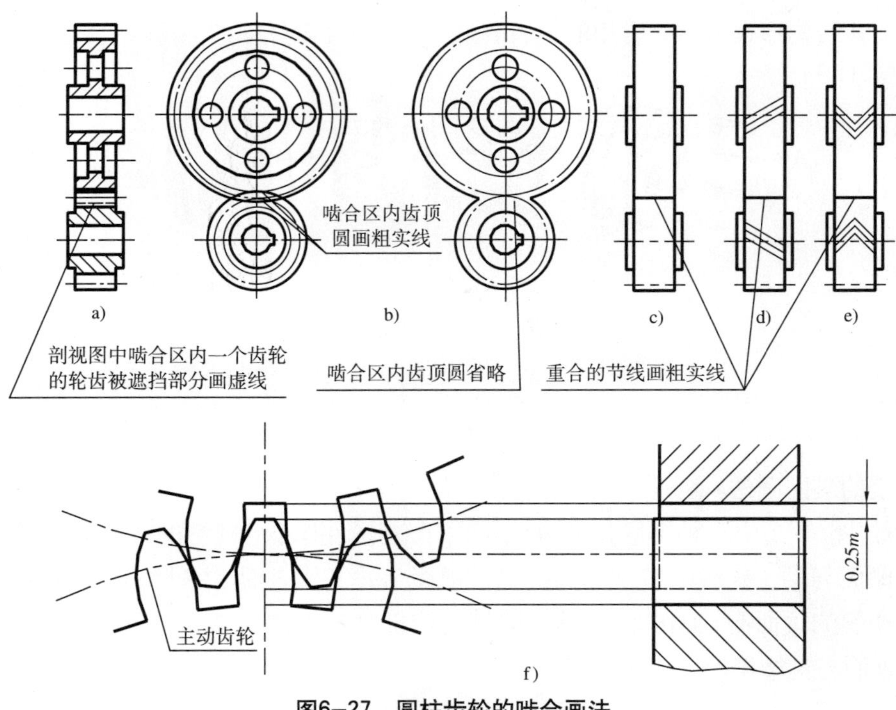

图6-27　圆柱齿轮的啮合画法

6.3　零件图的表达

任何机器（产品）都是由一定数量的零件按合理的装配关系而组成的系统整体，零件是组成机器（产品）或部件的不可拆分的最小单元，机器（产品）设计的最终目的便是完成每个零件的设计。加工制造是以零件为基本制造单元，再将制造出的零件组装成部件，进而装配完成机器（产品）。表示零件的大小、结构以及技术要求的图样称为零件图。零件图是设计表达的主要媒介，是制造和检验制造加工的主要依据。绘制和阅读零件图是设计师的基本素质。

6.3.1 零件图的内容与作用

零件的制造、加工和检验都要按照零件图上的尺寸和技术要求来进行，因此，一张零件图必须具备制造和检验该零件所需的全部资料。当零件的加工制造涉及铸造、锻压、冷加工、热处理等不同的工艺处理时，则要保证不同的加工车间都应有此零件的完整零件图，以便工程技术人员按照此图样的要求进行加工、处理。

通常，零件图上应包含视图、零件尺寸、技术要求、图框和标题栏等内容。

1.视图

在零件图上，用一组由视图（通常选择正视图、侧视图、俯视图三个主要视图）、剖视图、断面图和其他辅助视图，来完整、清晰、准确、简洁地表达零件的内、外形状和结构。

2.尺寸标注

在零件图上，要完整、清晰、准确、合理地标示出零件生产制造、加工检验所需要的全部尺寸，以确定零件各部分特征结构、大小及相互位置的全部尺寸，并且要求标注的尺寸不得重复，不得遗漏。

3.技术要求

在零件图上，用代号、数字、符号和文字标明零件在生产制造、检验时应达到的技术标准要求，其中包括零件的表面粗糙度、尺寸公差、形状位置公差、金属材料的硬度、表面处理以及其他要求。

4.图框与标题栏

为了使绘制的图样便于管理、查找与翻阅，在每张零件图上都必须有标题栏，设计人员应按照国家标准的规定绘制图框，填写标题栏。标题栏应清晰地标注出包括零件的名称、数量、材料、图样比例、设计、绘图人员、图号、单位等内容，它是图样的重要组成部分。标题栏一般位于图样图框的右下角，标题栏的文字方向为看图方向，标题栏的基本要求、内容、尺寸和格式按照国家标准GB/T 10609.1—2008《技术制图标题栏》中的详细规定进行绘制，标题栏格式如图6–28所示。

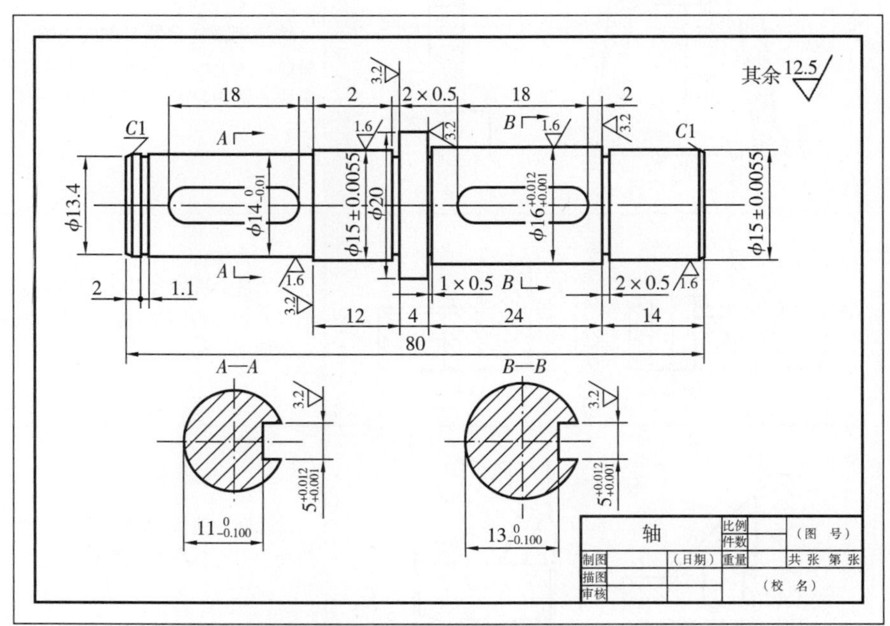

图6–28 轴类零件图

6.3.2 零件图的视图

要正确、完整、清晰地表达零件的全部结构形状，并且要考虑有利于读图和画图，应该遵循首先分析零件结构，再选定零件的主视图，再恰当地选择其他视图的顺序。表达时要恰当地选择基本视图、剖视图、断面图和其他各种表达方法。常见的零件的工艺结构见表6–6。

表6–6 零件的工艺结构

内 容	图 例	说 明
倒角与倒圆	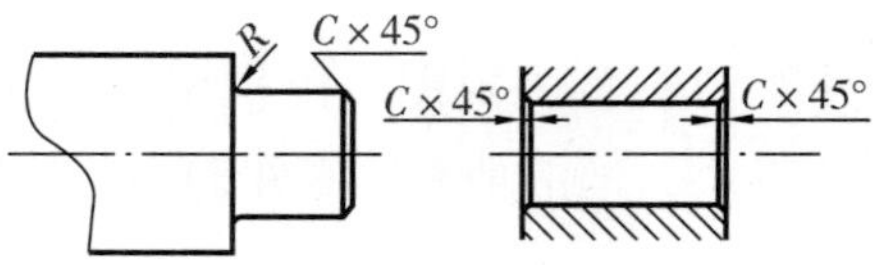 R　C×45°　C×45°　C×45°	为了便于装配和去除锐边和毛刺，在轴和孔的端部应加工成倒角。在轴肩处为了避免应力集中而产生裂纹，一般应加工成圆角
退刀槽及砂轮越程槽	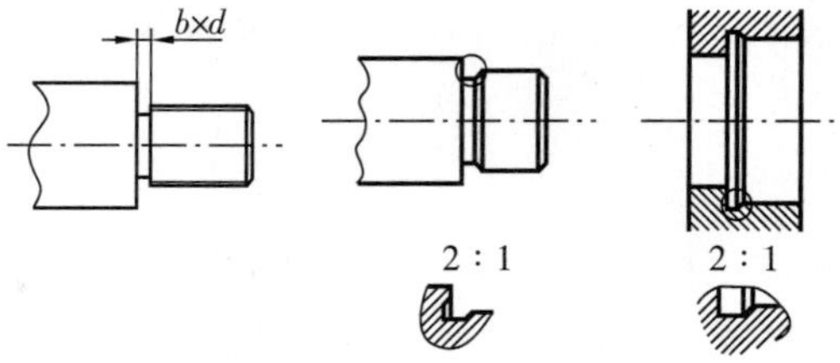 b×d　2∶1　2∶1	为了退出刀具或使砂轮可以越过加工面，常在待加工面的末端加工出退刀槽或砂轮越程槽
铸件壁厚均匀	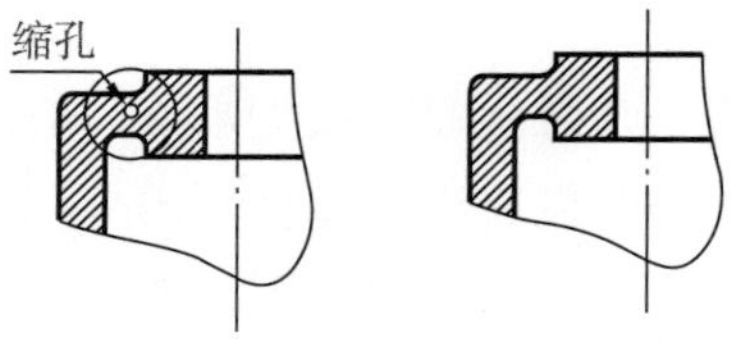 缩孔　壁厚不均匀　壁厚均匀	壁厚不均匀会引起铸件缩孔
铸造圆角及铸造斜度	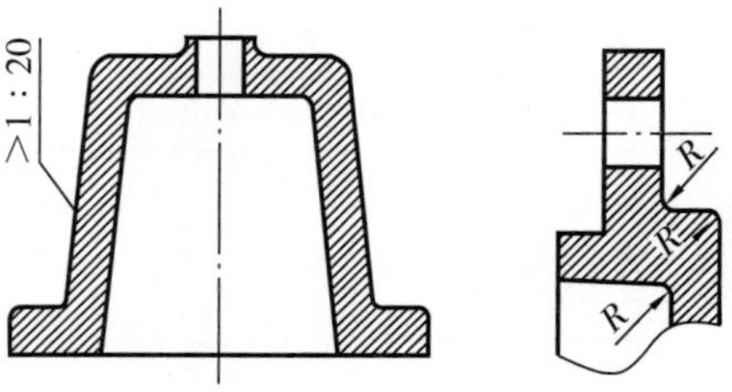 >1∶20　R　R　R	铸造表面转角处要做成小圆角，否则容易产生裂纹。为了起模方便，在沿着起模方向铸件表面做成一定的斜度，但零件图上可以不必画出
凸台与凹坑	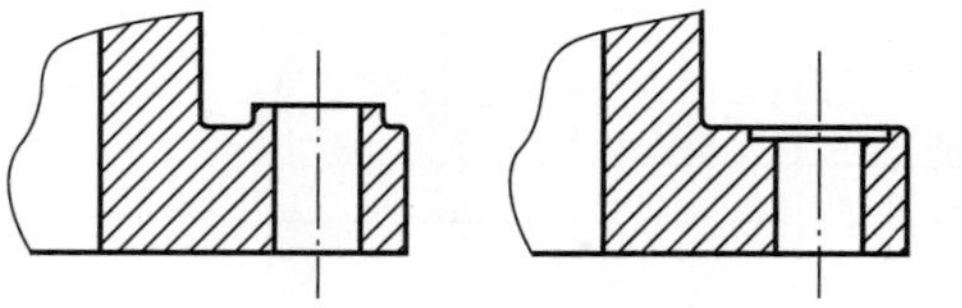	为了减少机械加工量，节约材料和减少刀具的消耗，加工表面与非加工表面要分开，做成凸台和凹坑
钻孔处的合理结构	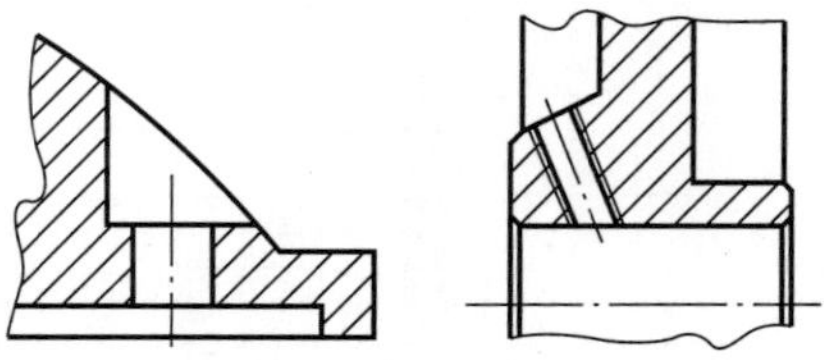	钻孔时，钻头应尽量垂直被加工表面，否则钻头受力不均会产生折断或打滑

1.零件机械加工的工艺结构

绘制零件图目的是为如实地加工、制造各个零件提供一致性标准，并作为技术依据，为实际加工服务，故要确定正确的表达方案，并分析、明确零件的加工工艺。

2.主视图的选择

主视图是表达零件的最重要的一个视图，选择恰当与否不仅关系到读图、画图，而且还直接影响到其他视图的选择、数量及配置。若主视图选择不合理，易导致加工制造出错，造成损失，因此，在选择零件的主视图时，通常遵循以下几个绘制原则。

（1）形状特征原则。所谓形状特征原则，就是指确定主视图投影方向时，通常选择能比较充分地显示零件形状特征、且能使其他视图的虚线较少的投影方向，也就是说，选择能将零件各部分形状及相对位置反映最好的方向作为主视图的投影方向。例如图6−28所示的轴类零件，基本上都是选择水平的垂直轴线方向作为主视图的投影方向，而不是选择水平的沿轴线方向，这是因为前者所反映的零件特征比后者要好。

（2）工作位置原则。零件的工作位置，是指零件在机器或部件中处于工作状态时的位置。对于箱体类复杂零件，加工面较多，并且需要在各种不同的机床上加工。因此，这类零件的主视图应该依照零件在机器中的工作位置进行绘制，便于加工零件、检测零件。

（3）加工位置原则。零件的加工位置是指零件在机床上加工时的位置。主视图应与加工位置保持一致，避免加工过程中操作失误。例如，轴、套、轮和盘等零件的主视图，通常都按照车削加工位置安装，也就是将轴线水平放置，如图6−28所示，在轴的主视图上，轴水平横放，轴上的键槽向前，同时符合了上述选择主视图的三个原则。

3.其他视图的选择

对于一般零件来说，通常一个主视图不能够清晰、完整地表达零件的全部特征、结构形状，需要辅之以一定数量的其他视图，并恰当地运用剖视图、断面图等来配合表达。其他视图的选择原则有：在主视图完整、清楚地表达了零件的结构形状的前提下，尽可能少地选择视图，其他视图的选择应优先考虑基本视图（正视图、侧视图、俯视图、后视图等视图），并在基本视图上作剖视图、断面图。选择其他视图时应注意以下问题。

（1）不同的视图应保持自己的表达重点。图幅上的各个视图相互配合、相互补充，表达的主要内容不要重复。

（2）根据零件的内部结构选择合适的剖视图和断面图，对没有表达清楚的局部形状和细小结构选用合理的局部视图、局部放大视图。选择合理的表达方法，准确、简洁地表达出零件的内、外形状结构是极其重要的环节。

（3）零件图能采用省略、简化方法表达的地方尽量采用省略和简化画法。

（4）要考虑合理地布置各个视图、剖视图及断面图等的位置，既要使得图样表达清晰、美观，又要充分利用图幅的大小，做到布图匀称，具有平衡的美感。

6.3.3 零件图的尺寸标注

1.正确标注尺寸的原则

（1）主要尺寸直接标注。

（2）尺寸标注应考虑加工次序。按加工顺序标注尺寸，便于读图、测量，而且容易保证加工精度，可以参见图6−28轴零件图的尺寸标注情况。

（3）当零件需要经过多道工序加工时，同一工序中用到的尺寸尽可能集中标注。

（4）与相关零件的尺寸应协调原则。

（5）尺寸标注要便于实际测量与检验。

（6）尺寸不要形成封闭的尺寸链，应按图6−29a所示的方法标注，而不按图6−29b所示的方法标注。

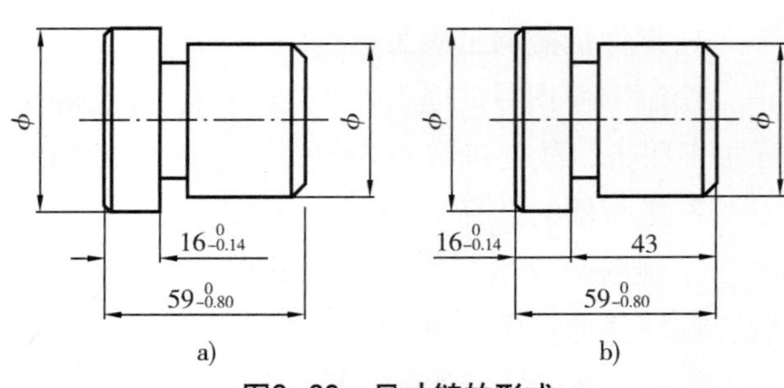

图6−29　尺寸链的形式

2.常见零件典型结构的尺寸标注方法

零件常见典型结构的尺寸标注的方法见表6−7。

表6−7　零件常见典型结构的尺寸标注示例

键槽	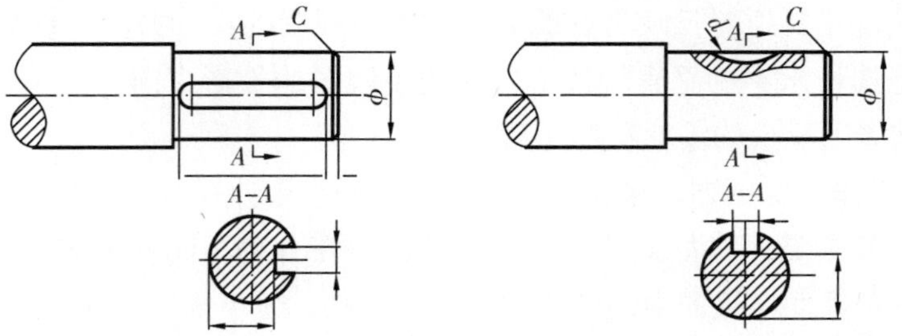 A　C　φ　A　A−A
光孔	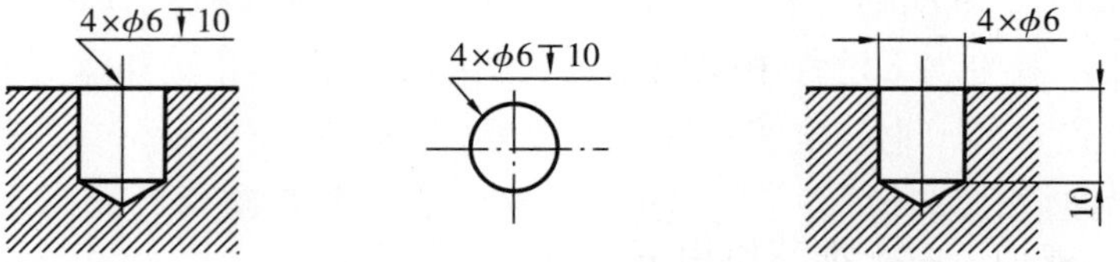 4×φ6↧10　4×φ6↧10　4×φ6　10
螺纹通孔	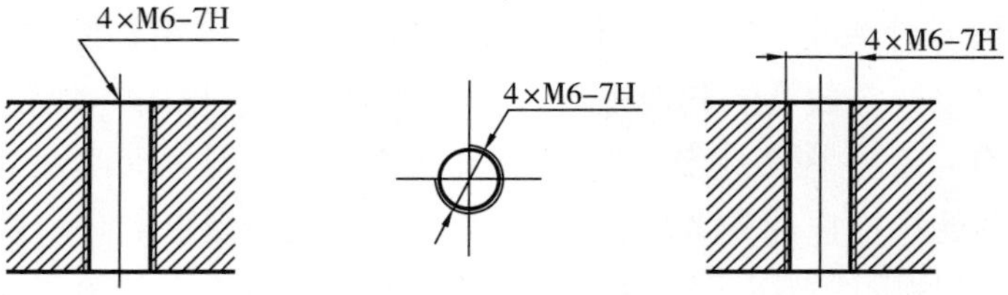 4×M6−7H　4×M6−7H　4×M6−7H
螺纹不通孔	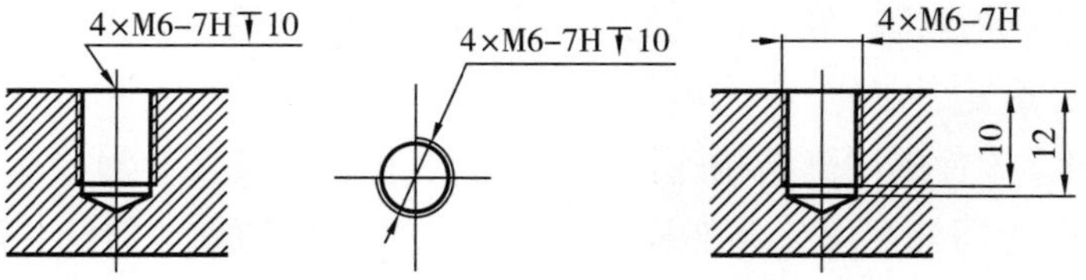 4×M6−7H↧10　4×M6−7H↧10　4×M6−7H　10　12
锥形沉孔	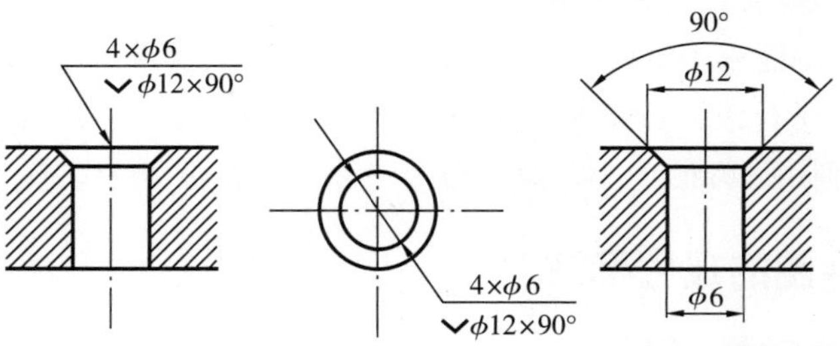 4×φ6 ⌵φ12×90°　4×φ6 ⌵φ12×90°　90°　φ12　φ6
柱形沉孔	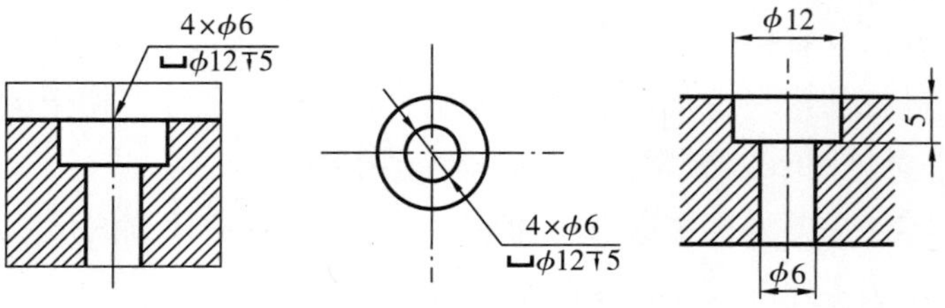 4×φ6 ⌴φ12↧5　4×φ6 ⌴φ12↧5　φ12　5　φ6

6.3.4 零件图的技术要求

1.零件图技术要求的内容

（1）说明零件表面粗糙程度的表面粗糙度代（符）号。

（2）零件上重要尺寸的公差（允许公差）以及零件的形状公差和位置公差。

（3）零件材料的热处理及表面处理说明。

（4）零件材料以及零件加工、检验和试验说明等。

零件图上的技术要求，如公差、表面粗糙度、热处理要求等，应当按照国家标准规定的各种符号、代号、文字标注在图形上。对于一些无法标注在图形上的内容，或需要统一说明的内容，则可以用文字分条注写在图样下方的空白处。

2.表面粗糙度

（1）表面粗糙度的概念。零件加工后使零件表面存在着间距较小的轮廓峰谷。这种表面上具有较小间距的峰谷所组成的微观几何形状特性，称为表面粗糙度，如图6−30所示。表面粗糙度对零件的性能有很大影响。

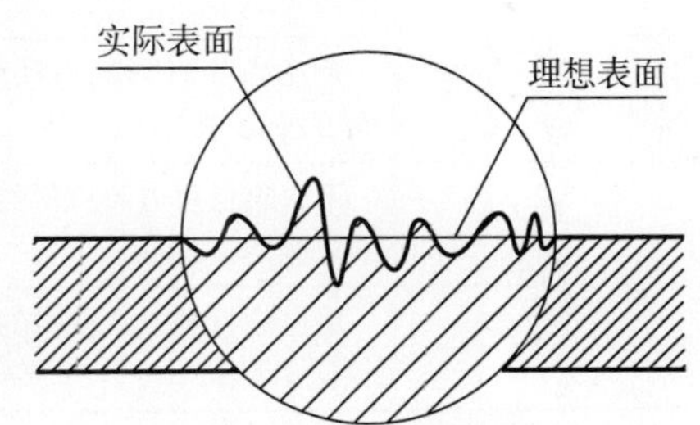

图6−30 表面粗糙度的概念

（2）表面粗糙度参数及其应用。零件表面粗糙度的评定有表面粗糙度高度轮廓算术平均偏差（*Ra*），表面粗糙度高度轮廓微观不平度十点高度（*Rz*）、轮廓最大高度（*Ry*）三项参数，设计中优先选用*Ra*参数。

一般机械加工中，推荐使用第一系列的表面粗糙度参数*Ra*。*Ra*的数值越大，则表面越粗糙，加工成本就越低，一般使用在零件上的不重要表面。随着*Ra*数值的不断减小，则表面越光洁，而加工成本则越来越高，使用在零件上的重要表面。一般零件在加工中最常用的*Ra*值在25～0.4间的7种。*Ra*数值与加工方法及应用举例都列于表6−8中，供设计人员做类比选用时参考。

表6−8 轮廓算术平均偏差（*Ra*）的系列值 （单位：μm）

Ra	补充系列值	*Ra*	补充系列值	*Ra*	补充系列值	*Ra*	补充系列值	*Ra*	补充系列值
	0.008		0.080	**0.8**			8.0		80
	0.010	0.1			1.00		10.0	100	
0.012			0.125		1.25	**12.5**			
	0.016		0.160	**1.6**			16.0		
	0.020	0.2			2.0		20		
0.025			0.25		2.5	**25**			
	0.032		0.32	**3.2**			32		
	0.040	**0.4**			4.0		40		
0.050			0.50		5.0	**50**			
	0.063		0.63	**6.3**			63		

（3）表面粗糙度代（符）号。国家标准GB/T 131—1993中详细地规定了表面粗糙度的符号、代号及其标注方法。在表面粗糙度符号上注写所要求的表面特征参数后，便构成了表面粗糙度代号。表6−9为表面粗糙度的符号及其意义和说明，*Ra*的标注详见表6−10。

表6–9　表面粗糙度符号及意义和说明

符　　号	意义及说明
	基本符号，表示表面可用任何方法获得。当不加注表面粗糙度参数值或有关说明（如表面处理、局部热处理方法等）时，仅用于简化代号标注
	基本符号加短画线，表示表面是用去除材料的方法获得。如车、铣、钻、磨、剪切、抛光、腐蚀、电火花加工、气割等
	基本符号加小圆，表示表面是用不去除材料的方法获得。如铸、锻、冲压、热轧、冷轧、粉末冶金等，或者是用于保持原供应状况的表面（包括保持上道工序的状况）

表6–10　轮廓算数平均偏差*Ra*值的代号标注及其意义

代　　号	意　　义	代　　号	意　　义
3.2	用任何方法获得的零件表面，*Ra* 的上限值为 3.2μm	3.2max	用任何方法获得的零件表面，*Ra* 的最大值为 3.2μm
3.2	用不去除材料的方法获得的零件表面，*Ra* 的上限值为 3.2μm	3.2max	用不去除材料的方法获得的零件表面，*Ra* 的最大值为 3.2μm
3.2	用去除材料方法获得的零件表面，*Ra* 的上限值为 3.2μm	3.2max	用去除材料方法获得的零件表面，*Ra* 的最大值为 3.2μm
3.2 1.6	用去除材料方法获得的零件表面，*Ra* 的上限值为 3.2μm，*Ra* 的下限值为 1.6μm	3.2max 1.6max	用去除材料方法获得的零件表面，*Ra* 的最大值为 3.2μm,*Ra* 的最小值为 1.6μm

值得注意的是，表面粗糙度高度参数*Ra*，*Ry*，*Rz*在代号中使用数值标注时，除参数代号Ra可省略外，其余在参数值前需注出相应的参数代号*Ry*或*Rz*。

（4）表面粗糙度的标注规定与举例。表面粗糙度符号、代号一般标注在可见轮廓线、尺寸界线、引出线或它们的延长线上。符号的尖端从材料外指向表面。同一图样中每一表面一般只标注一次符号、代号，并尽可能靠近有关尺寸线。当空间相对狭小或不变标注时，符号、代号可以引出标注。

表面粗糙度在图样上的标注方法见表6–11（GB/T 1031—2009）。

表6–11　表面粗糙度标注举例

图　　例	说　　明
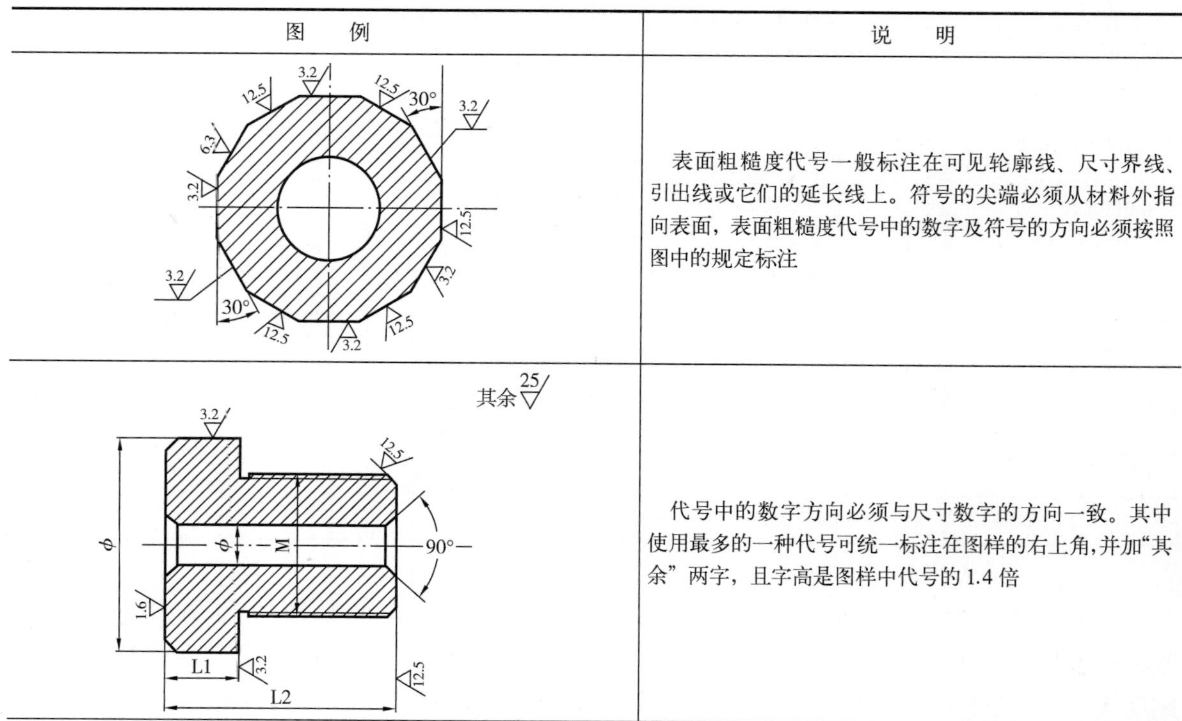	表面粗糙度代号一般标注在可见轮廓线、尺寸界线、引出线或它们的延长线上。符号的尖端必须从材料外指向表面，表面粗糙度代号中的数字及符号的方向必须按照图中的规定标注
	代号中的数字方向必须与尺寸数字的方向一致。其中使用最多的一种代号可统一标注在图样的右上角，并加“其余”两字，且字高是图样中代号的 1.4 倍

（续）

图　例	说　明
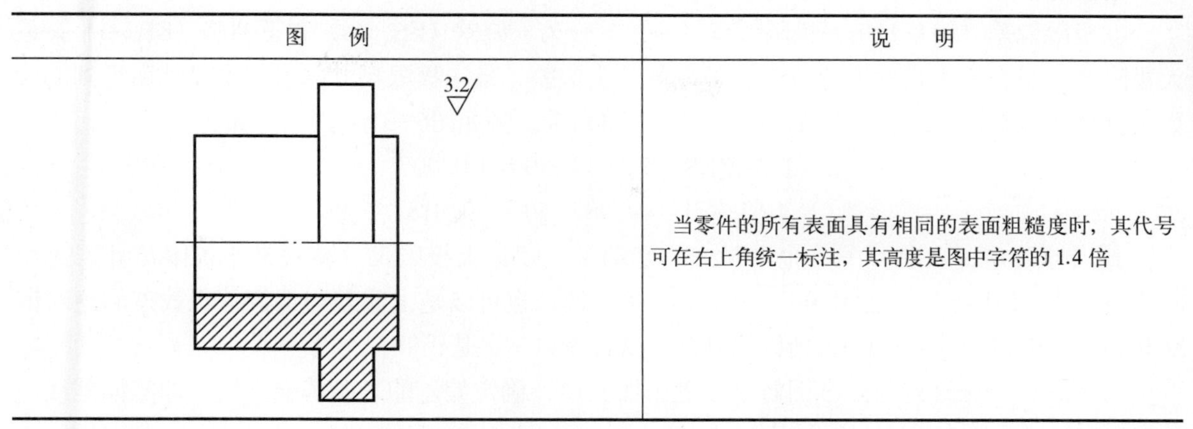	当零件的所有表面具有相同的表面粗糙度时，其代号可在右上角统一标注，其高度是图中字符的1.4倍

3.公差与配合

公差与配合是设计和制造中用以检验、保证产品质量的一项重要技术指标，也是零件图和装配图等图样中最重要的一项技术要求。国家技术监督局颁布了《极限与配合》GB/T 1800.1—2009、GB/T 1800.2—2009等标准。它们的应用十分广泛，几乎涉及国民经济的各个部门，尤其是对机械工业行业更具有重要的作用。

（1）基本概念

1）互换性。零件的互换性概念是指从成批或大量生产的相同的零件或部件中任取一件，不经任何选择、修配，任意选取一个零件或部件就能装配到和它相匹配的机器产品上去，并能达到使用要求的性质。零件具有互换性后，不但给机器的装配、维修带来方便，更重要的是为机器化大生产、流水线作业等提供了条件，从而可以缩短生产周期、提高劳动生产率和提高经济效益。

为了满足以上互换性的要求，图样上常常要标注加工零件的公差与配合、形状和位置公差等技术要求。

2）尺寸公差。在制造零件时，为了使零件具有互换性，要求零件的尺寸在一个合理范围之内，由此便规定了极限尺寸。制成后的实际尺寸，应在规定的最大极限尺寸和最小极限尺寸范围内。允许尺寸的变动量称为尺寸公差，简称公差。有关公差的专业术语如图6–31所示，具体说明如下：

①基本尺寸——设计确定的尺寸，如ϕ50，就是根据计算和结构上的需要，在设计时所决定的尺寸。

②实际尺寸——实际测量所得到的尺寸。

③极限尺寸——允许尺寸变动的两个极限值，它是以基本尺寸为基数来确定的。如图6–31所示孔的极限最大尺寸为ϕ50.007（最大极限尺寸），极限最小尺寸为ϕ49.982（最小极限尺寸）。

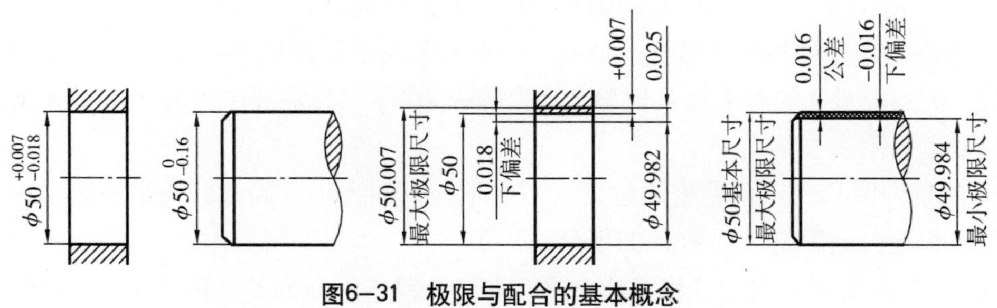

图6–31　极限与配合的基本概念

④尺寸偏差——某一尺寸减去基本尺寸所得到的代数差。

⑤极限偏差（偏差）——极限偏差（偏差）分为上偏差（ES、es）和下偏差（EI、ei）。最大极限尺寸减去基本尺寸所得到的代数差就是上偏差；最小极限尺寸减去基本尺寸所得到的代数差就是下偏差。上、下偏差可以是正值、负值、零。例如图6-31中，

上偏差ES＝50.007−50＝＋0.007

下偏差EI＝49.982−50＝−0.018

⑥尺寸公差（公差）——允许尺寸的变动量，即最大极限尺寸减去最小极限尺寸，比图6-31中孔的尺寸公差就是50.007−49.982＝0.025；也可以是上偏差与下偏差代数差的绝对值|0.007−（−0.018）|＝0.025，所以尺寸公差（公差）一定是正值。

⑦零线——在公差与配合图解（公差带图）中，确定偏差的一条基准直线，即零偏差线。通常用零线表示基本尺寸。如图6-32所示。

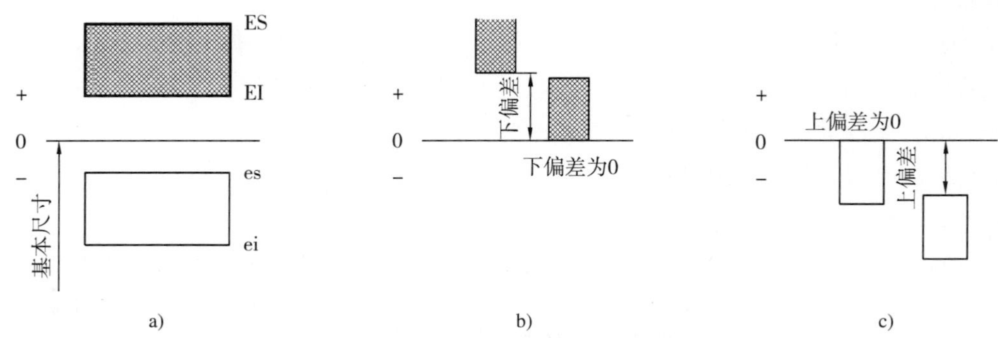

图6-32　公差带图与基本偏差示意图

⑧公差带图——用零线表示基本尺寸，上方为正，下方为负。公差带由代表上下偏差的矩形区域构成。矩形的上边表示上偏差，下边表示下偏差，矩形的高度代表公差，长度无实际意义。如图6-32所示。

⑨尺寸公差带（公差带）——在公差带图中，由代表上、下偏差的两条直线所限定的一个带状区域。

⑩基本偏差——距离零线较近的那个偏差。用以确定公差带相对于零线的位置。如图6-32b、c所示，当公差带在零线的上方，基本偏差为下偏差；当公差带在零线的下方，基本偏差为上偏差；当零线穿过公差带，基本偏差为靠近零线的偏差；当公差带关于零线对称，基本偏差为上偏差或下偏差，如JS（js）。基本偏差也分正负。

⑪标准公差——由国家标准规定的公差数值。其大小由两个因素决定，一个是公差等级，一个是基本尺寸。国家标准将公差划分为20个等级，分别为IT01、IT0、IT1、IT2、IT3…IT18。从IT01至IT18精度依次降低。如果基本尺寸相同，公差等级越高（数值越小），标准公差越小；如果公差等级相同，基本尺寸越大，标注公差越大。

国家标准规定公差带代号是由基本偏差与标准公差组成。

基本偏差决定公差带相对于零线的位置，标准公差决定公差带的高度。例如：ϕ50H8，ϕ50表示基本尺寸，H表示孔的基本偏差代号，公差等级为IT8，公差带代号为H8。轴和孔的基本偏差数值可由公差带附表查得。

基本偏差系列图只表示公差带的位置，不表示公差的大小，因此公差带一端是开口的，开口的另一端由标准公差限定，如图6-33所示。

3）配合。基本尺寸相同的、相互结合的孔和轴公差带之间的关系称为配合。根据使用要求

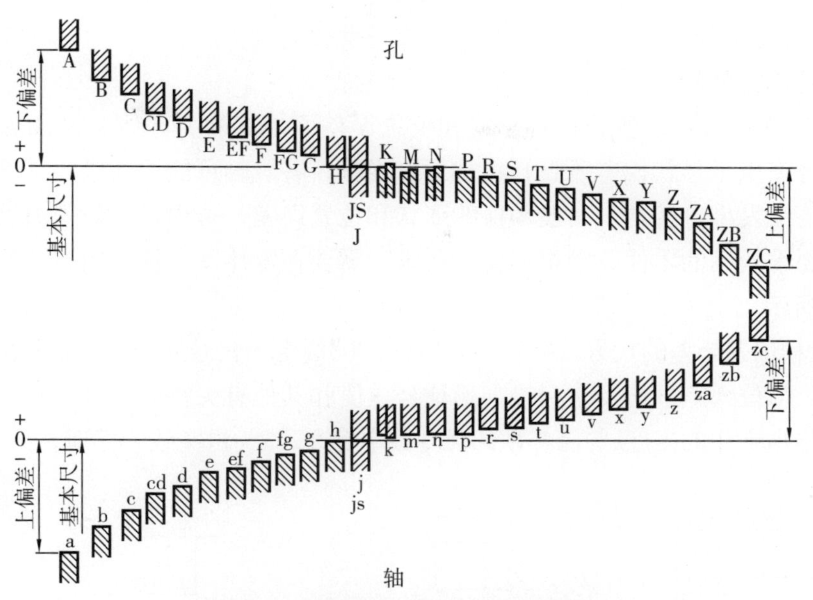

图6−33 孔和轴的28个基本偏差系列图

不同，孔与轴之间的配合相互干涉情况不同，我们可以分为三类，即间隙配合、过盈配合、过渡配合。

①间隙配合。孔与轴有间隙（包括间隙为零）的配合，孔公差带在轴公差带之上。

②过盈配合。孔与轴有过盈（包括过盈为零）的配合，孔公差带在轴公差带之下。

③过渡配合。孔与轴可能有间隙或过盈的配合，孔公差带与轴公差带互相交叠。

（2）公差与配合的标注方法及查表

1）在装配图中的标注方法。配合的代号由两个相互结合的孔和轴的公差带的代号组成，用分数形式表示。分子为孔的公差带代号和分母为轴的公差带代号如图6−34所示。

2）在零件图中的标注方法。在零件图上标注公差有三种形式：一种是只标注公差带的代号，如图6−35a所示，此种标注方法适用于大批量生产；第二种是只标注极限偏差数值，如图6−35b所示，此种标注方法适用于单件、小批量生产，以便于加工、检验时对照；第三种是既标注公差带的代号，又标注极限偏差数值，如图6−35c所示。

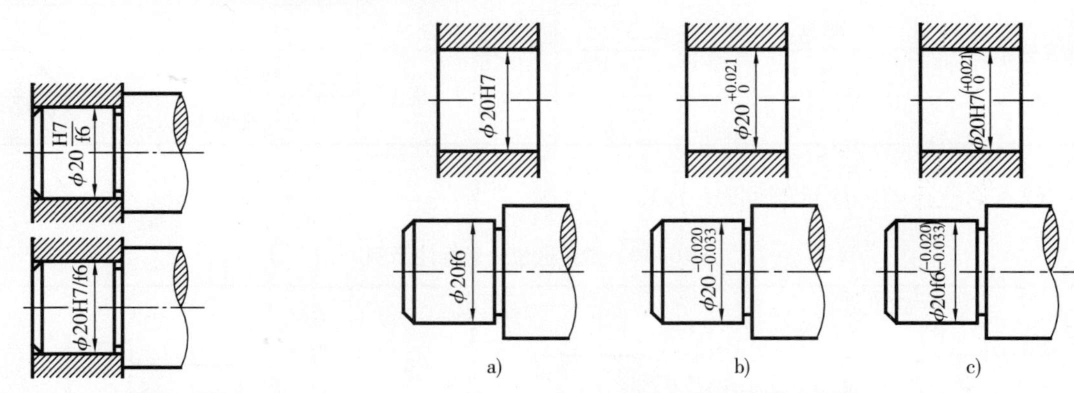

图6−34 装配图中的注法

图6−35 零件图中的极限注法

a）只标注公差代号 b）只标注偏差数值 c）公差代号与偏差数值同时标注

3）极限偏差值的查表方法。根据轴或孔的基本尺寸、基本偏差和公差等级，可查得轴或孔的极限偏差值。例如ϕ45H8/f7是基孔制间隙配合，查极限偏差表得ϕ45H8的上下偏差为$^{+39}_{0}$ μm，其尺寸标注为$\phi45^{+0.039}_{0}$；查极限偏差表得ϕ45f7的上下偏差为$^{-25}_{-50}$ μm，其尺寸标注为$\phi 45^{-0.025}_{-0.050}$。

4.形状公差与位置公差

所谓形状与位置公差，便是指对形状和位置误差所规定的允许值。例如加工圆柱，它可能不圆（加工时产生了形状偏差所致）；加工阶梯轴，各段轴可能不同轴心（加工时产生位置偏差所致）等情况发生。通常对一般零件的形状和位置误差，可由尺寸公差与机床的加工精度来保证。对于要求较高的零件，则根据设计要求，需要在零件图上标注出有关的形状和位置公差，如图6−36所示。

（1）形状和位置公差的代号。GB/T 1182—2008规定用代号来标注形状和位置公差。形位公差代号包括：形位公差框格及指引线，形位公差值和其他有关符号，以及基准代号等。如图6−37所示，框格内字体的高度h与图样中的尺寸数字等高，d为粗实线的宽度。

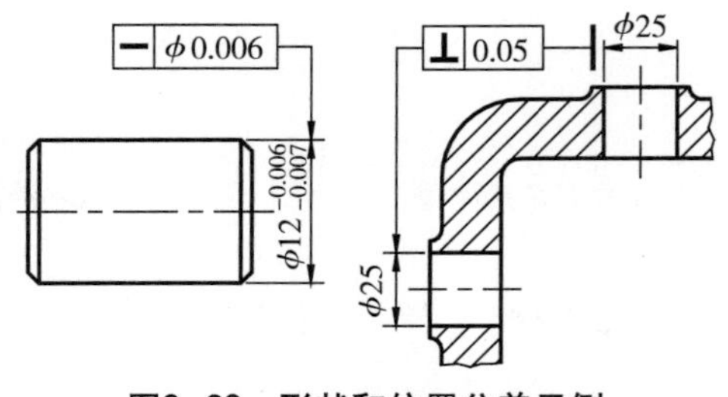

图6−36　形状和位置公差示例

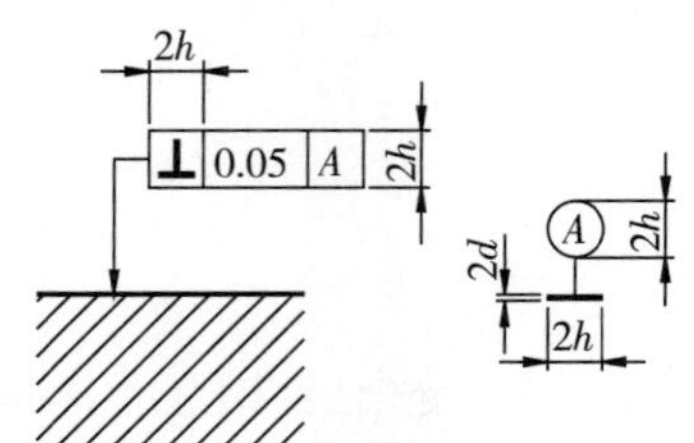

图6−37　形位公差框格和基准代号

形位公差的名称及符号详见表6−12。

表6−12　形位公差的名称及符号

分　类	名　称	符号	分　类		名　称	符号
形状公差	直线度	—	位置公差	定向	平行度	//
	平面度	▱			垂直度	⊥
	圆度	○			倾斜度	∠
	圆柱度	⌭		定位	同轴度	◎
形状或轮廓公差	线轮廓度	⌒			对称度	⌯
	面轮廓度	⌓			位置度	⊕
				跳动	圆跳动	↗
					全跳动	⌰

（2）形位公差标注示例见表6−13。

表6−13　常见形位公差标注示例

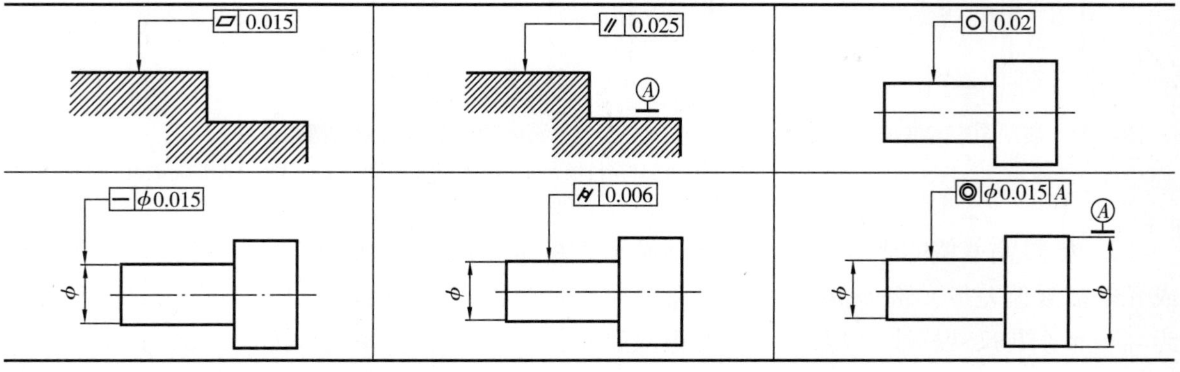

如图6−38所示，从形位公差的标注可知：

$\phi160^{-0.043}_{-0.068}$ 圆柱表面对$\phi85^{+0.010}_{-0.025}$ 圆孔轴线A的径向跳动误差不大于0.03。

$\phi160^{-0.043}_{-0.068}$ 圆柱表面对轴线A的径向跳动误差不大于0.02。

厚度为20的安装板左端对$\phi160^{-0.043}_{-0.068}$ 圆柱面轴线B的垂直度误差不大于0.03。

安装板右端面对$\phi160^{-0.043}_{-0.068}$ 圆柱面轴线C的垂直度误差不大于0.03。

$\phi125^{+0.025}_{0}$ 圆柱孔的轴线与轴线A的同轴度误差不大于0.05。

5×ϕ6.5均布孔对由尺寸ϕ210确定的理想位置度误差不大于0.125。

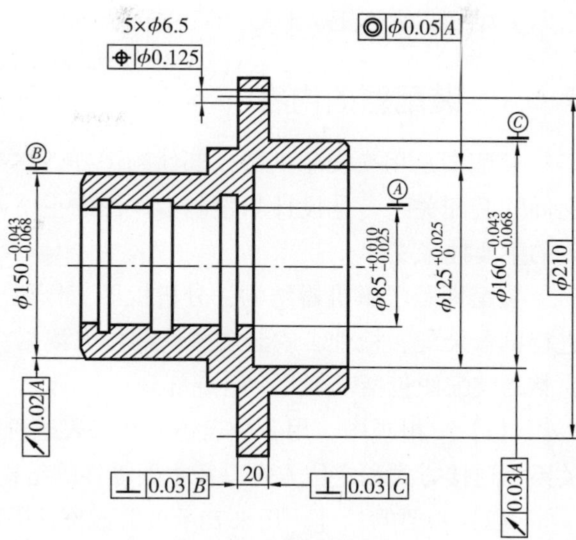

图6−38 轴套的形位公差

6.4 装配图及其表达

一部复杂的机器（产品）是由许多精密制造的零件、部件装配组成的。通常我们把表示部件的构成零件、各零件彼此相互位置和连接、装配关系的图样称为部件装配图；把表示机器（产品）及其构成部分的连接、装配关系的图样称为装配图；把表示整部机器（产品）的构成部分、各部分的相互位置和连接、装配关系的图样称为总装配图。图6−39所示的就是机床上的

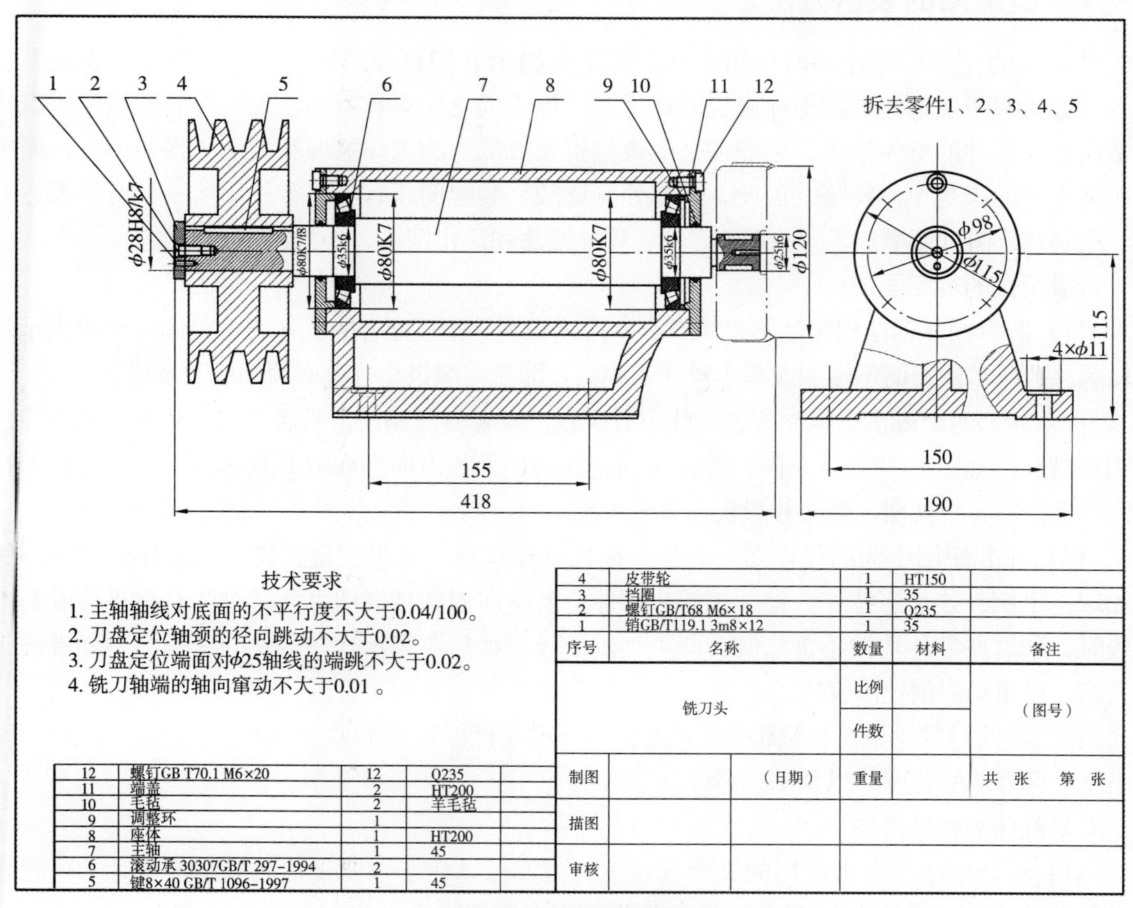

12	螺钉GB T70.1 M6×20	12	Q235	
11	端盖	2	HT200	
10	毛毡	2	羊毛毡	
9	调整环	1		
8	座体	1	HT200	
7	主轴	1	45	
6	滚动承 30307GB/T 297-1994	2		
5	键8×40 GB/T 1096-1997	1	45	

4	皮带轮	1	HT150	
3	挡圈	1	35	
2	螺钉GB/T68 M6×18	1	Q235	
1	销GB/T119.1 3m8×12	1	35	
序号	名称	数量	材料	备注

铣刀头		比例		（图号）
		件数		
制图	（日期）	重量		共 张 第 张
描图				
审核				

图6−39 铣刀头装配图

一个部件——铣刀头装配图。

6.4.1 装配图的内容

装配图是用来表示机器或部件的图样。它反映了机器或部件的整体结构、工作原理和零件之间的装配关系，是设计和绘制零件图的主要依据，也是产品装配、调试、安装、维修等环节中的主要技术文件。

装配图是了解机器结构、分析机器工作原理和功能的技术文件，也是制定装配工艺规程，进行机器装配、检查、安装和维修的技术依据。图6−39为铣刀头的装配图，我们可以看出一张完整的装配图包括以下几个组成部分：

（1）一组视图。用各种表达方法来表达机器或部件的工作原理，零件间的相对位置、配合关系、连接方式和定位方式以及主要零件的结构形状等。

（2）必要的尺寸。用来表示机器或部件的规格、性能以及装配、安装、检验、运输等方面所需要的尺寸。标出装配体的总体尺寸、性能尺寸、装配尺寸、安装尺寸以及其他重要尺寸。

（3）技术要求。用文字或符号在装配图上说明对机器或部件的装配、安装、调试、检验、使用与维护等方面的技术要求。

（4）零（部）件序号、明细栏和标题栏。为了便于看图和生产管理，对部件中的每种零（部）件都要编写序号，每种零（部）件的序号要与明细栏中的序号一致。标题栏中要填明部件的名称、比例、设计者姓名以及设计单位等内容。明细栏中要填写零（部）件名称、序号、材料、标准件的规格尺寸、数量等。

6.4.2 装配图的表达方法

装配图的作用同零件图的作用一样，都是要揭示它们自身的结构形状。所以，表达零件的各种方法对于表达机器或部件来说同样适用。但它们之间也有不同之处，即装配图所需表达的是机器或部件的整体情况，装配图是以表达机器或部件的工作原理和装配关系为中心，而零件所需表达的仅是个体特征。因此，与零件图比较，装配图还有一些零件图所不具有的表达方法，绘制装配图时便增加了一些规定画法、特殊画法和简化画法。

1.装配图的规定画法

（1）两个相邻零件相接触的表面或基本尺寸相同且相互配合的工作表面只画一条线表示公共轮廓。若两零件表面不接触或基本尺寸不相同，即使间隙很小，也必须画成两条线。

（2）相邻两个或多个零件的剖面线应有区别，或者方向相反，或者方向一致但间隔不等，或相互错开，如图6−39所示。同一零件不同视图的剖面线方向和间隔必须一致，这样有利于找出同一零件的各个视图，想象其形状和装配关系。

（3）在装配图中为简化作图，对于标准件（如螺栓、螺母、键、销等紧固件）和实心件（如球、手柄、连杆、拉杆、键、销等）零件，若纵向剖切且剖切平面通过其对称平面或基本轴线时，则这些零件均按不剖绘制，即不画剖面线。如需要表示这些零件的某些结构如键槽、销孔等，可用局部剖视图表达。

（4）零件与零件相互装配起来时，必定有一些零件的轮廓被另一些零件所遮盖。此时，仅画出看得见零件的轮廓，尽量不画虚线。

2.装配图的特殊画法

（1）拆卸画法。在装配图的某个视图上，当零件遮住了需要表达的某些部分时，可假想沿零件的结合面，选取剖切面或假想将某些零件拆去后再进行绘制所表达的部分，如图6−39

所示。

（2）沿结合面剖切画法。为了表达某些部件的内部结构和装配关系，可假想沿某些零件的结合面进行剖切，再画出相应的剖视图。这时，零件的结合面不画剖面线，回转轴不画剖面线，轴上有键槽时可以用局部剖，被剖到的其他零件一般都应画剖面线。

（3）假想画法。在装配图中，当需要表达本部件与相邻部件的装配关系时，可用双点画线画出相邻部分的轮廓线。如图6−39所示ϕ120铣刀。

在装配图中，当需要表示某些零件的运动范围和极限位置时，用双点画线画出该运动零件在极限位置的外形轮廓图，如图6−5所示。

（4）夸大画法。在画装配图时，有时会遇到薄片零件（厚度小于2mm）、细丝弹簧、微小间隙等情形，对于这些零件或间隙，无法按其实际尺寸进行绘制，或者虽然能如实绘制，但不能明确地表达其结构，均可采用此种夸大画法，将这些结构适当地按比例夸大绘制。如图6−40所示。

（5）展开画法。为了表达传动机构的传动路线和零件间的装配关系，可假想按传动顺序沿轴线进行剖切，然后依次展开在同一平面上，画出其剖视图，这种画法称为展开画法。

（6）零件的单独表达画法。在装配图中，当某零件无法表达清楚时，可单独只画出该零件的某个视图，但应标明视图名称和投影方向。

3.装配图的简化画法

（1）在同一视图中重复出现的某些相同的结构（如相同的螺栓连接、滚动轴承等），可在一处详细地绘制，其余处可以用细点画线表示出其中心位置即可。如图6−40所示。

（2）在装配图中，零件的某些工艺结构比如倒角、小圆角、退刀槽及一些细节常常省略不画，如图6−40所示。

（3）在装配图中，当剖切平面通过标准产品的组合件时，或该组合件已在其他视图中表达清楚时，可以只画出其外形图。

（4）装配图中的滚动轴承可以采用图6−40的简化画法。

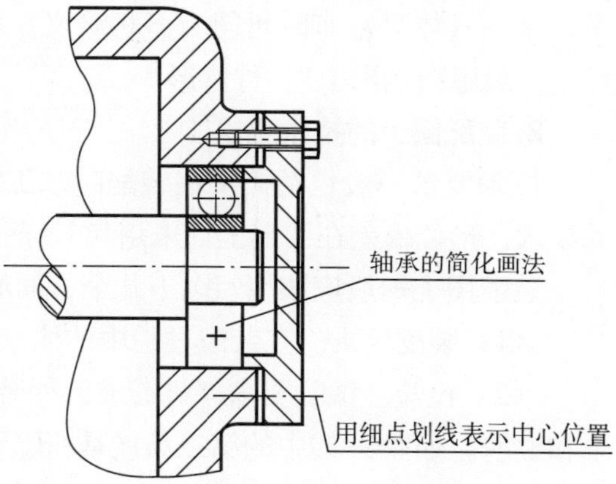

轴承的简化画法

用细点划线表示中心位置

图6−40 装配图的简化画法

4.装配图的视图选择

（1）主视图的选择。主视图应该是最能反映机器或部件的工作原理、传动路线、零件间装配关系及主要零件的主要结构的视图。一般以能反应零件间主要或较多装配关系的视图作为主视图。主视图上装配体的主要轴线、主要安装面呈水平或铅垂位置。

（2）其他视图的选择。考虑还有哪些装配关系、工作原理以及主要零件的主要结构，还没有在主视图中表达清楚，再确定选择哪些视图作为辅助视图进行表达。

（3）尽可能地考虑用基本视图以及基本视图上的剖视图来表达有关内容。要考虑合理地布置视图位置，使图样清晰且美观，并有利于图幅的充分利用。

6.4.3 装配图的尺寸标注与技术要求

1.装配图上的尺寸标注

零件图为制造用的技术资料，装配图为设计和装配机器或部件用的技术资料，所以装配图的尺寸标注不同于零件图，零件图需标注全部尺寸，而装配图需标注如下尺寸：

（1）规格尺寸（性能尺寸）。表示产品的性能、规格的尺寸，是设计、了解和选用产品的主要依据。如图6−39所示的ϕ25h6和115，是设计和选用铣刀头的重要参数。

（2）装配尺寸。表示整部机器或部件上有关零件间的装配关系，一般有以下三类：

1）配合尺寸。零件间对配合性质有特别要求的尺寸，表示零件间的配合性质和相对运动情况。如图6−39中端盖与座体间的配合尺寸ϕ80K7/f8、皮带轮与轴间的配合尺寸ϕ28H8/k7等。

2）相对位置尺寸。它表示零件间或部件间比较重要的相对位置的尺寸，是装配时必须要保证的尺寸。如图6−39所示的中心高115。

3）装配时加工尺寸。如果有些零件装配在一起后才能进行加工，那么此时装配图上要标注装配时的加工尺寸。

（3）安装尺寸。表示机器或部件安装在机器上或基础上所需要的尺寸，包括安装面大小，安装孔的定型尺寸和定位尺寸。如图6−39中的155、150、4×ϕ11等几个尺寸。

（4）外形尺寸。表示机器或部件的总长、宽、高等尺寸。这些尺寸通常是包装、运输、安装和厂房设计的依据。如图6−39所示的铣刀头的总长为418、总宽为190就是外形尺寸。

（5）其他重要尺寸。个别对产品的工作或主要零件的结构有重要影响的尺寸。

以上五类尺寸中，并不是任何一张装配图上都全部标注，要看具体情况而定。值得指出的是，某一具体尺寸有时可能有多种含义。因此，装配图上标注哪些尺寸，还要根据具体情况分析，一般不会超出上述5种情形。

2.装配图上的技术要求

技术要求一般包括需要在装配时加工的说明，试验和检验的方法及要求，安装、使用方面的要求。形位公差在图形上如未用代号标注时，也可作为技术要求用文字说明。

装配图上一般应该注写以下几个方面的技术要求：

（1）装配要求。在装配过程中的注意事项和装配后应该满足的要求等。

（2）检验、试验要求。机器或部件装配后对基本性能的检验、试验方法以及技术指标等要求和说明。如图6−39中的第二条就是检验要求。

（3）其他要求。除图形中已用代号表达的技术要求以外，对机器（部件）在包装、运输、安装、调试和使用过程中应该满足的一些技术要求及注意事项等，通常要注写在标题栏、明细栏的上方或左边空白处。

（4）不宜在图形中表达的技术要求可以用文字注写，一般是写在明细栏上方或左方的空白处。有些也可以用符号或旁注文字标注在相应的视图上。

技术要求也可以另编技术文件，附于图样之后。

6.4.4 装配图中零件的序号编排方法

为了便于看图、装配以及做好图样管理和生产工作，必须对每个不同的零件或组件进行编号，这种编号称作零件的序号，同时要编制相应的明细表。明细表除了可以直接写在装配图上外，还可以另列零部件明细表和标准件明细表。

1.编制零件序号的方法

目前通用的编写序号的方法有两种：

（1）将装配图上所有零件，包括标准件在内，按一定顺序编号，如图6−39所示。

（2）将装配图上所有标准件的标记注写在图上，而将非标准件按顺序进行编号。

2.序号的标注方法

序号应写在视图、尺寸的范围之外。指引线应从零件的可见轮廓内引出，用细实线绘制，并在轮廓内的一端画一小圆点，在外面的一端画一短水平线或圆（细实线），序号的字高比该装配图中所注尺寸数字高度大一号或两号；也可以不画水平线或圆，但序号的字高比该装配图中所注尺寸数字高度大两号，如图6–41所示。同一装配图中编注序号的形式应一致。

对于涂黑的剖面，可用箭头指向其轮廓线，如图6–41b所示。

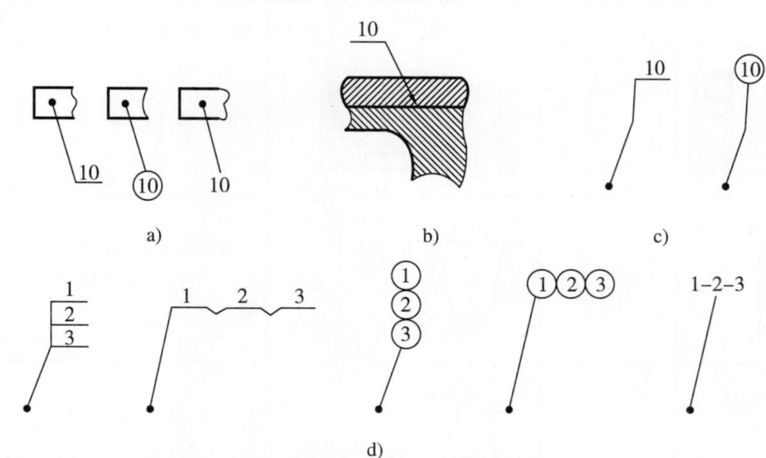

图6–41　序号的形式及画法

a）一般标注方式　b）特殊标注方式　c）指引线允许弯折一次　d）公用指引线标注方式

3.零件序号标注的一些规定

（1）装配图中的相同的各组成部分（零件或组件）只应该有一个序号或代号，一般只标注一次，多次出现的相同组成部分必要时允许重复标注。

（2）零件或组件的序号应标注在视图外面，并填写在指引线一端的横线上或圆圈内。指引线应该自所引部分的可见轮廓内引出，并在末端画出一个小圆点。如所指引部分（很薄的零件或涂黑的剖面）内不宜画圆点时，可以在指引线末端画出箭头，并指向该部分的轮廓。

（3）指引线互相不能相交。当通过剖面线的区域时，指引线尽量不与剖面线平行。必要时，指引线允许画成折线，但只允许折一次，如图6–41c所示。

（4）一组紧固件及装配关系清楚的零件组，可用公共的指引线，如图6–41d所示。

（5）序号或代号在图样上应该按水平或垂直方向排列整齐，按顺时针或逆时针方向顺序排列。当序号在整个图上无法连接时，可只在一个水平或一个垂直方向顺序排列。

（6）标准化的部件（如油杯、滚动轴承、电动机等）在装配图上只注写一个序号。

6.4.5　明细栏的编制

明细栏是装配图上全部零件的详细目录，一般配置在标题栏的上方，零件的序号由下而上填写，如图6–41所示。在填写明细栏时应注意：

（1）明细栏画在标题栏上方，如果填写位置不够，可将零件的序号分段并移至标题栏的左边接着绘制。

（2）零件序号按从小到大的顺序由下而上填写，以便添加漏画的零件。

（3）对于标准件，应在零件名称一栏填写规定标记。

在特殊情况下，明细栏的内容直接填写在标题栏上方有困难，也可以另外单独写在一张纸上，这时就称其为明细表，在明细表中，零件及组件的序号要从下向上填写。

6.4.6 装配结构的合理性

在设计和绘制装配图的过程中，为保证装配质量要求，方便装配、拆卸，应仔细考虑机器或部件的加工与装配的合理性。常见合理与不合理的装配结构见表6–14。

表6–14 常见的装配结构

不 合 理	合 理	说 明
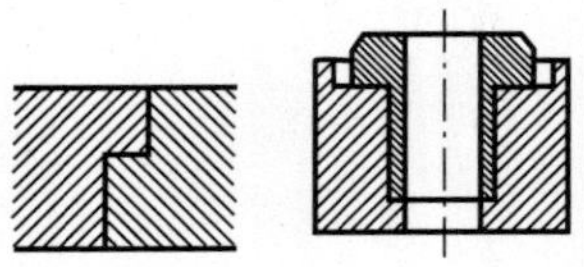	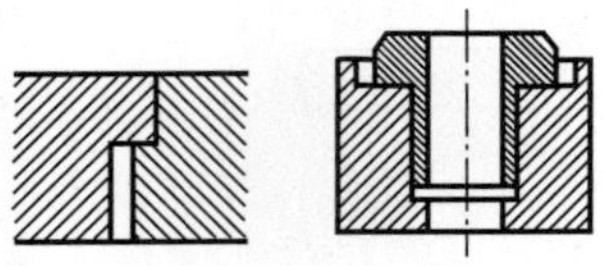	两个零件在同一个方向上只有一对接触面
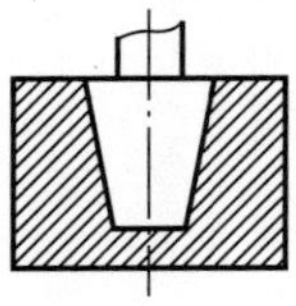	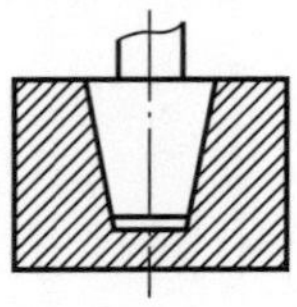	锥面配合能同时确定轴向和径向的位置，当锥孔不通时，锥体顶部与锥孔底部之间必须留有间隙
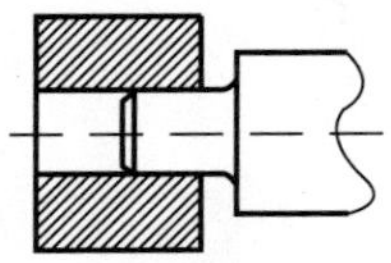	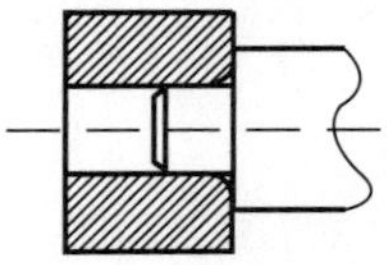	两零件接触面的转角处应做出倒角、倒圆或凹槽，不应都做成直角或相同的圆角
	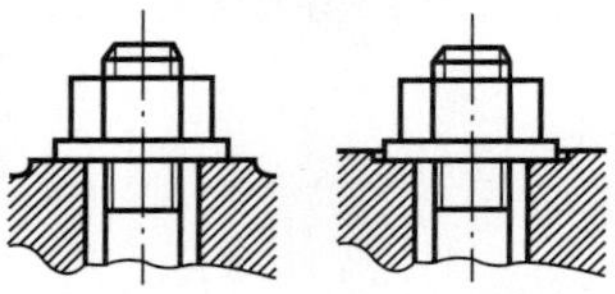	在被连接零件上做出沉孔或凸台，以保证零件间接触良好并可减少加工面
	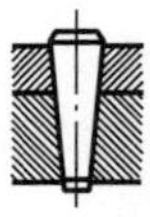	为方便加工和拆卸，销孔最好做成通孔
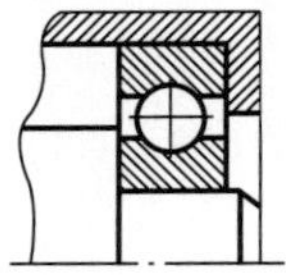	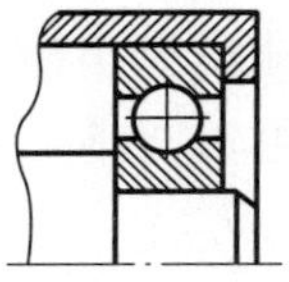	滚动轴承在以轴肩或孔肩定位时，其高度应小于轴承内圈或外圈的厚度，以便于拆卸
	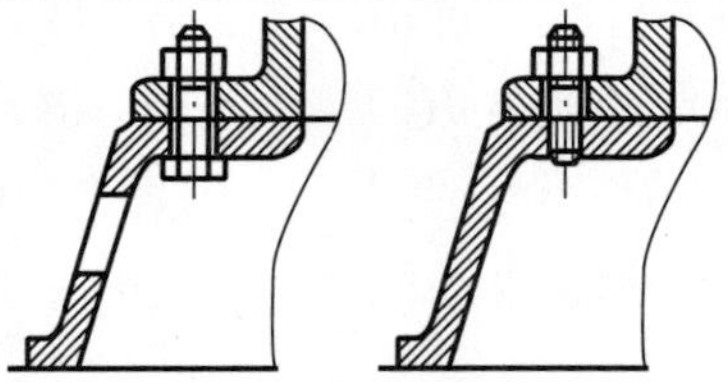	当用螺纹连接零件时，应考虑到拆装的可能性及拆装时的操作空间
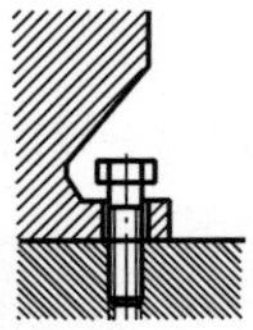		
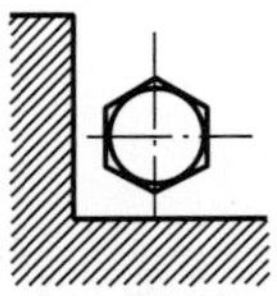	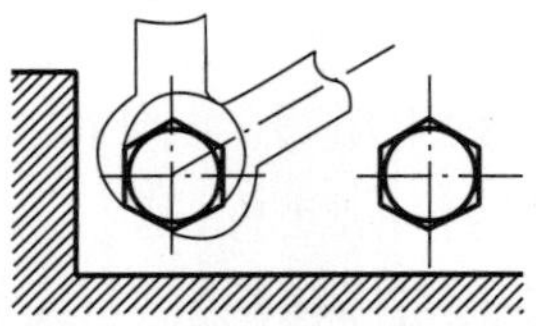	

6.4.7 装配图的画法

（1）分析部件的装配示意图。根据部件的装配示意图，了解零件间的相对位置和连接关系，了解部件的工作原理。铣刀头的装配示意图如图6–42所示，由装配示意图可分析出其工作原理是电动机的动力通过V带传动带轮，带轮通过键把运动和动力传递给轴，轴将运动和动力通过键传递给刀盘，从而进行铣削加工。

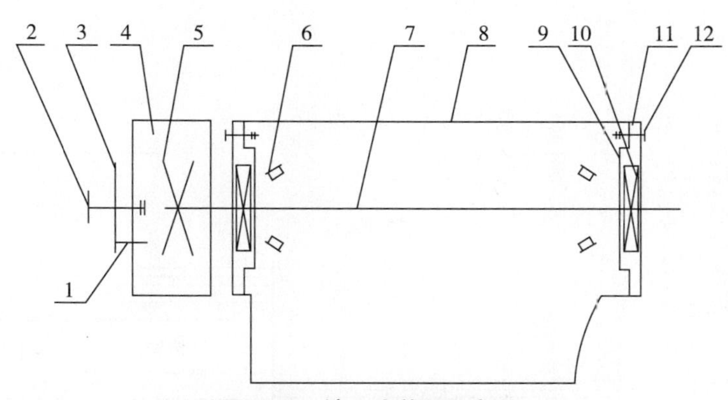

图6–42 铣刀头装配示意图

（2）视图选择。对部件装配图视图选择的基本要求是：必须清楚地表达部件的工作原理、各零件的相对位置和装配连接关系。因此，在选择表达方案以前，必须仔细了解部件的工作原理和结构情况。在选择表达方案时，首先要选好主视图，然后配合主视图选择其他视图。

1）主视图选择。主视图选择要满足下列要求：

①应按部件的工作位置放置。当工作位置倾斜时，则将它放正，使主要装配干线、主要安装面等处于特殊位置。

②较好地表达部件的工作原理和形状特征。

③较好地表达主要零件的相对位置和装配连接关系。

2）其他视图的选择。选择其他视图时，首先应分析部件中还有哪些工作原理、装配关系和主要零件的主要结构没有表达清楚，然后确定选用适当的其他视图。最后，对不同的表达方案进行分析、比较、调整，使确定的方案既满足上述要求，又达到在便于看图的前提下绘图简便。

铣刀头工作时一般呈水平位置，其主视图即按此位置放置，这样放置有利于反映铣刀头的工作状态，也可以较好地反映其整体形状特征。主视图的投射方向垂直于装配干线（轴的轴线），并将主视图画成通过轴的轴线的全剖视图，这样基本上反映了铣刀头装配干线上零件间的装配关系、运动的传递和工作原理。为了反映座体的结构形状，选用了局部剖的左视图。

（3）画装配图的方法。根据画图顺序的先后来区分，装配图的画图方法有下列两种：

1）从各装配线的核心零件开始，“由内向外”，按照装配关系逐层扩展画出各个零件，最后画壳体、箱体等支撑、包容零件。

2）先将支撑、包容作用较大，结构较复杂的箱体、壳体或支架等零件画出，再按照装配关系逐个画出其他零件。此方法一般称作“由外向内”。

第一种方法常用于剖视图的绘制，可避免不必要的“先画后擦”，有利于绘图效率的提高和保持图面清洁。具体采用哪种方法，应视作图方便而定。

（4）画装配图的步骤。按照选定的表达方案，根据所画部件大小、标注尺寸和序号、标题栏和明细栏以及技术要求所应占的位置，选择绘图比例，确定图幅，然后按下述步骤画图：

1）画图框和标题栏、明细栏的外框，如图6–43所示。

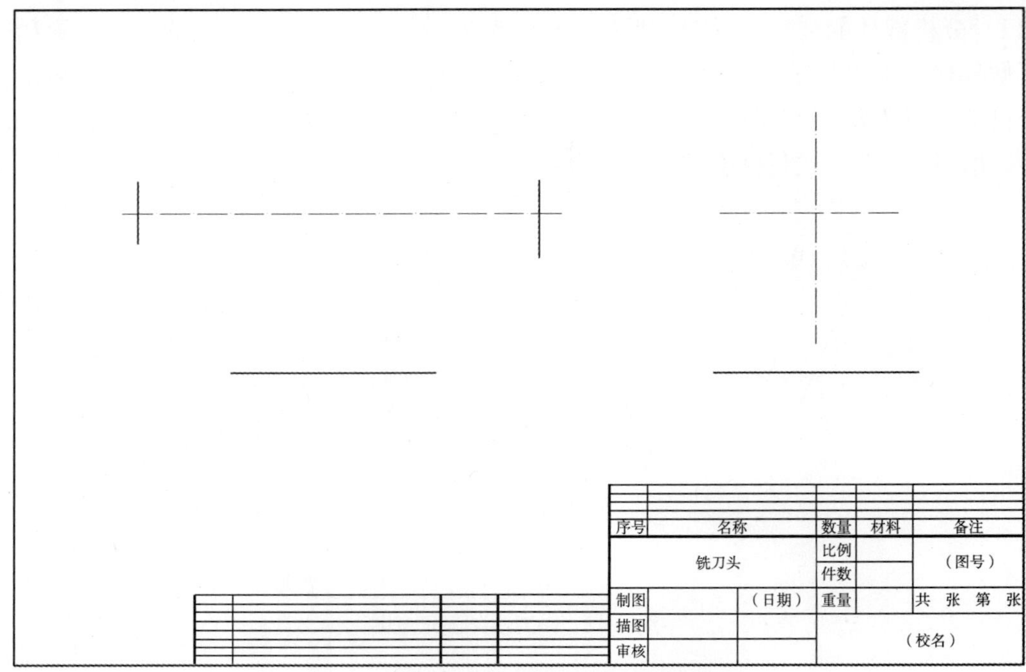

图6–43 画图框和标题栏的外框及布置视图

2）布置视图，画各视图基准线，注意为标注尺寸和编写序号位置，如图6–44所示。

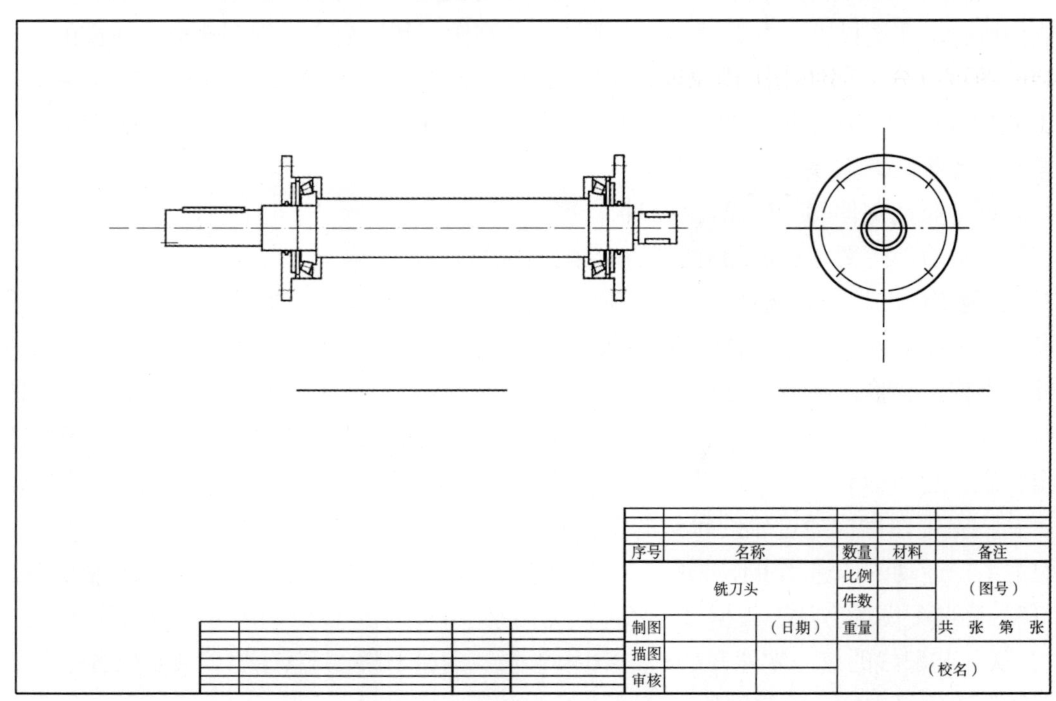

图6–44 画底稿（先画轴、轴承、端盖）

3）画底稿。一般从主视图入手，几个视图按投影关系相互配合同时画，如图6–45所示。

4）标注尺寸，画剖面线。

5）检查底稿后进行编号和加深。

6）填写标题栏、明细栏和技术要求。

7）全面检查图样，如图6–39所示。

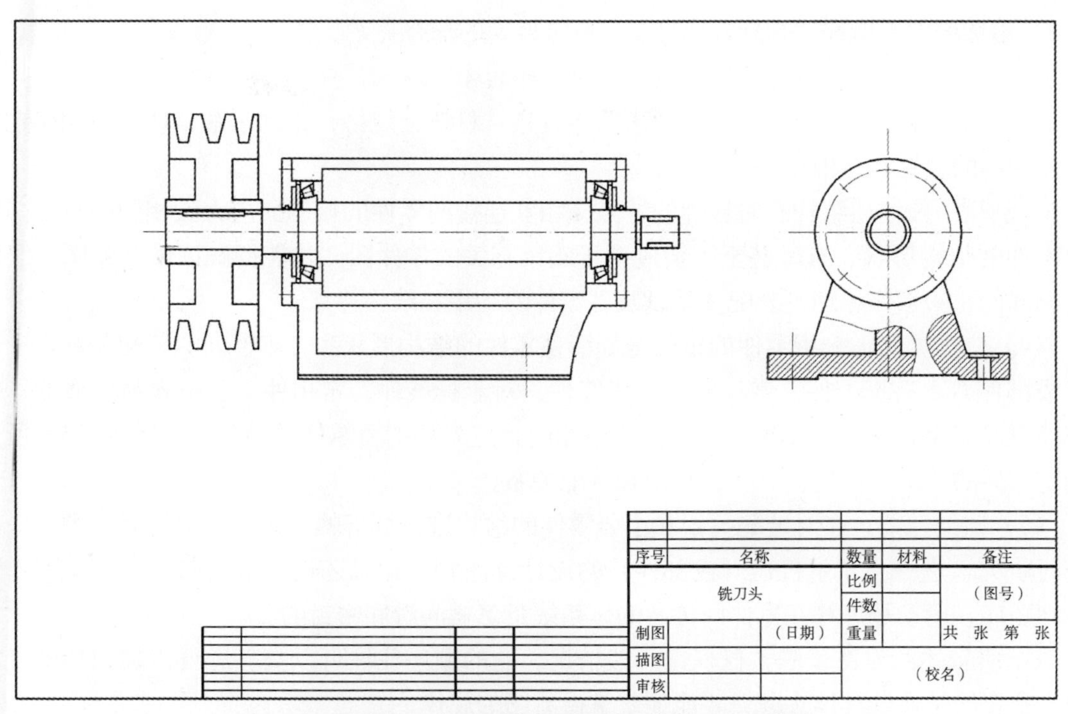

图6-45 画底稿（由端盖的内侧开始画座体、再画带轮）

6.4.8 读装配图

在产品的设计、制造、装配、使用、维修以及技术交流中，经常要遇到读装配图的情况。阅读装配图可以分析部件的工作原理，了解部件的名称、用途、性能、结构特点及零件之间的装配连接关系。所以读装配图便是设计师必须具备的基本工程素质。

1.看装配图的一般要求

（1）了解机器或部件的名称、用途、性能（规格）和工作原理。

（2）了解零件间的相对位置、装配关系以及零件的拆装顺序和拆装方法。

（3）弄清每个零件的名称、数量、材料、作用和主要结构形状。

（4）其他系统如润滑系统、防漏系统的原理和构造。

要达到上述要求，除了制图知识外，还应有一定的生产实践知识，其中包括一般的机械结构设计和制造工艺知识，以及相关的专业知识。因此在今后的学习和工作中，必须进行读装配图的实践，不断总结经验，逐步提高读装配图的能力。

2.读装配图的方法和步骤

（1）概括了解。看标题栏信息，了解装配体的名称、用途及工作原理。粗看明细栏可以了解装配的名称，各零（部）件的名称、数量和材料等，从这些信息中就能初步判断装配体及其组成零件的作用和制造方法等。看视图、剖视图、剖面图的配置与标注，了解视图的投影方向、剖切位置，对视图进行初步分析和了解各视图所要表达的重点。

（2）表达分析。分析视图间的关系，弄清各个视图所表达的重点，要注意用剖视图、向视图、斜视图和局部视图等方法来表达意图。

（3）深入了解部件或机器的工作原理和装配关系。概括了解之后，还要进一步仔细阅读装配图。一般所遵循的方法是：

1）从主视图入手，根据各装配干线，对照零件在各视图中的投影关系。

2）由各零件剖面线的不同方向和间隔，分清零件轮廓的范围。

3）由装配图上所标注的配合代号，了解零件间的配合关系。

4）根据常见结构的表达方法来识别零件，如油环、轴承、密封结构等。

5）根据零件序号对照明细栏，找出零件数量、材料、规格，帮助了解零件作用和确定零件在装配图中的位置和范围。

6）利用一般零件结构有对称性的特点、相互连接两零件的接触面应大致相同的特点，帮助想象零件的结构形状。有时甚至还要借助于阅读有关的零件图，才能彻底读懂装配图，了解机器（或部件）的工作原理、装配关系以及各零件的功用和结构特点。

（4）分析零件。分析零件的目的是弄清楚零件的结构形状和各零件间的装配关系。一台机器（或部件）上有标准件、常用件和一般零件。对于标准件、常用件一般是容易弄懂的，但一般零件有简有繁，它们的作用和地位又各不相同，应先从主要零件开始分析，运用（3）所述方法确定零件的范围、结构、形状、功用和装配关系。

（5）归纳总结。在对装配关系和主要零件的结构进行分析的基础上，对技术要求、全部尺寸进行研究，进一步了解机器（或部件）的设计意图和装配工艺性。最后归纳总结一下：装配和拆卸顺序，运动是怎样在零件间传递的，系统是怎样润滑和密封的。

以上所叙述的看图步骤，仅仅是一般情况。它的顺序往往可以交替进行，起到相辅相成的作用，重要的是通过具体实践，才能逐步掌握看图的规律。

6.5 产品设计制图实例

从产品设计展开实施的阶段来看，需要各种形式的图样。一般程序是在接受设计委托后，设计者首先展开调查研究，着手草图构思，推敲设计创意点，然后优化构思方案，提交初步设计图样。如图6-46所示，它是设计者从征求意见的目的出发，依据设计概念绘制的图样。而确定方案后，提供加工和制造实际使用的设计图样，才能够称为设计工程图。工业设计制图根据表达的内容大体可分为三类。第一类图样是产品外形尺寸图，它们表达的是产品外观总体造型和总体结构的图样，如立面图、平面图、外观三视图。这类视图的尺寸只标注外形尺寸，常用于产品说明等。第二类是产品效果图，这类图样是表达产品外观造型、构造、材质、色彩等效果。第三类是产品工程图样，如产品零件图与装配图，它们是零件加工和产品装配的重要技术依据。

下面我们对产品设计中的这三类图样结合产品设计实例作以介绍。

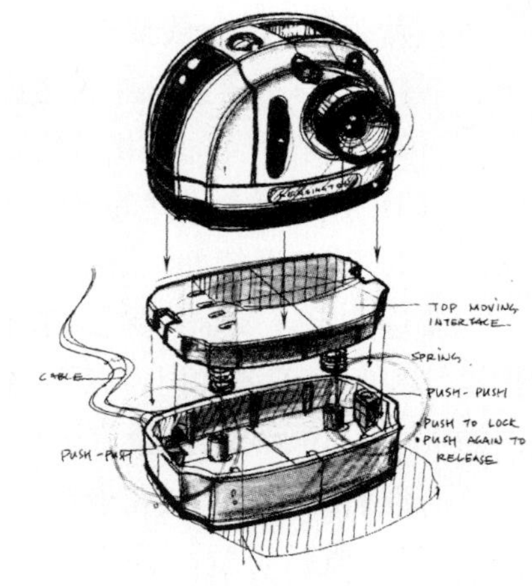

图6-46 数码相机手绘效果图

6.5.1 产品效果图

效果图是预期的产品外观图。它以色彩来塑造和渲染产品的逼真气氛及设计风格。设计师运用效果图表达产品的设计意图，有助于判断设计方案的可行性。效果图具有较强的感染力，能提高设计的采用率，工业设计中采用的效果图有手绘效果图和电脑效果图，图6-46所示的是手绘效果图，在设计方案初步交流中经常使用。图6-47所示的是电脑效果图。

6.5.2 产品外形尺寸图

产品三视图通常反映产品的主要特征、工作位置、运动方向和设计风格。产品三视图用可见轮廓线绘出外观造型，常用于产品说明书。在设计方案中也常配合效果图使用，使人们能完整地了解产品的结构和设计风格，图6–48是加湿器的外观三视图和效果图。

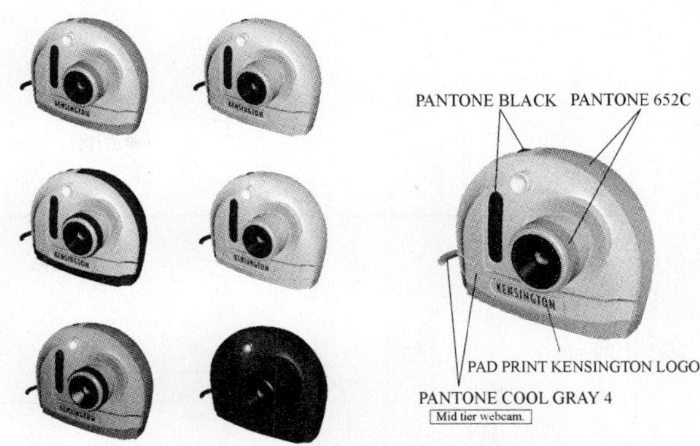

图6–47 数码相机电脑效果图

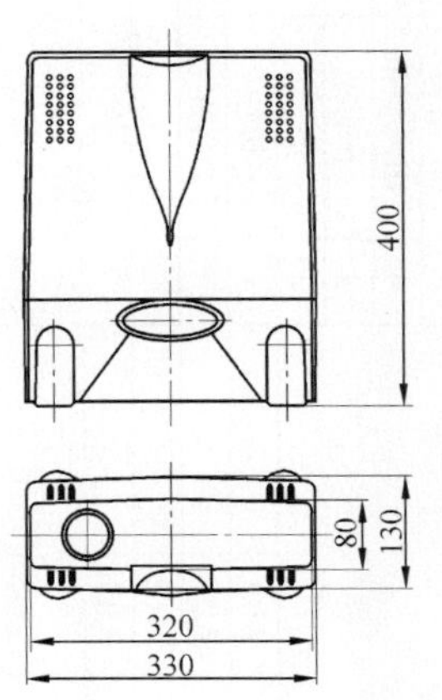

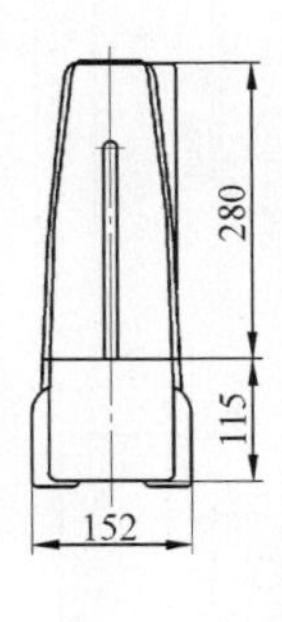

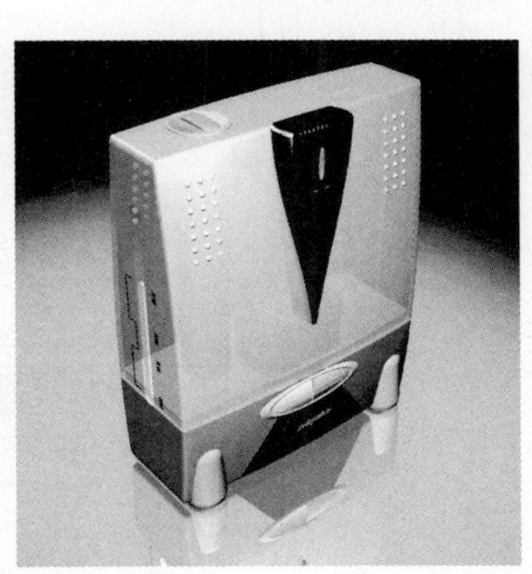

图6–48 加湿器的三视图和效果图

6.5.3 产品工程图

装配图是反映产品中零件装配关系和技术要求的图样，而表示单个零件的图样称为零件图。从绘制装配图和零件图开始，产品设计进入真正意义上的工程设计阶段。图6–49是加湿器上外壳零件图，图6–50为空气净化器装配图。

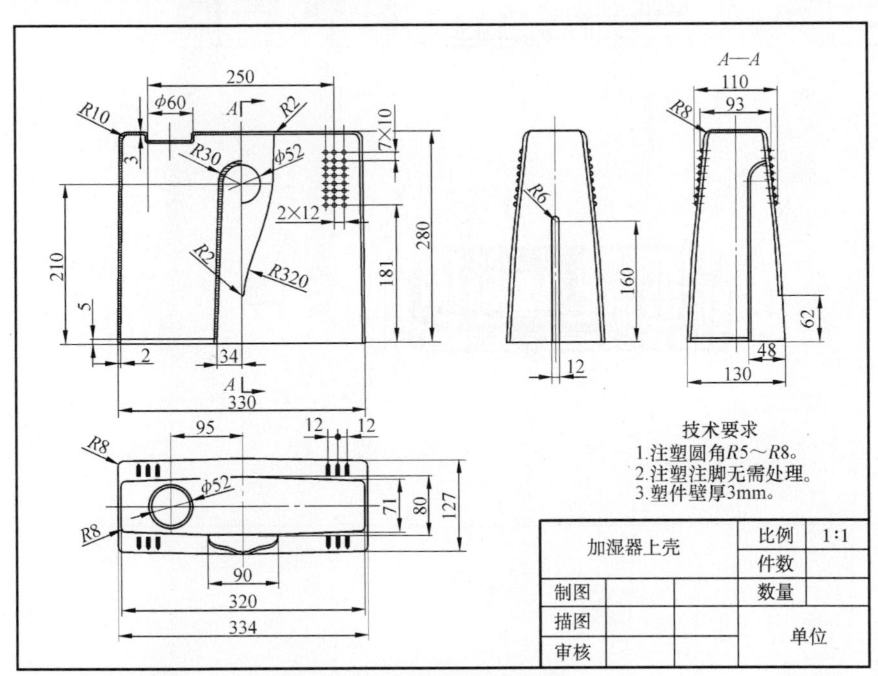

图6–49 加湿器外壳零件图

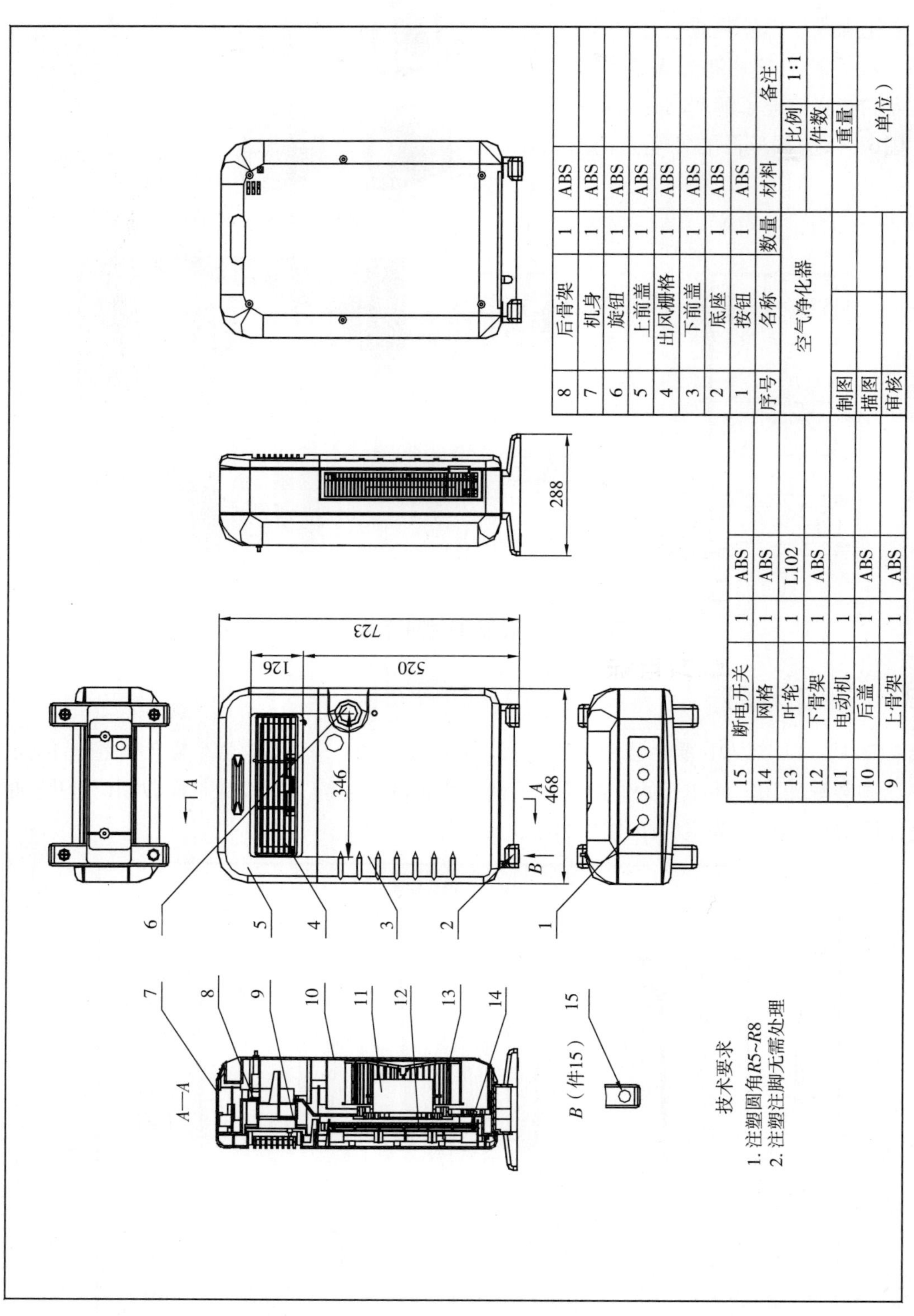

图6-50 空气净化器装配图

第7章 正投影与轴测图的阴影

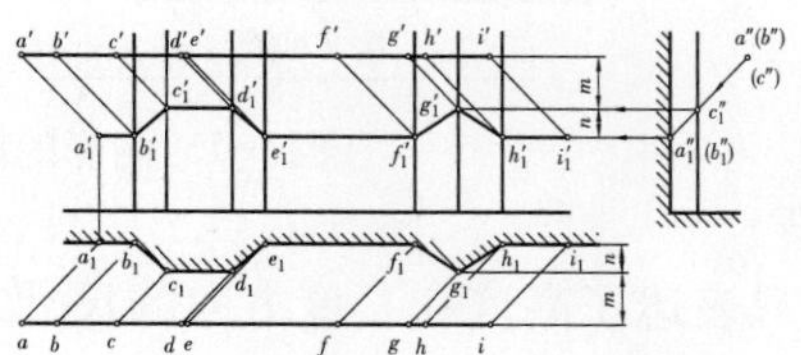

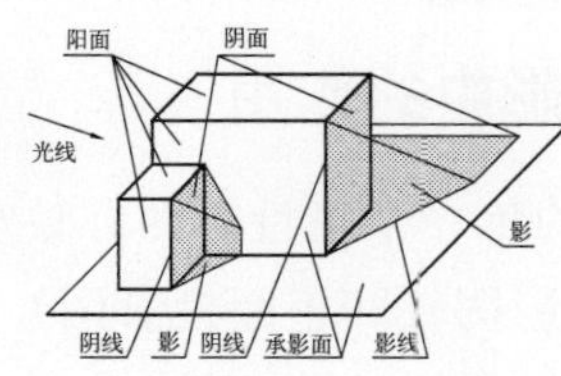

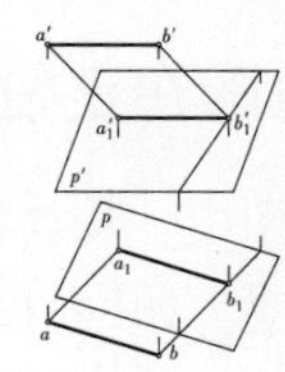

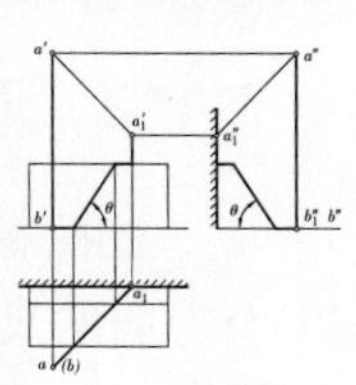

学习目标

（1）掌握常用光线的定义及其应用。

（2）掌握直线落影的九个规律（三个平行规律，三个相交规律，三个垂直规律）。

（3）掌握平面落影与立体阴影的求法。

（4）了解回转曲面立体阴影的求法。

学习重点

（1）求直线落影的九个规律。

（2）立体阴影的求法与应用。

7.1 概述

7.1.1 阴影的概念

物体在光的照射下，受光面称为阳面，背光面称为阴面。阳面和阴面的分界线称为阴线，如图7-1所示。有落影的表面叫承影面。落影的轮廓线叫影线。阴面简称阴，落影简称影，阴影是阴和影的合称。本章只讨论平行光线（如阳光）下物体的阴影。点光源情况下的阴影在后续章节中讨论。

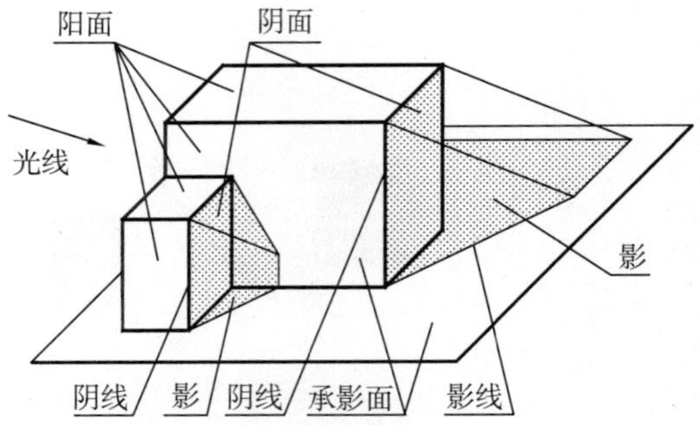

阳面
阴面
光线
影
阴线
影
阴线
承影面
影线

图7-1 阴影的概念

7.1.2 阴影在正投影中的作用

在投影图中，物体的每一个正投影图都缺少一个方向的尺度，如V面投影图（即正面投影图）只表达了高度和长度方向的尺寸，缺少深度方向的尺寸；H面投影图（即水平面投影图）只表达了深度和长度方向的尺寸，缺少高度方向的尺寸；而W面投影图（即侧面投影图）只表达了高度和深度方向的尺寸，缺少长度方向的尺寸。这样的图缺乏立体感和真实感。在工业产品设计图中，如果在V面投影图中画出凸出部分零部件在阳光下所产生的阴影，如图7-2所示，不需要俯视图和侧视图，就可以从三个同样的立面图上分辨出三个形体的不同形状和大小。所以在正投影图中加绘阴影可使图面具有立体感、尺度感，而且可以使画面生动美观，富有表现力。

7.1.3 常用光线的定义

产品及其零部件在阳光下的阴影，随着光线方向的变化而变化。为了作图和度量的方便，在正投影阴影中，光线L的方向通常采用图7-3a所示的立方体对角线方向，即自左、上、前角向右、下、后角照射。这样的光线叫常用光线。

图7-3b为常用光线L的三面投影图，其水平投影l、正面投影l'以及侧面投影l''均与投影轴成45°角。常用光线在空间与各个投影面的倾角均相等。该倾角的大小可由$\tan\alpha=1/\sqrt{2}$求出，即$\alpha=35°26'$，具体应用时常近似取35°。有时需要用该角的真实大小来作图。图7-3c为用旋转法来求常用光线L与H的倾角。

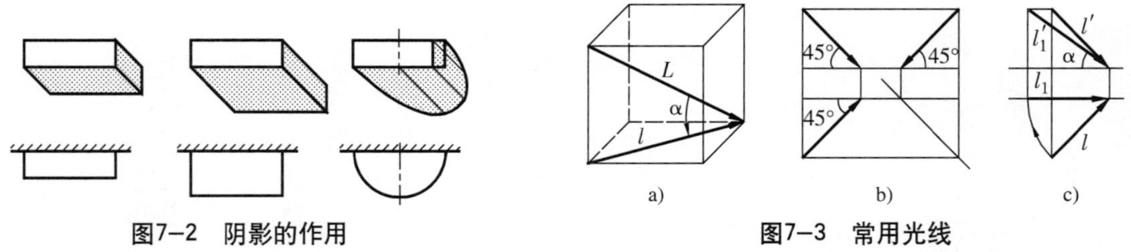

图7-2 阴影的作用

图7-3 常用光线

7.2 点、直线和平面的落影

7.2.1 点的落影

空间点在某承影面上的落影就是通过该点的光线与该承影面的交点。如图7-4所示，空间一点A在光线L的照射下落于承影面P上的影子为点A_P。由于光线是直线，所以求作点在承影面上的落影，可以归结为求作直线与平面的交点的问题。如果点就在承影面上，其落影与该点本身重合，如点B在平面P上，则其落影B_P与点B本身重合。

1.点在投影面垂直面上的落影

利用投影面垂直面投影的积聚性，可以很方便地求出点在投影面垂直面上的落影。

如图7-5所示，求点A在铅垂面P上的落影A_1。首先过A点的投影a、a'分别作光线的投影l、l'。因P_H有积聚性，故l与P_H的交点a_1即为落影A_1的水平投影；由a_1作铅垂线与l'相交，即得落影A_1的正面投影a_1'。

如图7-6所示，求点A在水平面Q上的落影A_1。先过A点的投影a、a'分别作光线投影l、l'。l'与Q_V交得a_1'；过a_1'作铅垂线与l相交得A_1落影的水平投影a_1。

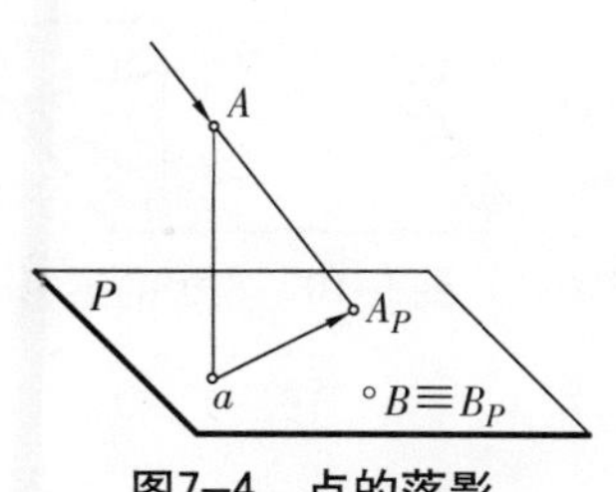

图7-4　点的落影

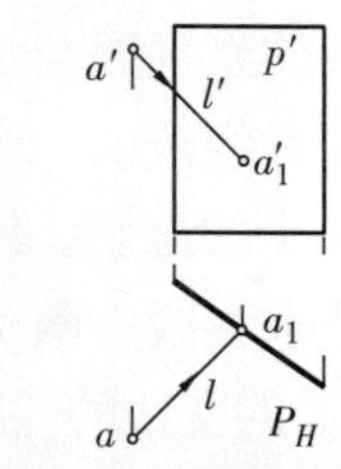

图7-5　点落影在铅垂面上

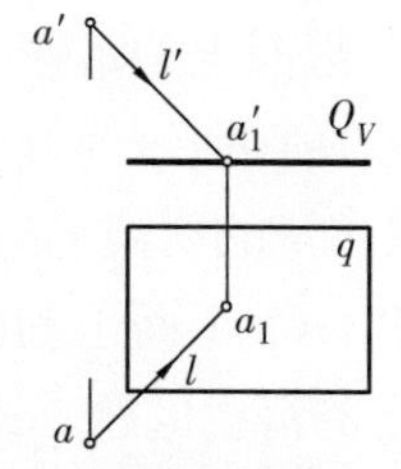

图7-6　点落影在水平面上

2.点在投影面上的落影

点在投影面上的落影就是过该点的光线对投影面的迹点。如图7-7a所示，过A点的光线L与V面和H面的迹点分别为A_V和$\overline{A_H}$。这两个迹点中，首先与投影面相交的那个迹点是落影，“后与投影面相交”的那个迹点不是落影，常称之为“假影”（或“虚影”）。这样的落影和假影在投影图中的作图过程如图7-7b所示。即过A点的常用光线的水平投影与正面投影分别与OX轴交于a_1和$\overline{a_1'}$点，由此可以求出A点在V面上的落影A_V（a_1，a_1'）和H面上的假影（$\overline{a_1}$，$\overline{a_1'}$）。其作图过程与求直线的迹点的过程完全相同。一般情况下不需要画出假影，只是在后续章节中求阴影时才用到它。由于常用光线在投影图中均与坐标轴成45°角，所以求假影的作图方法也可以简化成图7-7c所示。由此可知点的落影可以直接在单面投影图中求出，如图7-8所示，图中A_V（a_1，a_1'）为A点在V面上的落影。过a_1'点作水平线与过a'的OX轴的垂线相交于点n，则等腰直角三角形$\triangle a'na_1'$与$\triangle aa_1a_x$全等。所以$na'=aa_x=na_1'=d$。d为A点到V面的距离。

依此可得利用单面投影图求作空间点在投影面上落影的方法，即空间点的落影与投影的同面投影的水平距离或铅垂距离，等于该空间点到承影面的距离。同理可根据空间点到H面和W面的距离单独作出该点在H面和W面上的落影。

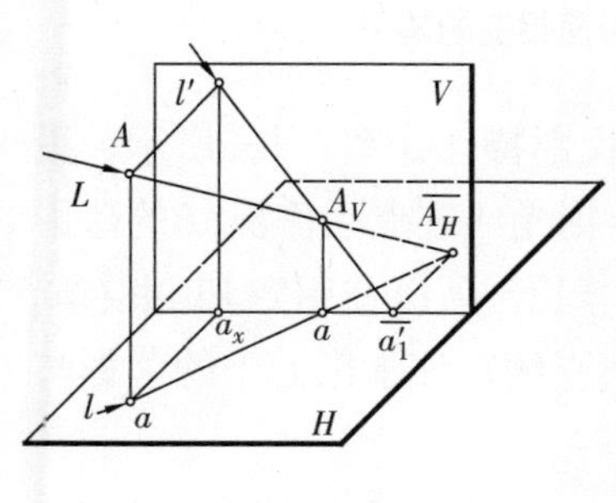

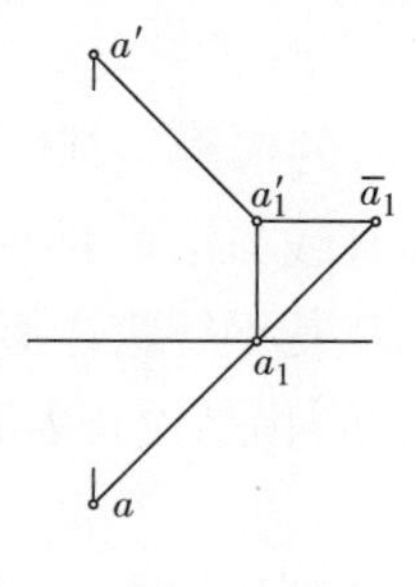

a'
a_1'
$\overline{a}_1$
a_1
a
c)

图7-7　点A在V面和H面上的假影

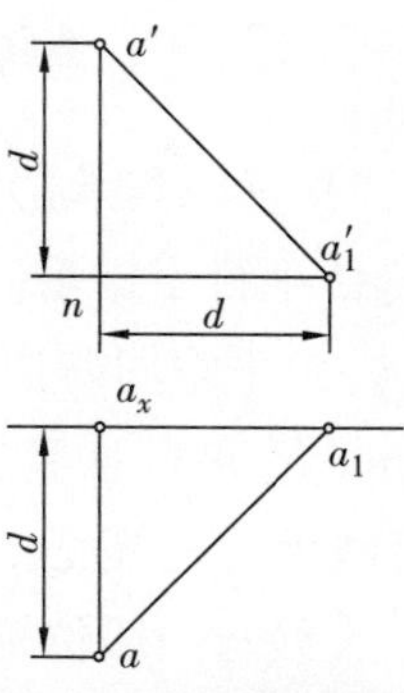

图7-8　单面作图求点落影

3.点在一般位置平面上的落影

设△BCD为一般位置平面，现求一空间点A在其上的落影A_1。如图7−9所示，首先过a、a'作光线L的投影l、l'与△BCD的交点。图中以过光线L所作的辅助平面P为辅助平面。利用辅助平面的水平迹线P_H的积聚性，求出辅助平面P与△BCD的交线的投影12和1′2′，并由此求出落影A_1的投影a_1和a_1'。这种关于空间点在特殊位置平面及投影面上的落影的求法可称为光线迹点法；而关于空间点在一般位置平面上的落影的求法一般常称为光截面法。

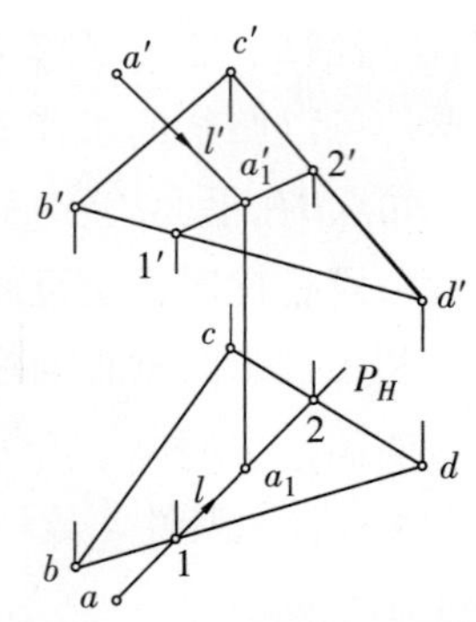

图7−9　点在一般位置平面上的落影

7.2.2　直线的落影

有了点的落影的求法后，直线的落影就很方便。因为空间直线在承影面上的落影，就是通过该直线的光平面与承影面的交线。如图7−10所示为过直线AB上各点的光线组成的一个光平面，它与承影面P的交线A_PB_P就是直线AB在P面上的落影。所以说，求一直线在一个平面上的落影，实际上就是求直线上两个端点在该承影面上的落影问题。或者说是求两个平面的交线的问题。

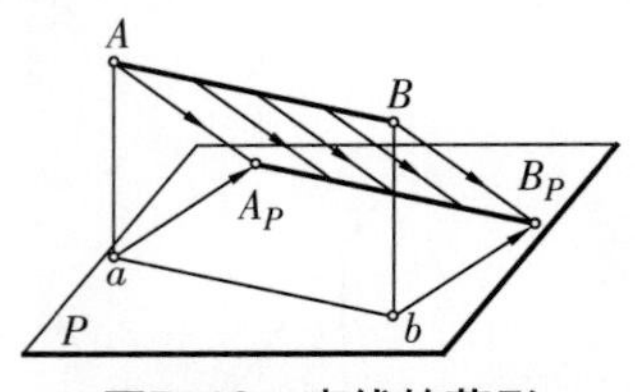

图7−10　直线的落影

1.直线落影的求法

在投影图中求一直线在一平面上的落影，只要求出该直线两端点的落影的同面投影并连成线即可。如图7−11所示，以求直线AB在平面△CDE上的落影A_1B_1为例，分别求出端点A和B在平面△CDE上的落影（a_1，a_1'）和（b_1，b_1'），然后连之即可。

2.一般位置直线落影的求法

（1）直线在一个承影面上的落影的求法

1）直线与承影面相交时的落影。直线与承影面相交时落影的求法如图7−12所示，直线AB与铅垂面P相交于C点，用光线迹点法作出AB在P面上的落影A_1B_1。延长落影A_1B_1，必与AB相交于C点。由此可知：直线与承影相交，直线在该承影面上的落影必通过该直线与承影面的交点。

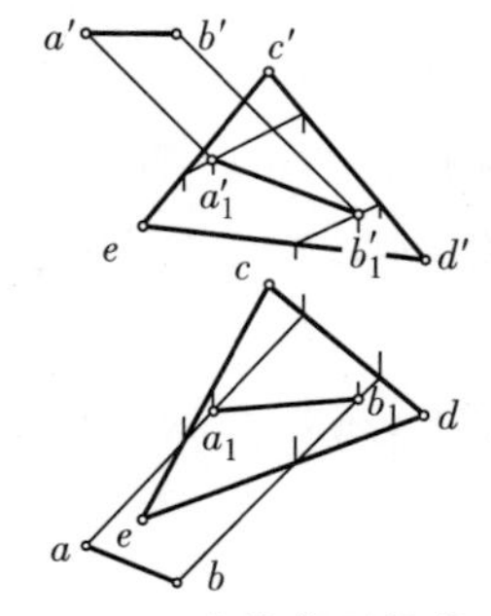

图7−11　直线落影的求法

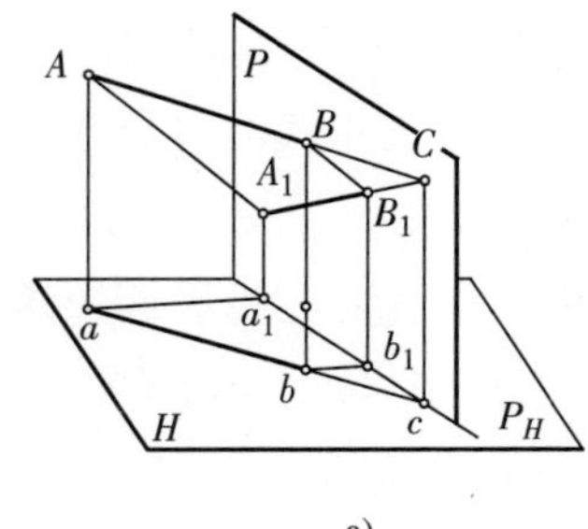
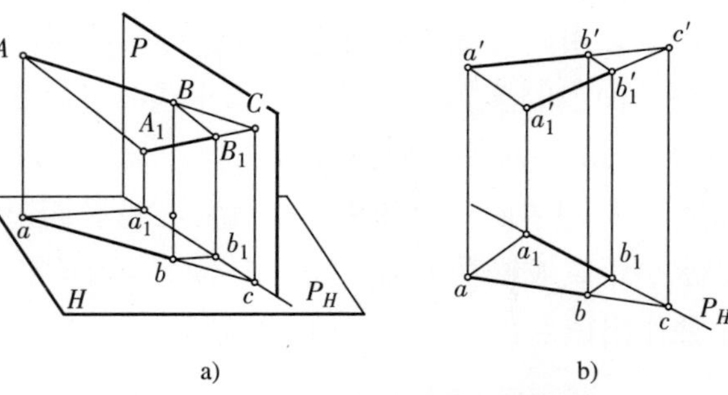

图7−12　直线与承影面相交的落影

2）直线与承影面平行时的落影。直线与承影面平行时落影的投影特性如图7−13a所示，设直线AB平行于铅垂面P，由直线与铅垂面平行的投影特性知$ab//P_H$。用光线迹点法作出AB的落影A_1B_1。由于空间四边形ABA_1B_1是平行四边形，所以AB与A_1B_1平行且等长，所以在图7−13b中有$a_1'b_1'$与$a'b'$平行且等长。由此得出结论：若直线与承影面平行，则该直线在该承影面上的落影与该直线平行且等长。

直线与一般位置的承影面P平行时，落影的求法如图7−14所示。由直线与承影面平行时的落影的投影特性得知，按照以一般位置平面为承影面求点的落影的方法，做出直线AB的一个端点B

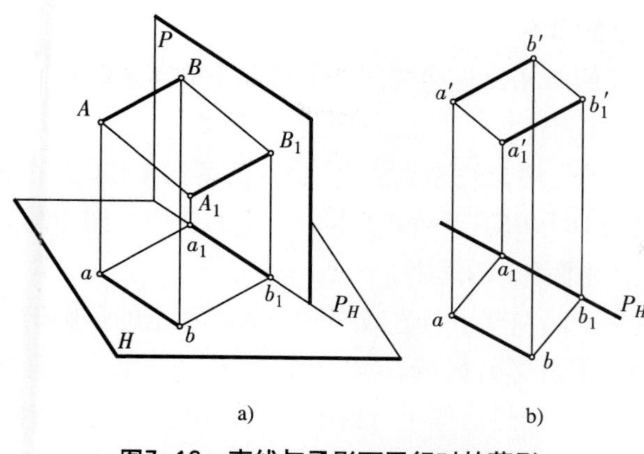

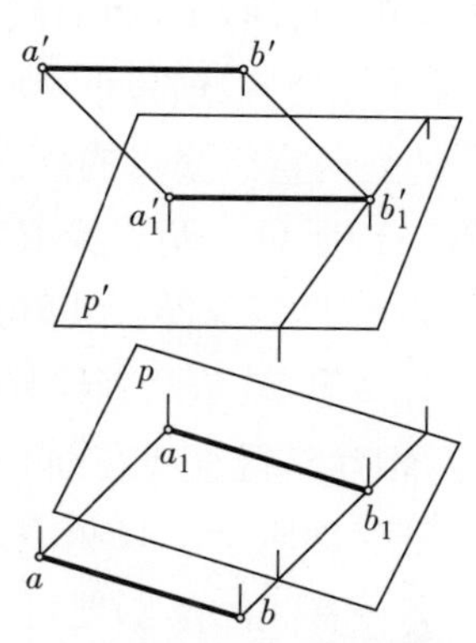

图7-13　直线与承影面平行时的落影

图7-14　平行承影面直线落影的求法

的落影B_1（b_1，b_1'），然后作$b_1a_1 // ab$和$b_1'a_1' // a'b'$即可。

（2）直线落影在两个承影面上

1）直线在两相交承影面上的落影。一直线在两相交承影面上的落影必相交，且交点一定在两平面的交线上。因为由过直线的光平面与两相交的承影面必相交于一点。光平面与两承影面的交线即为直线在两相交承影面上的落影。

例：求图7-15所示的直线AB在两个投影面上的落影。

分析：通过所求直线的辅助光平面对两投影面的迹线即为该直线在两投影面上的落影。问题的实质就是求过所求直线的辅助光平面对两投影面的迹线。由图7-15知，A点的落影A_H在H面上，B点的落影B_V在V面上。于是求直线AB在两投影面上落影的投影的步骤如下：

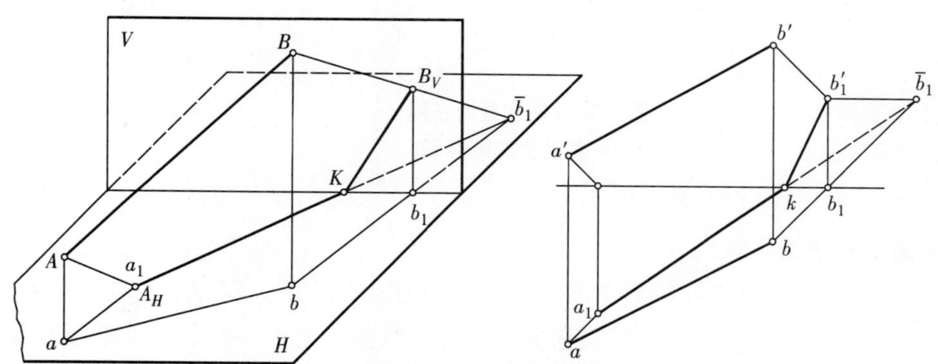

图7-15　一直线在两个投影面上的落影

①过a、a'作常用光线的投影，求得A点在H面上的落影A_H（即a_1点）；过b、b'作常用光线的投影可求得B点在V面上的落影B_V（即b_1'）。

②利用假影求折影点K。

③连接a_1kb_1'。

2）直线在两相互平行的承影面上的落影。一直线在两相互平行的承影面上的落影必互相平行。因为过该直线的光平面与两相互平行的承影面的交线必然相互平行。

如图7-16所示，平面P、Q为两相互平行的承影面，直线AB上的CB段落在平面P上。可以先求B点在P面上落影的水平投影b_1，然后在V面投影图上通过P平面的左边界线反作光线的投影，可以求得直线AB上的C（c'、c）点，即C（c'、c）点落影在P平面的左边界线上。由C点的水平投影c求得该点落影的水平投影c_1，连接b_1c_1即为BC在P平面上落影的水平投影。同理可求得a_1、c_1和$\overline{c_1'}$，即可求得AC在Q面上的落影，并且$a_1\bar{c}_1 // b_1c_1$。

（3）相交直线和平行直线在同一承影面上的落影

1）两条相交直线在同一承影面上的落影。两条相交直线在同一承影面上的落影必相交，落影的交点就是两直线交点的落影。

如图7–17所示，两直线AB和BC相交于B，首先用光线迹点法求出A点的落影A_1和C点的落影C_1，然后连接$a_1'b_1'$和$c_1'b_1'$，即可求出两相交直线AB和BC在平面P上落影的正面投影。图中落影的交点B_1（b_1，b_1'）就是两直线AB和BC相交于B在平面P上的落影。

2）两相互平行直线在同一承影面上的落影。两相互平行直线在同一承影面上的落影仍互相平行。如图7–18所示，$AB//CD$，它们在P平面上的落影$a_1'b_1'//c_1'd_1'$。所以，若已求出一条直线的落影后，另一直线的落影便可通过先求出一个端点，然后作平行线的办法求出。即先求直线AB的落影$a_1'b_1'$，然后求C（或D）的落影c_1'（或d_1'），过c_1'（或d_1'）作$a_1'b_1'$的平行线即可。多条空间相互平行直线落影的求法与两条空间平行直线落影的求法相同。

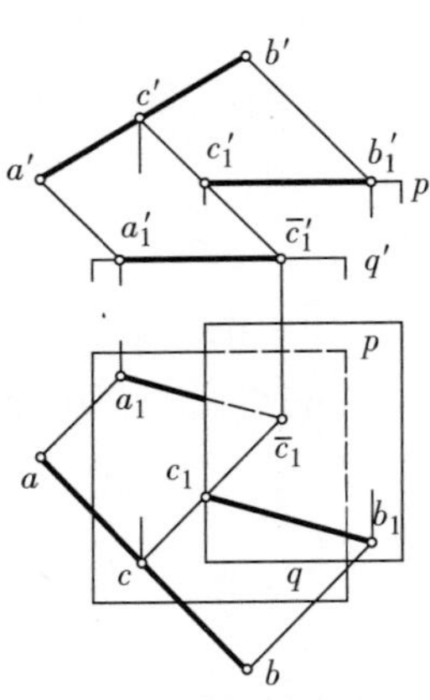

图7–16　直线在两平行的承影面上的落影图

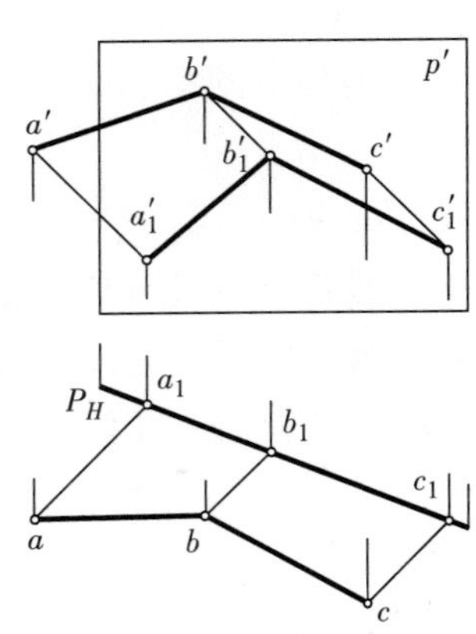

图7–17　相交直线在同一承影面上的落影图

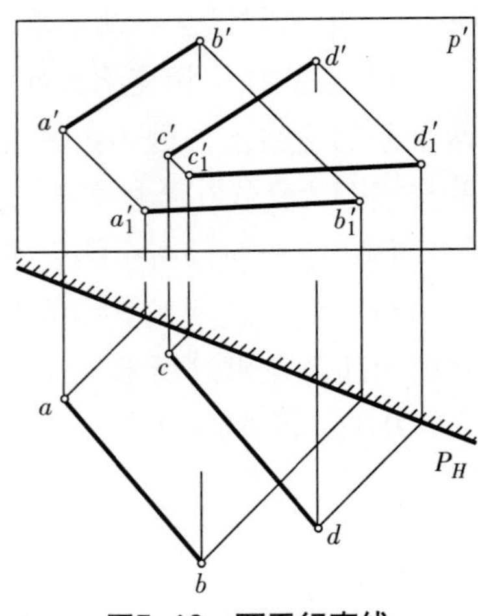

图7–18　两平行直线

3.投影面垂直线的落影

（1）投影面垂直线落影在投影平面上。图7–19为铅垂线AB、EF和正垂线CD、GH在水平面和正平面上的落影。若某直线垂直某投影面，则过该直线的光平面就是该投影面的垂直面。AB为铅垂线，所以过AB的光平面是铅垂面。CD是正垂线，则过CD的光平面是正垂面。铅垂线AB和正垂线CD的落影均与投影轴呈45°角，如图7–19a所示。

当投影面的垂直线落影于两个投影面上时，由于该线与一个投影面垂直，而与另一个投影面平行，它在垂直的那个投影面上的落影与投影轴成45°角，而在另一个与其平行的投影面上的落影将平行于该直线，如图7–19b中的直线EF和GH。

由此得出结论：若某直线与投影面垂直，它在该投影面上的落影必与光线的投影重合，是一条与投影轴呈45°角的斜线；而在另一投影面上的投影必平行于该直线本身，且落影到该直线投影的距离等于该直线到该投影面的距离。

（2）投影面垂直线落影在投影面垂直面上。图7–20和图7–21为投影面垂直线在与另一投影面

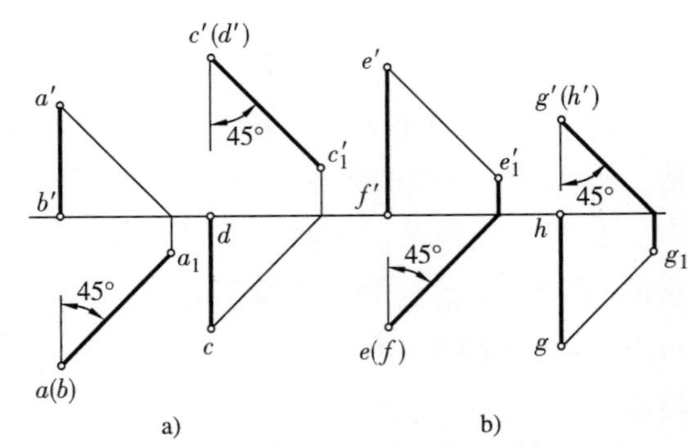

图7–19　直线与投影面垂直时的投影特性

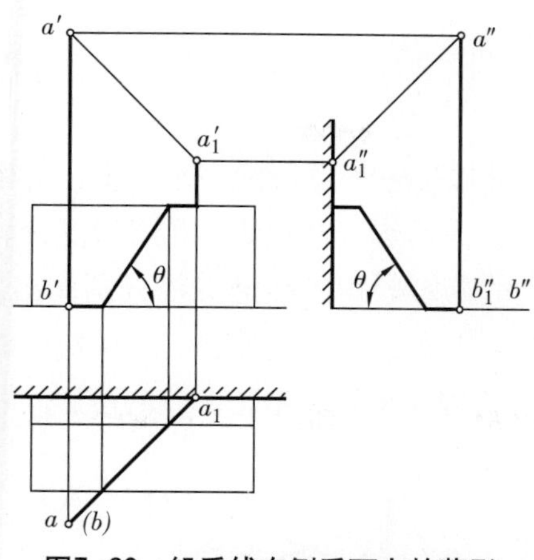

图7–20 铅垂线在侧垂面上的落影

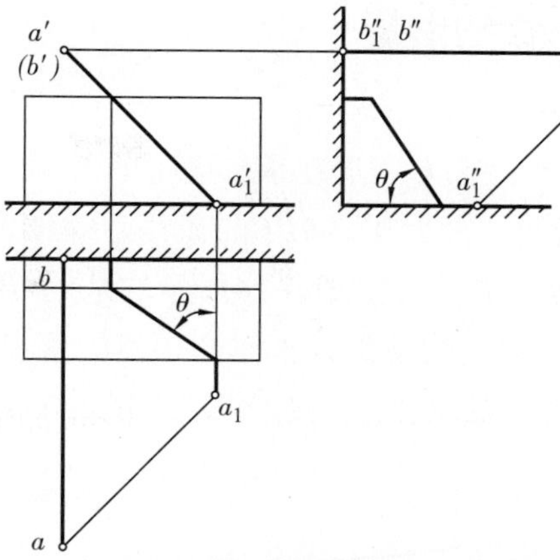

图7–21 正垂线在侧垂面上的落影

的垂直面为承影面时的落影特性和画法。图7-20中直线AB是铅垂线在侧垂面上的落影。基本作法是过铅垂线AB作铅垂光平面，该光平面与侧垂面（相当于与W面垂直的棱柱）的截交线即为该垂线在侧垂面上的落影，该落影具有如下两个特性：

1）铅垂线在任何承影面上的落影，落影的水平投影总是一条45°斜线。

2）铅垂线落影的正面投影与侧垂承影面在W面上的投影呈对称状。所以，铅垂线落影的V面投影与OX轴的夹角θ等于承影面在W面上的投影与OY轴的夹角。

如图7-21所示，欲求正垂线AB在与W面垂直的承影面上的落影，可过AB作正垂光截面，以此光截面截割承影棱柱面，由影像断面求得落影。其落影的特性与铅垂线的落影特性类同，即落影的正面投影在任何承影面上的落影均为45°斜线。其落影的水平投影与承影面在W面上的投影对称，且对称轴与直线的正面落影相平行。

图7-22所示为一条侧垂线AI在一个凸凹不平的铅垂承影面（墙面）上的落影。其求作方法如下：

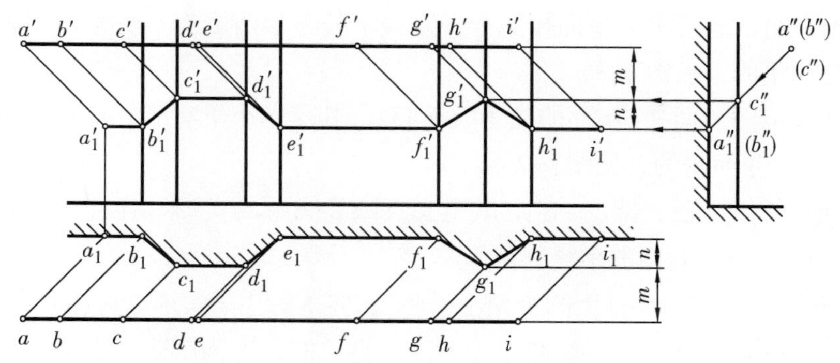

图7–22 侧垂线在铅垂面上的落影的求法

过侧垂线作侧垂光平面，此光平面与H面、V面成相等的角度，所以该光平面与墙面截交线的V面投影必复现出该墙面的水平投影，形状为两个上下对称的图形。按此规律，利用光线迹点法求出几个特殊点的落影，如图中A_1（a_1，a'_1）、B_1（b_1，b'_1）、C_1（c_1，c'_1）、D_1（d_1，d'_1）等，就不难在已知的凸凹棱柱的正面投影图上作出与棱柱的水平投影相对称的图形。图中的m、n值表明了一个点的投影与落影的同面投影的铅垂距离，恰好等于该点至承影面的距离。

7.2.3 平面的落影

1.多边形

求作一个平面多边形在承影面上的落影，实际上就是做出它的轮廓线在承影面上的落影。如图7–23所示，照射于△*ABC*的光线，被该△*ABC*遮挡，在承影面*P*上形成的阴暗部分，就是△*ABC*在*P*面上的落影。图7–24所示的是△*ABC*在*V*面上的落影。用光线迹点法分别作出△*ABC*三个顶点在*V*面上的落影，把三个顶点的落影依次相连，即为△*ABC*的影线，影线范围内即为△*ABC*的落影。故求作一个平面图形的落影问题，实际上是求作平面图形轮廓线的落影问题。

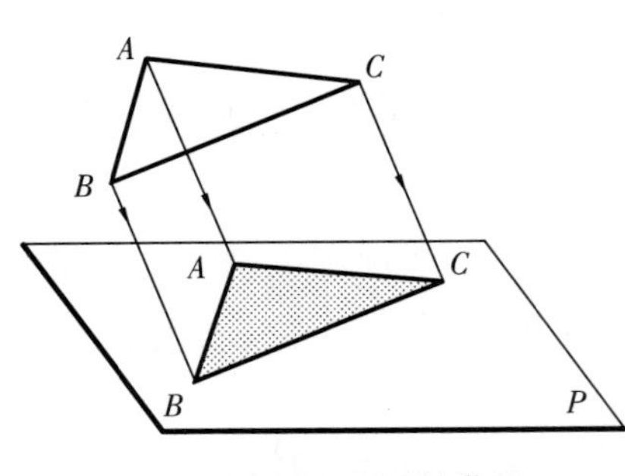

图7–23 平面图形的落影

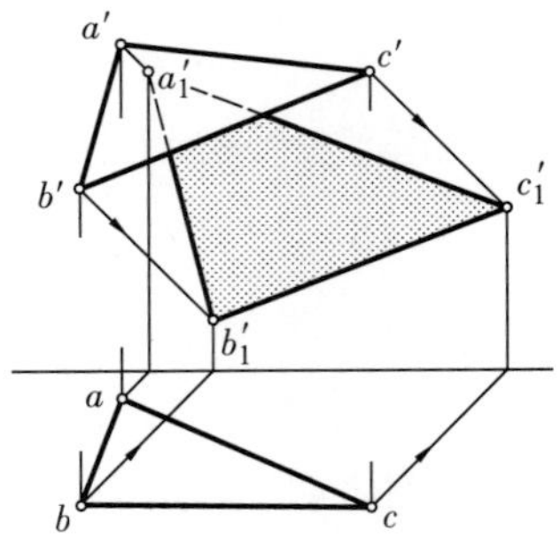

图7–24 平面在*V*面上的落影

图7–25表明正垂面和铅垂面的长方形平面在*V*面和*H*面上落影的四种情况：

（1）当$\delta=0°$时，长方形平行于*H*面，其落影反映长方形的实形，并且与长方形的水平面投影平行，其间距等于长方形到*H*面的距离，见图7–25a。

（2）长方形倾斜于*H*面并与*H*面的夹角小于45°，其落影小于实形，见图7–25b。

平面图形在光线的照射下，一侧迎光为阳面，另一侧背光为阴面。上述的两种情况是长方形阳面在*H*面上的投影，因而平面*P*、*Q*的*H*面投影是明亮的。

（3）长方形倾斜于*H*面并与*H*面的夹角等于45°（即与光线的水平投影方向一致），其落影成一条直线。因为这时光线只能射到平面朝向光线的两条边线上，这些光线实际上形成一个与该平面重合的光平面，故与承影平面相交于一直线。长方形两侧都不受光，均为阴面，故长方形*R*的*H*面投影是阴暗的，见图7–25c。

（4）长方形倾斜于*H*面并与*H*面的夹角大于45°，其落影小于实形。长方形*S*的*H*面投影是背光一侧的投影，因而是阴暗的，见图7–25b。

（5）长方形平行于*V*面，即$\delta=0°$，其落影反映长方形的实形，并且与长方形的正面投影平行，其间距等于长方形到*V*面的距离，见图7–25f。

（6）长方形倾斜于*V*面并与*V*面的夹角小于45°，其落影小于实形，见图7–25g。

平面图形在光线的照射下，一侧迎光为阳面，另一侧背光为阴面。上述的两种情况是长方形阳面在V面的投影，因而是明亮的。

（7）长方形倾斜于*V*面并与*V*面的夹角等于45°（即与光线的水平投影方向一致），其落影成一条直线。因为这时光线只能射到平面朝向光线的两条边上，这些光线实际上形成一个与该平面重合的光平面，故与承影平面相交于一直线。长方形两侧都不受光，均为阴面，故长方形的正面投影是阴暗的，见图7–25h。

（8）长方形倾斜于*V*面并与*V*面的夹角大于45°，其落影小于实形。长方形的正面投影是背光一侧的投影，因而是阴暗的，见图7–25i。

（9）长方形铅垂面与光线接近垂直位置时，其在*V*面上的落影面积较大，见图7–25j。

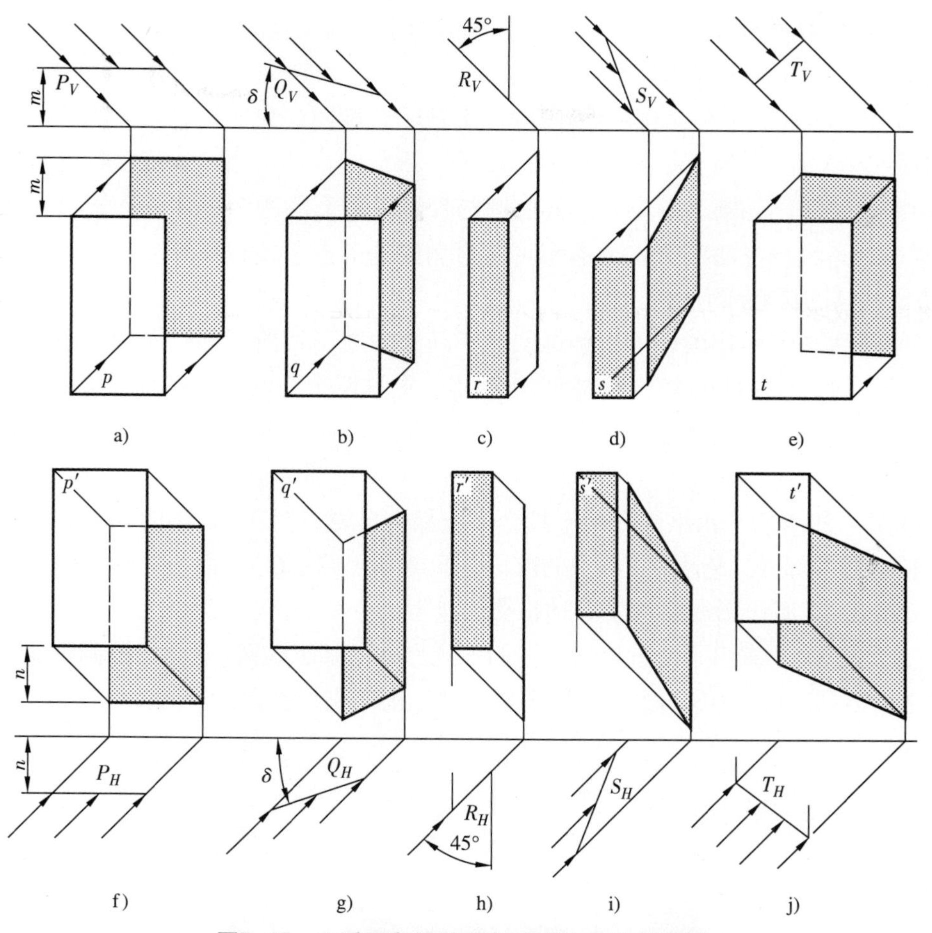

图7-25 正垂面和铅垂面在V面和H面上的落影

图7-26是一个平面在两个相交的承影面H和V上的落影。求落影的方法是光线迹点法。因为△ABC同时在两个投影面上有落影，所以需利用假影求出落影的折影点M_x和N_x，折影点一定在投影轴上。由折影点M_x和N_x作光线的投影可以反求出直线AB、BC上的点M和点N，点M和点N的落影就是点M_x和点N_x。

2.圆的落影

现以水平圆为例阐述圆在H面和V面上的三种落影情况：

（1）如图7-27所示，水平圆在H面上的落影仍然是一个等大的圆。先用光线迹点法作出圆

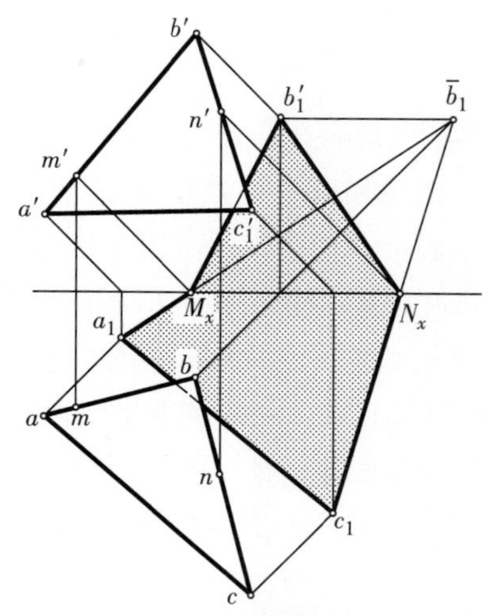
图7-26 平面在相交承影面上的落影

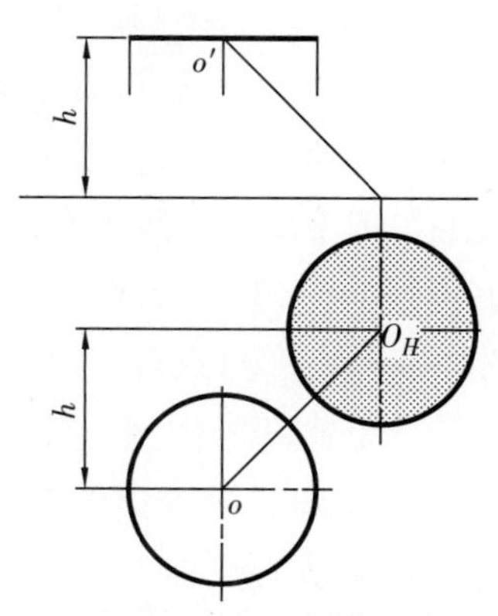
图7-27 水平圆在水平面上的落影

心o的落影O_H，再以O_H为圆心作等圆即可。因o与O_H的水平或垂直间距等于水平圆到H面的距离，所以也可用单面作图法作出圆的落影。

（2）如图7-28所示，水平圆在V面上的落影是一个椭圆。先作出已知圆的外切正方形（其中两条边平行于OX轴）的落影。正方形的落影为一平行四边形，用“八点法”可作出此平行四边形的内切椭圆（即已知圆的落影）。其中圆与外切正方形的四个切点的落影可直接作出，而圆周与正方形对角线相交的四个点的落影可在对角线的落影上按$1/\sqrt{2}$的关系作出。落影椭圆的中心O_V就是已知圆的圆心o的落影。

在上述平行四边形中作内切落影椭圆的另一画法如图7-28所示，以椭圆中心O_V为圆心，用已知圆的半径作圆，与过O_V的45°斜线相交于两点；过这两个交点作水平线，与平行四边形的两条对角线相交，就可得对角线上四个点。由此四点及平行四边形上四个切点共八个点，就可画出椭圆。

（3）如图7-29所示，水平圆在两个投影面上都有落影，落在H面上的为圆的一部分，落在V面上的为椭圆的一部分。为求在H面上的落影，只要作出圆心O在H面上的落影O_H，就很容易画出影线圆。但应注意所作影线圆与投影轴相交的以上部分是假影。V面上的落影椭圆的中心是圆心O在V面上的假影O_V。求出了O_V就能用前述的“八点法”画出椭圆，V面上的椭圆曲线是圆的一部分在V面上的落影。圆在H和V面上的落影线在OX轴上相交于折影点。

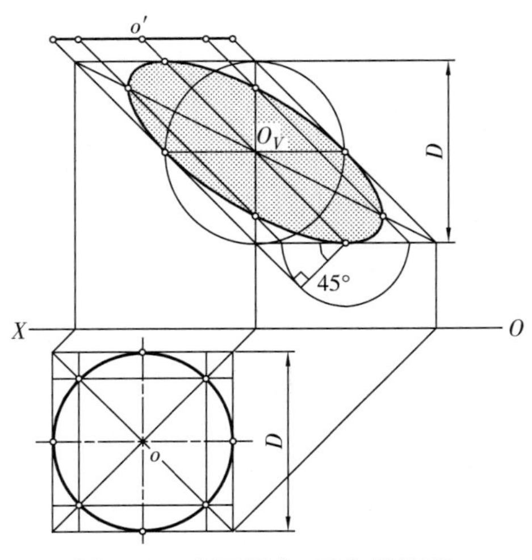

图7-28　水平圆在V面上的落影

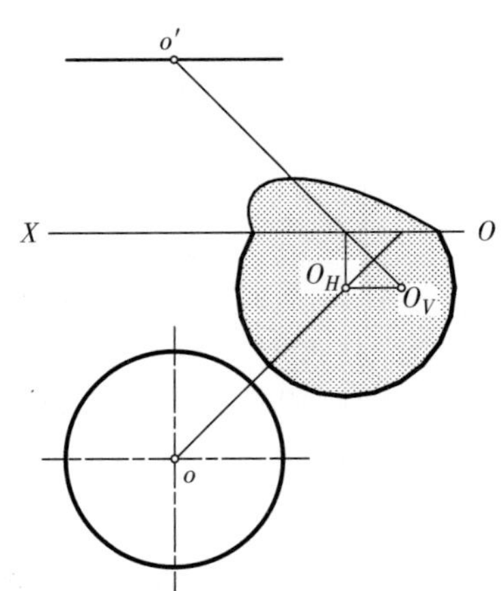

图7-29　水平圆在V面和H面上的落影

3.直线、平面落影的重叠

如图7-30a所示，直线AB与四边形$DEFG$在水平投影面上都有落影，并且有一部分落影相互重叠。落影重叠说明线、面间有所遮挡。从线、面的相互位置和光线照射方向可以判断出，是平面遮挡了部分直线的落影。被遮挡的直线落影必然落在平面上。为求直线落影在平面上的线段，可用返回光线法。图中K_1是直线落影由H面转落至平面$DEFG$上时的转折点，C_1是直线落影由平面又回落到H面的过渡点。转折点K_1和过渡点C_1的落影C_H为直线落影与平面落影的交点，由此二点按常用光线方向返回，即可求得直线在平面上的落影K_1C_1以及直线上相应的落影线段KC。

图7-30b所示为其具体作图步骤。先用光线迹点法分别作出直线AB和四边形$DEFG$在投影面H上的落影。这时可看出直线的落影A_HB_H与四边形的落影轮廓E_HF_H和D_HE_H分别相交于C_H和k_1两点。显然影点C_H是直线在四边形平面上落影的过渡点C_1的落影；而影点k_1是直线落影的转折点K_1的水平投影。在水平投影图中用返回光线法，过C_H点常用光线的相反方向作45°斜线与

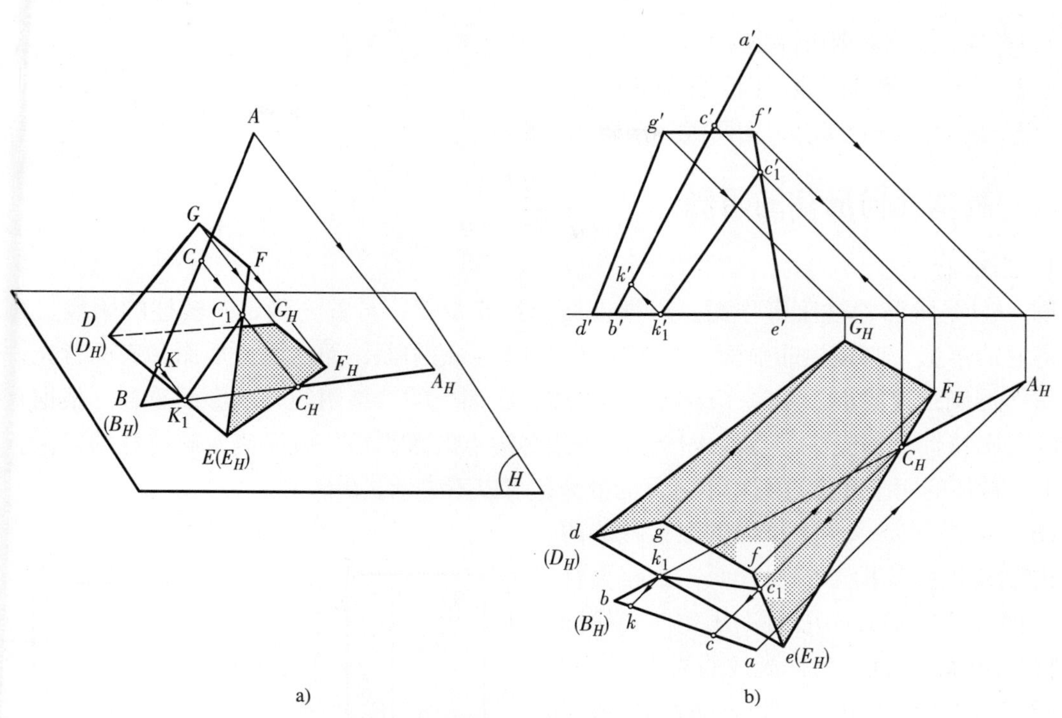

图7-30　直线、平面落影的重叠

ef相交得过渡点C_1的水平投影c_1，再与ab相交可得AB线上C点的水平投影c；过k_1的返回光线与ab相交得AB线上K点的水平投影k。过k_1、c_1和k、c向上作垂线，在投影轴上得k_1'，在$e'f'$上得c_1'，在$a'b'$上得k'、c'。k_1c_1和$k_1'c_1'$即是直线AB在四边形$DEFG$上落影的投影，其相应的落影线段为AB线上的KC。

7.3　平面立体的阴影

在平行光线的条件下，通过立体阴线上的那些光线，构成一个光线柱面，延伸后与承影面相交，即得该立体的影线，影线内是立体的落影，如图7-31所示。

在投影图上绘制平面立体阴影的作图步骤如下：

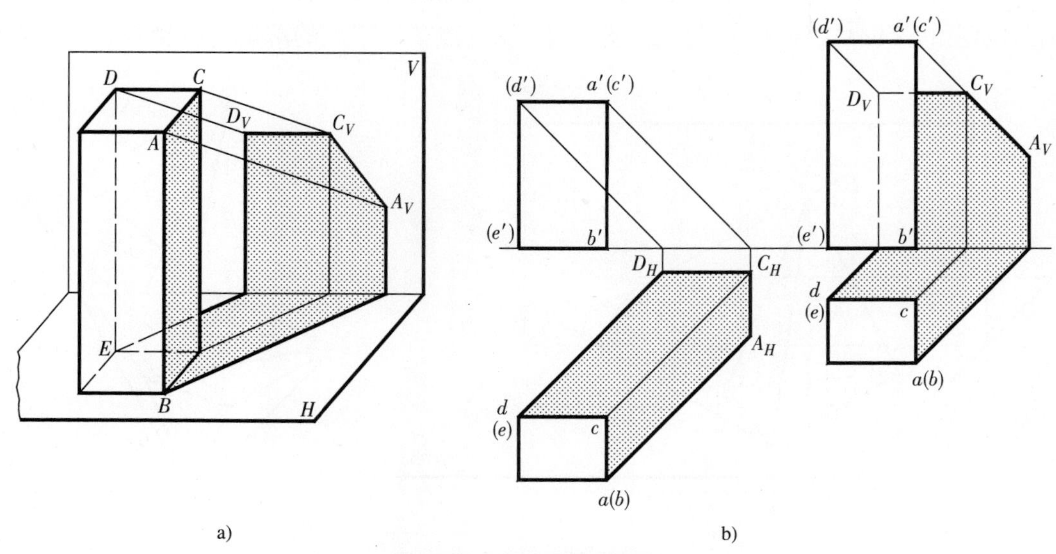

图7-31　四棱柱落影作图

（1）确定立体的阳面和阴面。

（2）确定立体的阴线，由阴线确定阴区。

（3）做出阴线的落影，由阴线的落影确定影区。

7.3.1 基本几何形体的阴影

1.棱柱

图7-31是求四棱柱落影作图。根据上面介绍的步骤，可首先确定四棱柱的阴线，再由阴线求得它的落影。四棱柱的前面、左面和顶面受光，是阳面；而右面、后面和底面背光，是阴面。从而可确定棱线*BA*、*AC*、*CD*和*DE*是阴线；底面上的二条阴线与承影面重合。根据直线、平面的落影特性，用光线迹点法求出这些阴线各端点的落影后，就可确定此棱柱的影区。在投影图上，棱柱的阴区如有重影和不可见的部分，可以不表示。

图7-32所示是求两个不同的三棱柱的阴影。由于其棱面是投影面垂直面，由积聚性的投影很容易判别其阴阳面，凡朝向光线同面投影的棱面为阳面，背向光线的为阴面。

图7-32a为三棱柱，由*H*面投影图可知，铅垂面*ABDC*和顶面*ACE*为阳面；而棱面*ABFE*、*CDFE*为阴面。由此可以确定阴线是*BA*、*AE*、*EC*和*CD*等棱线。按前面的方法求出其落影，就可确定立体的影区。阴面*CDFE*在*V*面上的投影是可见的。

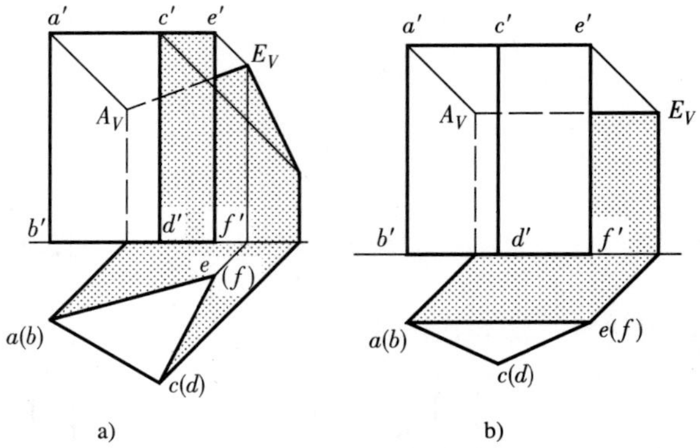

a) b)

图7-32 三棱柱落影作图

图7-32b中，由*H*面投影知，棱面*ABDC*、*CDFE*和顶面*ACE*为阳面，棱面*ABFE*为阴面。故棱线*BA*、*AE*和*EF*是阴线。用光线迹点法求出各阴线端点的落影和投影面垂直线和平行线的落影特性，就可画出三棱柱的落影。阴面*ABFE*在*V*面投影图上为不可见。

2.棱锥

图7-33为一个放置在*H*面上的三棱锥。其棱面为一般位置平面，投影没有积聚性，因而不容易直接确定立体的阴阳面。这时，可用由影线反求阴线的方法确定。用光线迹点法作出三棱锥顶点*S*在*H*面上的落影$\overline{S_H}$（假影），由$\overline{S_H}$及*A*、*B*、*C*三点（这三点的落影与自身重合），可作出

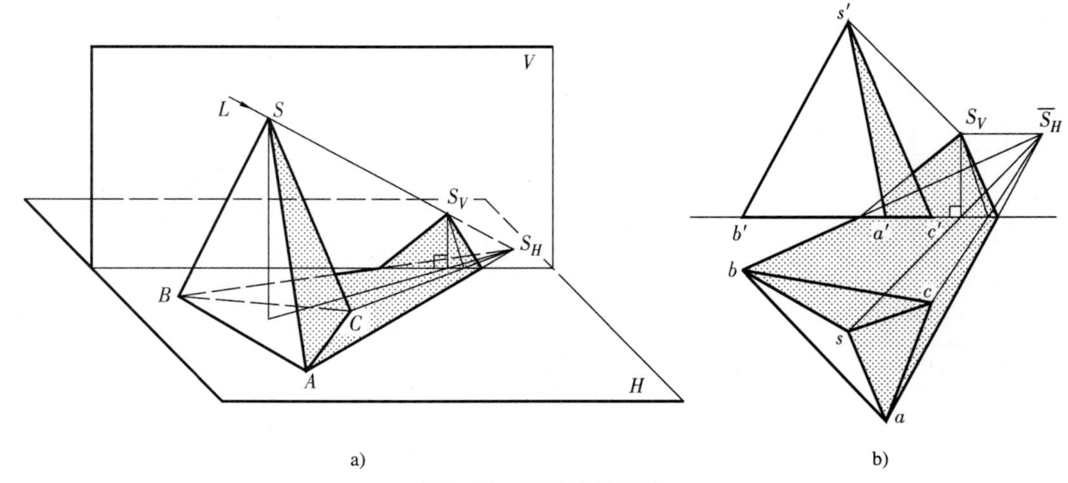

a) b)

图7-33 三棱锥的阴影

三棱锥在H面上的落影$\overline{S_H}A$、$\overline{S_H}B$和$\overline{S_H}C$。显然，落影的最外轮廓线$\overline{S_H}A$和$\overline{S_H}B$是三棱锥的影线，所以，与它们对应的棱线SA和SB是阴线。由此就可以判断出朝向左前方的棱面SAB是阳面，棱面SAC和SBC是阴面。

$\overline{S_H}A$、$\overline{S_H}B$与OX轴的交点是折影点，连接折影点和S在V面上的落影S_V就得到三棱锥在V面上的落影。

7.3.2 产品细部的阴影

1.洞口的阴影

在立面图上门洞、窗洞的落影轮廓就是洞口边缘阴线在门窗扇或墙面上的落影。一般情况下，洞口边缘和门窗扇及墙面是互相平行的，所以可按平行线的落影特性作图。图7-34列举了几种洞口阴影的例子。从图中可以看出，洞口边缘无论是什么形式，其落影和它本身的阴线总是平行的。当阴线是投影面垂直线时，落影的宽度等于阴线到承影面的距离，如图中的m、n等。因此，在立面图中作门窗洞口的阴影，只要在平面图中查到铅垂、侧垂阴线的突出值，就可以直接作图。

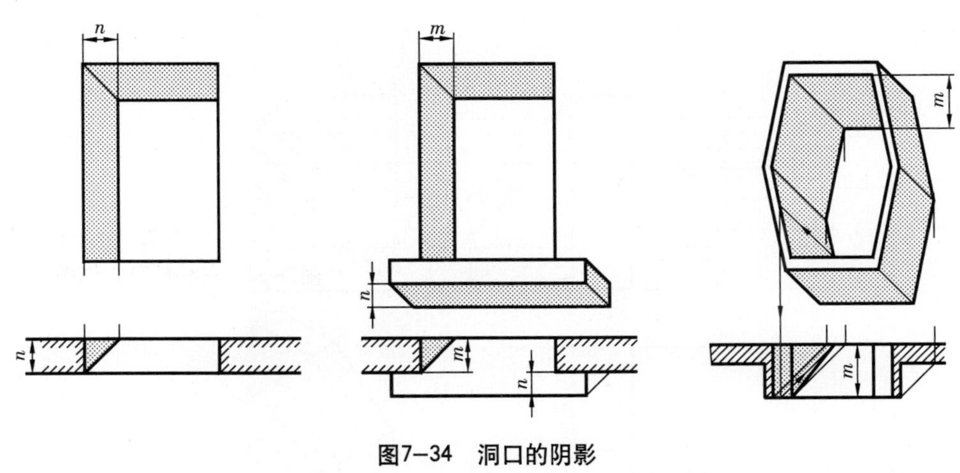

图7-34 洞口的阴影

2.台阶的阴影

图7-35所示的台阶两侧是长方体。由于两侧长方体的阴线是铅垂线和正垂线，所以根据投影面垂直线的落影特性，就可以求出这些阴线在台阶各面上的影线。

左侧长方体的阴线是AB和AC。AC是正垂线，其落影的正面投影为45°斜线，水平投影反映出台阶的侧面形状。AB是铅垂线，其落影的水平投影为45°斜线，正面投影与台阶的侧面投影对称。两条影线的投影相交，可得A点落影的投影a_1、a_1'。A点落影的位置也可以在侧面投影上作出。

右侧长方体的阴线DE和DF落影在地面和墙面上，其中DE（铅垂线）落影在地面上为45°斜线；DF（正垂线）的落影一部分落在墙面上为45°斜线，另一部分落影在地面上，与本身平行（由投影面垂直线和投影面平行线的落影的特性和规律可以很方便地求得）。

图7-36所示的是另一种类型的台阶。在立面图上求作影线的要点是通过侧面投影运用返回光线法，求得阴线在台阶凸凹棱和墙脚线上的落影点。具体作法留给读者按图示方法自己去完成。

此处需要指出的是，当斜阴线的坡度和台阶的坡度一致时，左侧斜阴线落于台阶的各凸棱上的影点，其V、H面投影都在一条垂直线上。同样，凹棱上的影点也是如此，并且斜阴线在各

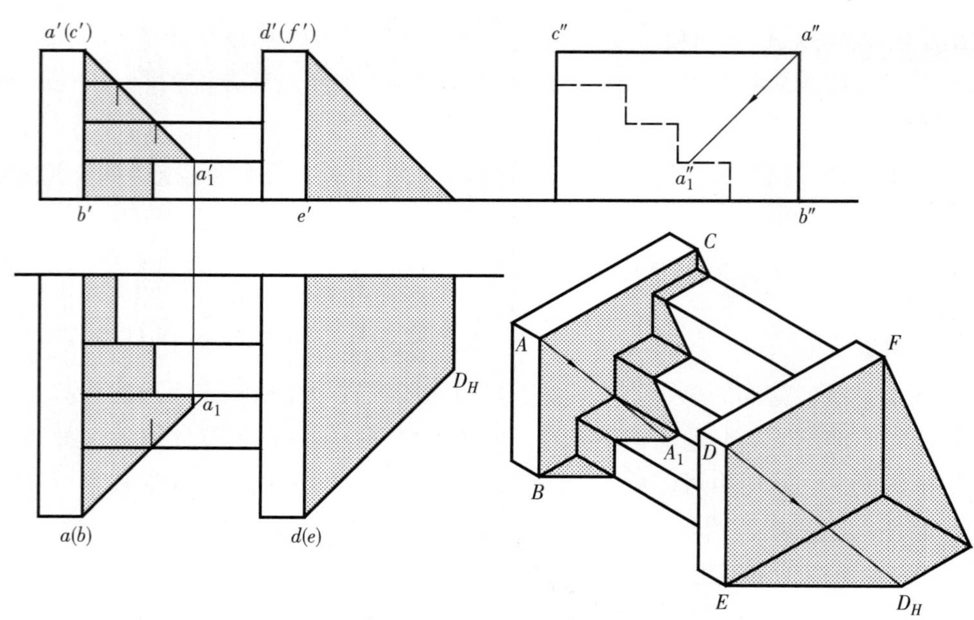

图7–35　两侧是长方体的台阶的阴影

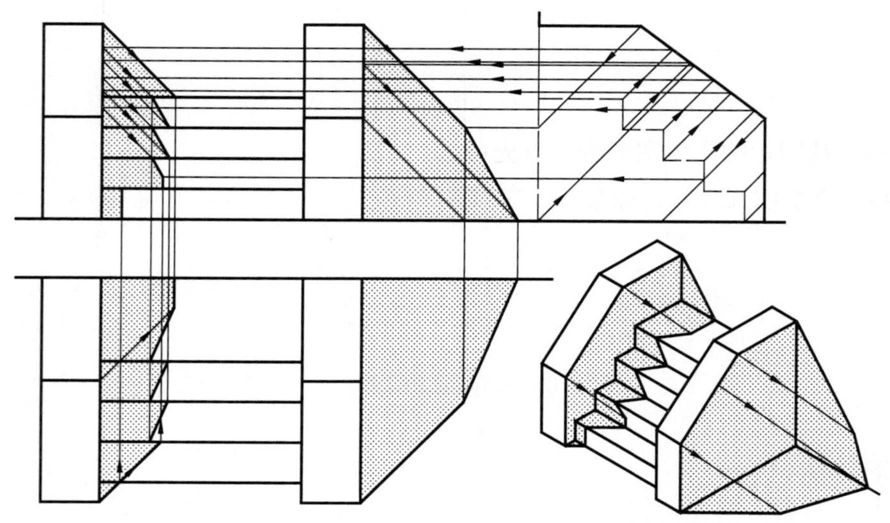

图7–36　两侧挡墙是斜坡的台阶的阴影

层踢面上的影线互相平行，在各层踏面上的影线也互相平行。可以先求作斜阴线两端点落于某个承影面扩大面上的虚影，再根据上述特点完成全图。

3.凸檐的阴影

（1）平顶凸檐的阴影。图7–37是出檐不同的两种平屋顶。图7–37a是出檐不等的平顶。凸檐阴线为正垂线AB和侧垂线BC。为求其落影，可先作出B点在墙面上的影点B_1（b_1、b'_1），AB落影的正面投影为45°斜线，BC的落影与本身平行。也可以根据出檐的尺寸m直接作出屋檐的立面阴影。图7–37b是出檐相等的平顶。因为檐口出檐相等，B点的落影恰好落在墙角线上，所以AB在正面上无落影。作图时只要过b'作45°斜线与墙角交得b'_1，由此作水平线，即得BC的落影。

图7–38是个L形平顶凸檐，其落影的作图方法已在图中标出。其中凹进的立面上的落影距离$p+q$由等腰直角三角形直角边的关系不难求出，请读者自己分析。

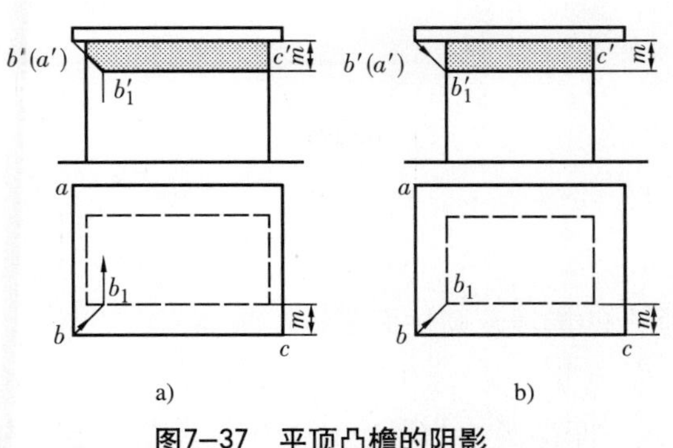

图7–37　平顶凸檐的阴影

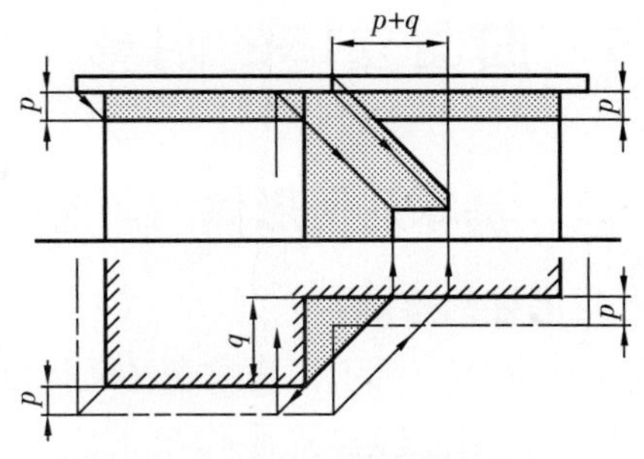

图7–38　L形平凸檐的阴影

（2）垂直凸起（烟囱）的落影。图7-39为坡屋面上烟囱的落影求法。首先可分析出烟囱的阴线是BA、AC、CD、DE四条直线。其中BA和DE为铅垂线，它们在屋面上落影的水平投影都为45°斜线，其正面投影反映出坡屋面的水平倾角α（此图中正面和侧面的坡屋面均与水平面夹α角）。AC为正垂线，它在坡屋面上落影的正投影为45°斜线，其水平投影反映出坡屋面的水平倾角α。CD平行于坡屋面，它在屋面上的落影必与其本身平行且长度相等。根据上述分析，通过求阴线的一个端点在屋面上的落影，即可求得烟囱在屋面上的全部落影。

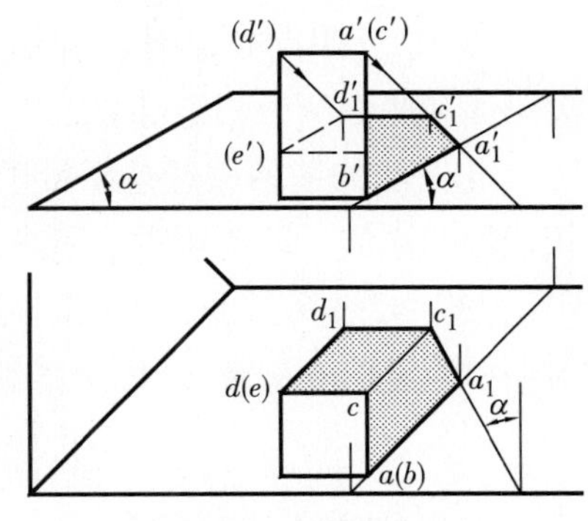

图7–39　烟囱的阴影

如图7–40所示，如果正方形的烟囱上加一个方形凸檐帽，那么它在同坡屋面上落影的作法就要复杂一些。从图示的立体图来看，首先可分析出ⅠⅢ、ⅢⅣ、ⅣⅤ、ⅤⅥ、ⅥⅦ、ⅦⅠ是方形帽的阴线。这些阴线都是特殊直线。所以，在图7–40a上过1′作45°斜线与烟囱左前铅垂棱边交得$1'_1$。过$1'_1$作直线$1'_1 2'_1 // 1'3'$，则$2'_1$点是方形帽最前最下棱边ⅠⅢ在烟囱正面落影的过渡点的投影，请读者参考其轴测图7–40b，过$2'_1$作45°斜线与由a'引出的平行于斜屋脊的直线相交得$2'_0$。过$2'_0$作直线$2'_0 3'_0 // 1'3'$，所得点$3'_0$就是点Ⅲ在屋面上落影的投影。过$3'_0$点作直线平行于斜屋脊，与过4′点引出的45°斜线相交可得$4'_0$，$3'_0 4'_0$就是阴线ⅢⅣ在屋面上落影的投影。因为所给烟囱的洞口是正方形，所以过烟囱左、前铅垂棱边在屋顶上的端点，作平行于斜屋脊的直线与过阴点投影5′引出的斜线相交可得$5'_0$。最后，过$5'_0$作水平线与烟囱的立面轮廓相交，便求出了烟囱在屋面上落影的可见投影。图中还画出了不可见的影线投影。整个作图都是直接在立面图上进行的，平面图不必画出。

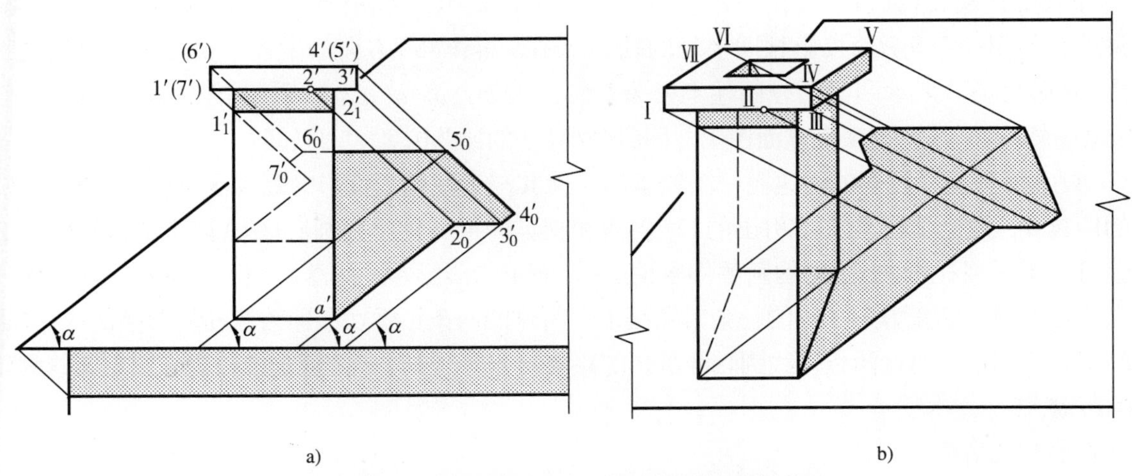

图7–40　直接在同坡屋顶立面图上求作烟囱的阴影

7.4 曲面立体的阴影

7.4.1 基本几何形体的阴影

1.圆柱的落影

如图7−41a所示，直立在H面上的圆柱在H面上的影线及圆柱面阴线作法如下：

（1）用光线迹点法作出上底圆心在H面上的落影，以此点为圆心作圆（半径与上底圆相同），再作落影圆周与下底圆周的两条外公切线，即得圆柱的影线（上底圆落影在影区内的半圆影不是影线）。两条外公切线与圆柱下底圆的切点分别为A和D。

（2）过阴点A和D作圆柱面的素线AB和CD，此两条素线即圆柱面的阴线，它们把圆柱面分为阳面和阴面两个相等部分。

此做法的基本原理是平行于常用光线作圆柱面的切平面，两个相互平行的切平面与圆柱面相切处的素线，即为所求的阴线。在投影图上的做法，如图7−41b所示。

图7-42表示了一正圆柱同时在H和V面上有落影时的画法。顶圆阴线在V面上的落影画法与前面讨论过的水平圆在V面上落影画法相同。具体作图已表明在图7-42中。

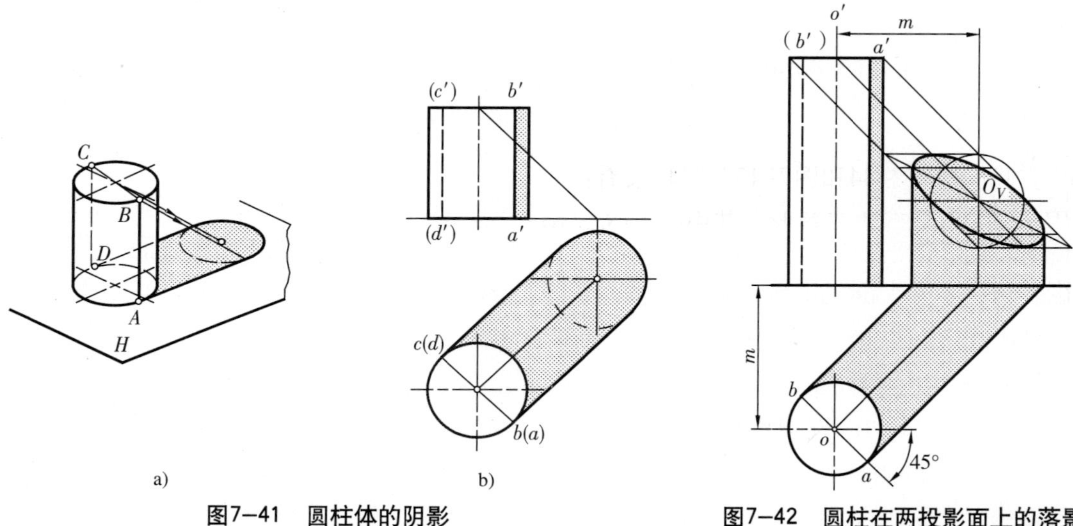

图7−41　圆柱体的阴影　　图7−42　圆柱在两投影面上的落影

如果要直接在V面投影图上单独作圆柱的阴影，如图7−43所示，可以在圆柱底圆的积聚投影处，作出一个与H面投影相同半径的辅助半圆，再作45°方向的半径，由此可以直接定出阴线的V面投影。所求阴线约分圆柱半径为7∶3。因为$\triangle o_1' a' a$为等腰直角三角形，直角边$o_1' a' = R\cos45^\circ \approx 0.7R$，反映在立面图上，阴线分半径$R$的比为0.7∶0.3（即7∶3）。

再在V面上圆柱投影的右边画一条铅垂线，使其与圆柱轴线投影的距离等于圆柱中心离开V面的距离m。该铅垂线与从o'引出的45°斜线相交，即得圆柱上底圆心O在V面上的落影O_V。然后，可按水平圆在V面上落影的画法作出顶圆在V面上的落影。过此落影椭圆作两条铅垂切线，切点应位于圆外切正方形落影的一条对角线上。所作的两条铅垂切线即为圆柱的两条阴线在V面上的落影。不难证明这两条影线到轴线落影的距离恰好等于$2B$，而B值是圆柱立面图中阴线到轴线的距离。

2.圆锥的落影

如图7−44a所示，正圆锥底在H面上，圆锥在H面上的影线及锥面的阴线作法如下：

工业设计图学习题集

穆存远　袁和法　编著

机 械 工 业 出 版 社

前　言

为配合全国高等院校设计艺术创新型人才的培养和教学模式的改革，带动我国高等院校的课程建设水平和教学质量，加强新教材和立体化教材建设，深入贯彻《教育部财政部关于实施高等学校本科教学质量与教学改革工程的意见》（教高〔2007〕1号）精神，机械工业出版社在广泛调研的基础上，组织编写了全国高等院校设计艺术类专业创新教育规划教材，《工业设计图学》就是该规划教材中的一部。

本教材突出设计艺术学科的特点，有利于学生掌握宽泛的设计图学的基本理论和技能，注重逻辑思维和理性创造过程的训练，结合工业产品设计示例，通过学习几何元素投影关系的理论和国家标准中关于图样表达的规定与方法，达到产品设计图样表达的目的。该课程是工业产品设计课程群中与工程实践紧密结合的一门技术基础课程。

本课程的教学目的在于培养学生的空间形象思维能力和设计制图的表达能力，并为后续CAD、表现技法及有关设计软件类课程的学习奠定理论基础。各章均配有大量例图，并配有习题集。力求做到由浅入深、内容全面、重点突出、语言通俗易懂，便于自学。

学生学完某章节内容后，根据教师的要求做该章节一定量的习题，便能起到消化、巩固教材中所学的原理和方法的作用，进而扩大解题思路，达到发展空间想象力的目的。作图时必须使用圆规、直尺（三角板），按任课教师指定的线型粗细和规定的标记符号准确地进行作图。所需字母、数字及汉字要符合国家标准。

本习题集由沈阳建筑大学穆存远和上海第二工业大学袁和法编著，其中第45～47题、第53～64题、第71～76题为袁和法编著，其余为穆存远编著。由于各校讲述重点不同，在使用本习题集时可根据需要进行取舍。

限于水平，习题集中难免存在缺点、错误，欢迎提出指正。

编　者

1.已知各点的空间位置，求作其投影图。

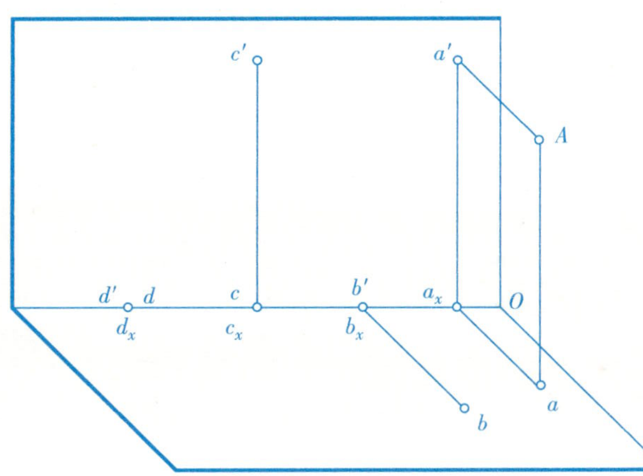

X d_x c_x b_x a_x O

2.已知A、B两点的空间位置，试求作其三面投影图。

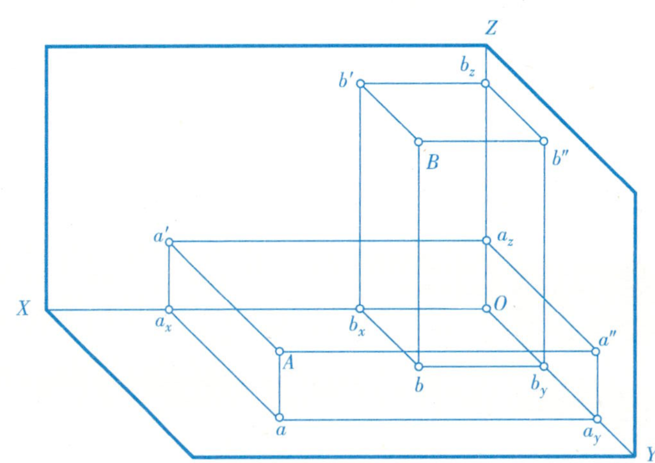

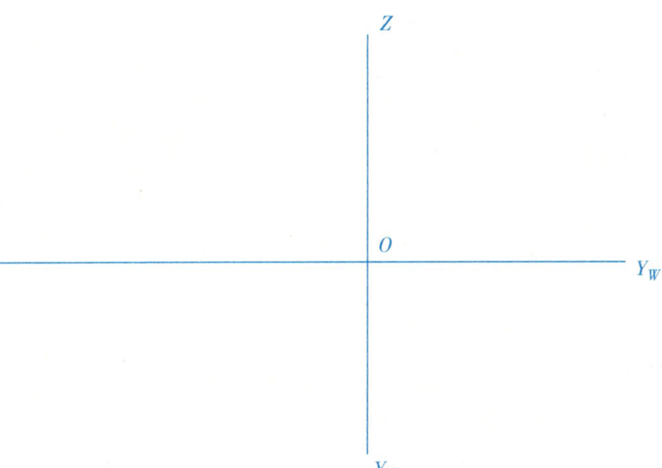

3.已知A（25，15，25）、B（40，25，0）、C（40，0，15）、D（0，20，20），求作其投影图，并指出其空间位置。

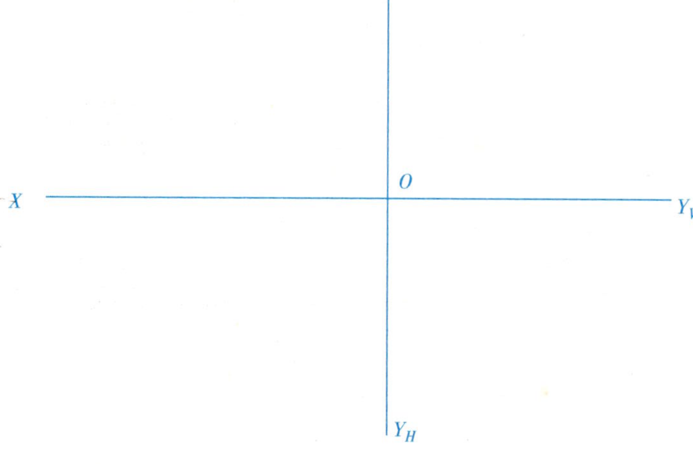

A点在 ________，B点在 ________。

C点在 ________，D点在 ________。

4.已知两点的投影，试求作第三投影。

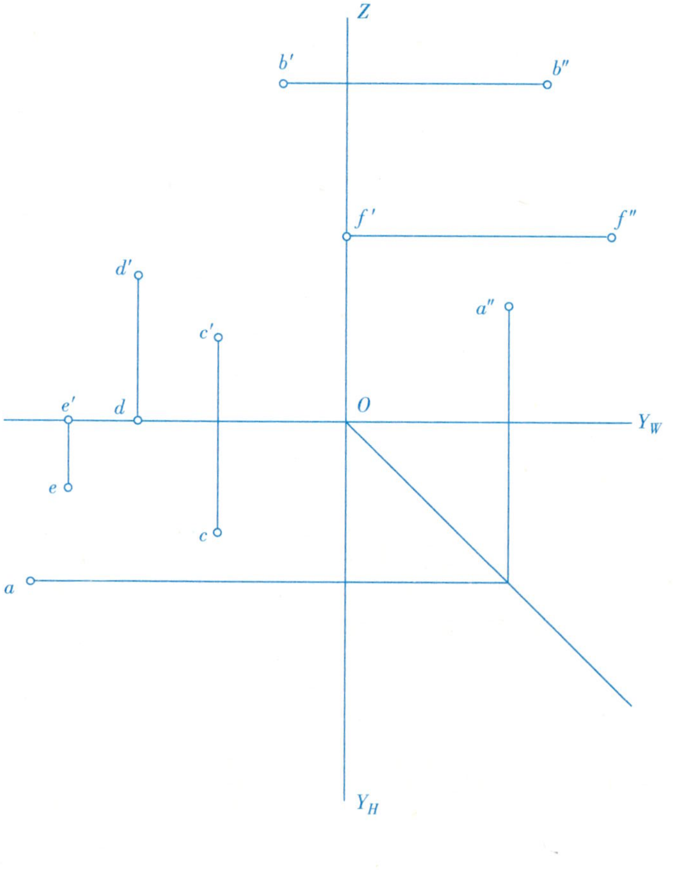

班级　　学号　　姓名　　成绩

5.已知直线AB和CD的端点坐标为A（40，10，5）、B（5，25，30）、C（45，10，20）、D（10，30，20），试求作其三面投影图，并判断直线AB和CD对投影面的相对位置。

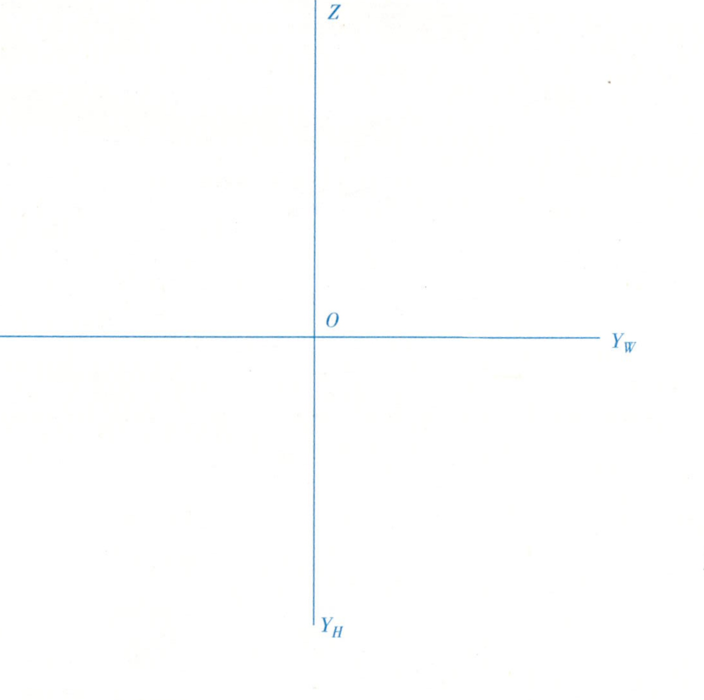

AB是 ________ 直线，CD是 ________ 直线。

6.判断下列各直线对投影面的相对位置，分别求作第三投影。

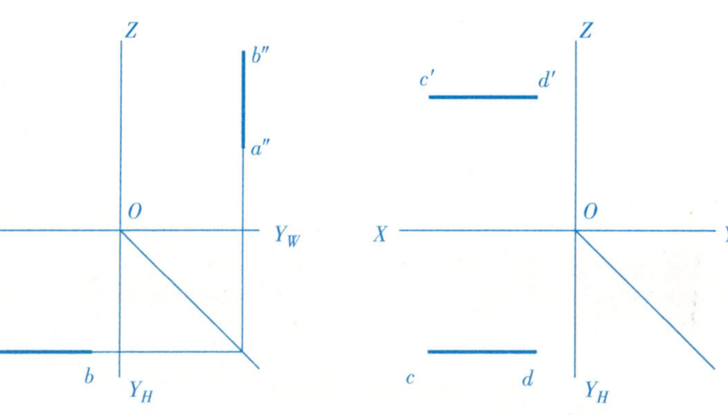

AB是 ________。

Z
c′
d′
O
X
Y_W
c
d
Y_H

CD是 ________。

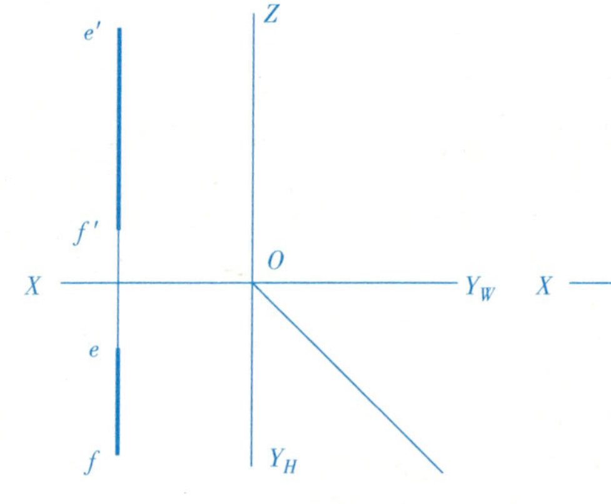

EF是 ________。

Z
g′
h′
g″
h″
O
X
Y_W
Y_H

GH是 ________。

7.求作正平线AB的三面投影，已知AB=30mm，它与W面的倾角为60°（有几个解？）。

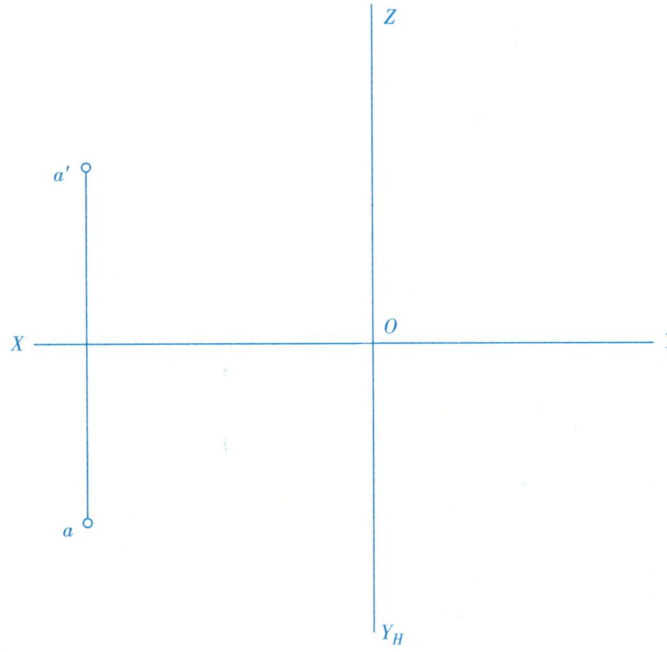

8.分别在下列直线AB上求一点C，使AC：CB=2：3，另求一点D，使AD=20mm。

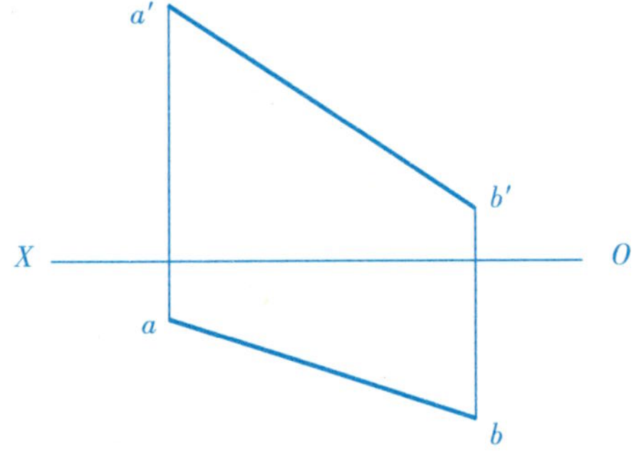

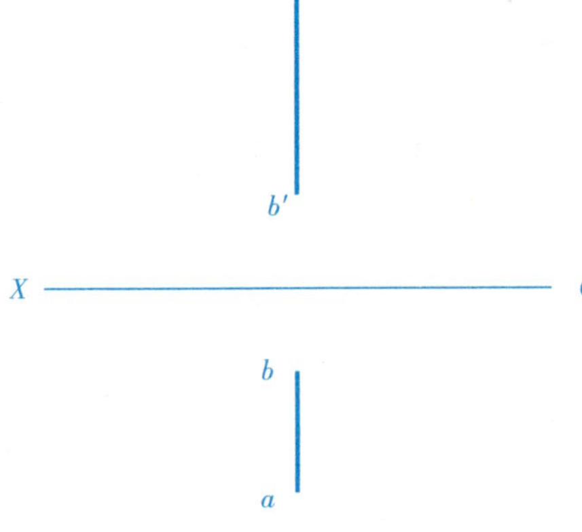

班级　　学号　　姓名　　成绩

9.判别直线AB和CD的相对位置。

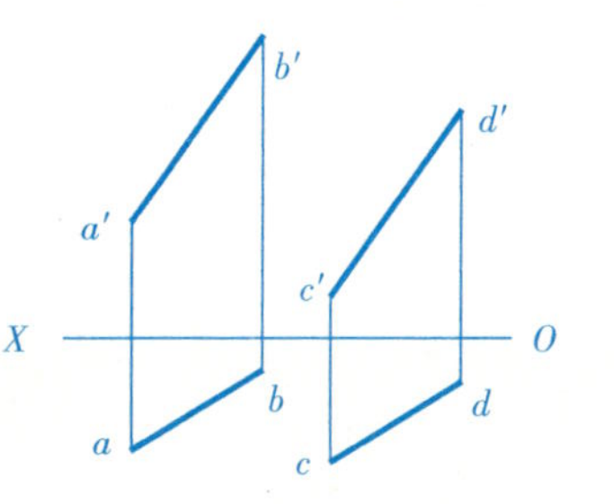

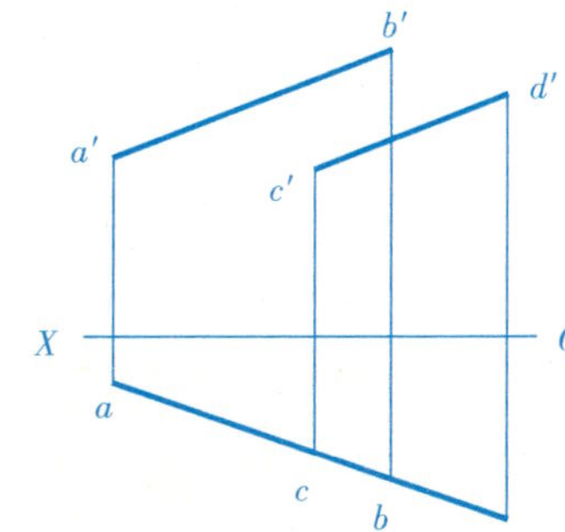

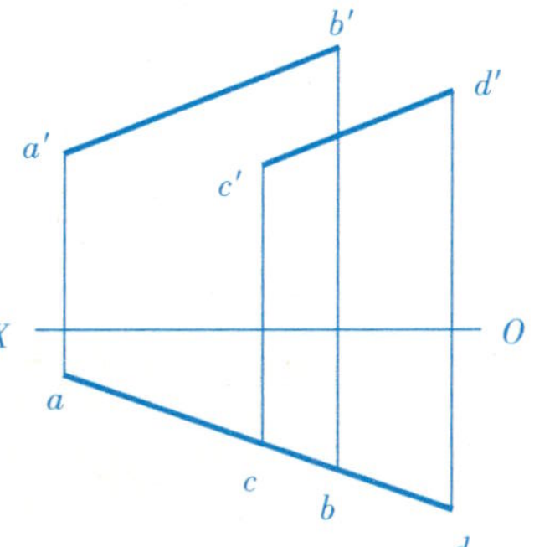

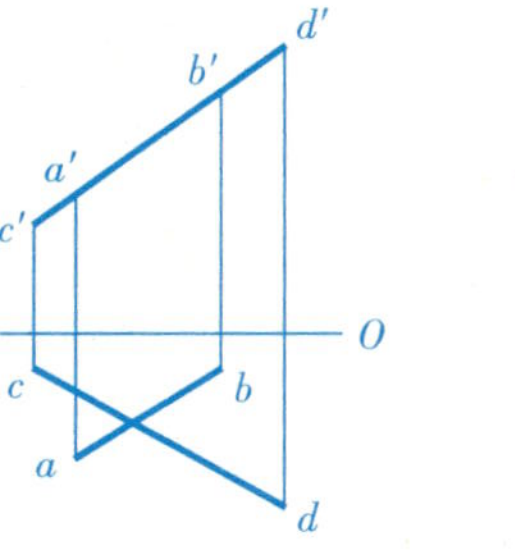

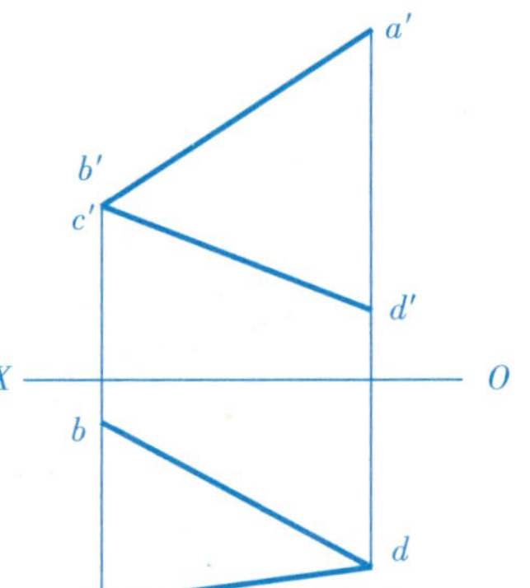

10.用字母标出重影点的投影，不可见的加括号。

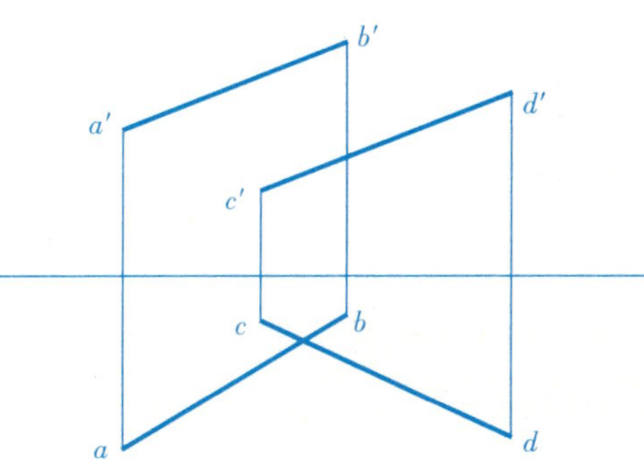

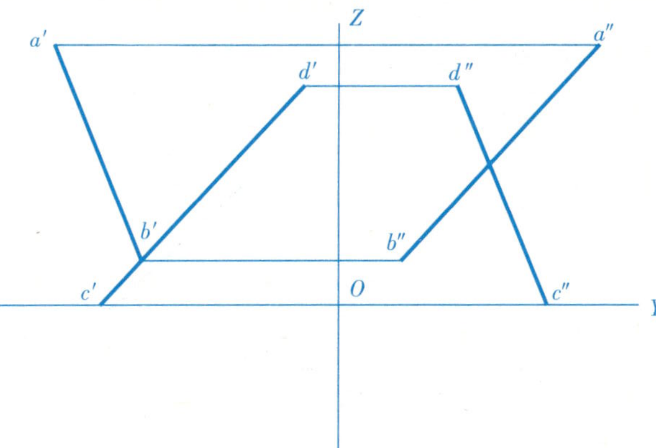

11.标明图中各种位置平面的名称，并求作它们的第三投影。

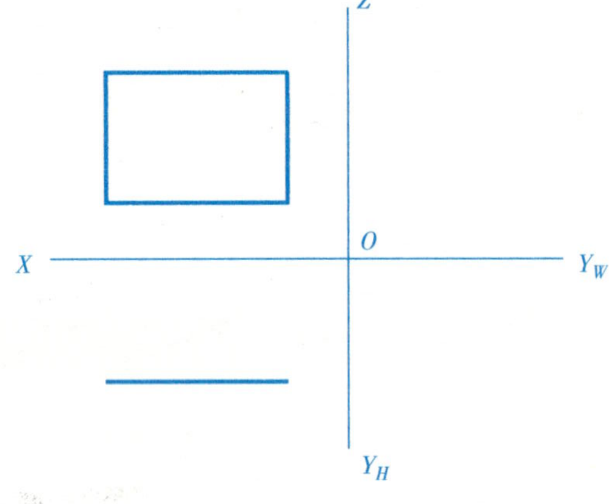

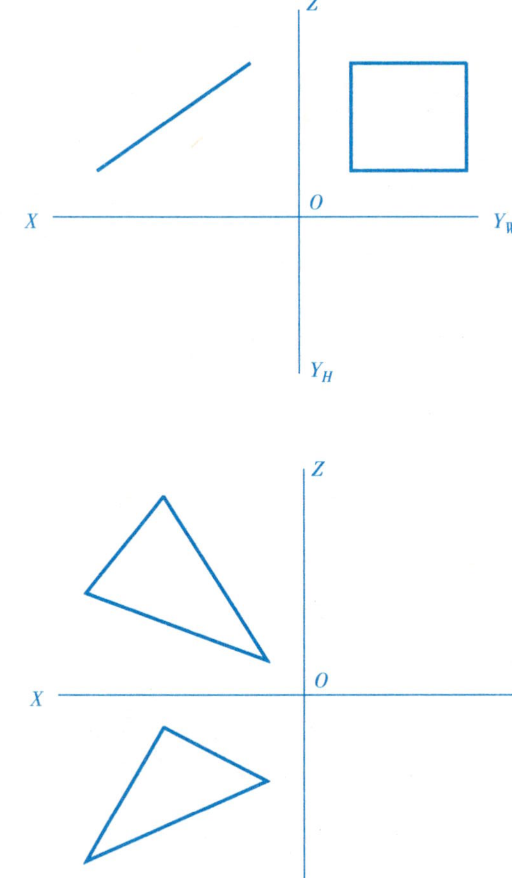

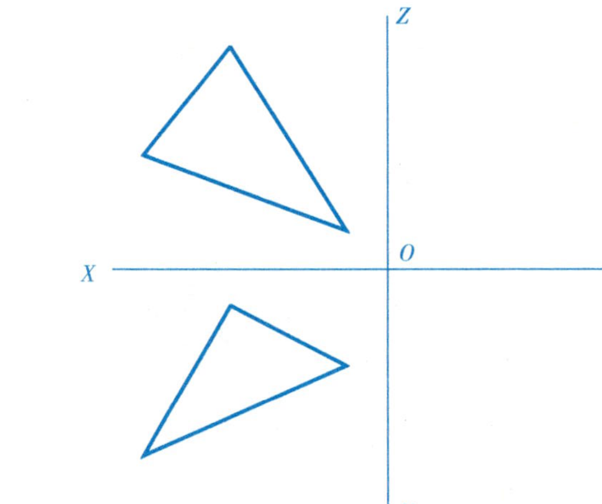

班级　　学号　　姓名　　成绩

12.已知三角形ABC为铅垂面，它与V面的倾角为30°，试作出其水平投影和侧面投影。

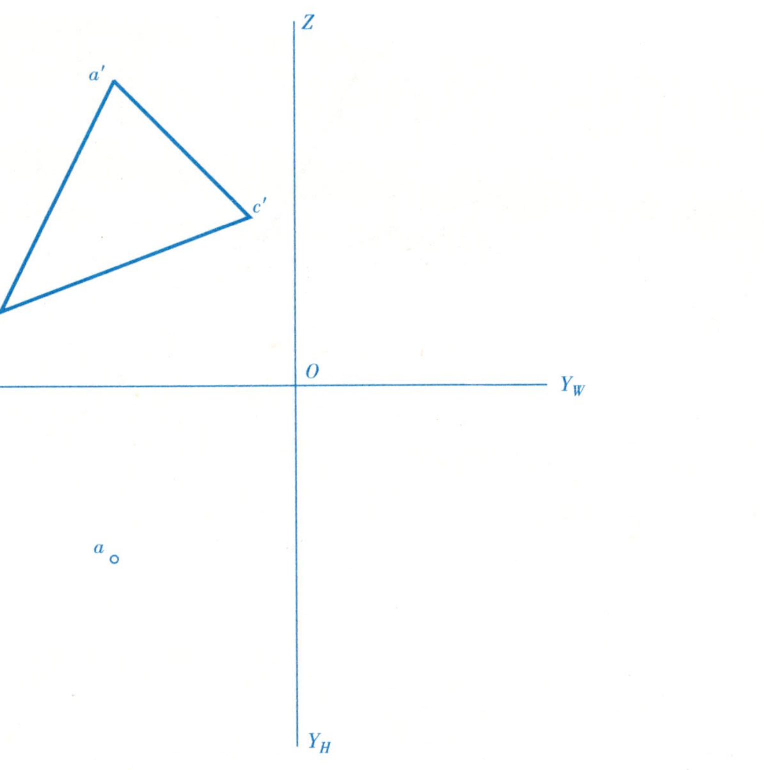

13.已知四边形$ABCD$为水平面，求其正面投影和侧面投影。

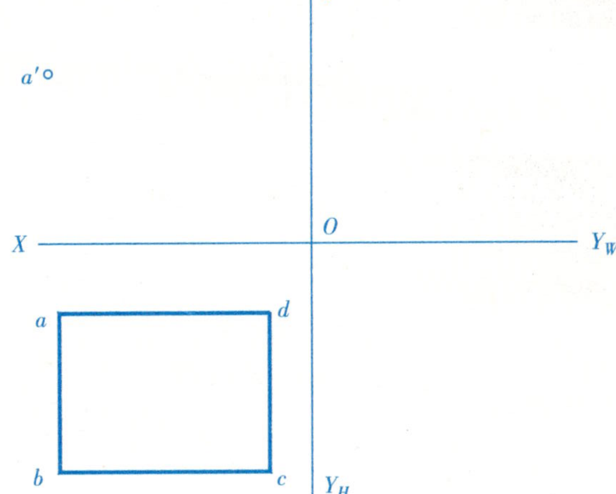

14.已知四边形$ABCD$为侧平面，求其正面投影和水平投影。

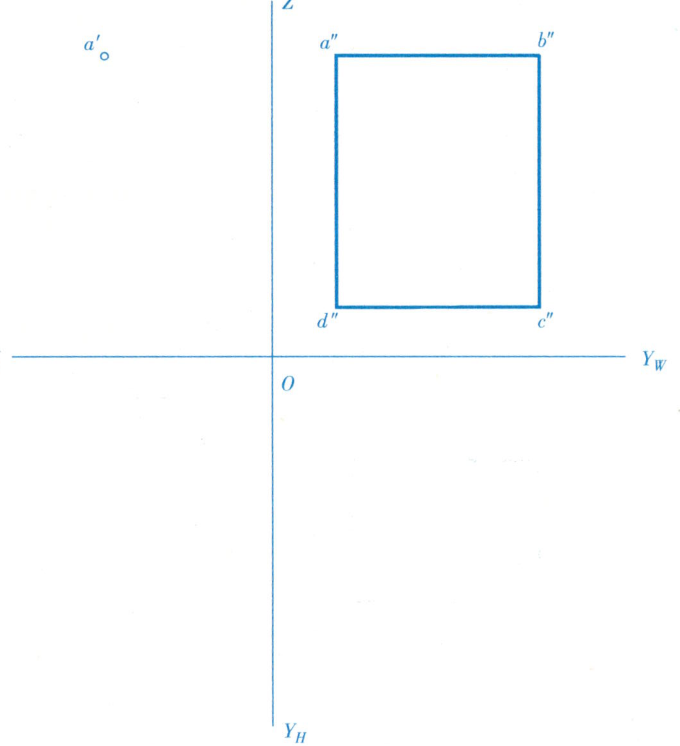

15.已知三角形ABC为侧垂面，它与V面和H面的倾角相等，试作出其水平投影和侧面投影。

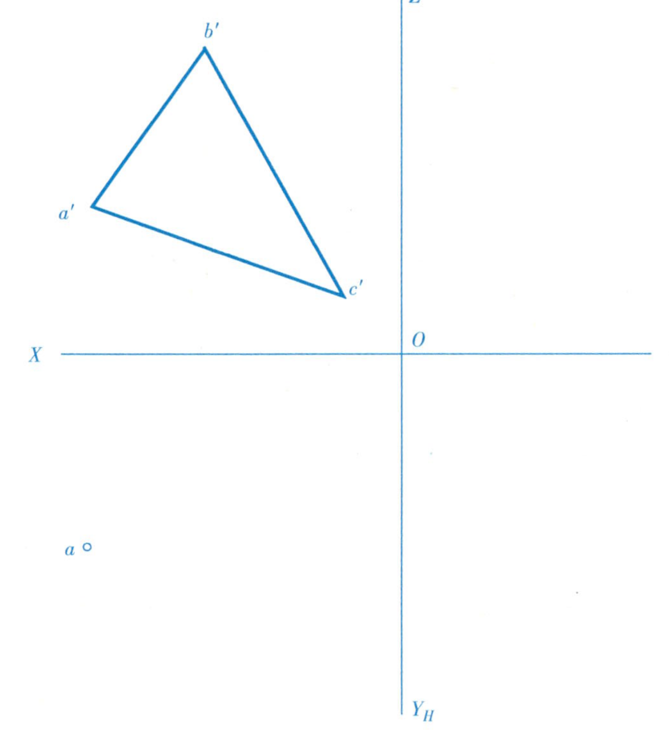

班级　　学号　　姓名　　成绩

16.已知M、N两点在三角形ABC所决定的平面上，试分别作出它们的另一个投影。

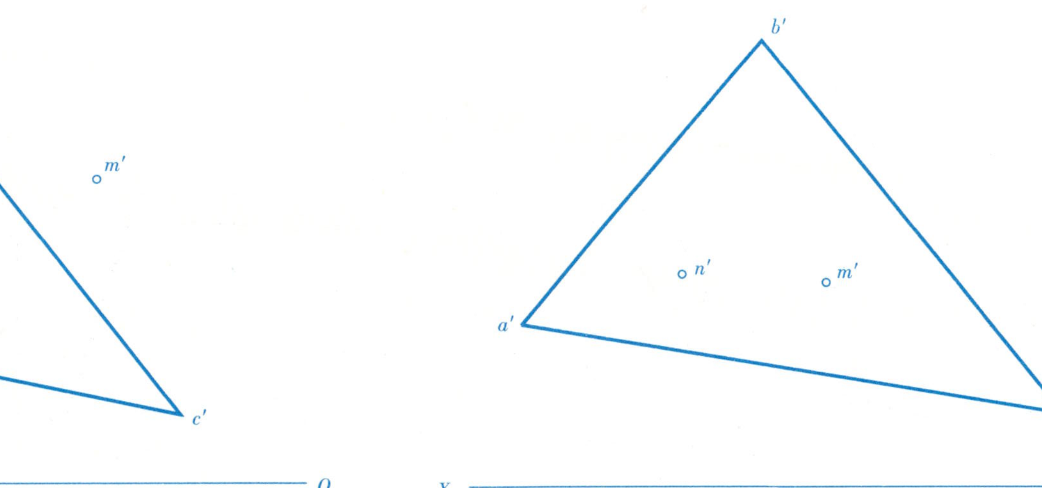

17.判别点M和N是否在三角形ABC所决定的平面上。

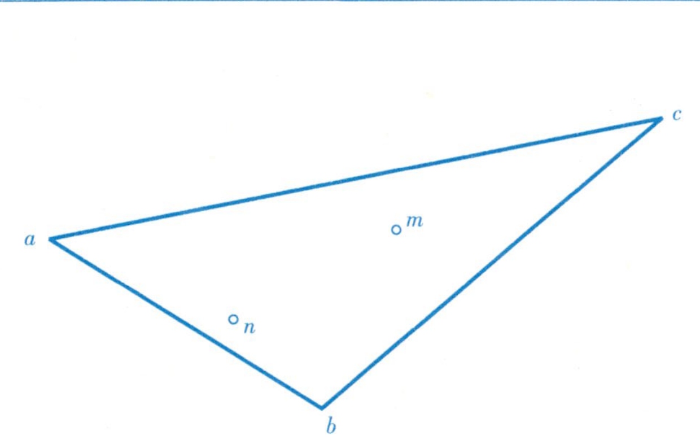

18.完成五边形*ABCDE*所缺的水平投影。

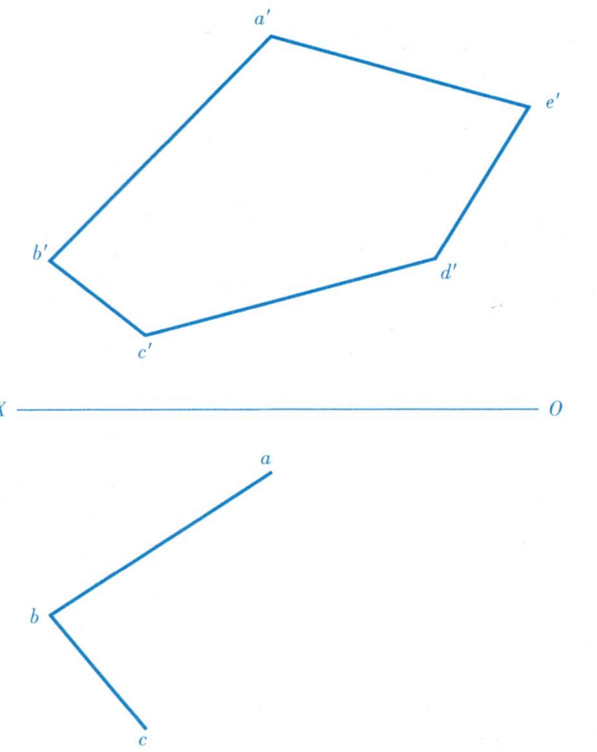

19.已知三角形*EFG*在等腰梯形*ABCD*所决定的平面上，试作出其水平投影和侧面投影。

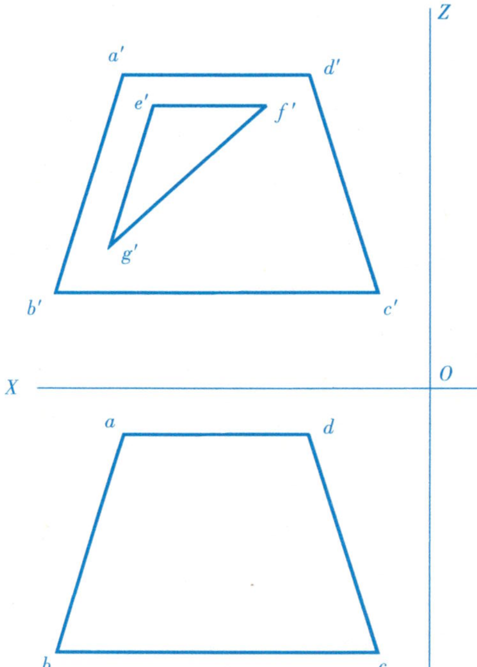

班级　　学号　　姓名　　成绩

20.求作两平面的交线并判断可见性。

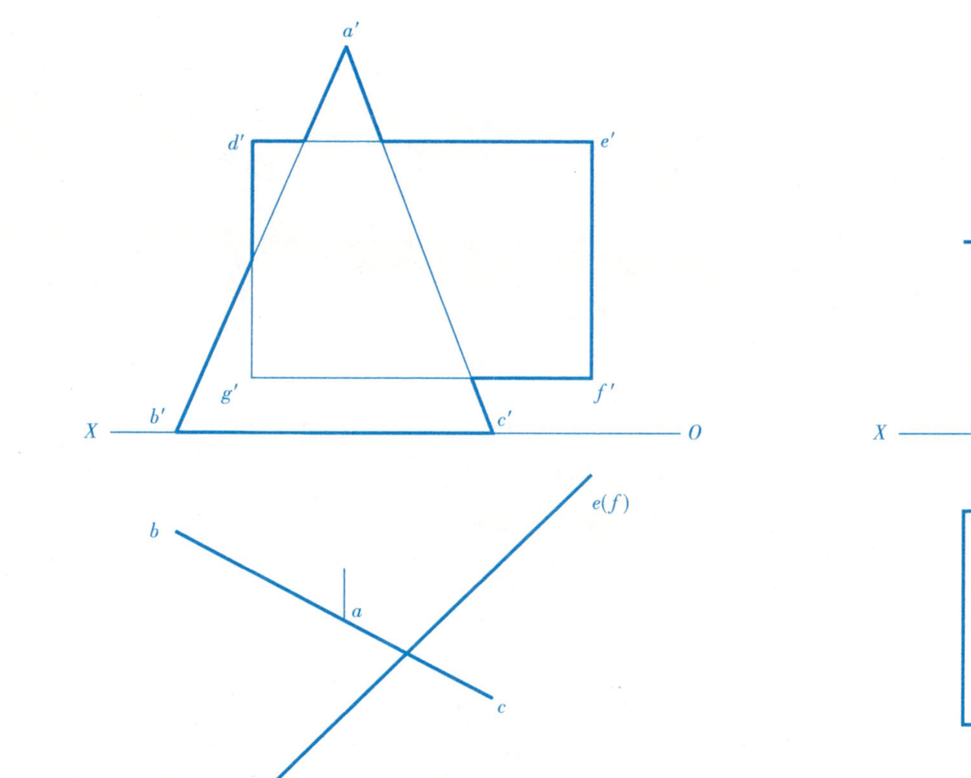

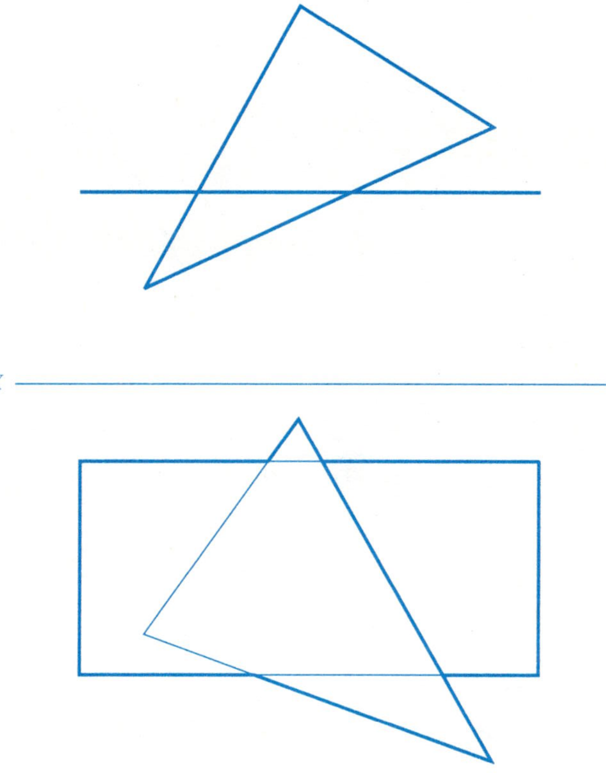

21.求作直线与平面的交点并判断可见性。

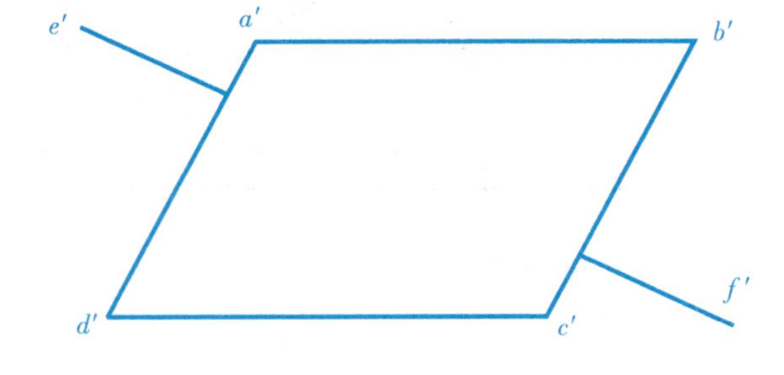

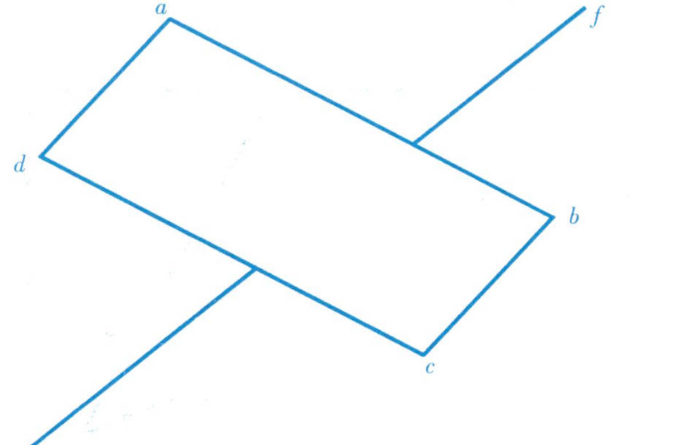

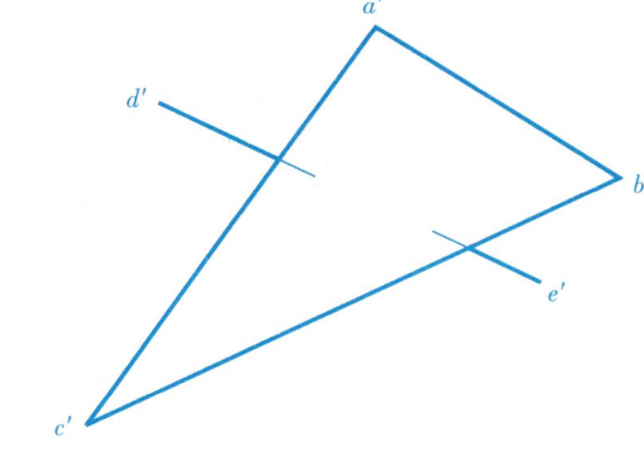

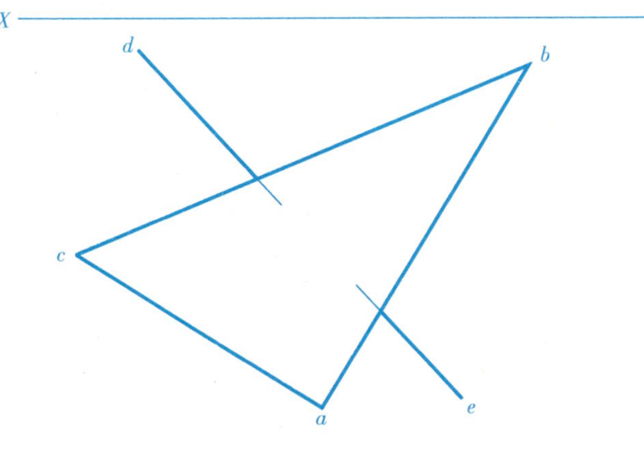

班级　　学号　　姓名　　成绩

22. G、K两点在四棱锥表面上，试完成其投影。

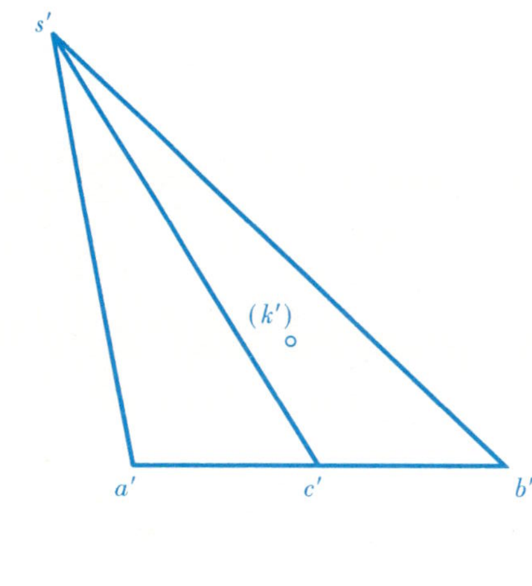

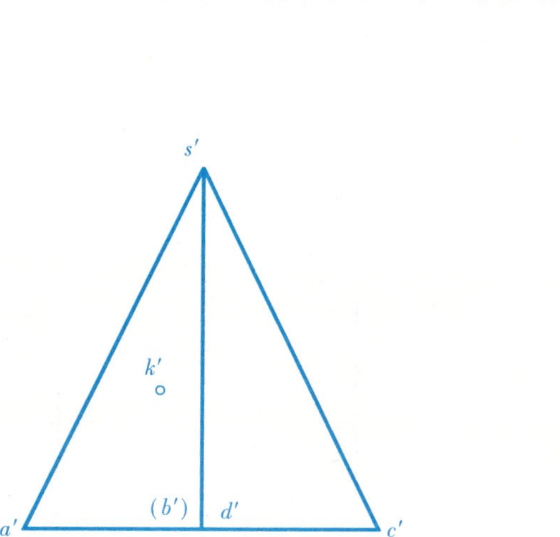

23.完成三棱锥的侧面投影及其表面上的点的投影。

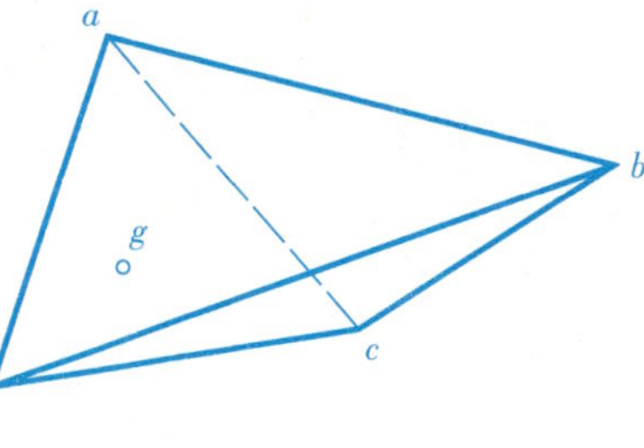

24.完成六棱台的侧面投影及其表面上点和直线的投影。

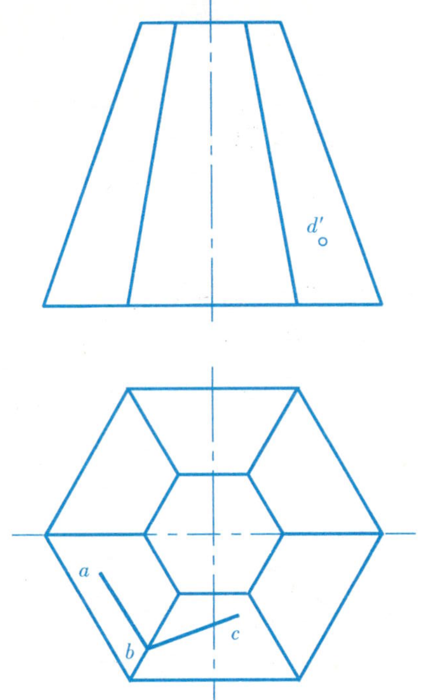

25.已知圆柱面上点及线的一个投影，试求其另外两个投影。

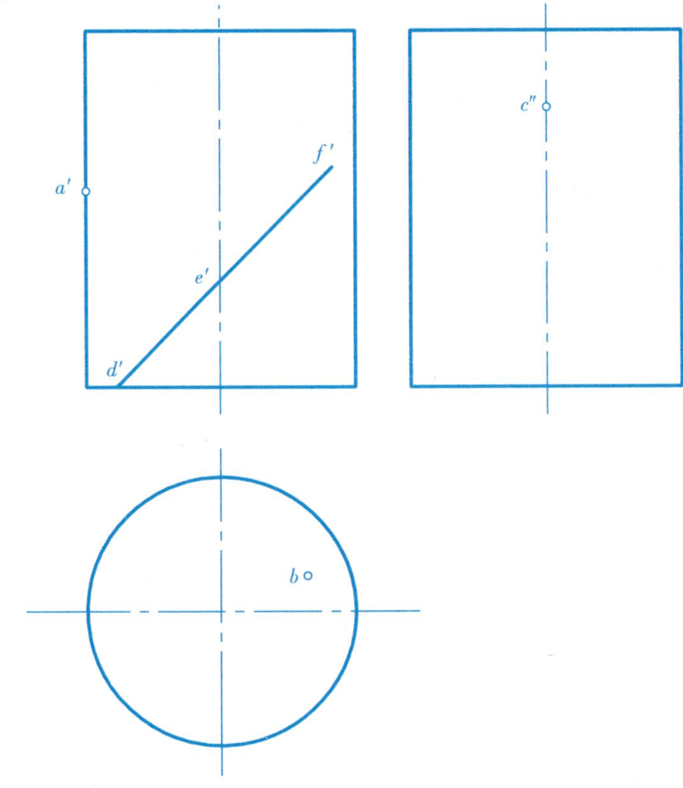

26.已知圆锥面上点和直线的一个投影，求其另外两个投影。

27.已知球面上点和球面上线的一个投影，求其另外两个投影。

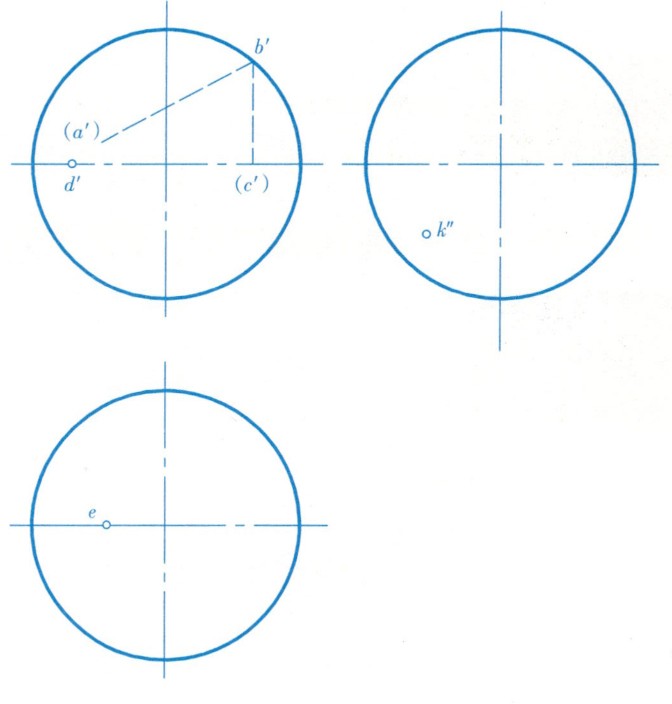

28.已知环面上点及线的一个投影，试求其另外两个投影。

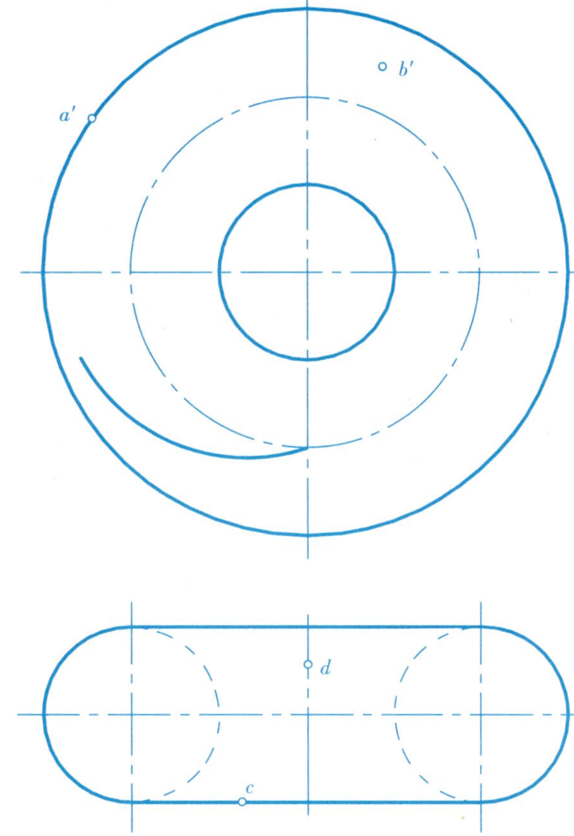

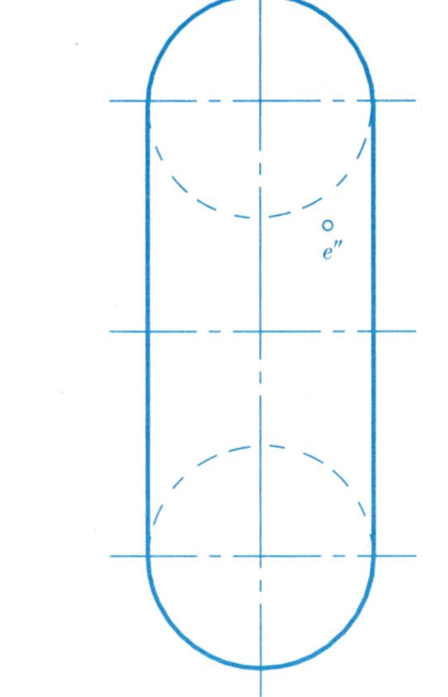

班级　　学号　　姓名　　成绩

29.求作平面P与圆锥截交线的投影与实形。

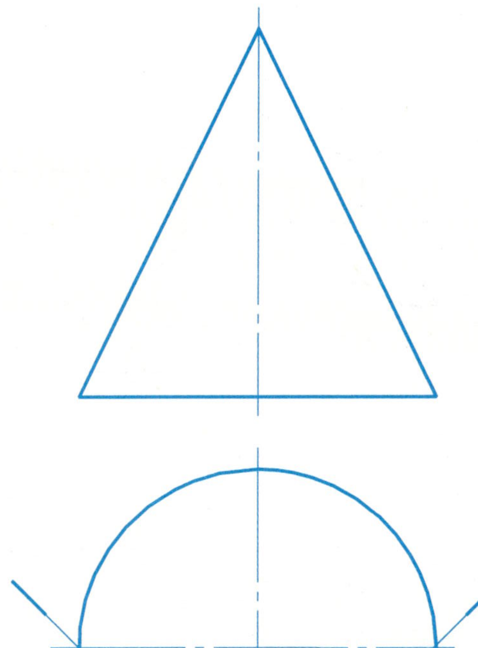

30.求作铅垂面P和Q与圆锥体的截交线。

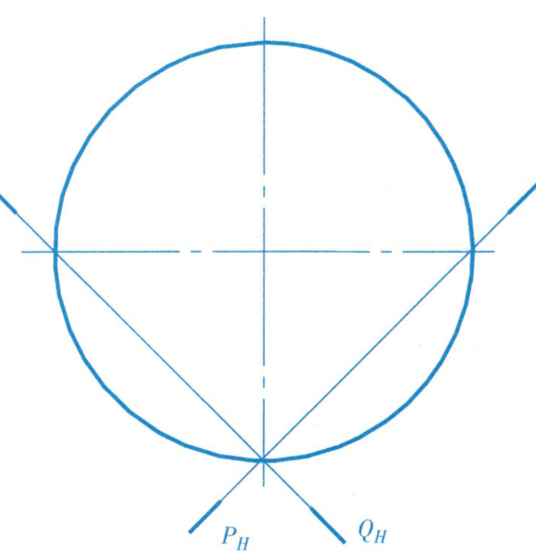

31.求作连杆头的截交线。

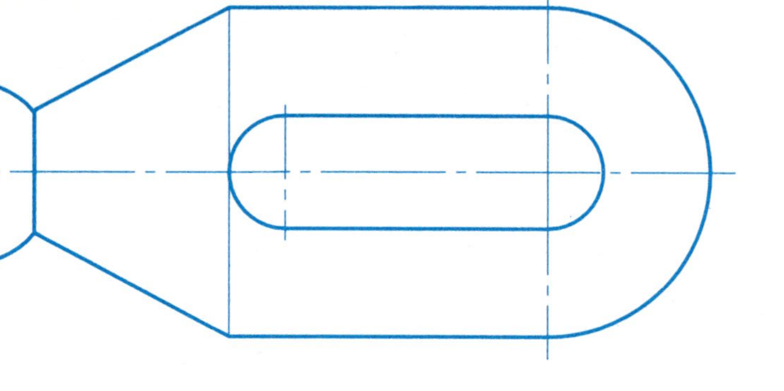

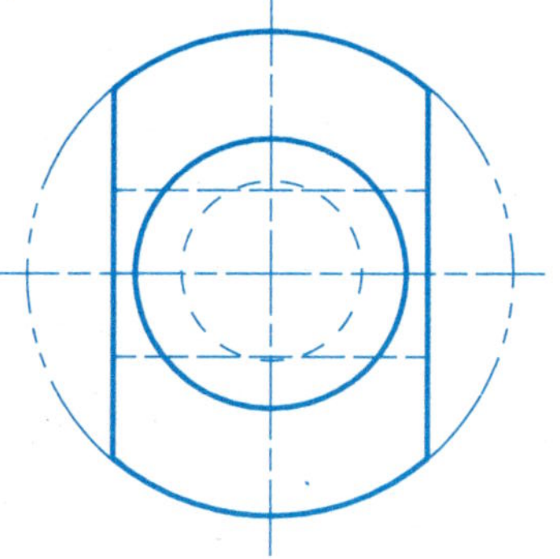

班级　　学号　　姓名　　成绩

32.求作圆柱的截交线。

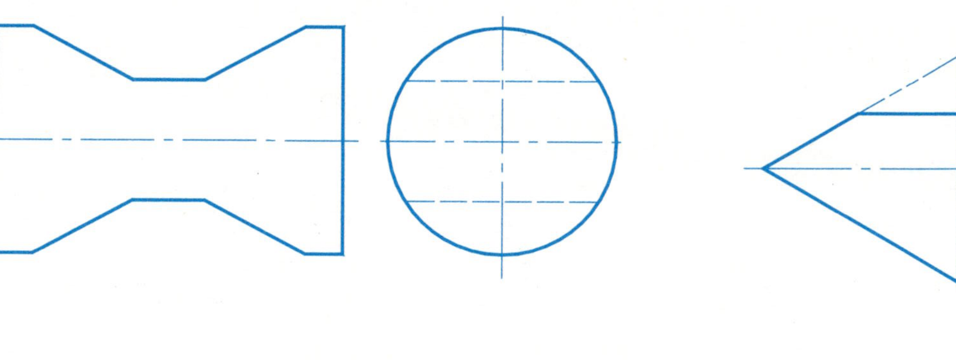

33.求作顶针尖头的截交线。

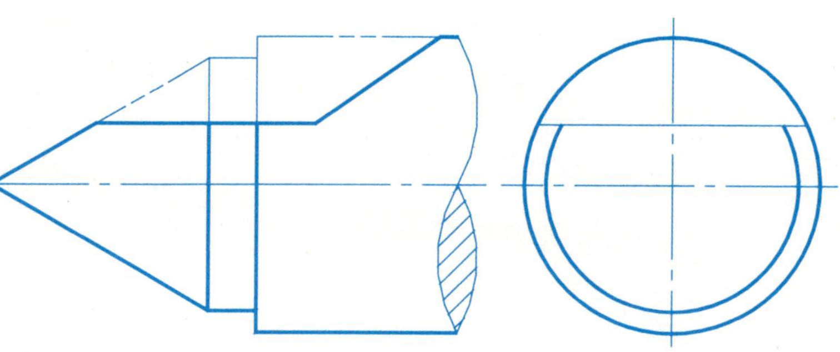

34.求作直线与平面立体的贯穿点。

35.求作直线与曲面立体的贯穿点。

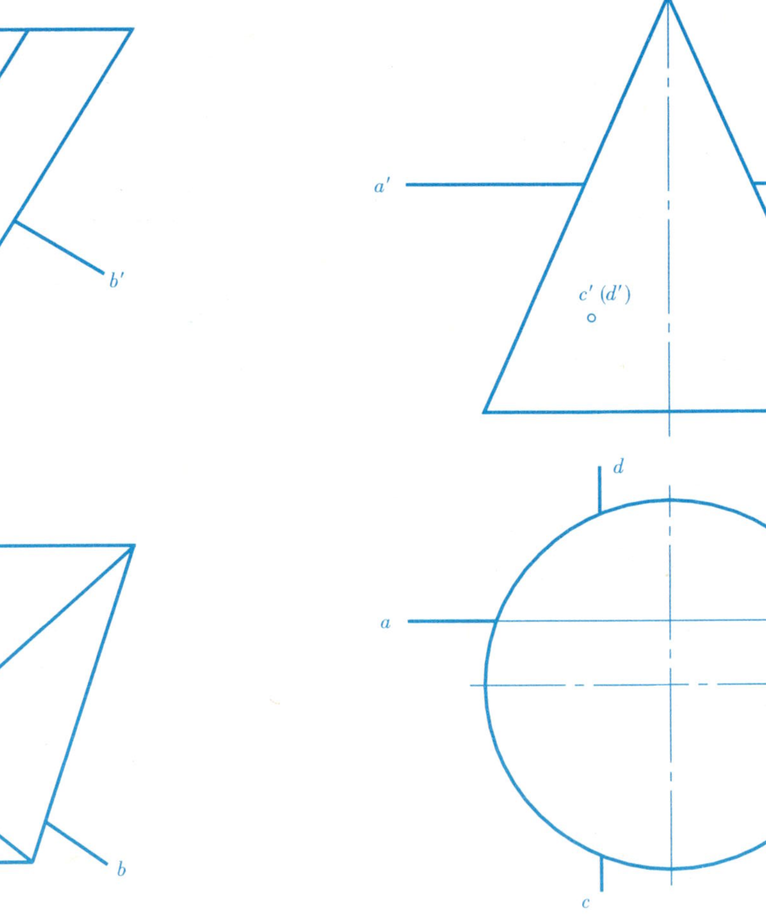

班级　　学号　　姓名　　成绩

36.求作三棱柱与四棱柱的相贯线。

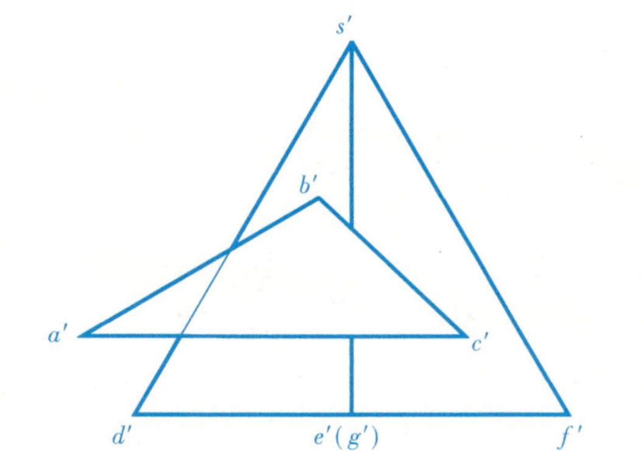

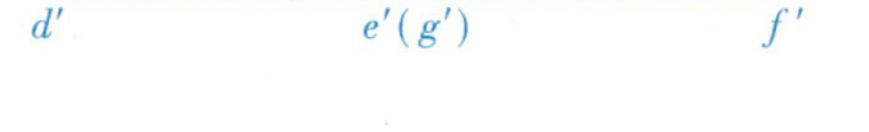

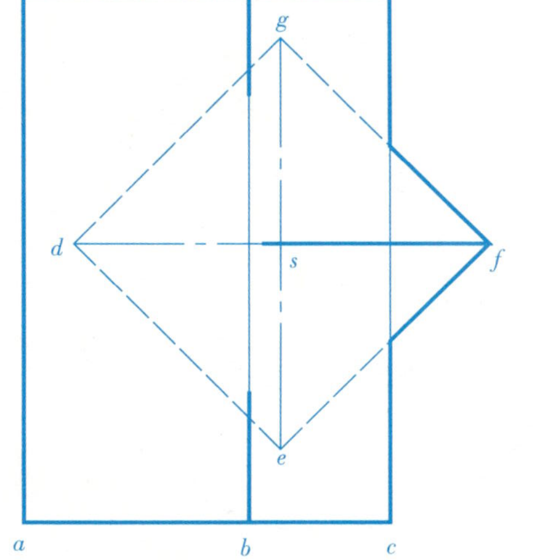

37.求作四棱柱与半圆柱的相贯线。

38.求作三棱柱与圆球的相贯线。

39.求作圆锥台穿孔的投影。

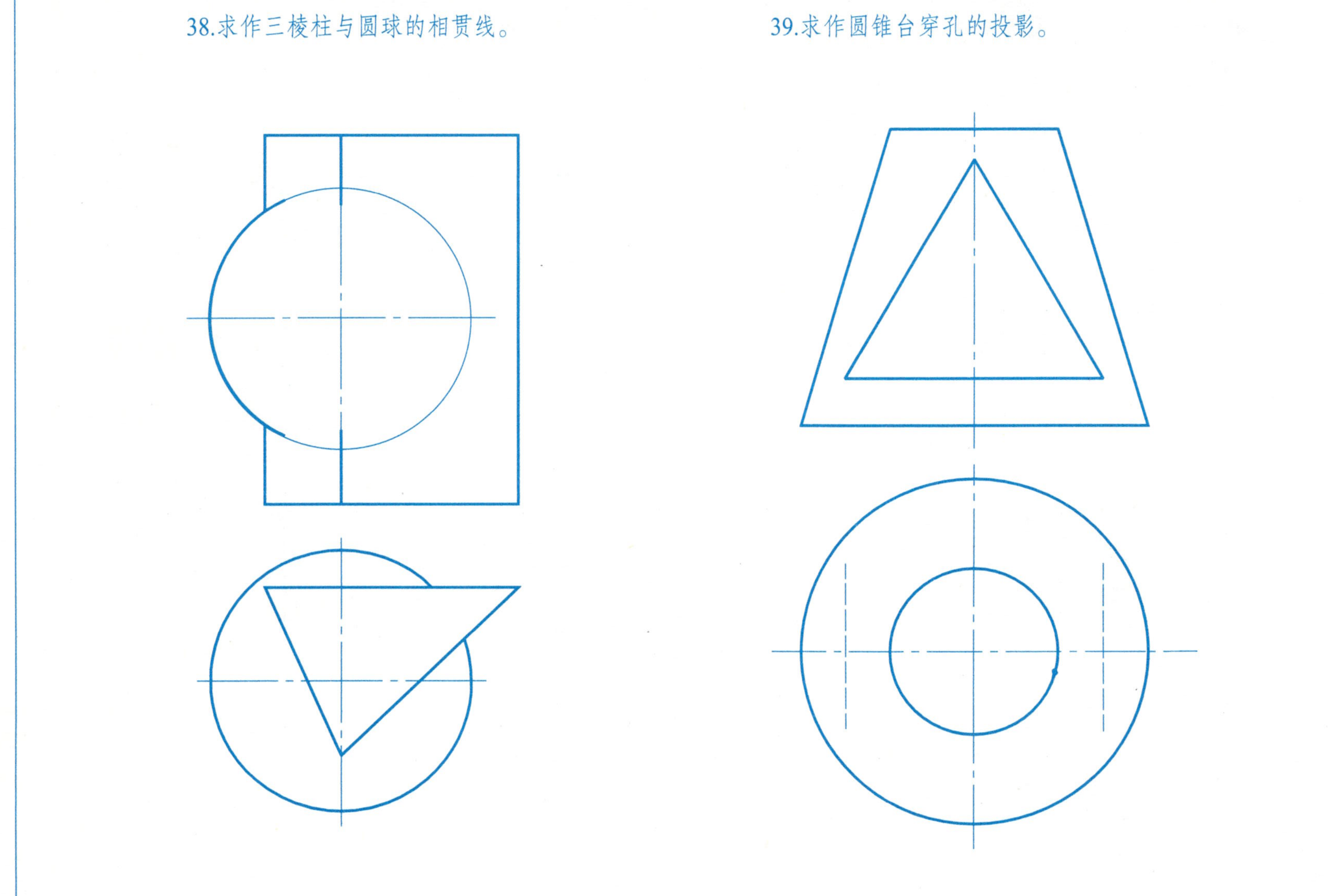

班级　　学号　　姓名　　成绩

40.求作圆球穿孔的投影。

41.求作两圆筒的内外相贯线。

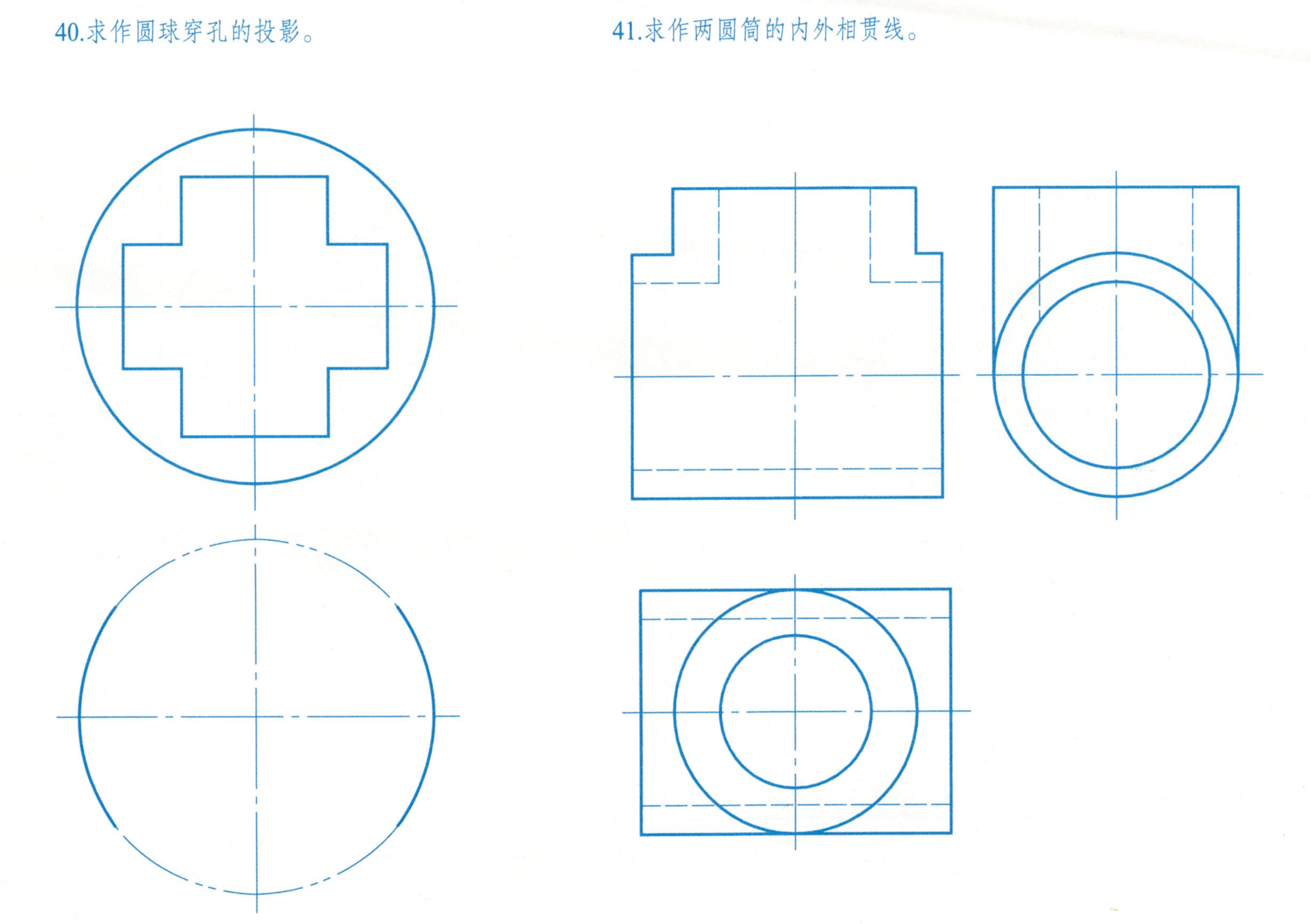

42.求作两圆柱体的相贯线。

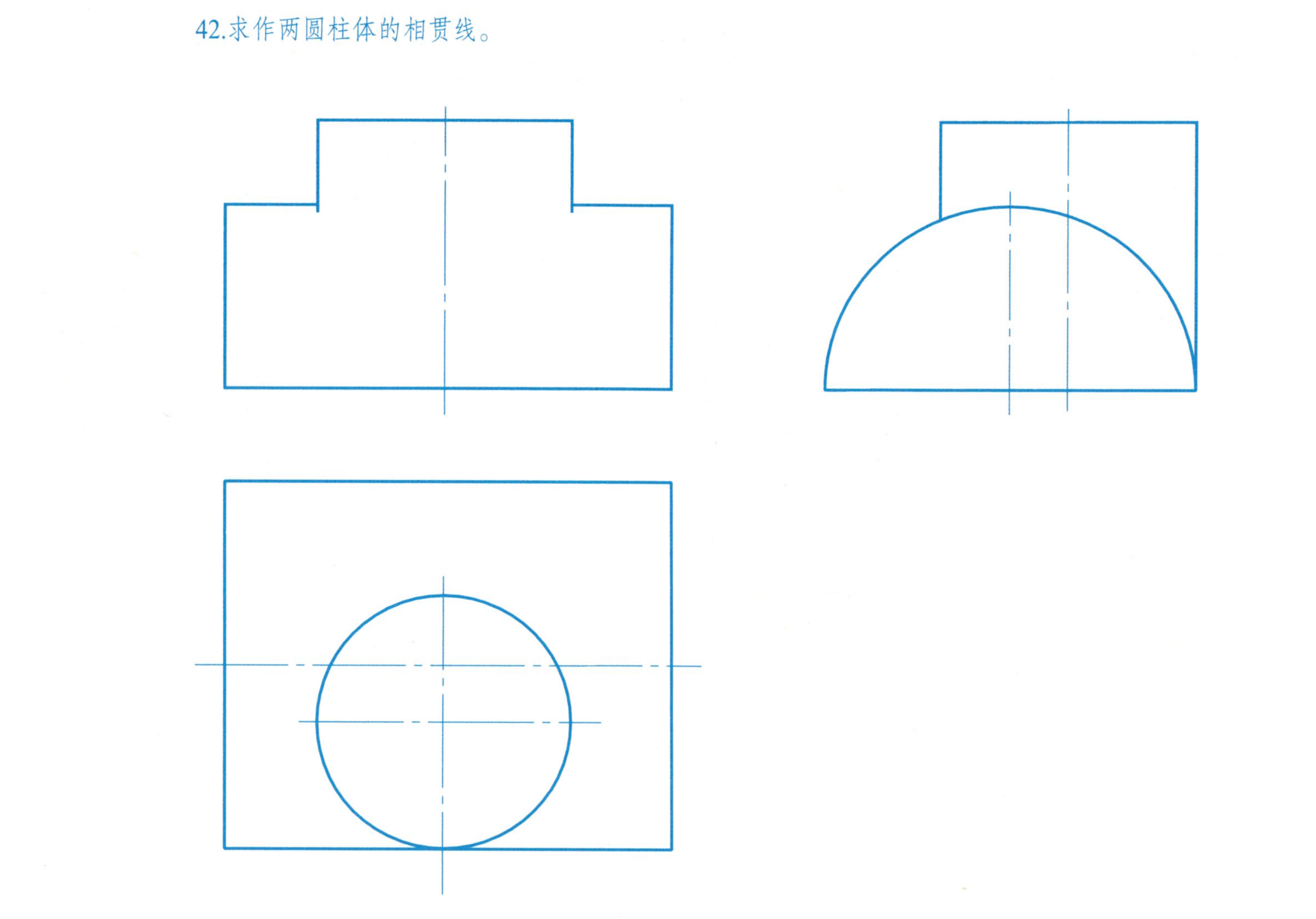

班级　　学号　　姓名　　成绩

43.求作两曲面立体的相贯线。

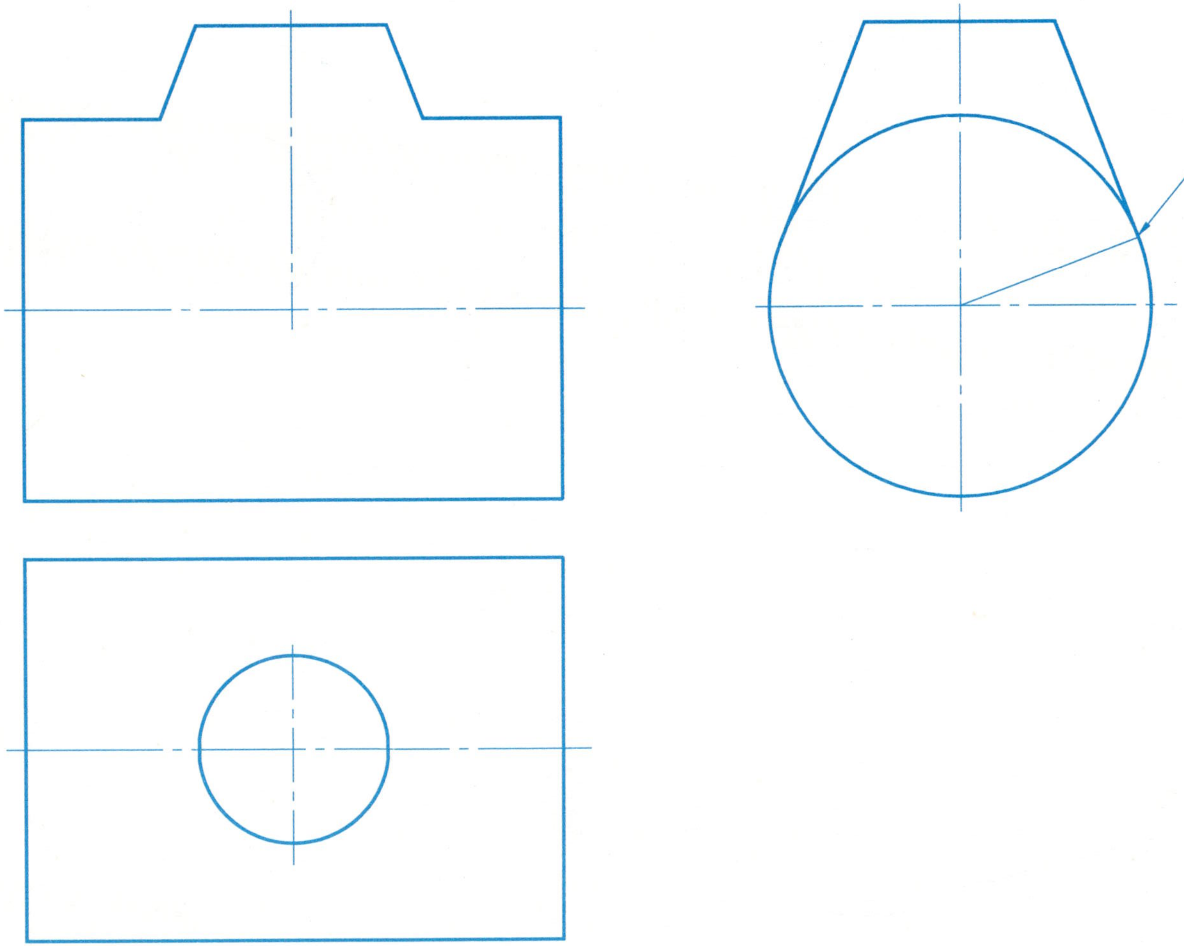

切点

44.求作圆台与圆球、圆柱的相贯线。

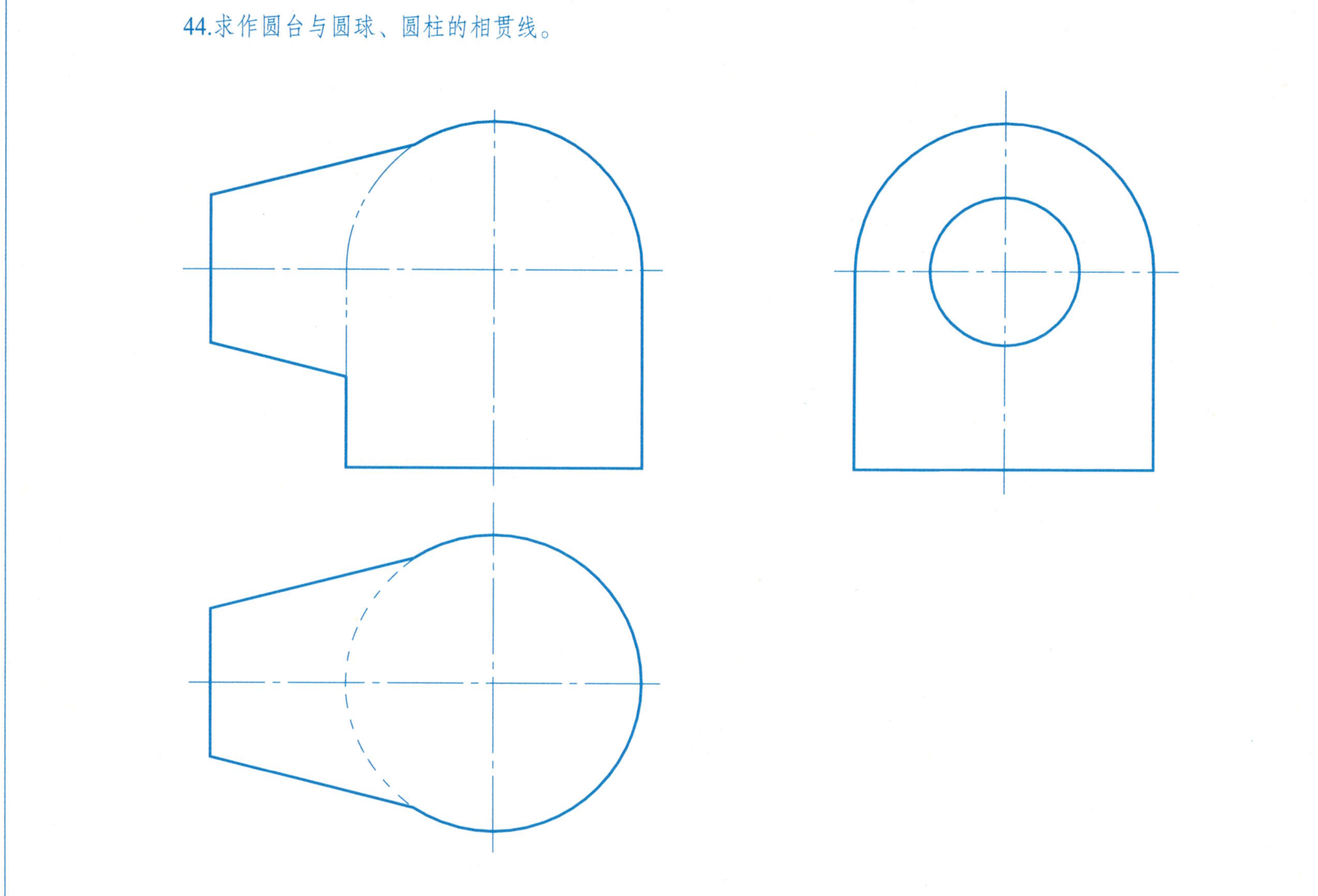

班级　　学号　　姓名　　成绩

45.补画三视图中所缺的线条。

（1）

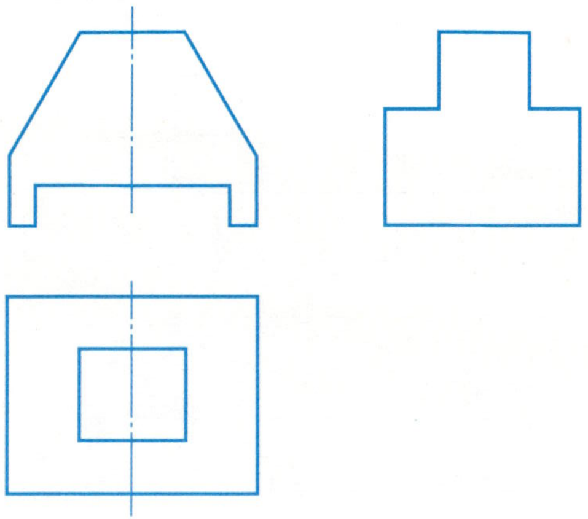

（2）

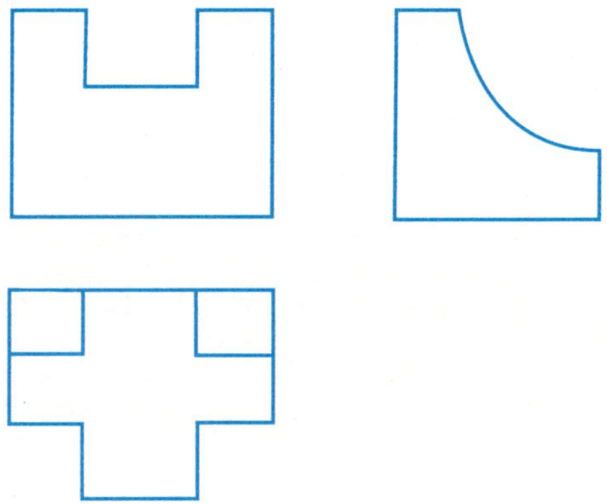

（3）

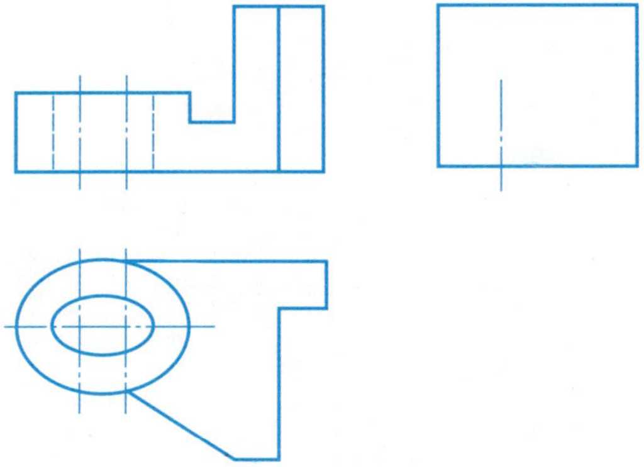

（4）

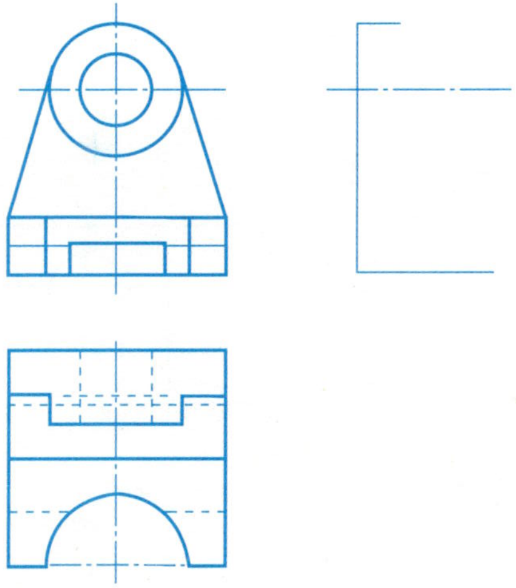

46.指出视图中的错误标注的尺寸（打叉），并标注遗漏尺寸（不注尺寸数值）

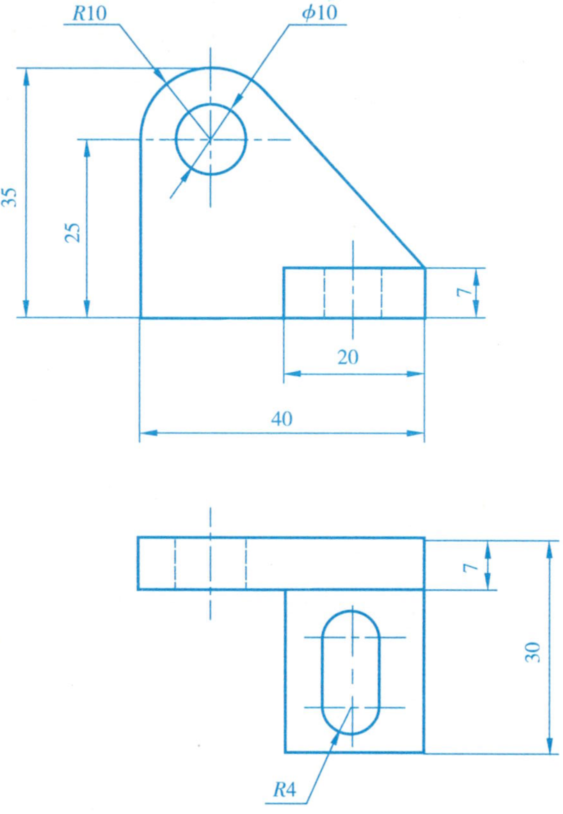

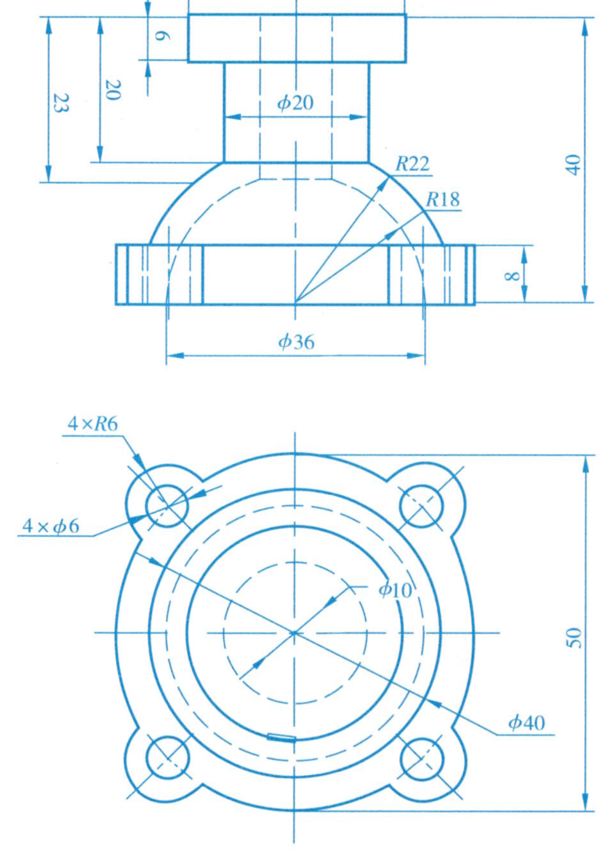

班级　　学号　　姓名　　成绩

47.根据已知的主视图（或俯视图）构思出三种不同的组合体形状，并画出另外两视图。

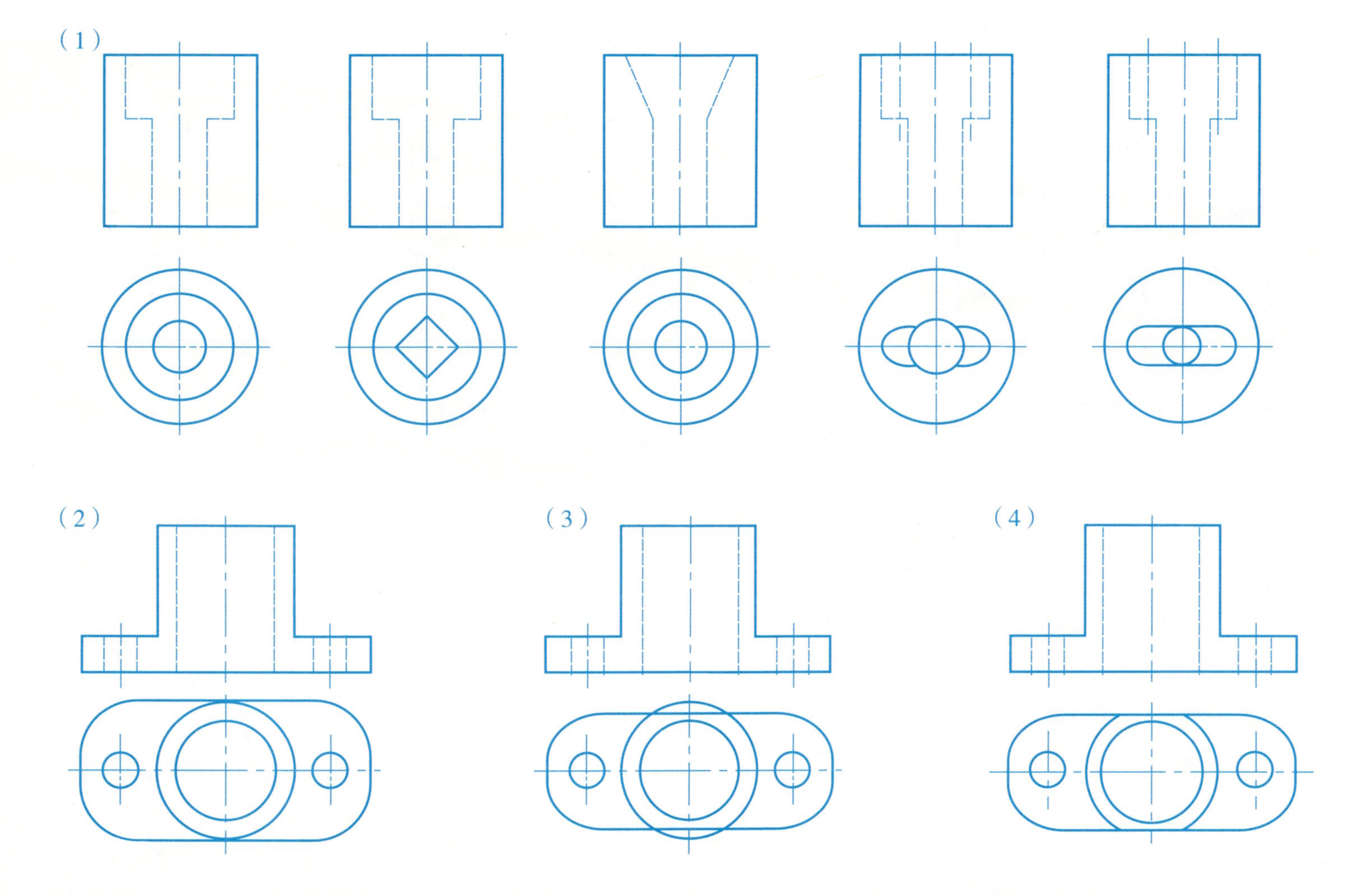

班级　　学号　　姓名　　成绩

48.根据投影图作正等轴测图。

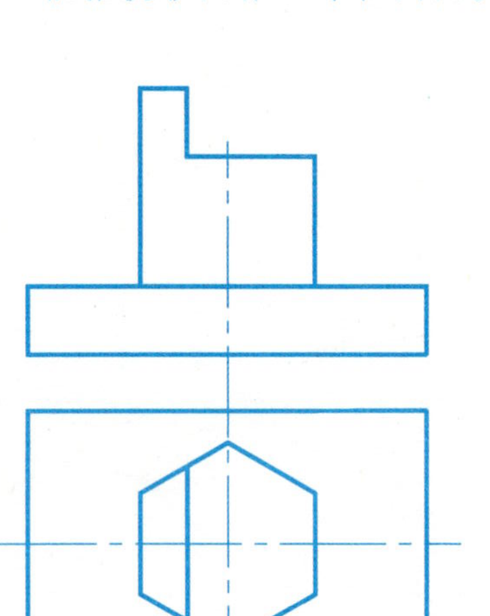

班级　　学号　　姓名　　成绩

49.根据投影图作正等轴测图。

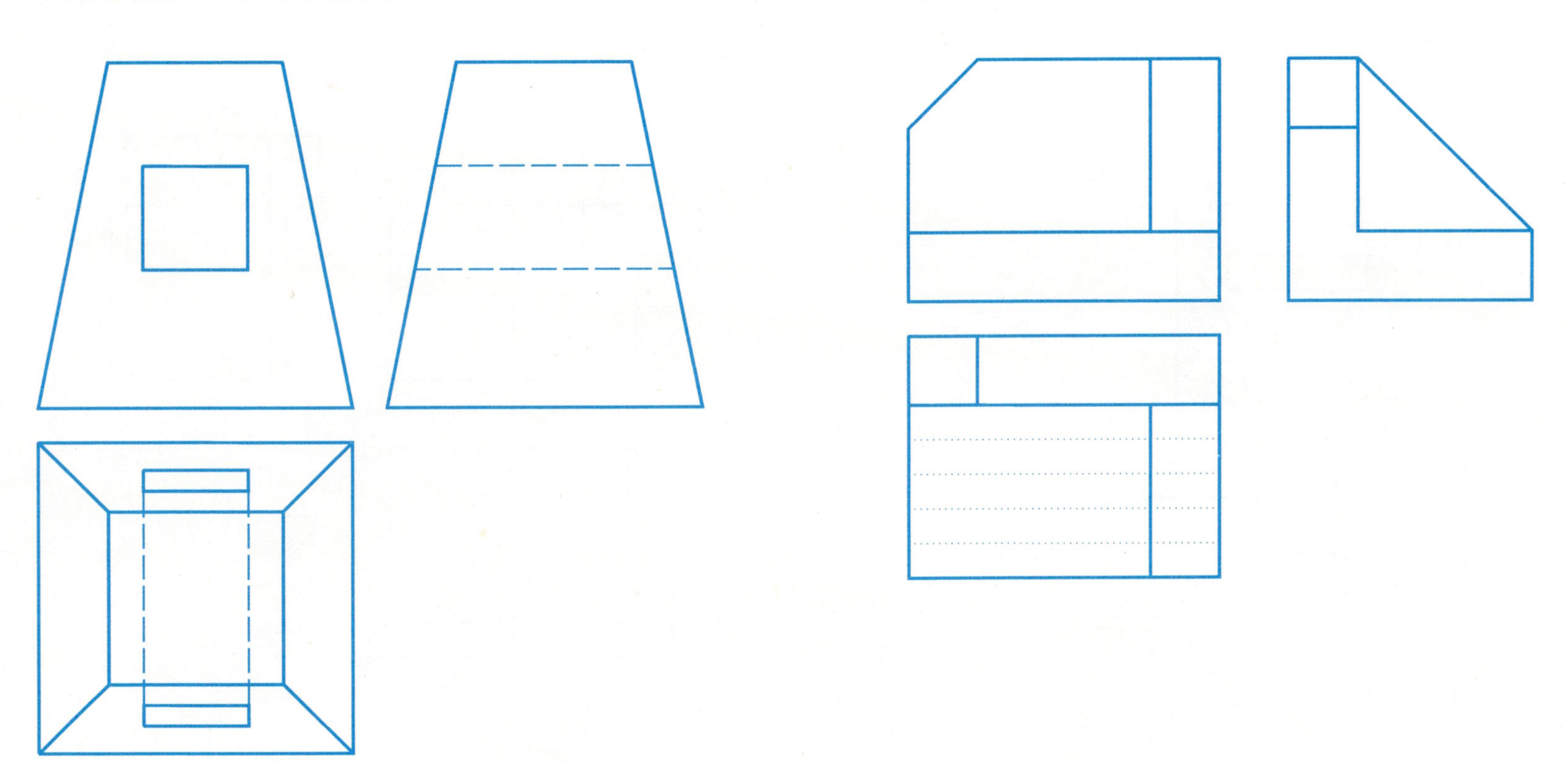

50.根据投影图作正等轴测的剖视图。

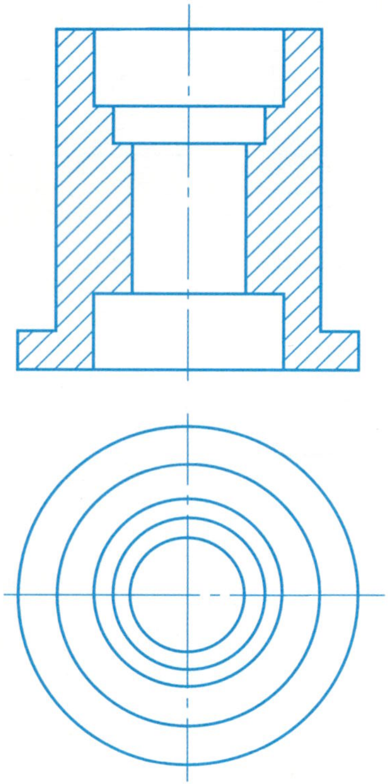

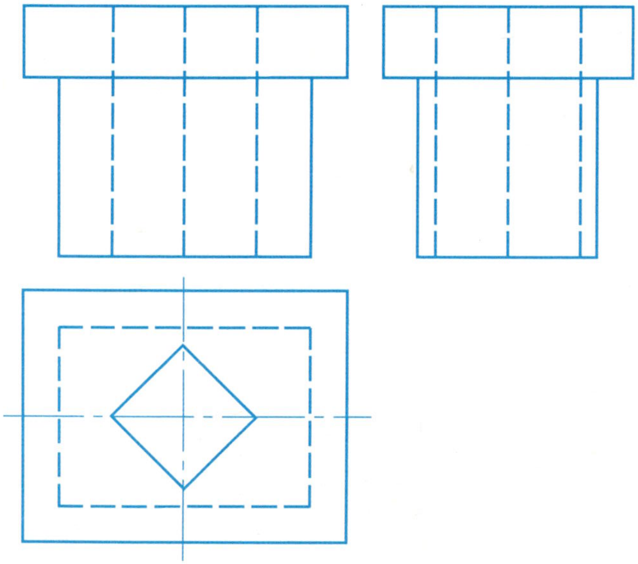

班级　　学号　　姓名　　成绩

51.根据投影图作斜二轴测图。

52.根据投影图按半剖作正二轴测图（各剖面线的方向按图示方向绘制）。

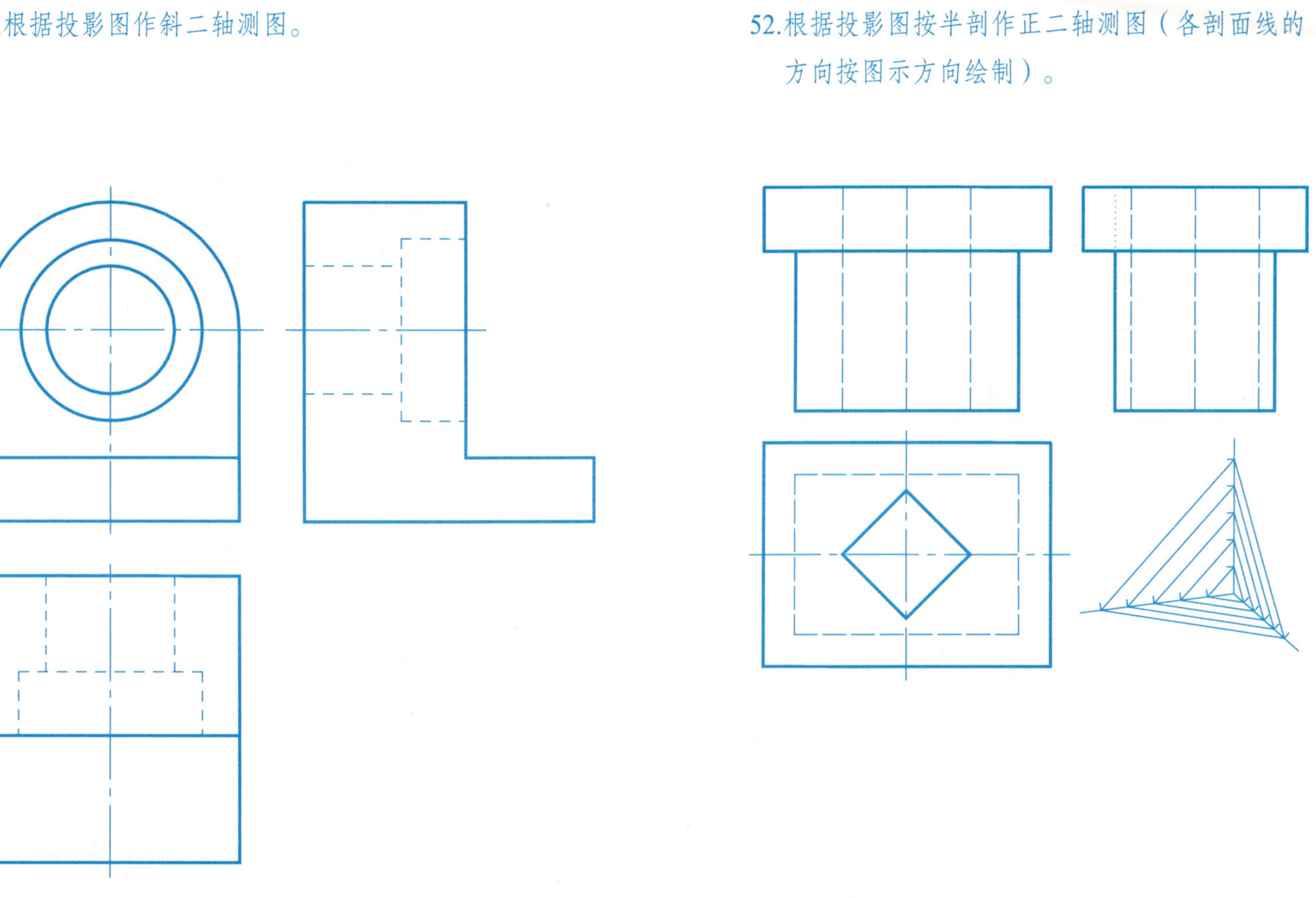

53.补齐视图中所缺的线条（并在右下方画出立体的草图）。

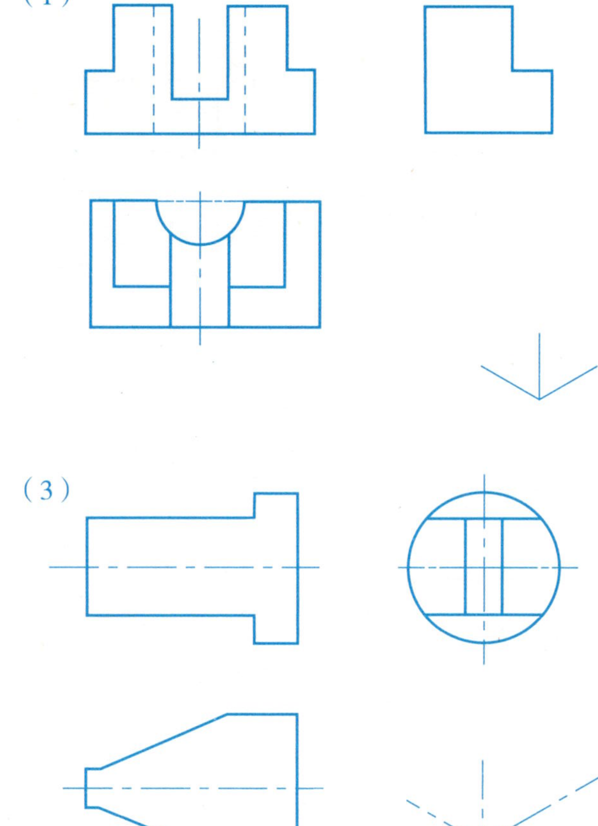

（1）

（2）

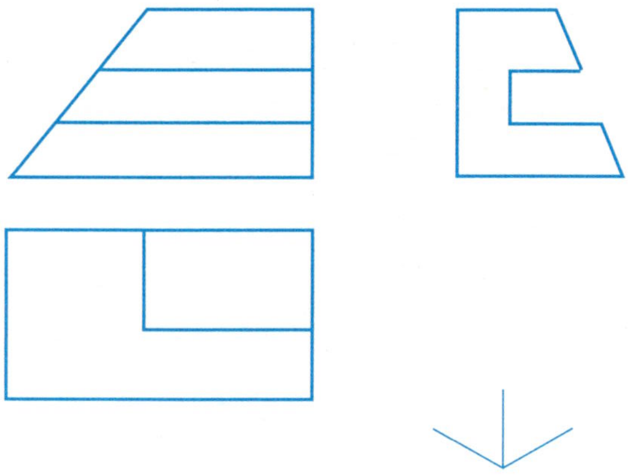

（3）

（4）

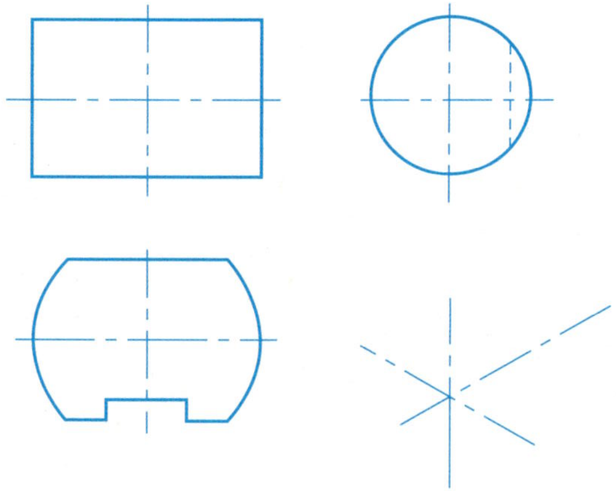

班级　　学号　　姓名　　成绩

54.补齐视图中所缺的线条（并在右下方画出立体的草图）。

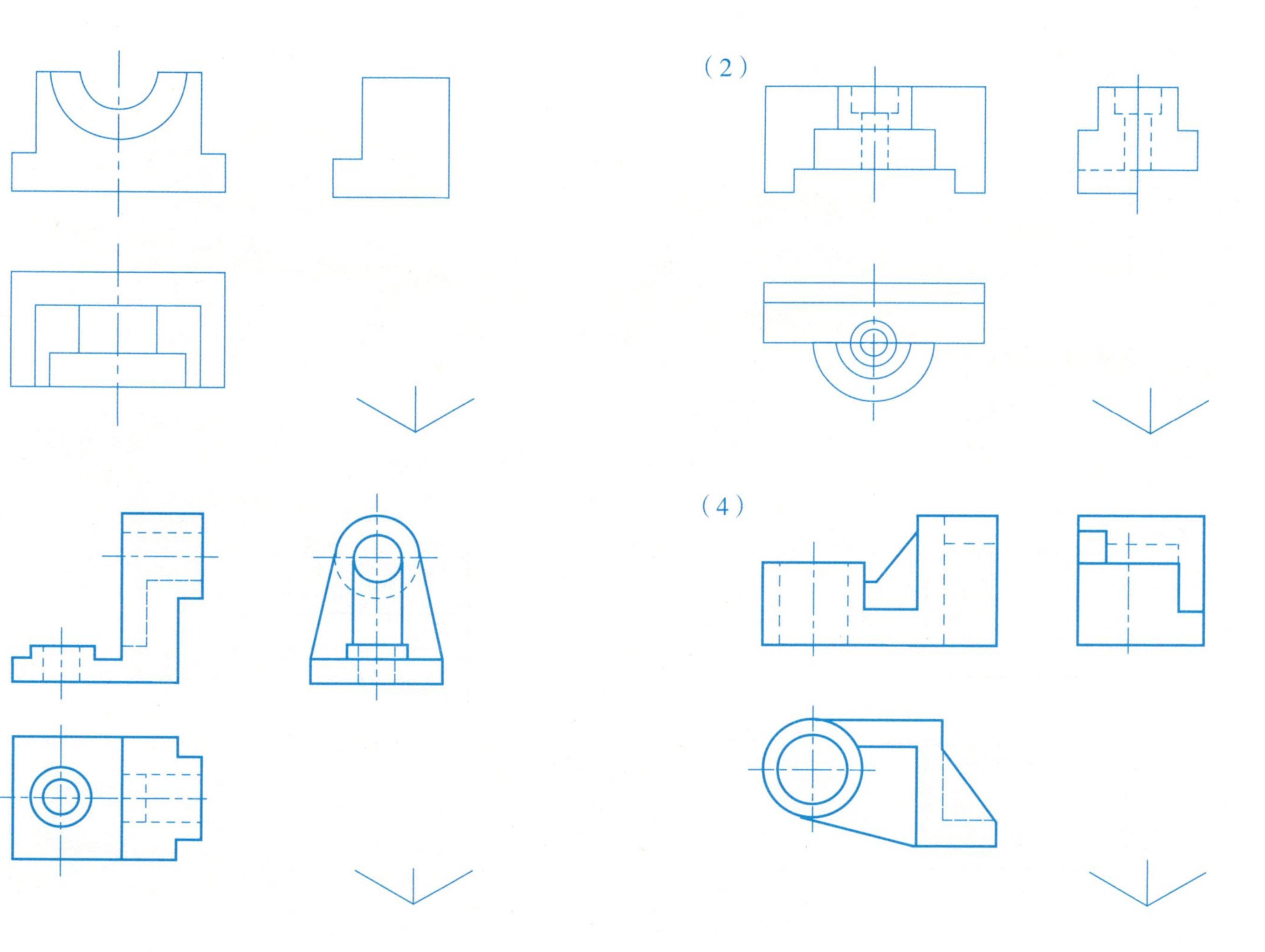

55.根据两视图想出机件形状，补左视图，并画出组合体的草图。

（1）

（2）

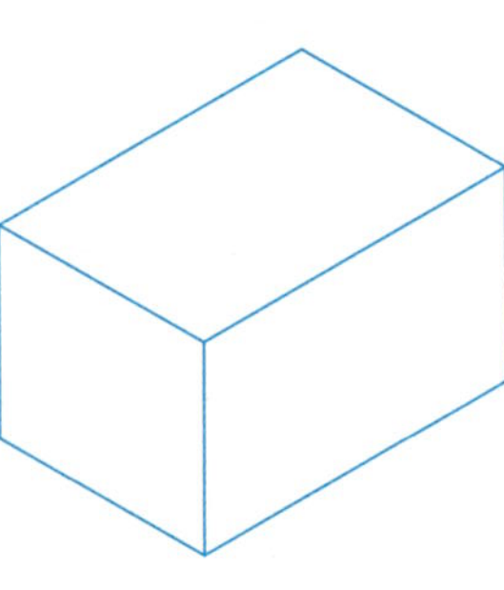

（3）

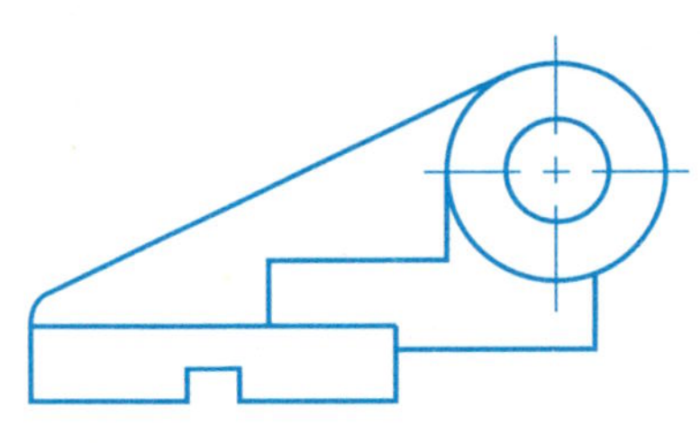

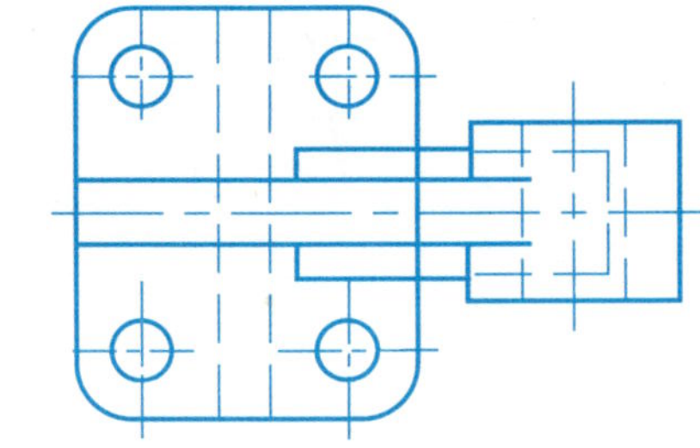

56.根据两视图想出机件形状，并补画另一视图，并画出组合体的草图。

（1）

（2）

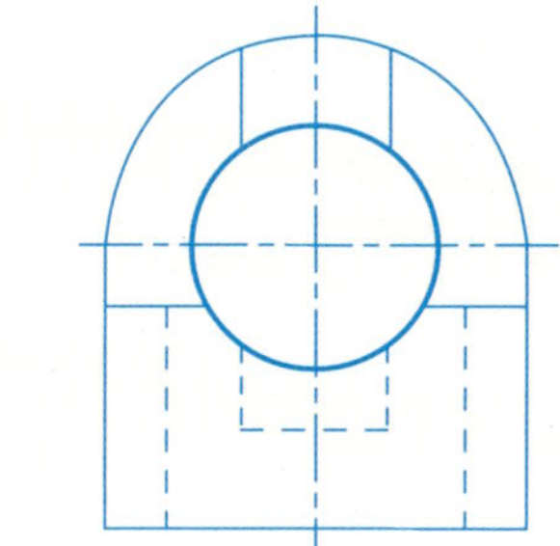

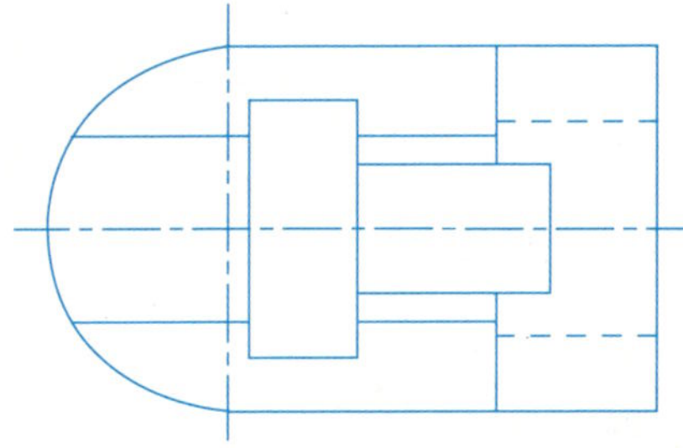

57.根据轴测图画组合体三视图并标注尺寸。

作业指导书

（1）目的

1）掌握组合体的形体分析法及三视图的画法。

2）建立物体与视图之间的一一对应关系，为看图打下基础。

（2）内容与要求

1）A3图纸横放，用1：1的比例绘制三视图并标注尺寸。

2）要求布局合理，尺寸标注规范清晰，图面整洁。

3）标题栏名称：组合体三视图。

（3）步骤

1）通过形体分析搞清各部分的组合形式及表面连接关系。

2）确定作图比例。

3）确定主视图的投影方向。

4）绘制底稿。

5）检查、描深。

6）标注尺寸，填写标题栏。

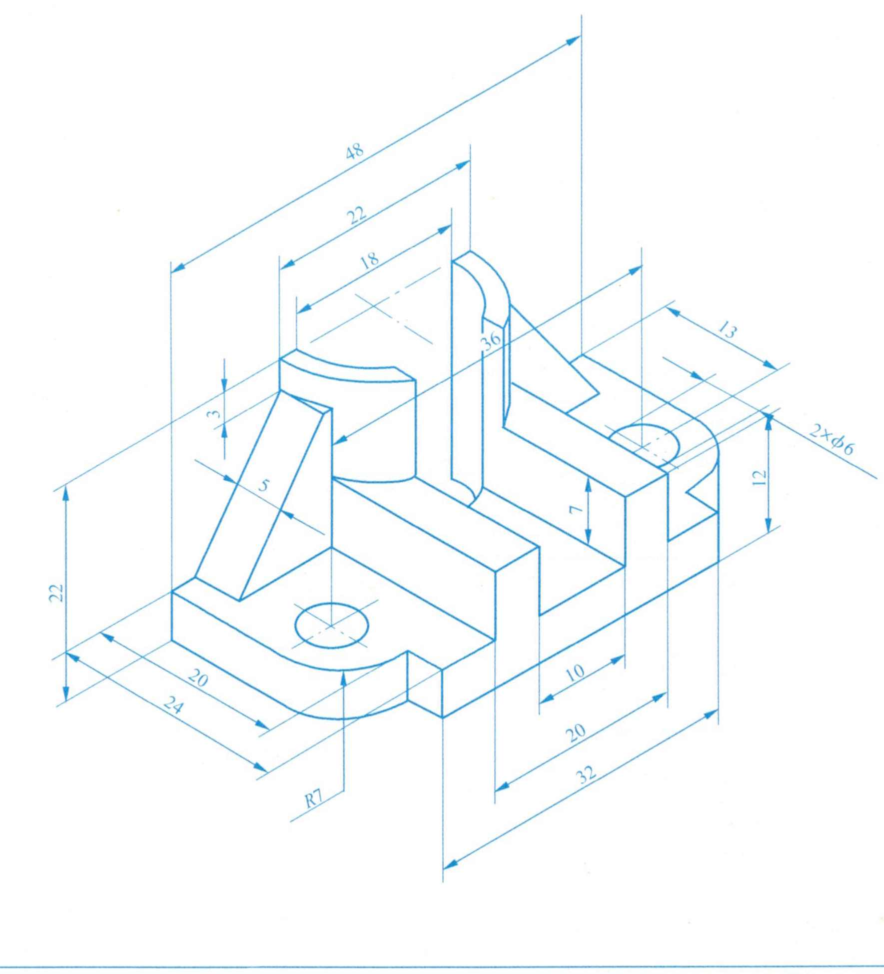

58.补全下列全剖视图中的漏线。

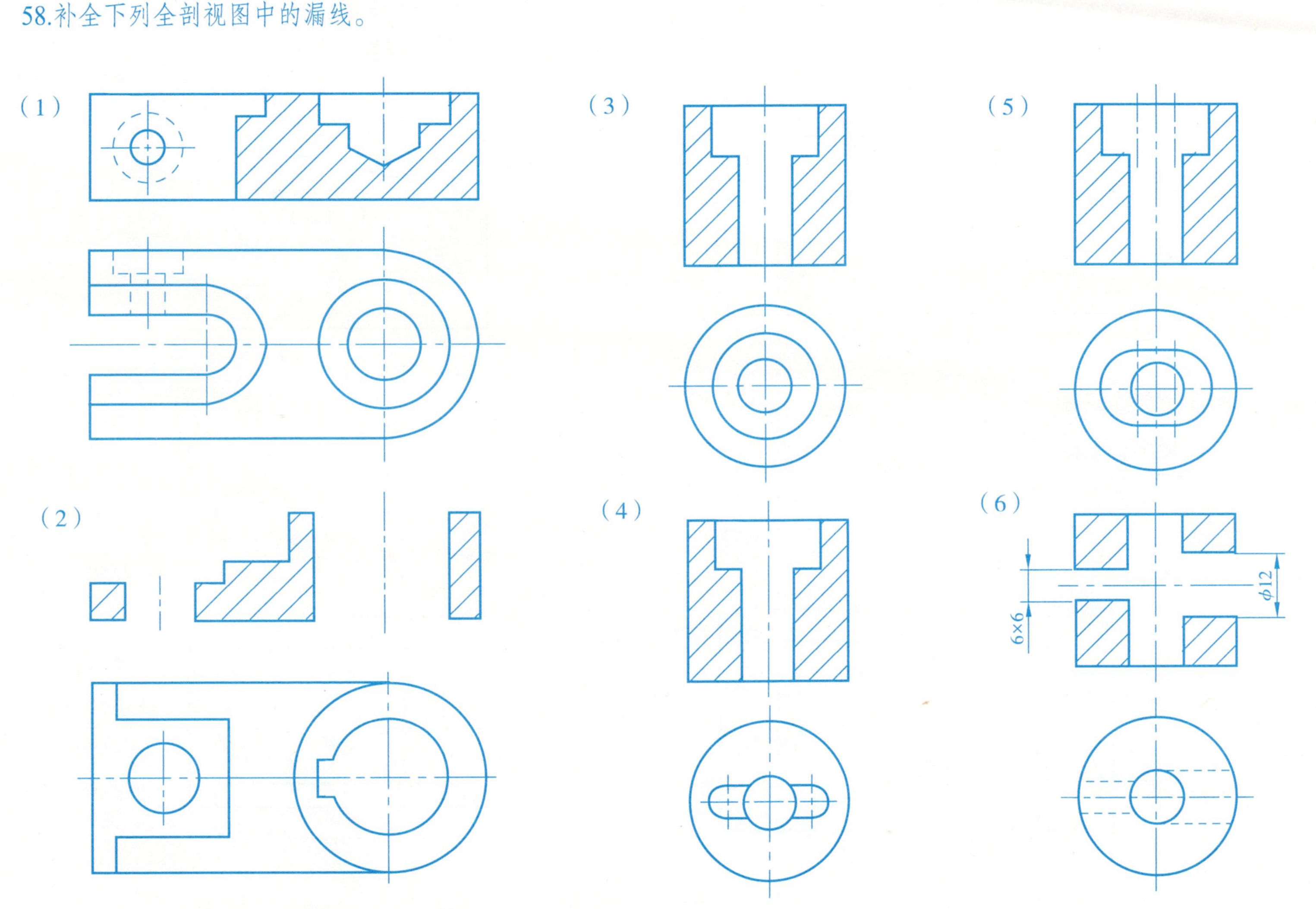

59.将主视图改画成全剖视。

（1）

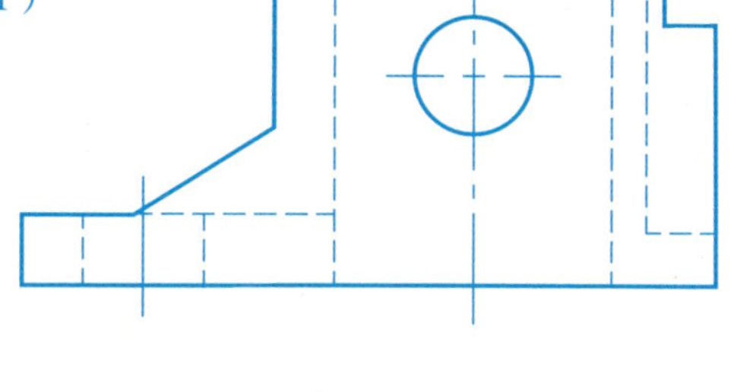

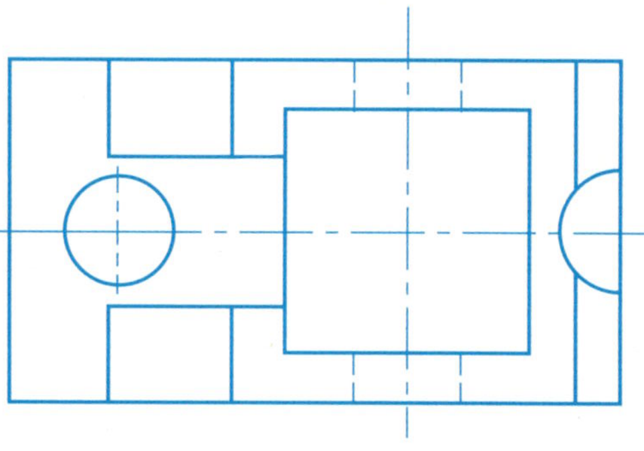

（2）

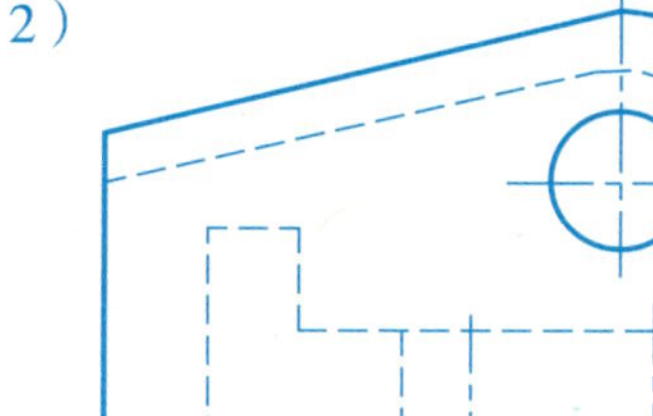

班级　　学号　　姓名　　成绩

60.根据要求完成半剖视图和全剖视图。

（1）补画半剖视图中的漏线。

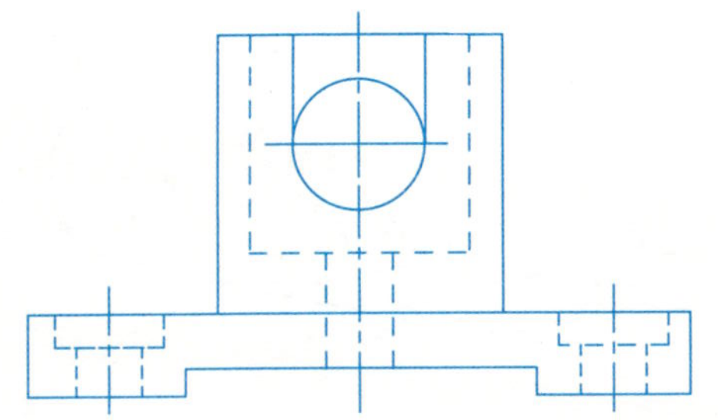

（2）在指定位置将主视图画成半剖视，并将左视图画成全剖视。

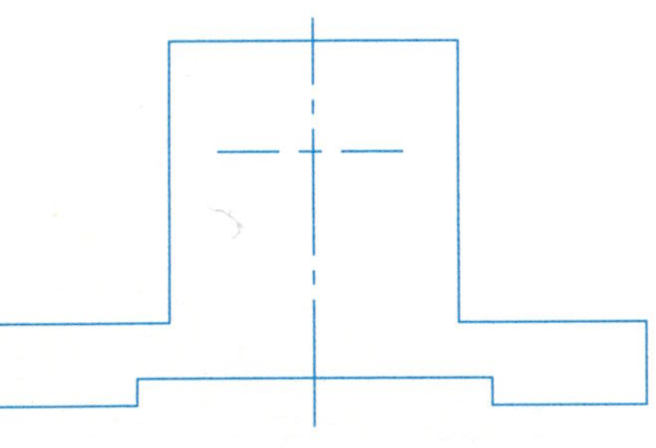

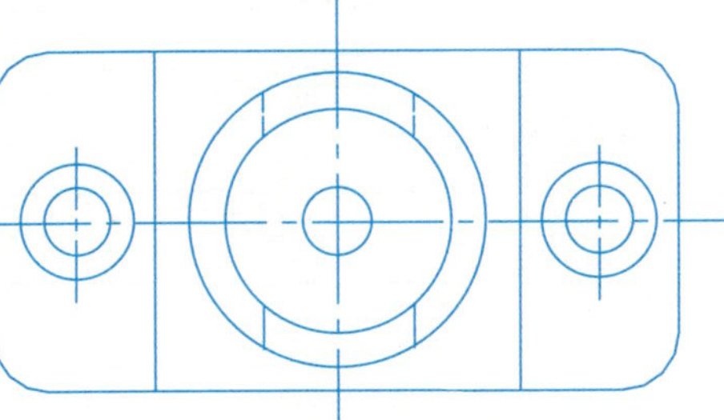

61.用适当剖切方法将（1）题的俯视图，第（2）题的主视图画成全剖视图。

（1）

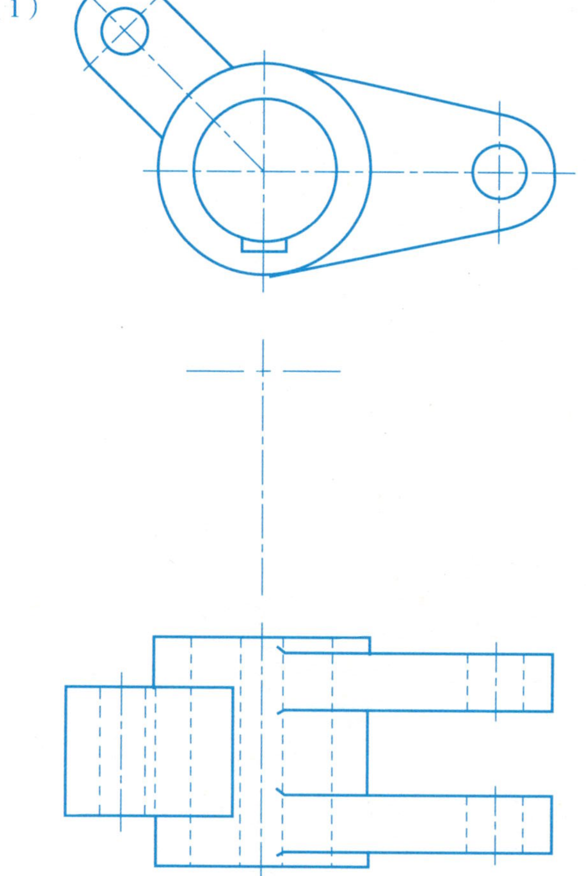

（2）

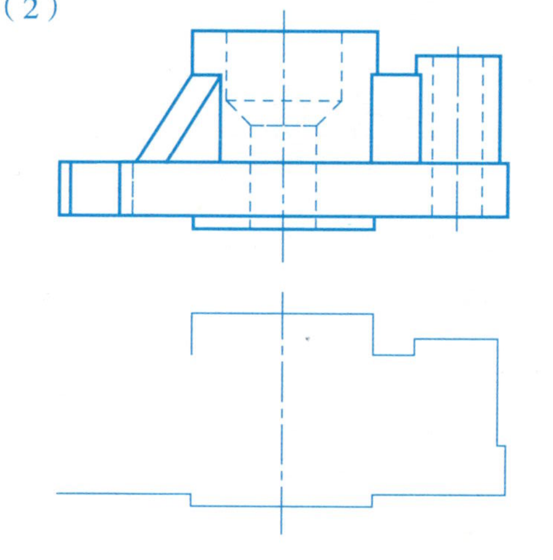

班级　　学号　　姓名　　成绩

62.将给出的视图改画成局部剖视图（多余的线打叉）。

（1）

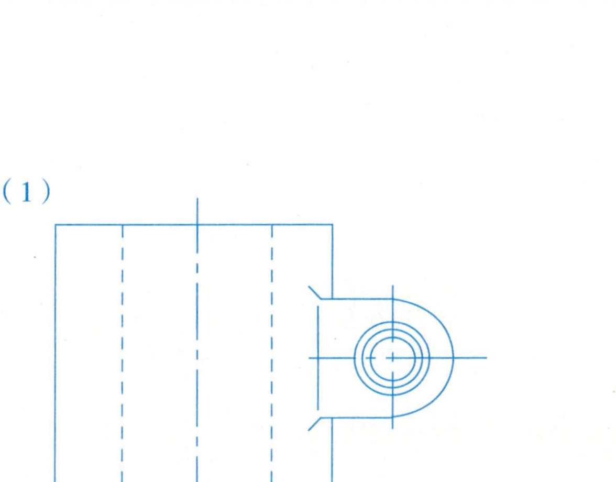

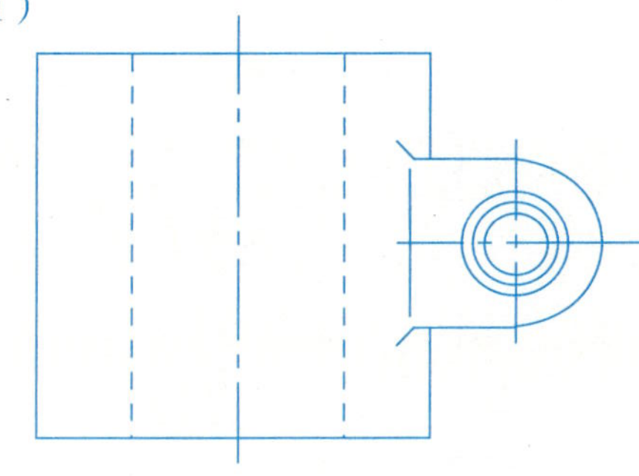

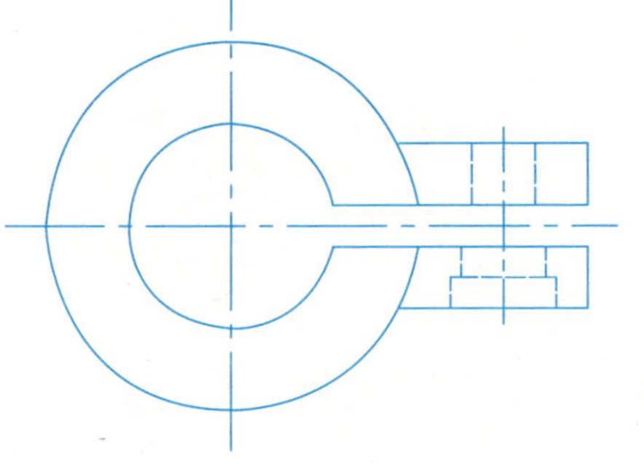

（2）

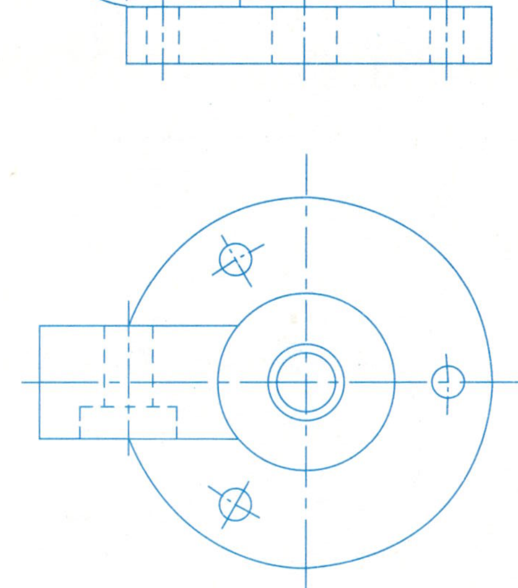

63.改正局部视图中的错误。

(1)

(2)

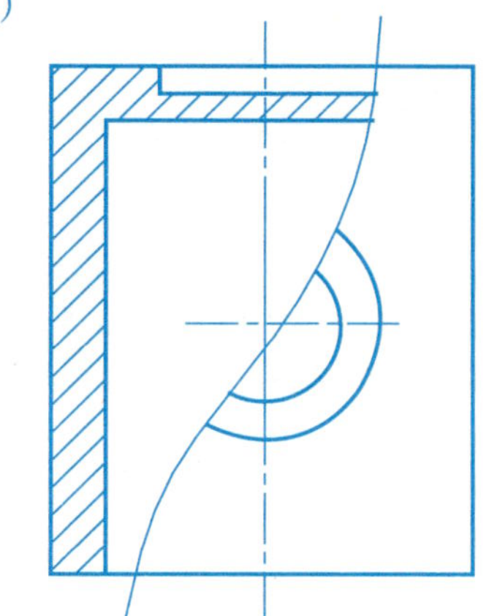

班级 学号 姓名 成绩

64.选出正确的断面图。

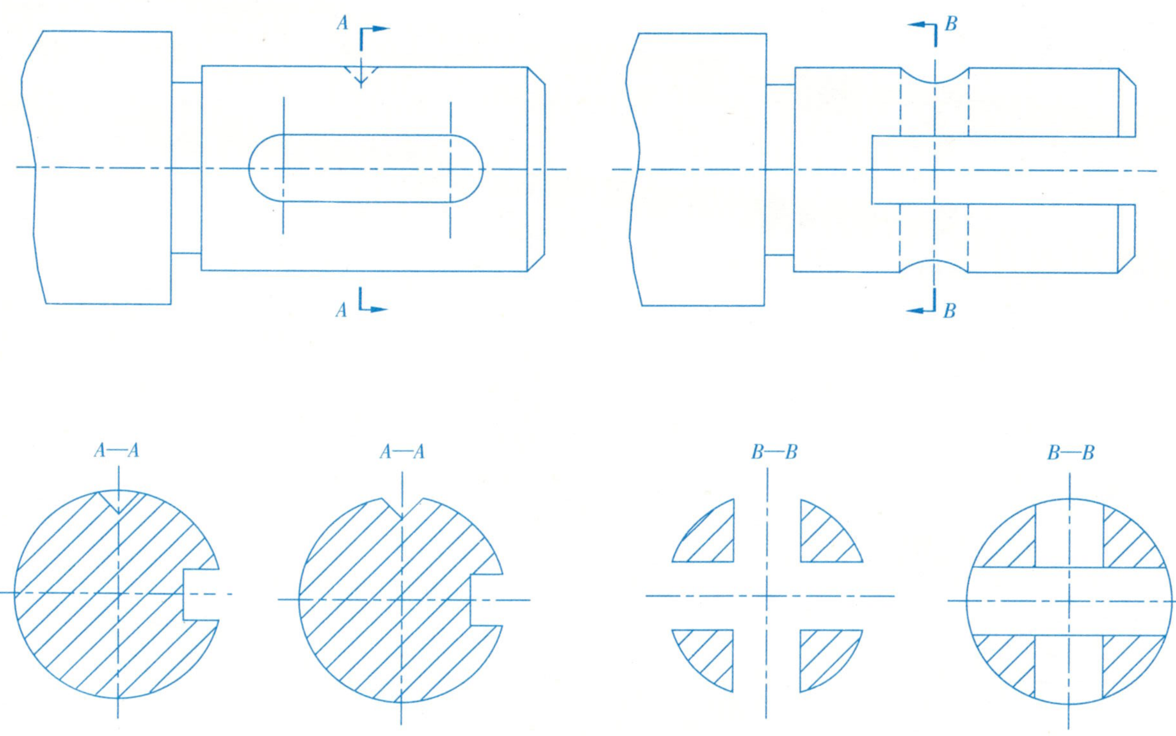

65.求作四棱台的展开图。

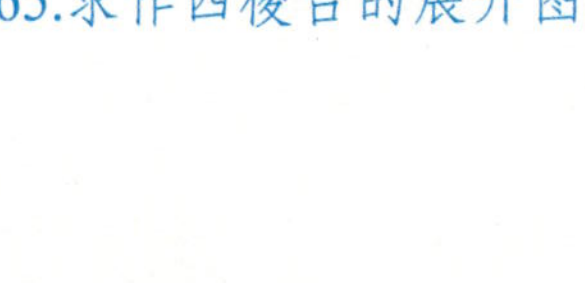

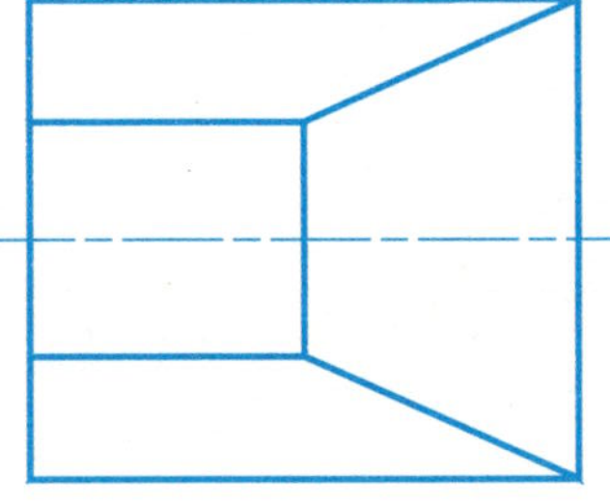

班级　　学号　　姓名　　成绩

66.求作四棱柱的展开图。

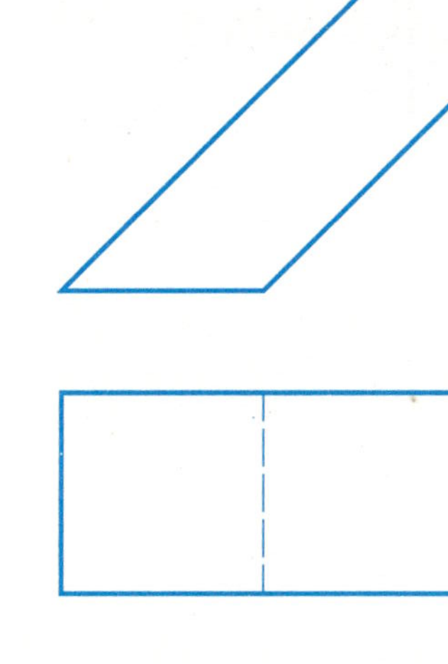

67.求作斜三通管的展开图。

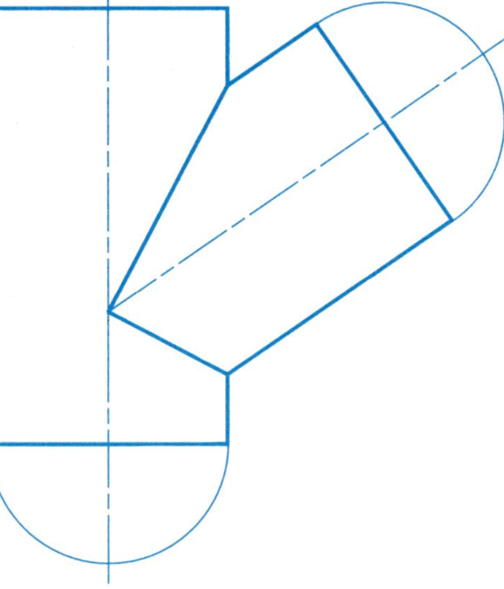

班级　　学号　　姓名　　成绩

68.求作落水管的展开图。

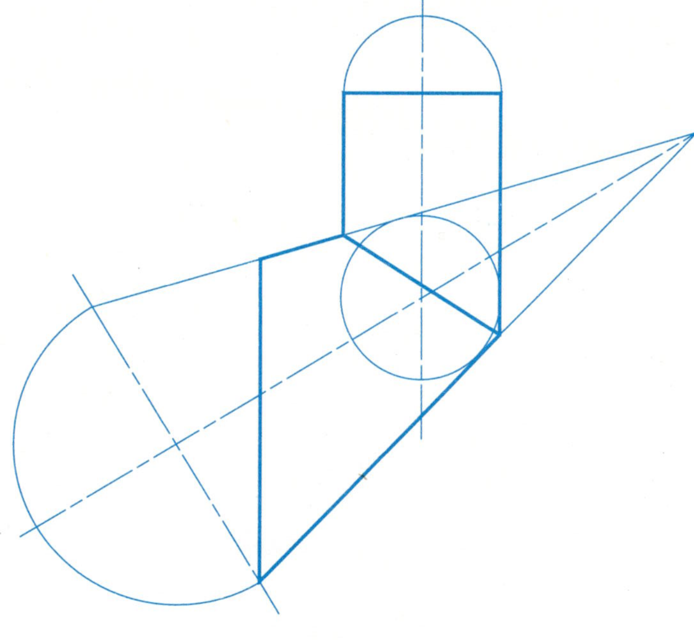

69.答下列问题。

（1）焊接接头有几种？焊缝有几种形式和画法？

（2）焊缝符号的组成要素有哪些？

（3）焊缝尺寸包括哪些数值？

（4）焊缝的标注有何具体要求？

（5）绘制某简易报箱，材料为Q235，厚度为2mm，标注尺寸及焊缝，绘制其展开图。

70.在A3或A4图纸上完成下列做图题。

（1）自拟单体曲面包装盒，画出其三视图及展开图，标注尺寸。

（2）对图示的正四面体、正六面体、正八面体、正十二面体和正二十面体做表面展开图，若用其做包装盒，试给出其舌口，标注尺寸（棱长自拟）。

a) b) c) d) e)

班级　　学号　　姓名　　成绩

71.在图上注出螺纹的标记。

（1）普通螺纹：d=20mm，p=2.5mm，右旋，中、顶径公差带代号6g，旋合长度长型。

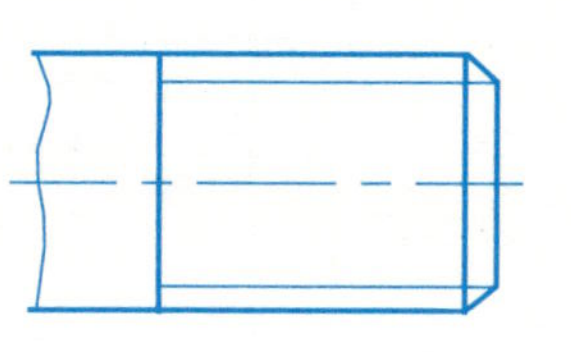

（2）普通螺纹：D=20mm，P=2mm，左旋，中，顶径公差带代号6H，旋合长度中型。

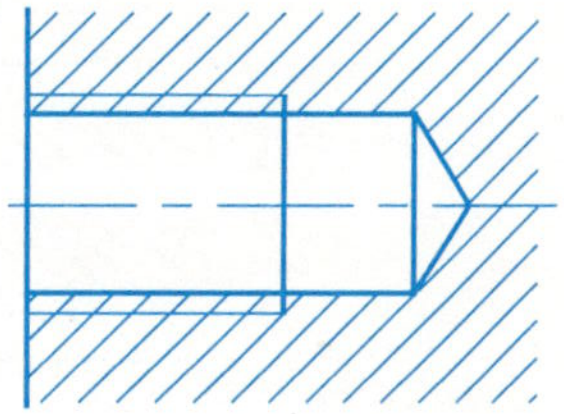

（3）密封管螺纹：公称直径尺寸代号1/2，右旋。

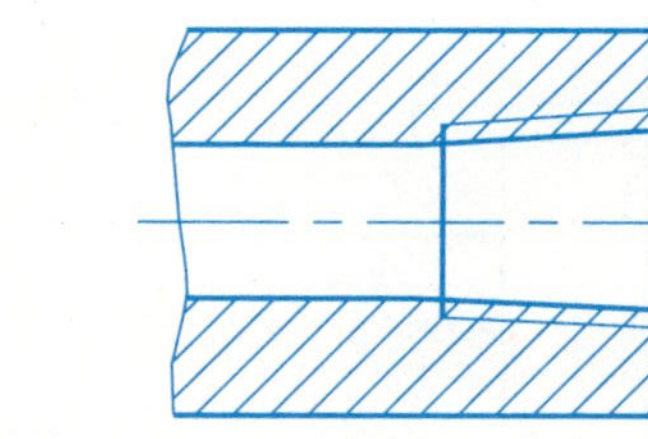

（4）非螺纹密封管螺纹：尺寸代号1，右旋，A级。

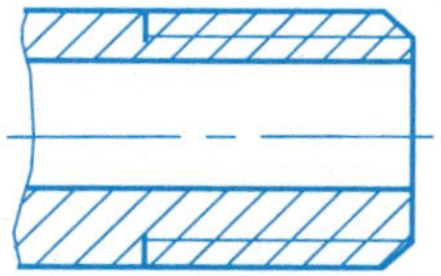

（5）梯形螺纹：D=26mm，S=10mm，n=2。左旋，中径公差带代号7H。

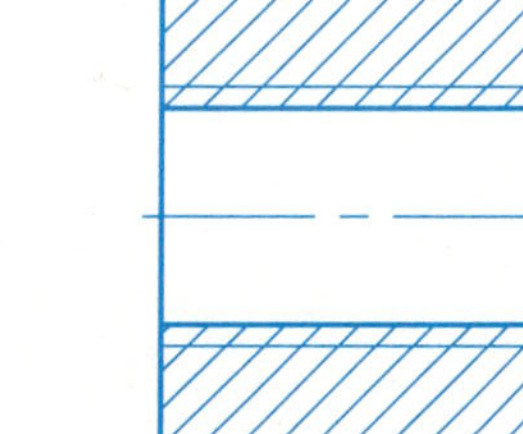

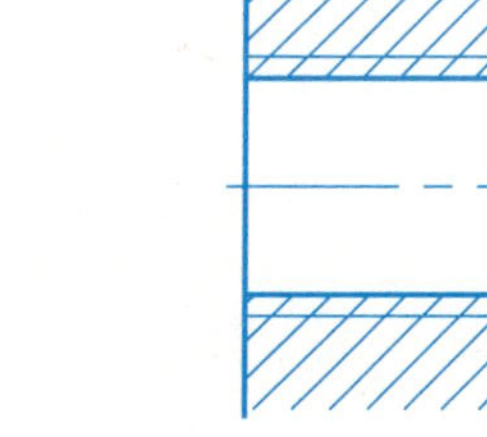

72.分析下列图中的错误，并将正确的图形画在右边。

（1）

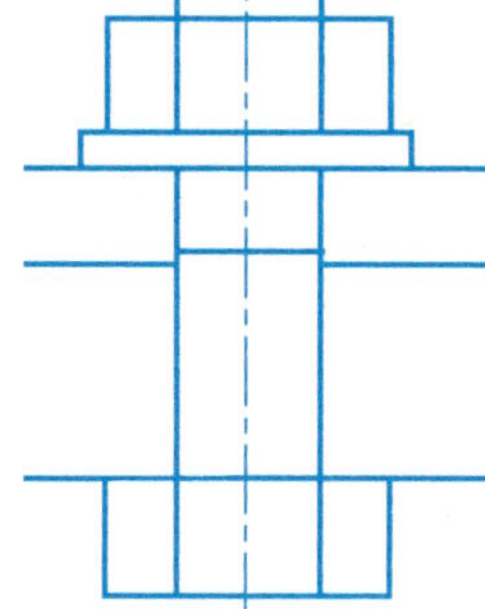

（2）

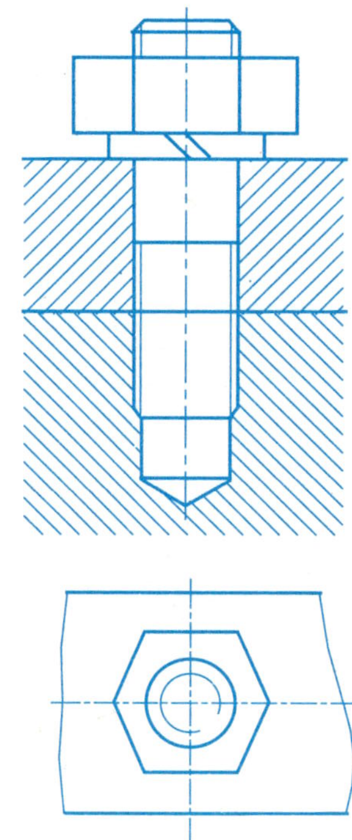

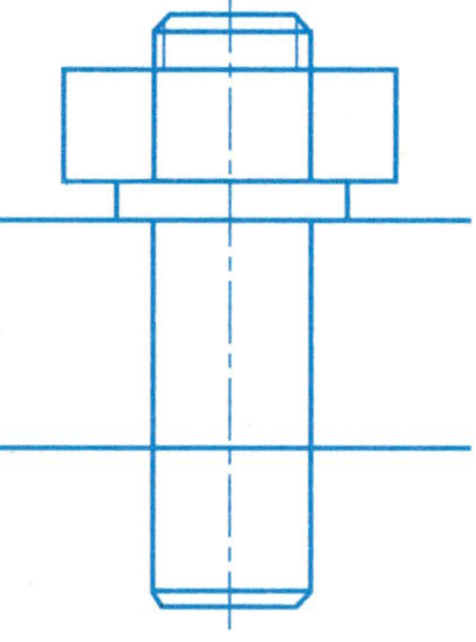

班级　　学号　　姓名　　成绩

73.根据给定的支架视图，补出左视图，并采用适当的表达方式重新绘制机件的试图，比例自选（在A3图纸上绘制）。

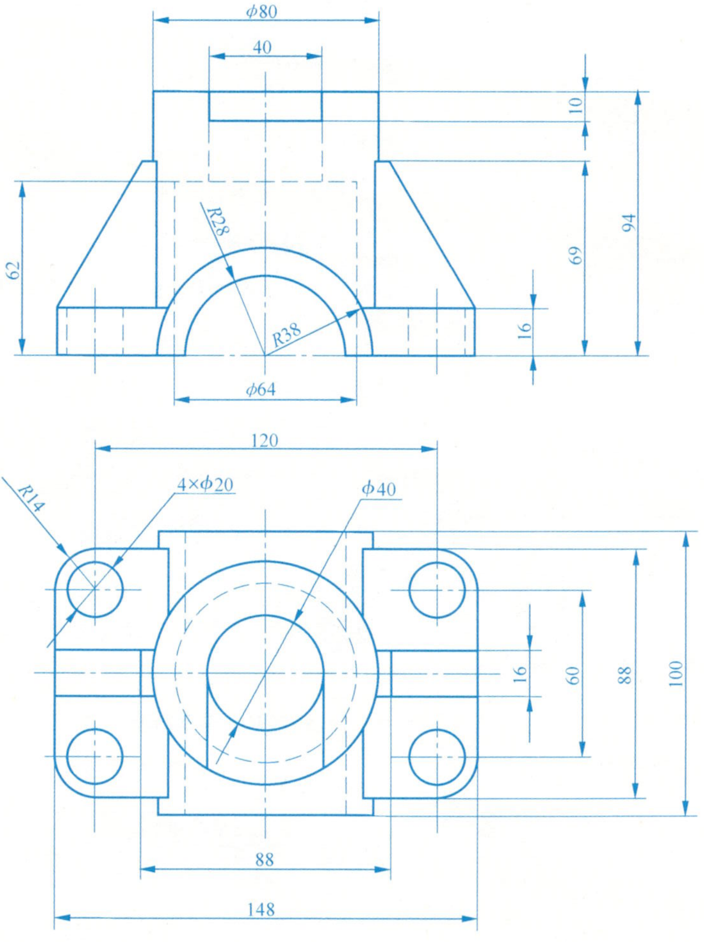

74.读懂套筒零件图，并回答问题。

其余 $\sqrt{6.3}$

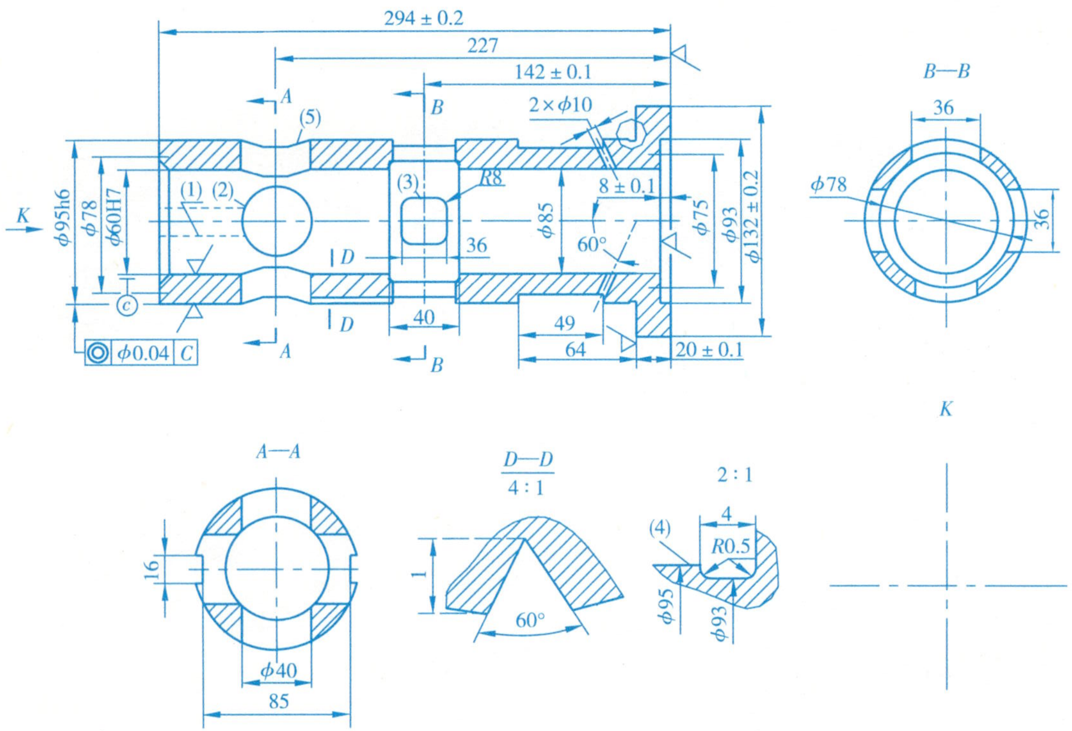

294 ± 0.2
227
142 ± 0.1
2 × ϕ10
8 ± 0.1
(1) (2) (3) (5)
R8
ϕ95h6 ϕ78 ϕ60H7 ϕ85 ϕ75 ϕ93 ϕ132 ± 0.2
36 40 49 64 20 ± 0.1 60°
ϕ0.04 C

B—B
36
ϕ78
36

A—A
16
ϕ40
85

D—D
4 : 1
1
60°

2 : 1
(4)
4
R0.5
ϕ95
ϕ93

K

技术要求

1. 未注倒角C2

2. $\sqrt{}$ = $\sqrt{1.6}$

读套筒零件图，回答下列问题：

1）轴向主要尺寸基准是____，径向主要尺寸基准是____。

2）图中（1）所指两条虚线间的距离为____。

3）图中（2）所指圆的直径是____。

4）图中（3）所指的线框，其定形尺寸为____，定位尺寸为____。

5）靠右端的2 × ϕ10孔的定位尺寸为____。

6）零件左端面的表面粗糙度为____，右端面的表面粗糙度为____。

7）局部放大图中（4）所指位置的表面粗糙度是____。

8）图中（5）所指的曲线是由____与____相交形成的。

9）外圆面ϕ132 ± 0.2最大可加工成____，最小可为____，公差为____。

10）补画K向局部视图。

设计		（日期）	材料	45	
校核					
审核			比例	1 : 1	套筒
班级					
学号			共1张	第1张	

班级　　学号　　姓名　　成绩

75.读懂零件图，并回答问题。

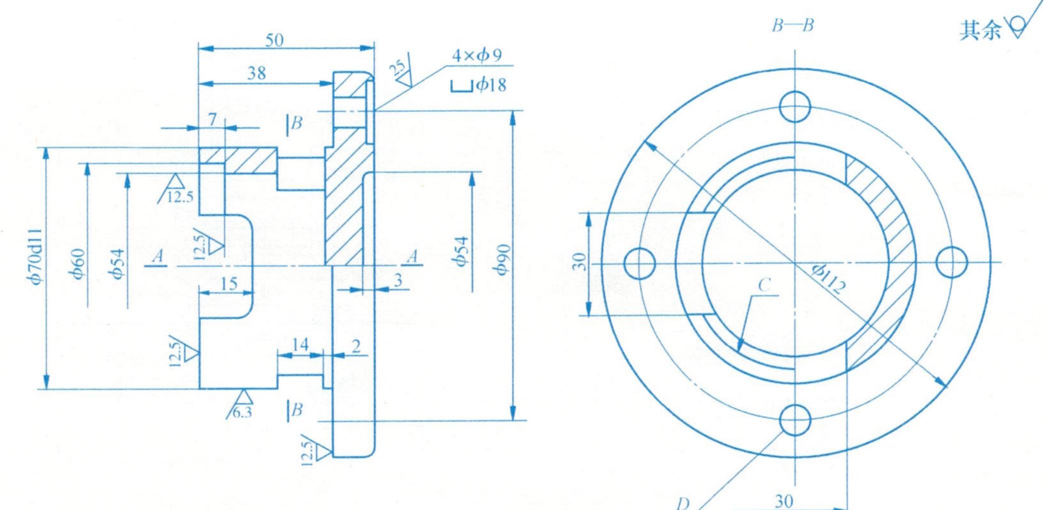

（1）表达该零件结构采用了____视图与____视图，它们均采用了____表达方法。

（2）C处所指圆弧是____的投影，D处所指的圆是____结构，直径是____。

（3）在图样上指出该零件的径向和轴向的尺寸基准。

（4）零件最光滑处的表面粗糙度值是____。

（5）在练习纸上画出A—A剖视图（采用对称机件的简化画法）。

76.根据旋塞装配示意图及零件图，绘制装配图。

（比例1：1，A3图样）

旋塞的工作原理：

旋塞通过螺纹联接于管道上，能够开关控制液体，装配示意图为开，当阀心旋转90°时则呈关闭状态。阀心与阀体之间用石棉绳缠绕并用压盖压紧防漏。

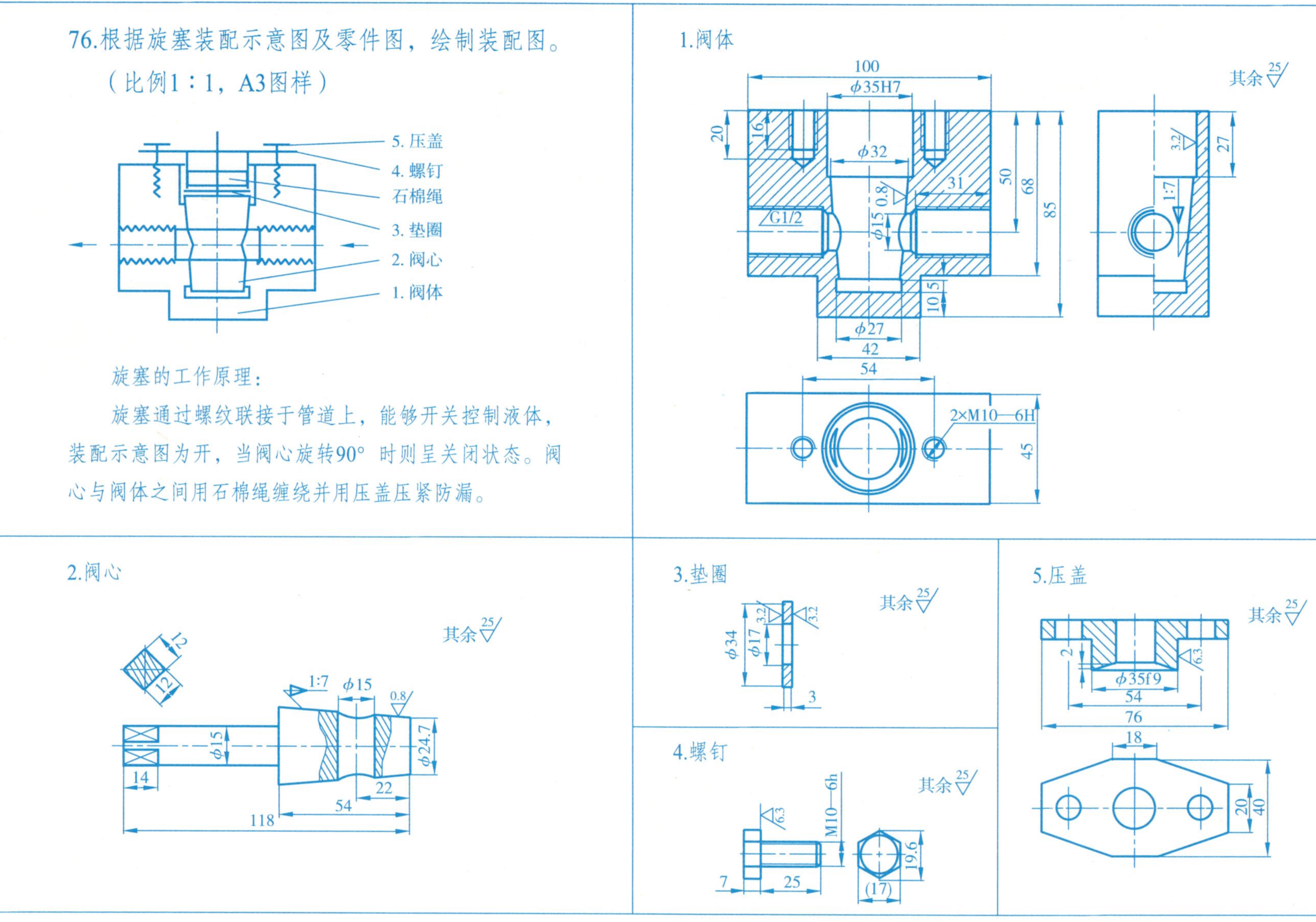

班级 学号 姓名 成绩

77.求点在平面上的落影。

（1）求作一点在H、V面上的落影。

（2）求作一点在矩形平面上的落影。

（3）求作一点在平行四边形平面上的落影。

78.求作一直线在H、V面上的落影。

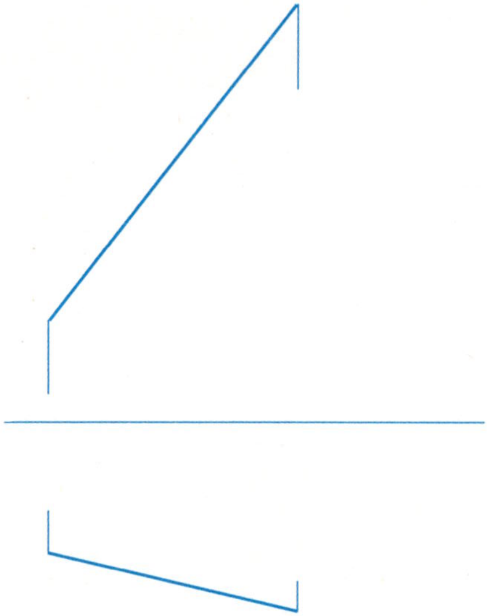

a)

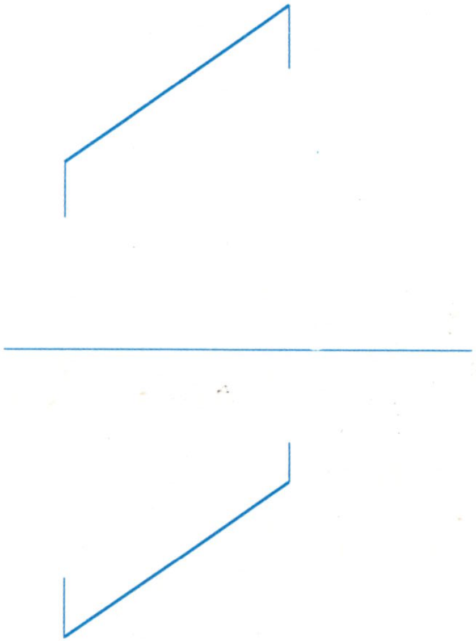

b)

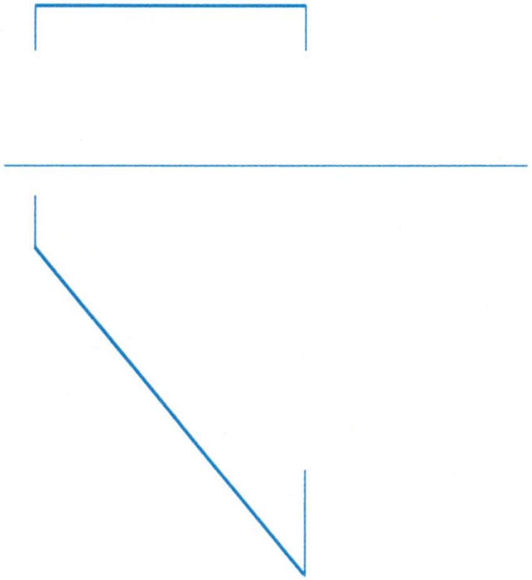

c)

班级　　学号　　姓名　　成绩

79.求直线AB在H、V面上的落影。

80.求一直线在相交二平面上的落影。

81.求作一直线在相互平行的二平面上的落影。

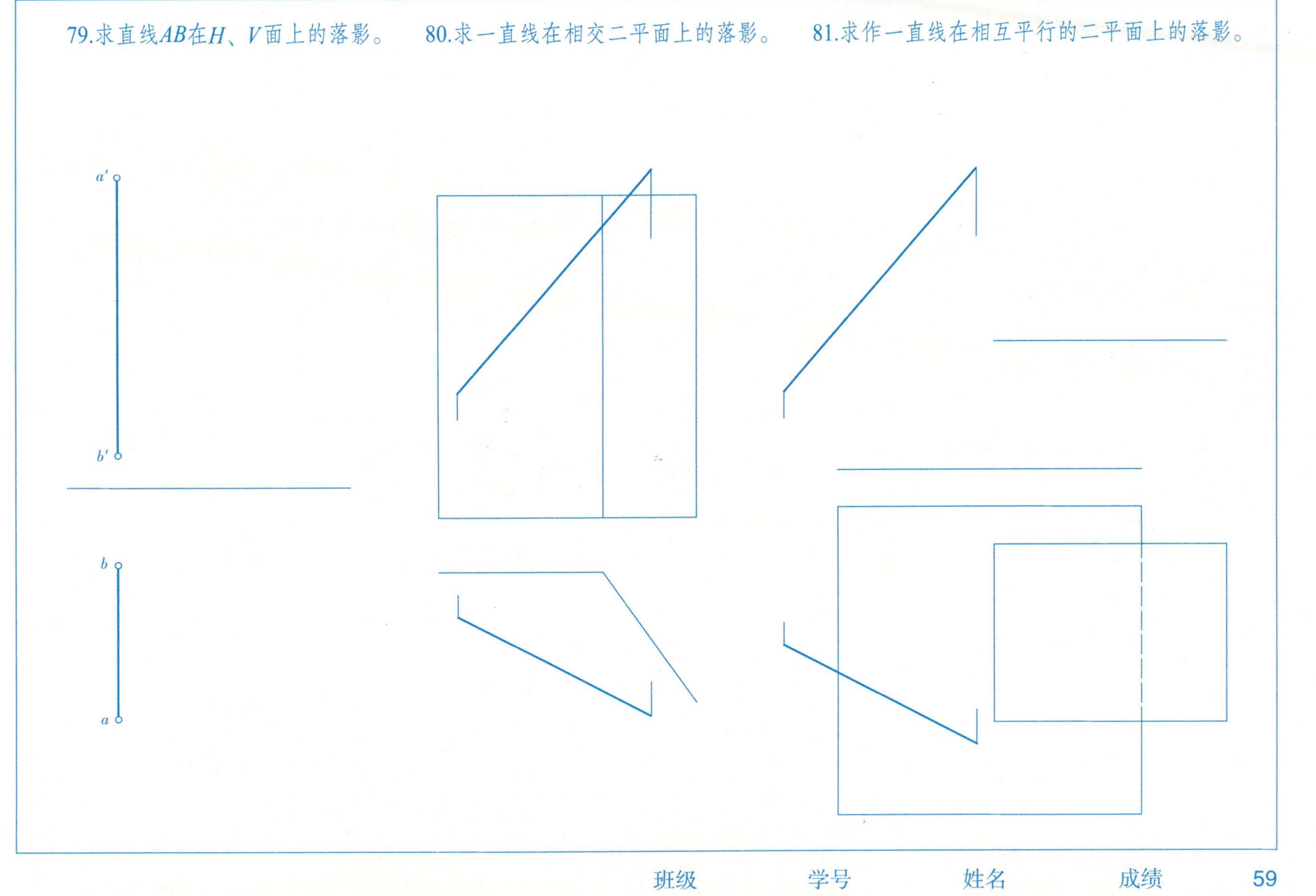

82.求作阶梯平面图形在H、V面上的落影。

83.（1）求作一直线在相交二平面上的落影。

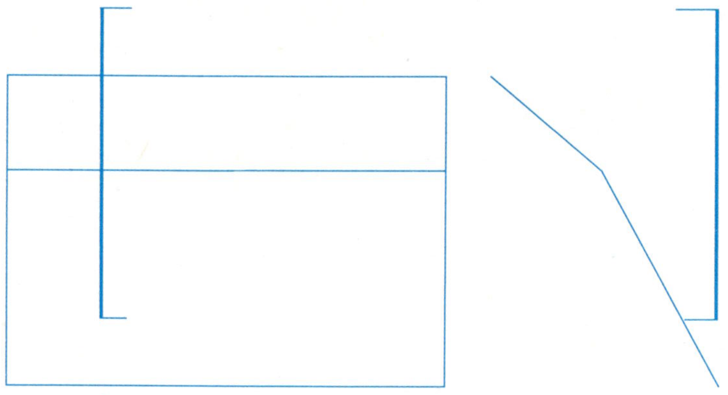

（2）求作一矩形平面在正面墙上的落影。

班级 学号 姓名 成绩

84.求作平面图形在*H*、*V*面上的落影。

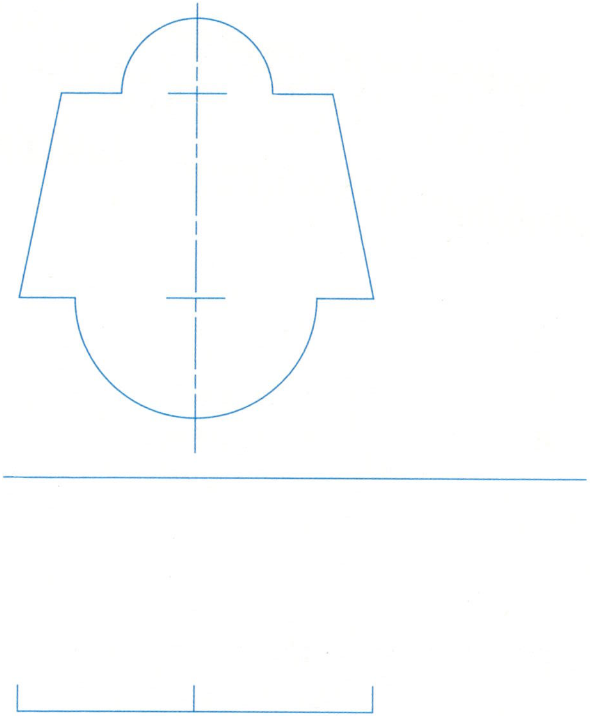

85.求作平面图形（灯箱的一个侧面）在正面墙上的落影。

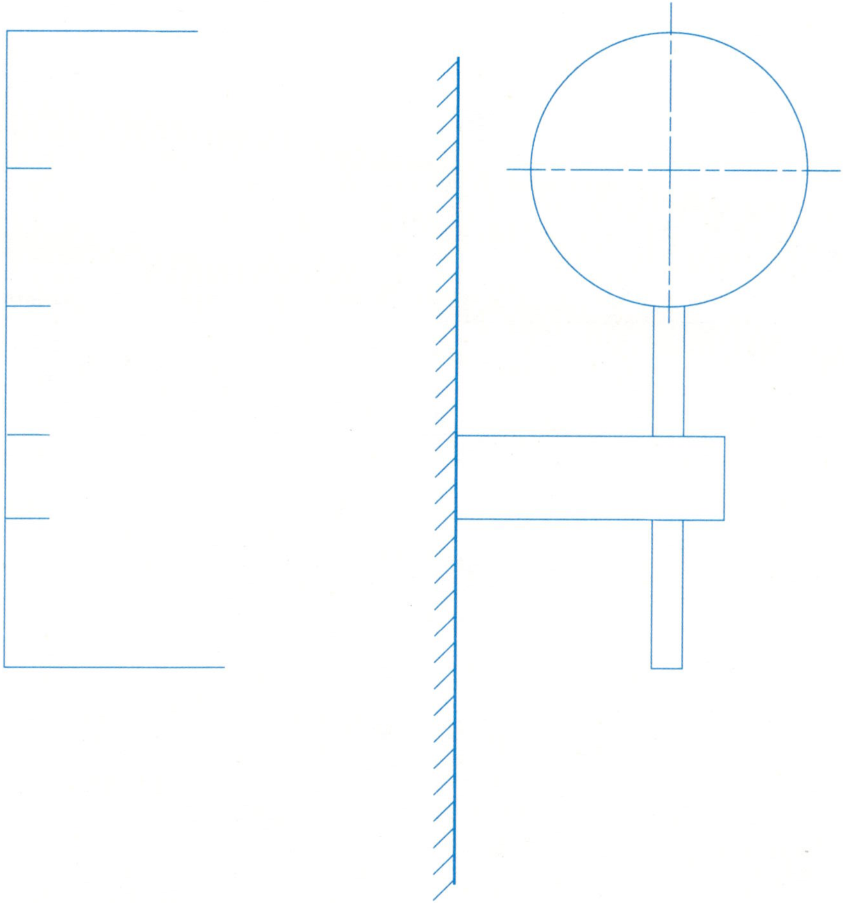

86.求作一立体在H、V面上的落影。

87.求作组合体在自身及墙上的阴影。

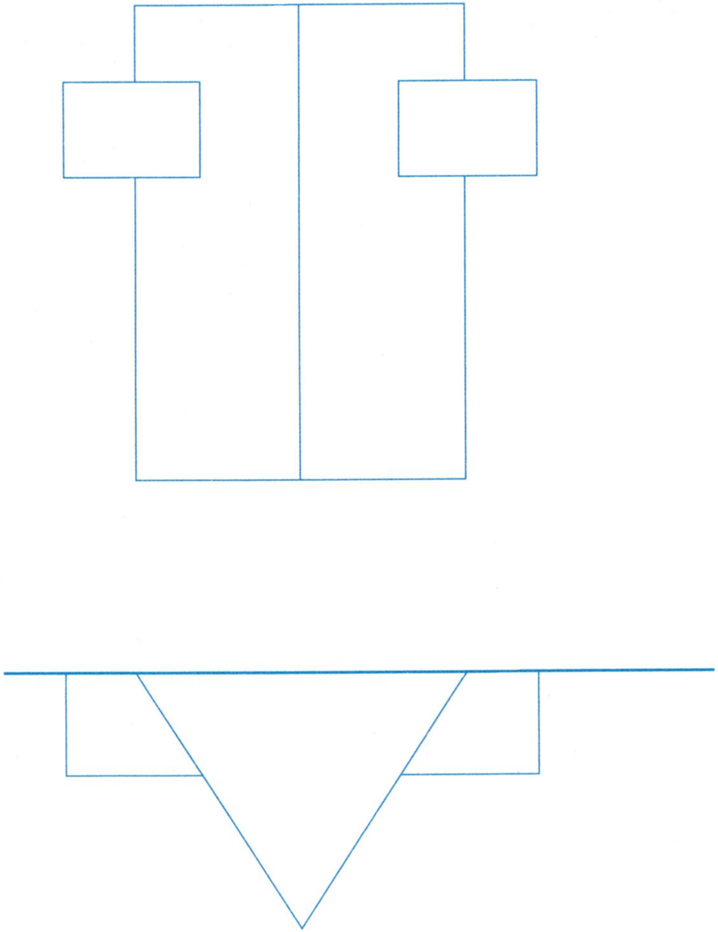

班级　　学号　　姓名　　成绩

88.求作前后两个长方体在H面的落影。

89.求作两个长方体在V面的落影。

90.求作附着于正面墙上的组合的阴影。

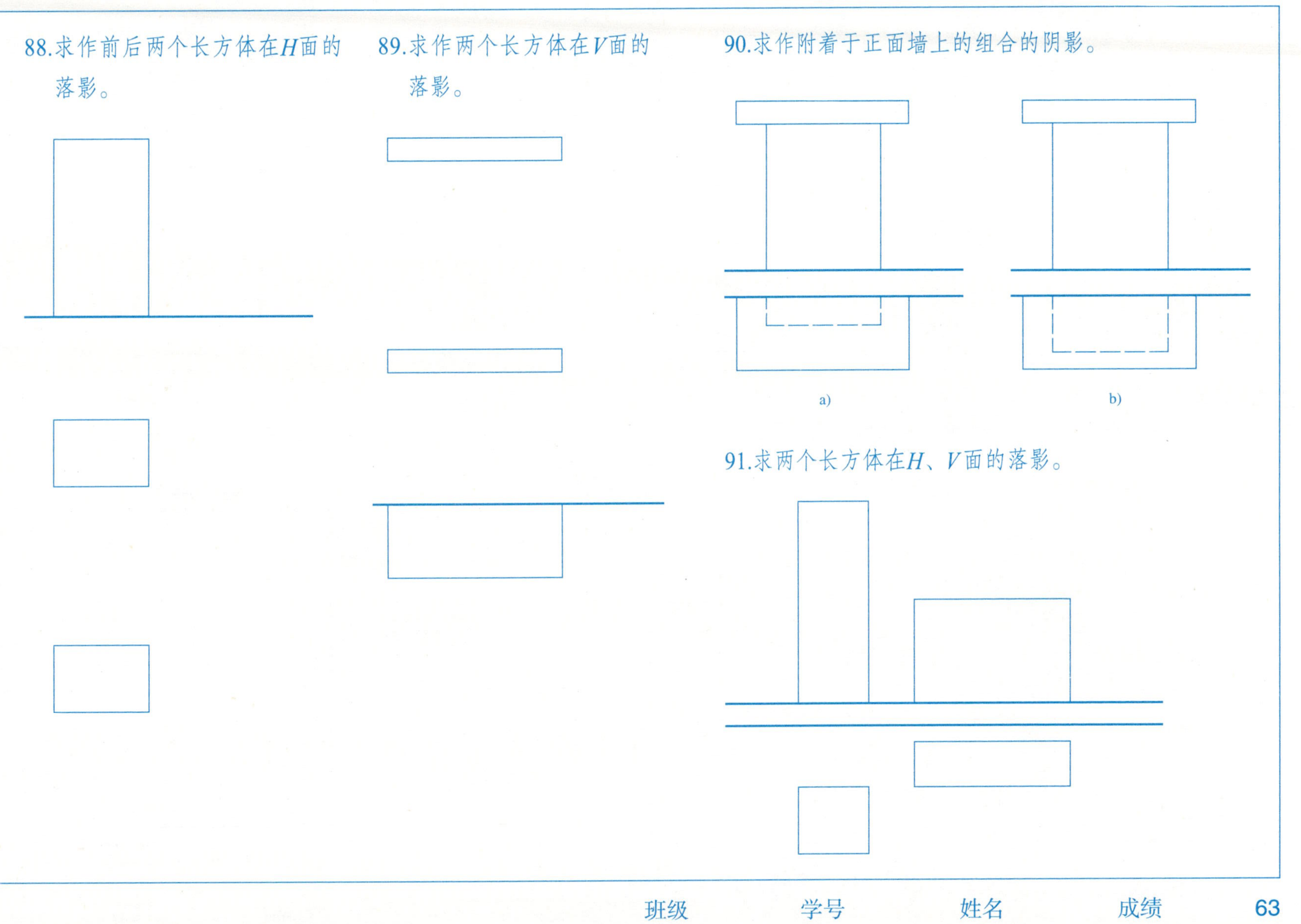

91.求两个长方体在H、V面的落影。

92.求作门廊在墙上的阴影（图中的粗实线表示剖面）。

93.求作门廊在墙上的阴影（图中的粗实线表示剖面）。

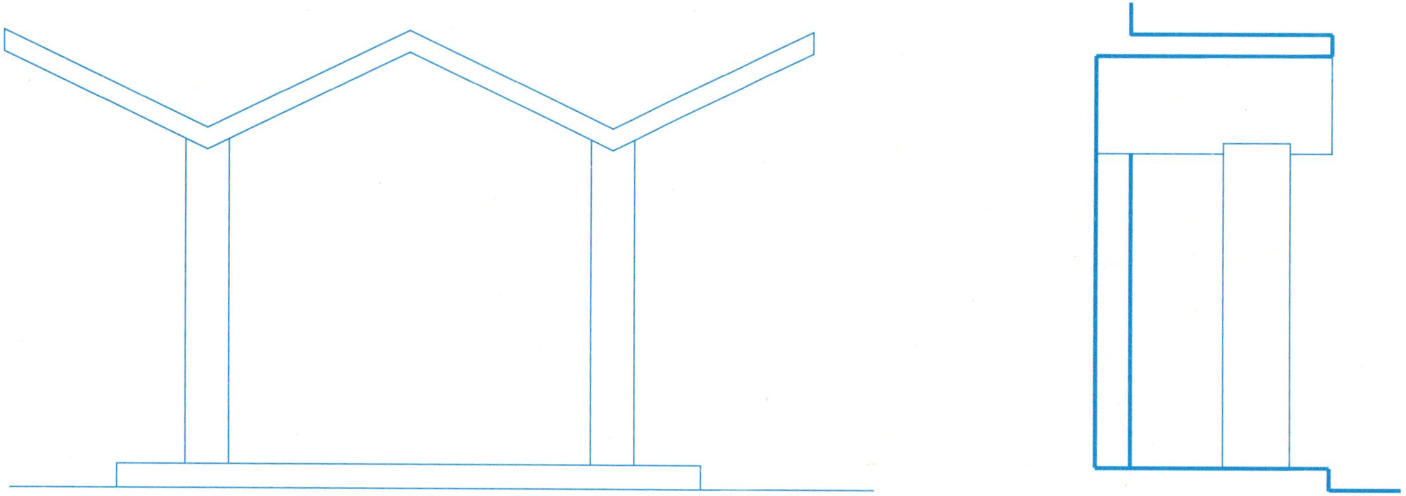

班级　　学号　　姓名　　成绩

94.求作台阶的阴影。

95.求作台阶的阴影。

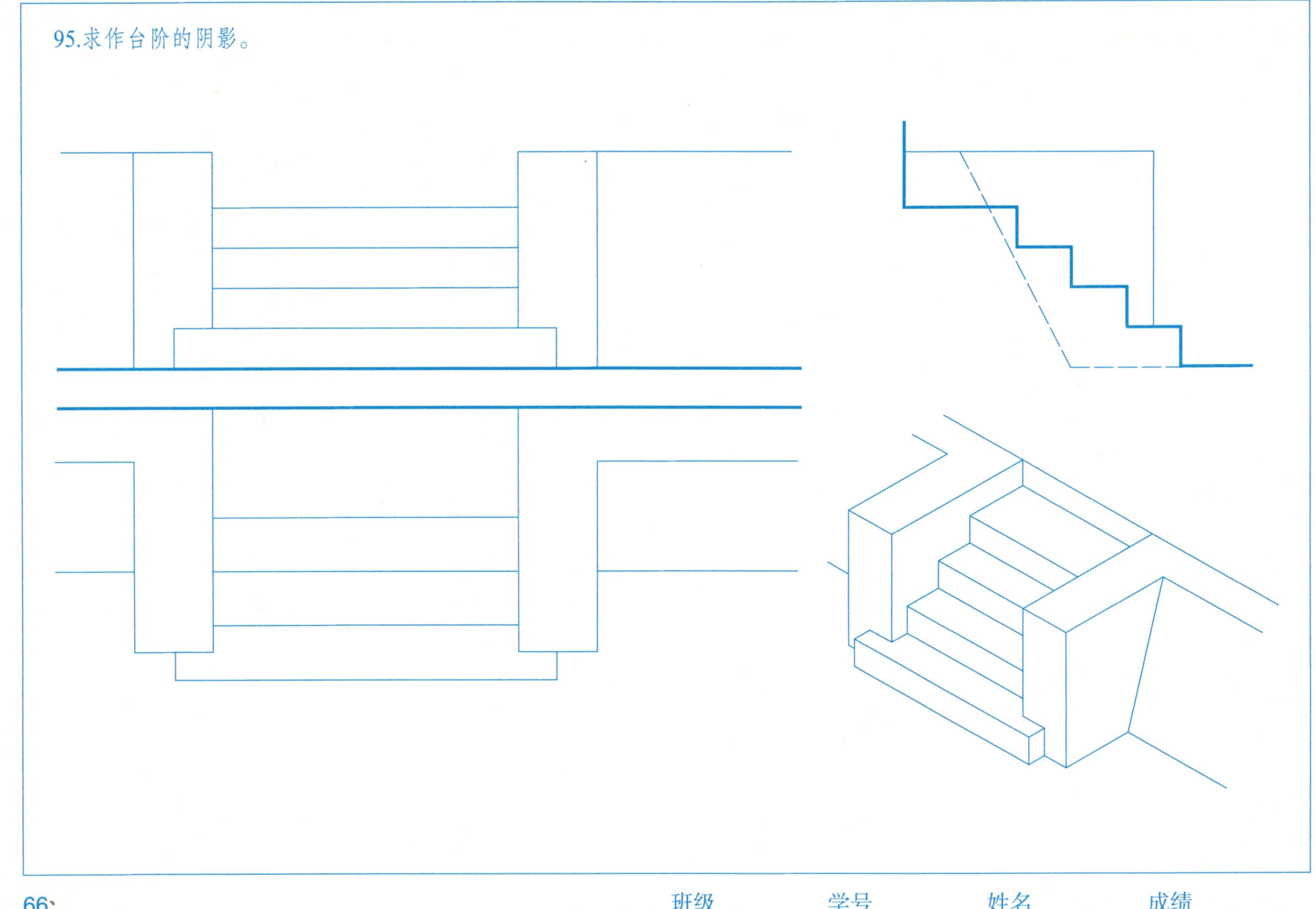

班级　　学号　　姓名　　成绩

96.求作房屋自身上的阴影。

97.求作组合体的阴影。

98.求作组合体自身上的阴影。

班级　　学号　　姓名　　成绩

99.求组合体自身上的阴影。

100.求作圆锥、圆柱组合体自身上的阴影。

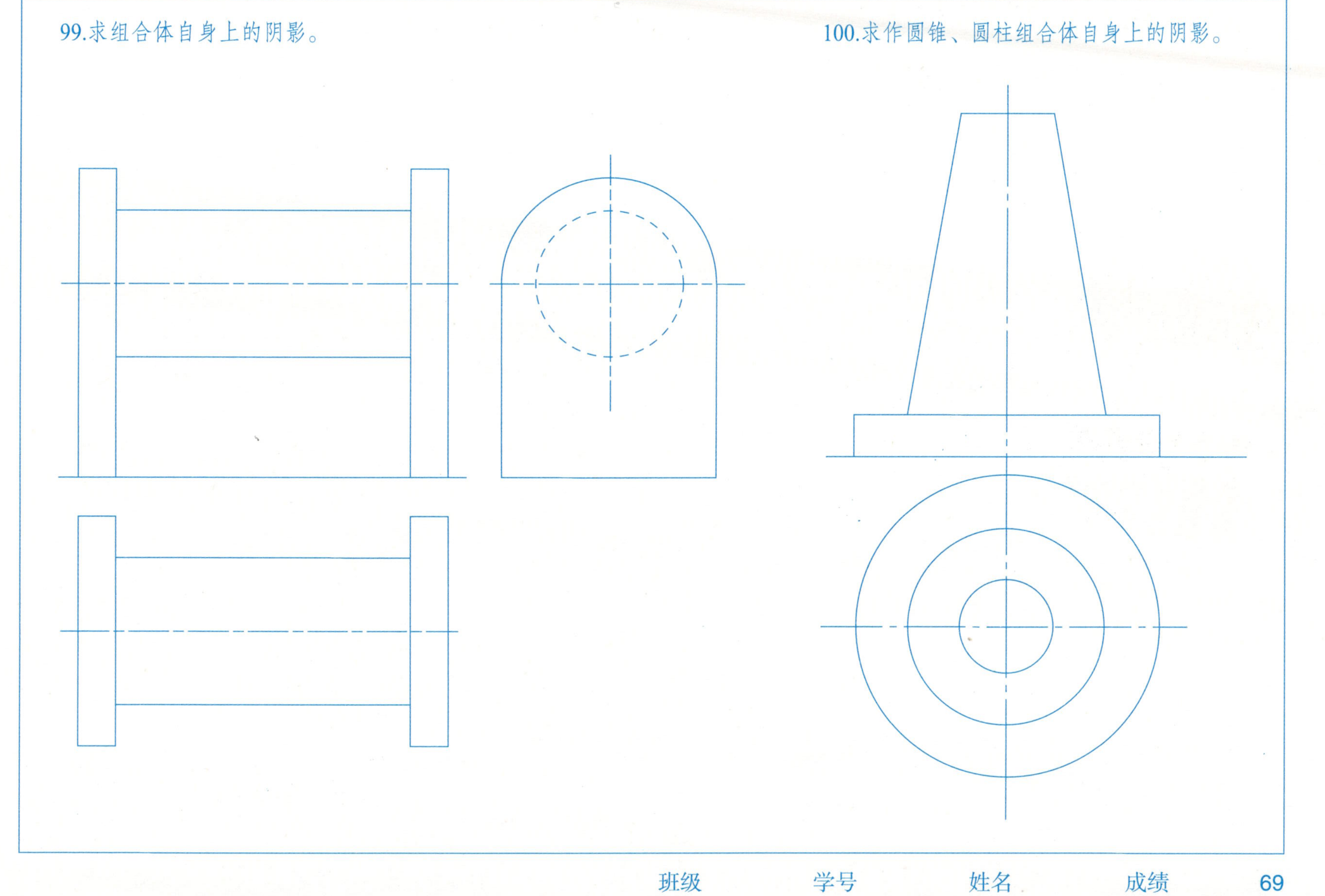

101.求作锥形灯具及其在正面墙上的阴影（轴线距正面墙40mm）。

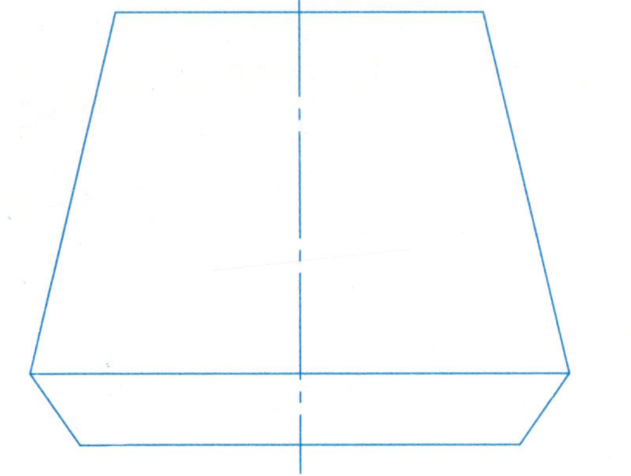

102.求作球形灯具及其在正面墙上的阴影（轴线距正面墙50mm）。

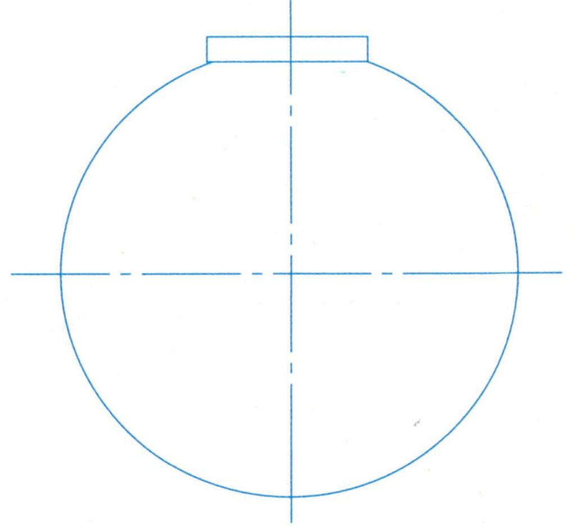

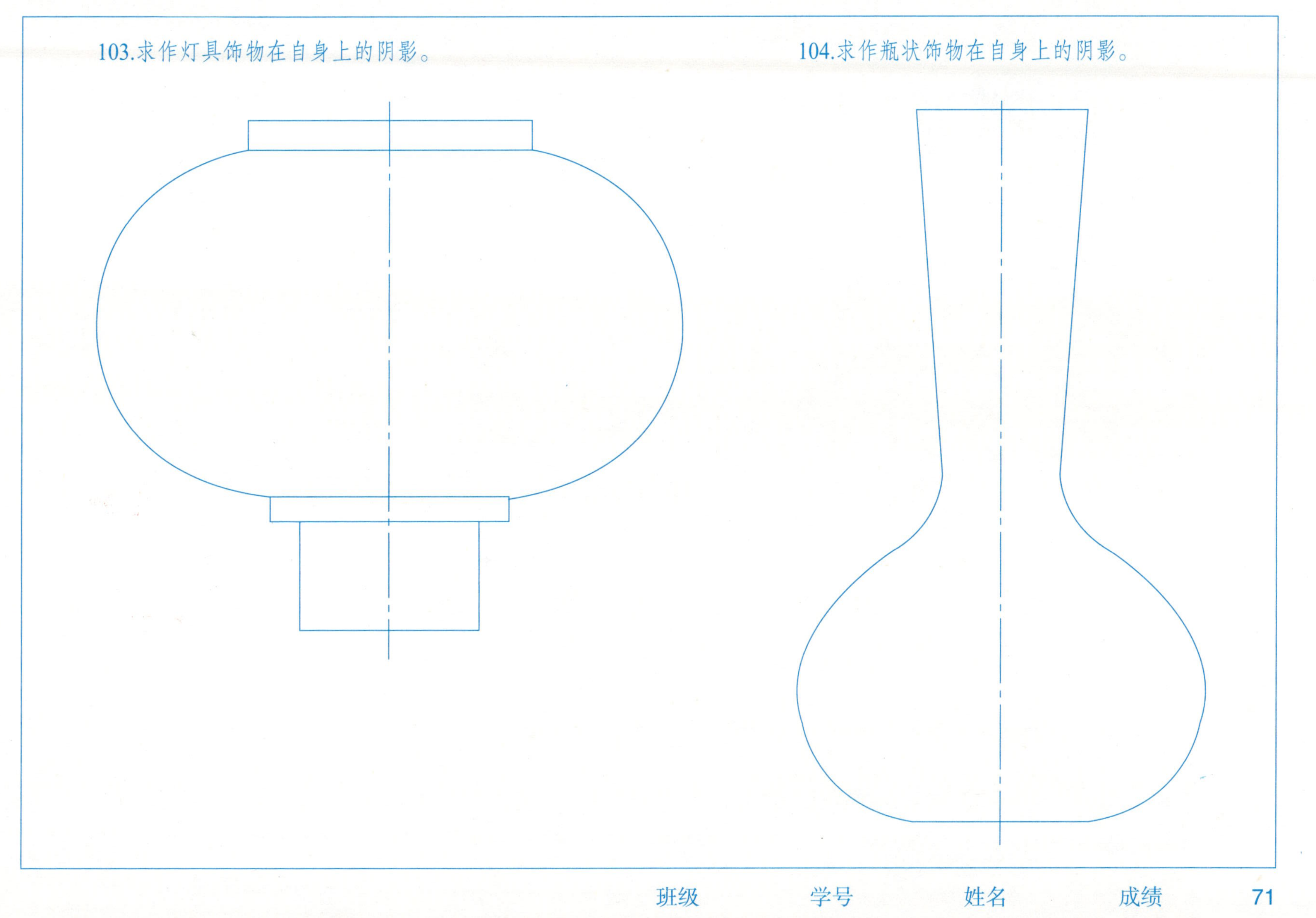

103.求作灯具饰物在自身上的阴影。

104.求作瓶状饰物在自身上的阴影。

105.确定一条画面垂直线AB的透视，它距基面为60mm。

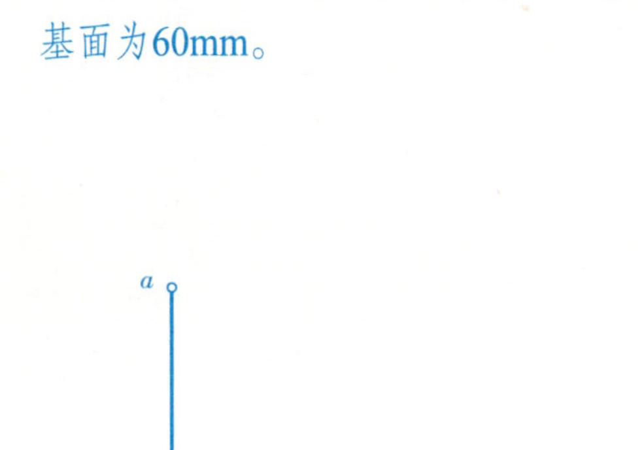

106.确定一条画面平行线CD的透视，它和基面成30°角，C点的高为40mm。

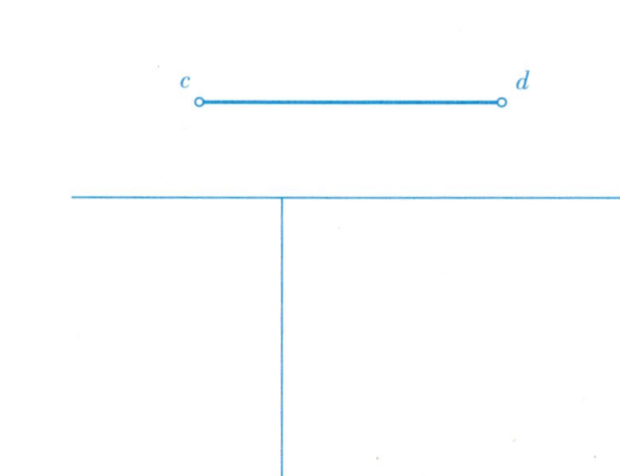

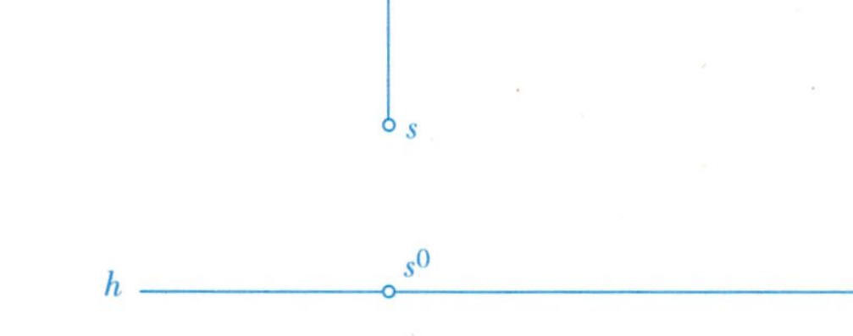

班级　　学号　　姓名　　成绩

107.确定一条高于基面60mm的水平直线EF的透视。

108.在三个不同高度的基面上画出同一个平面图的透视。

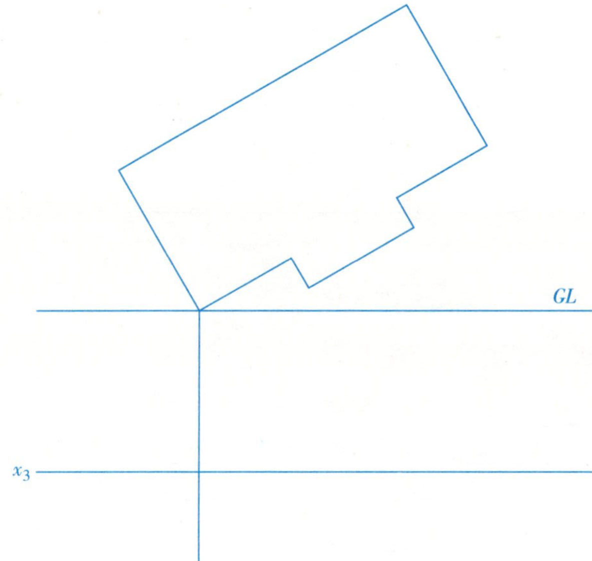

109.作造型物的透视。

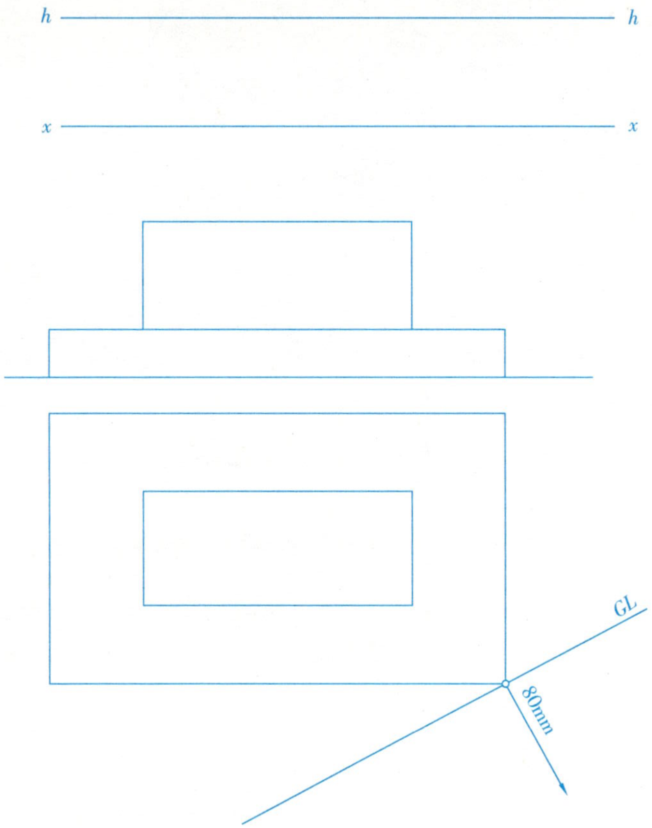

h h

x x

GL

80mm

110.作造型物的透视。

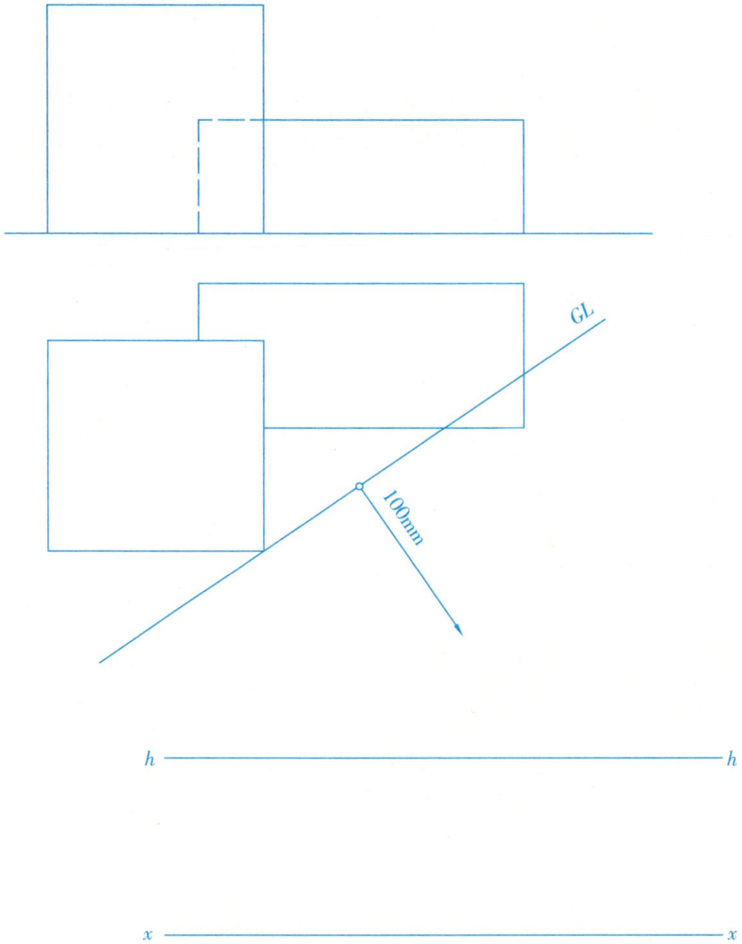

GL

100mm

h h

x x

班级　学号　姓名　成绩

118.作造型物的透视。

119.绘制图示产品的透视图。

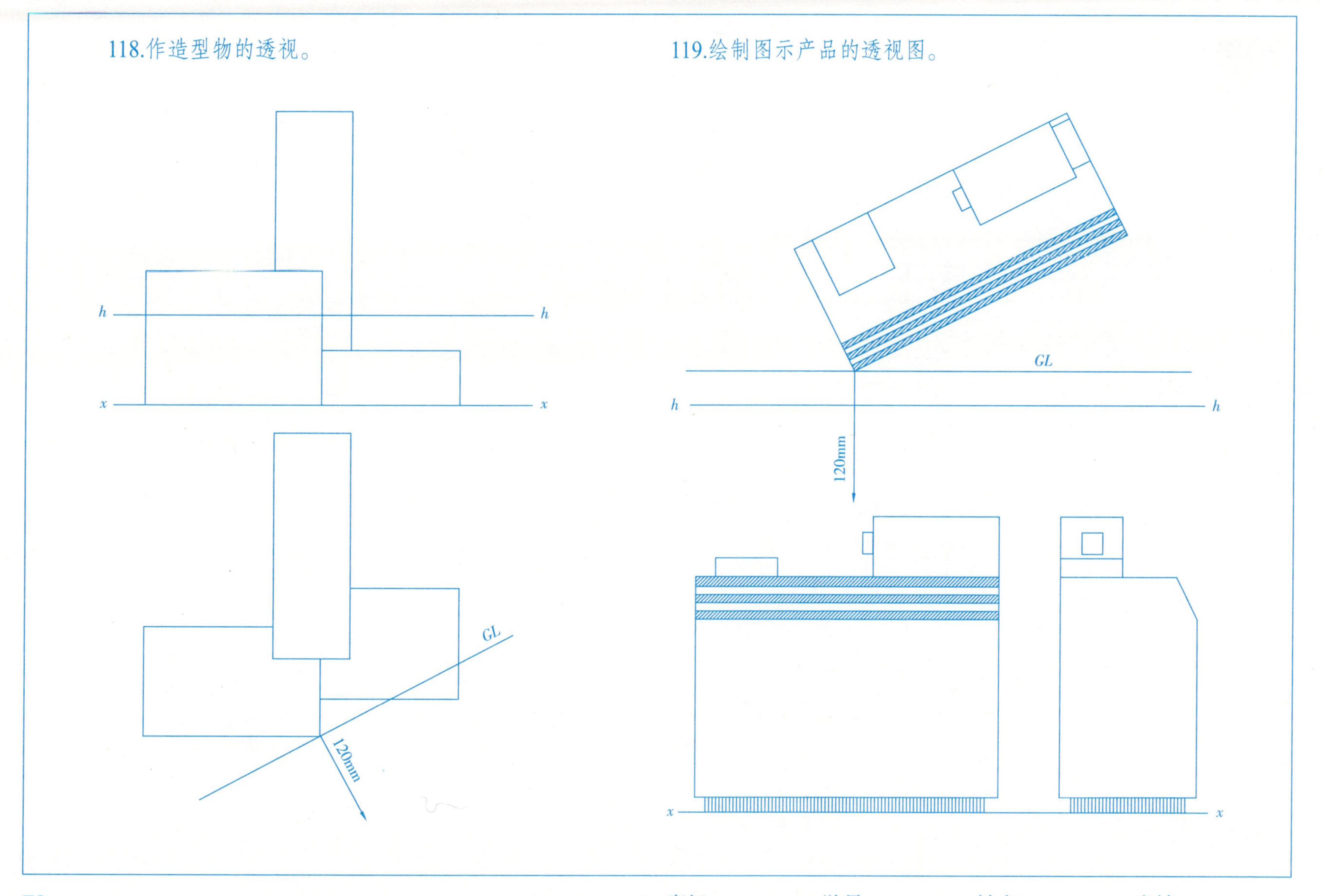

班级　　学号　　姓名　　成绩

117.绘出图示平面曲线的透视。

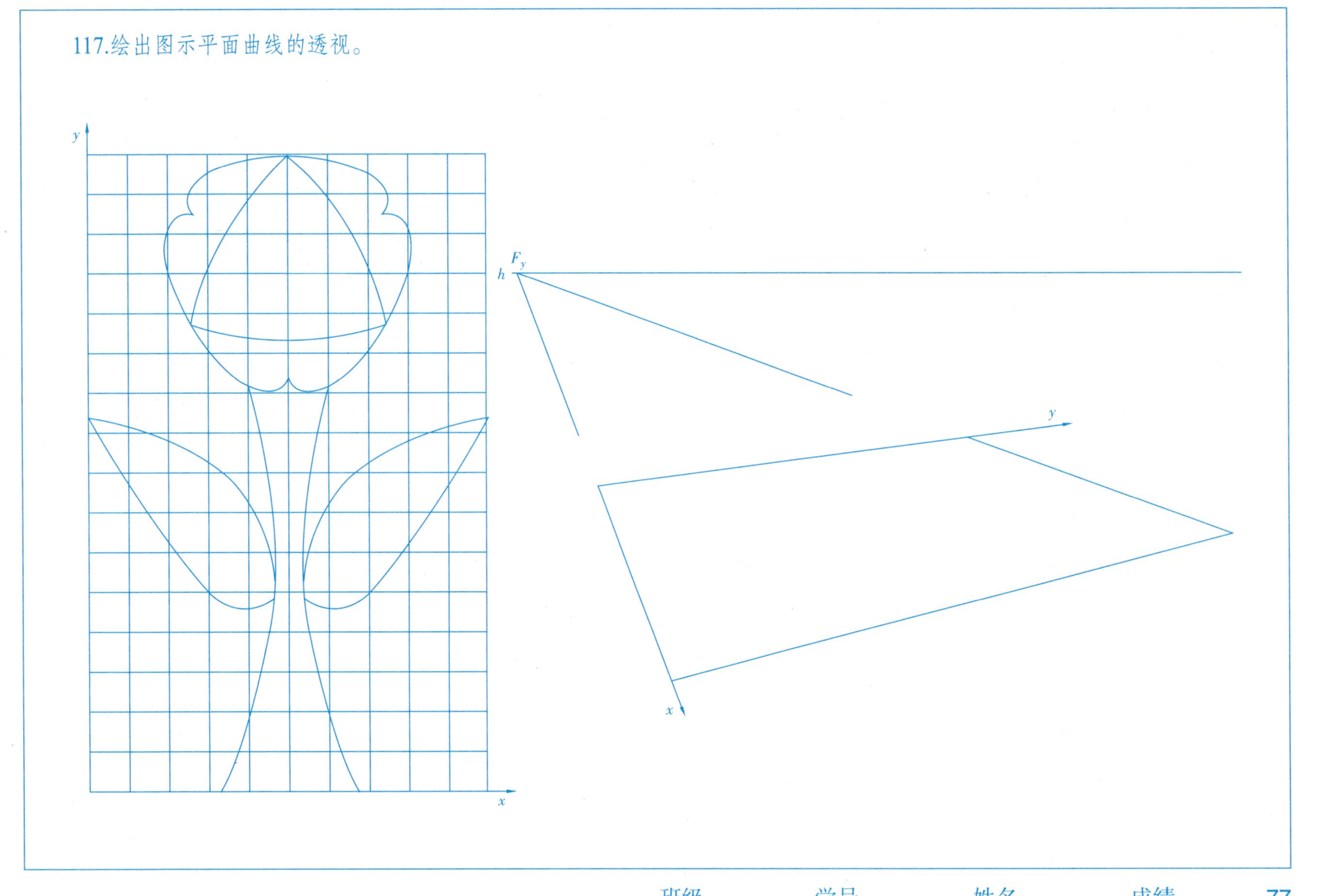

班级　　学号　　姓名　　成绩

120.求室内一点透视图。

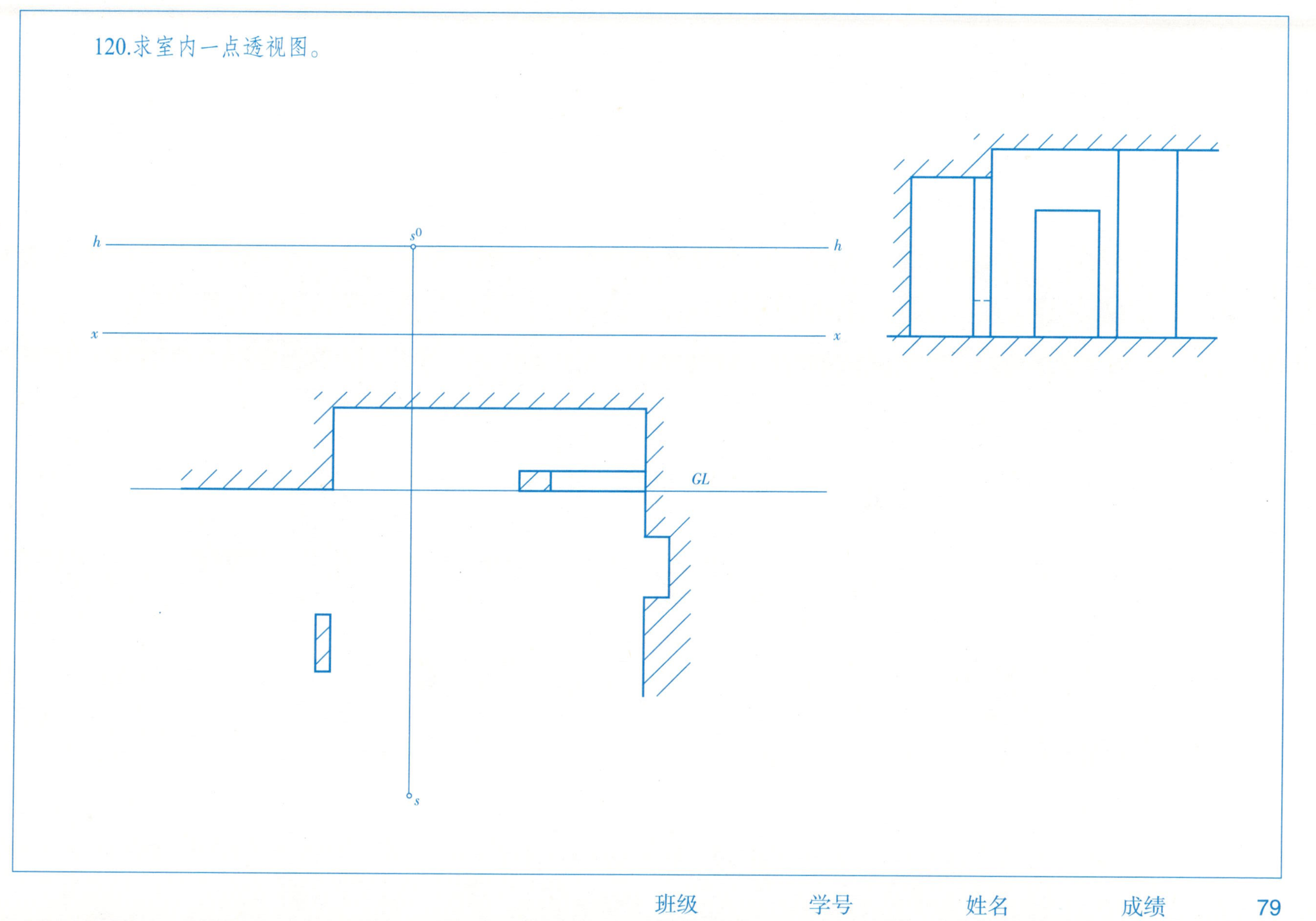

121.根据三视图绘制正等轴测图并绘制给定光线下的阴影。

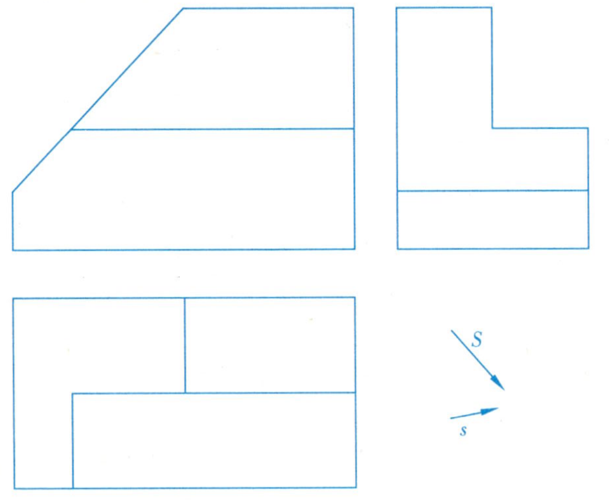

122.根据三视图绘制正二测图并自拟光线绘制阴影。

班级　学号　姓名　成绩

123.试作出河岸与灯杆在水中的倒影，设灯杆所在平面与斜坡侧面平行。

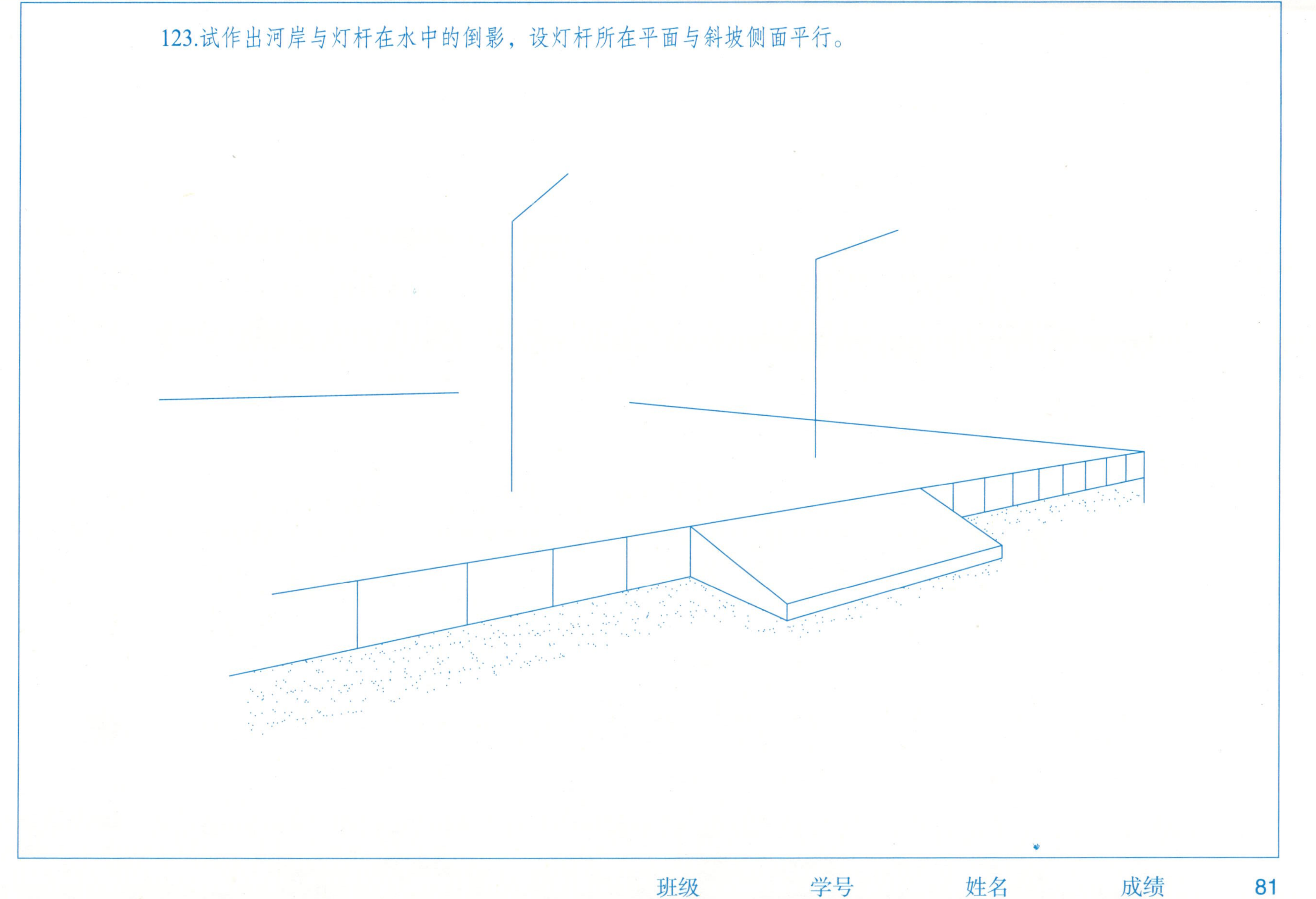

124.按照画面平行光线绘制台阶的阴影。

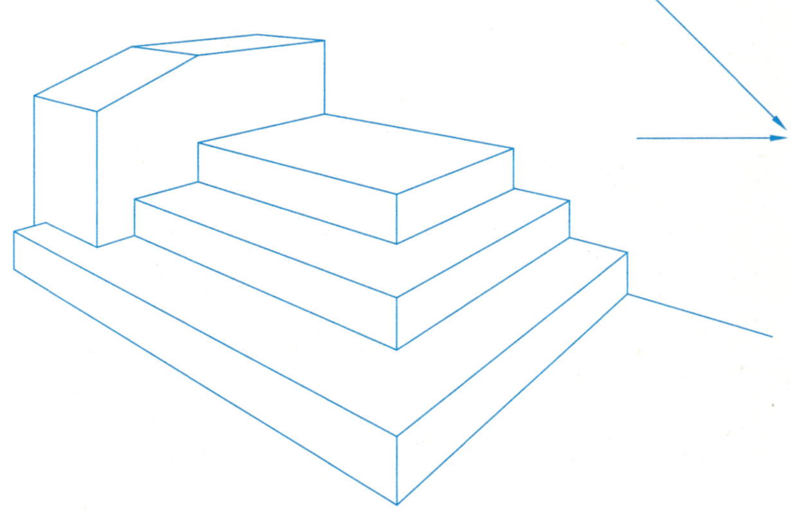

125.已知某平台上一点的落影，试画出平台的全部阴影。

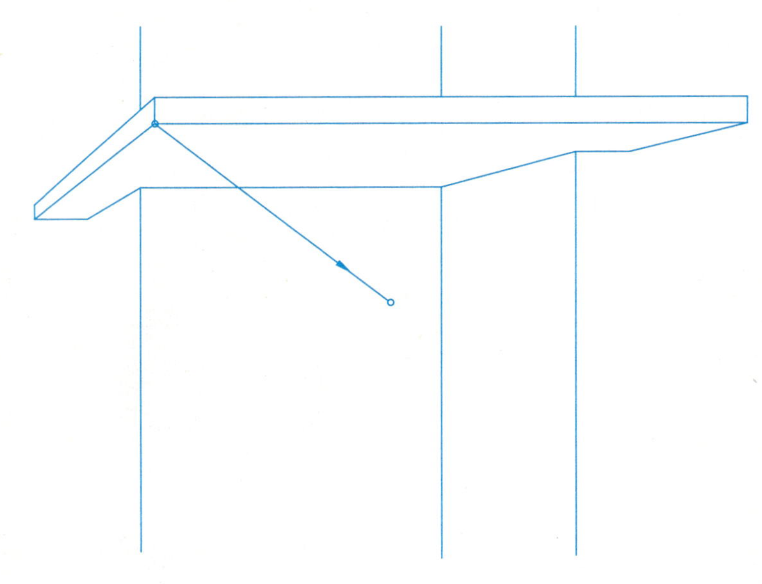

班级　　学号　　姓名　　成绩

126.已知某屋檐上一点的落影，试绘制屋檐的全部阴影。

127.已知门口雨篷上一点的落影，试求其全部阴影。

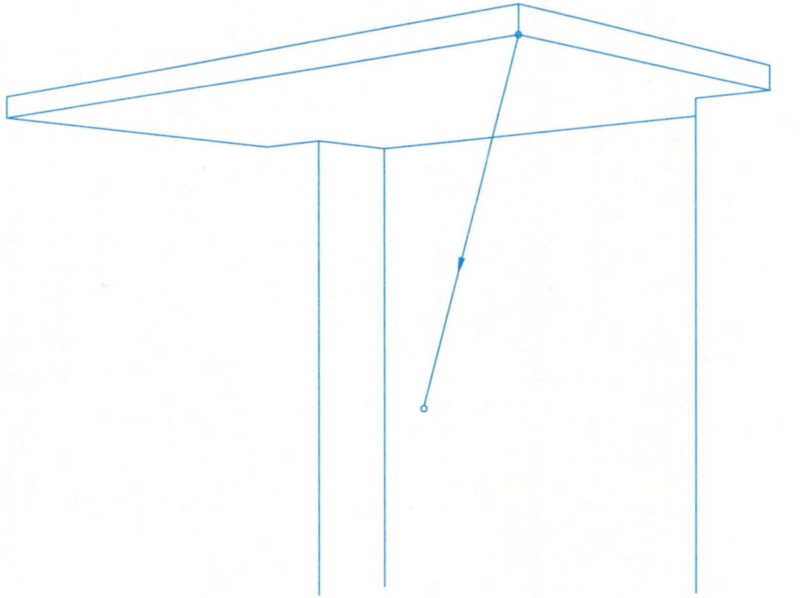

班级　学号　姓名　成绩

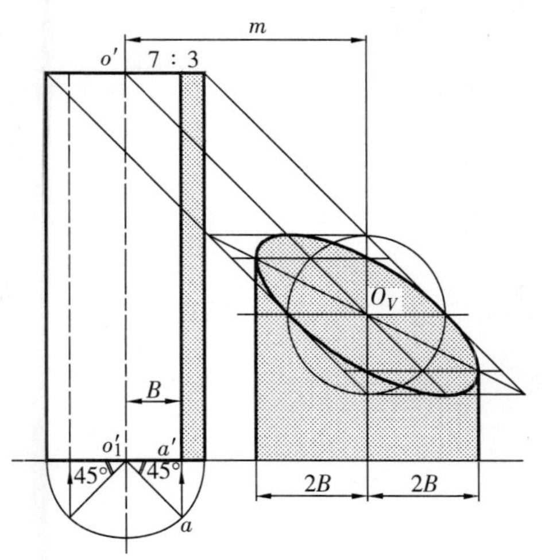

图7-43　在V面上作圆柱的落影

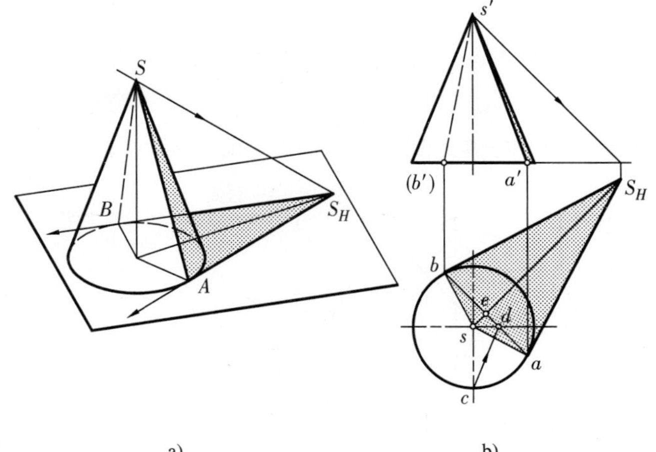

图7-44　正圆锥的阴影

（1）用光迹点法作出锥顶S在H面上的落影S_H，由S_H向底圆作两条切线即为影线。影线与底圆的切点为A和B，切点也就是阴点。

（2）过阴点A和B连S得阴线，这两条阴线把圆锥面分成阳面和阴面两部分。

此作法的基本原理是平行于常用光线作圆锥面的切平面。这两个相交的切平面分别与圆锥面相切处的素线即为所求的阴线，见图7-44b。

仅根据圆锥的立面图求阴线的方法如图7-45所示。全部作图需要证明辅助线cd为什么必须平行于锥面的正面轮廓素线$s'n'$。我们把图7-44和图7-45对照起来看：

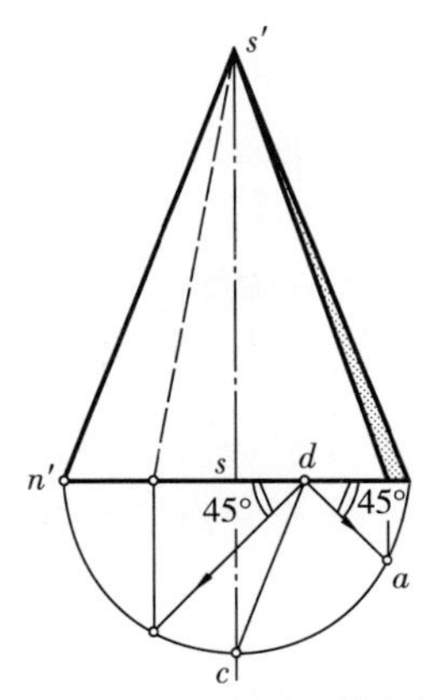

图7-45　V面上作正圆锥的阴影

因为$\triangle saS_H$是直角三角形，其中$ae \perp sS_H$，由三角形相似知：

$\frac{sa}{se} = \frac{sS_H}{sa}$　所以（sa）$^2 = se\ sS_H$

因为sa=R（底圆半径），$sS_H=\sqrt{2}Z$（Z为锥高），所以$se=R^2/(\sqrt{2}Z)$

又因为$\triangle sed$为等腰直角三角形，斜边$sd=\sqrt{2}se$，所以$sd=\sqrt{2}\ [R^2/(\sqrt{2}Z)]=R^2/Z$

于是有sd/R=R/Z，即说明图7-45中$\triangle s'n's \backsim \triangle cds$。所以cd必平行于$s'n'$。

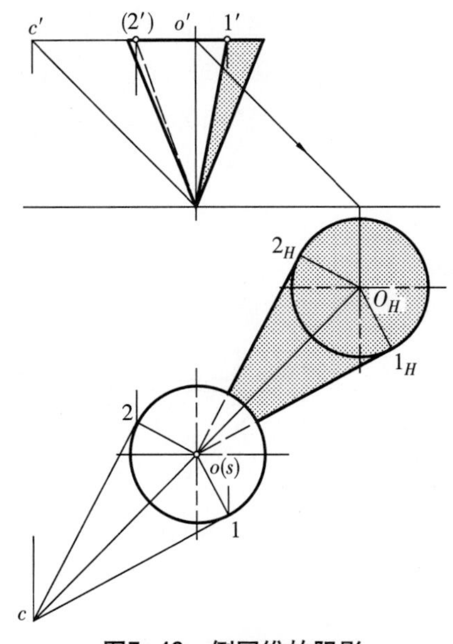

图7-46　倒圆锥的阴影

图7-46所示是求作锥顶在H面上的倒圆锥的阴影，其作法与正圆锥完全一样，先过锥顶S作光线，与锥底所在的水平面相交于点C。点C是锥顶在底面上的假影。由点C作底圆的切线，得切点Ⅰ和Ⅱ。素线SⅠ和SⅡ即为阴线。再求出底圆在H面上的落影，它是与底圆同样大小的圆。由于锥顶S的落影就在原位，因此过锥顶S的水平投影s向影线圆作切线$s1_H$和$s2_H$，就作出了已知倒圆锥在H面上的落影。

直接在立面图上作倒圆锥阴线的方法表明在图7-47中，其作法与正圆锥相同，差别在于把作辅助线用的半圆画在锥底投影的上方。

圆锥面的阴线位置，无论正锥还是倒锥，都与它们的底角大小有关。图7−48所示的几种特殊情况对求作形体阴影是十分有用的。

（1）底角为45°。阴线的正面投影一条是轮廓素线，正锥在右，倒锥在左；另一条位于中间，重合于轴线的投影，正锥在后，倒锥在前，这就是说，45°正锥有1/4锥面为阴面，3/4为阳面，而45°倒锥则相反，有3/4锥面为阴面，1/4为阳面。

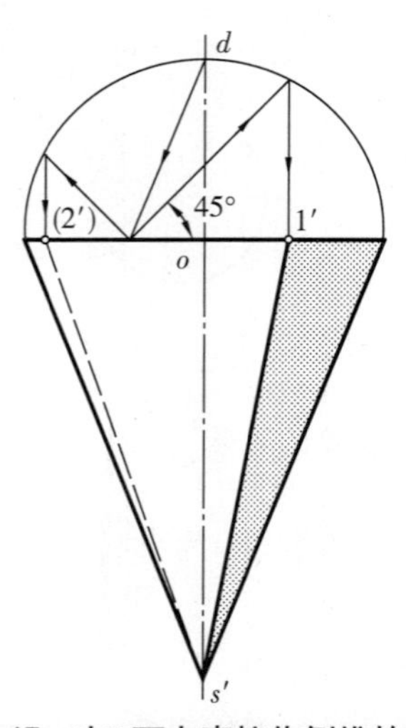

图7−47　在V面上直接作倒锥的阴影

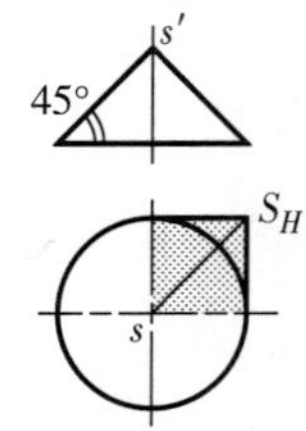

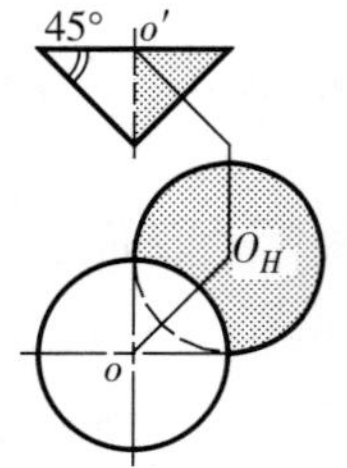

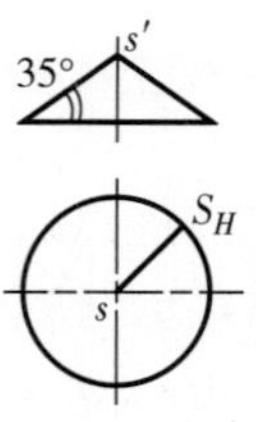

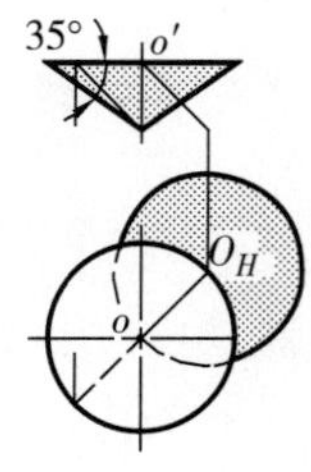

图7−48　底角为45°和35°时圆锥的阴影

（2）底角为35°。此时过锥顶的光线正好沿着锥面掠过。所以，只有一条素线与光线重合，是一条通过锥顶的45°斜线。这是锥面阴线的极限情况。当底角小于35°时，正锥面就全部受光，没有阴面，其倒锥面就全部背光，没有阳面。

3.圆环的落影

环面是曲线回转面，又称鼓面。曲线回转面上的阴线是一条空间曲线。求曲线回转面的阴线，最好用切锥面法。其方法是取一些同轴的圆锥面为辅助面，与环面切于纬圆，纬圆与辅助面上阴线的交点就是环面上的阴点。用一系列辅助面与环面相切就能得到环面上的一系列阴点。依次圆滑连接这些阴点，就得到环面上的阴线。实际作图时，通常只需求出环面上的八个特殊阴点。具体作法如下：

（1）如图7−49a所示，作底角为45°的正圆锥及倒圆锥与环面分别相切于纬圆P_1和P_2，在环面的正面投影上可得切点3′和6′；纬圆的正面投影p'_1和p'_2与环面轴线投影相交，得4′和5′。3′、4′、5′和6′即为该环面阴线上的四个特殊点。

（2）如图7−49b所示，作底角为35°的正圆锥及倒圆锥与环面分别相切于纬圆P_3和P_4，在环

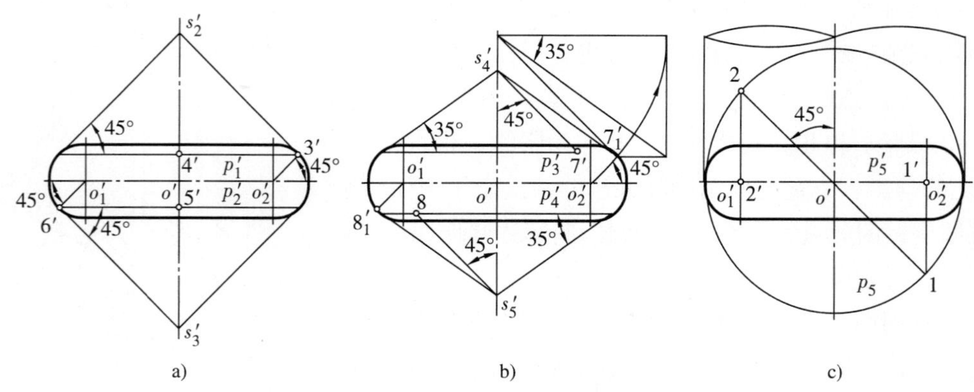

图7−49　切锥面法求环面上的阴线

a）45°底角切锥面求阴点　b）35°底角切锥面求阴点　c）切柱面求最大纬圆上阴点

面的正面投影上可确定阴线最高点7′和最低点8′。

（3）在图7-49c中作一个切柱面与环面相切于最大纬圆P_5，在其正面投影p_5'上可得阴点1′和2′。

从上述作图过程可见，如果注意到点1′分最大纬圆右半径成7∶3，点2′分左半径成3∶7，那么，在环面的正面投影上利用一块45°三角板和一个圆规，上述八个点即可定出（不必用水平投影，也不必画出辅助锥面、柱面）。

图7-50是把上面分步作图综合起来画出的环面阴影。求环面在H面上的落影时，先求出八个阴点在H面上的落影，然后把它们用曲线光滑地连接起来即可。具体作法已在图中表明。

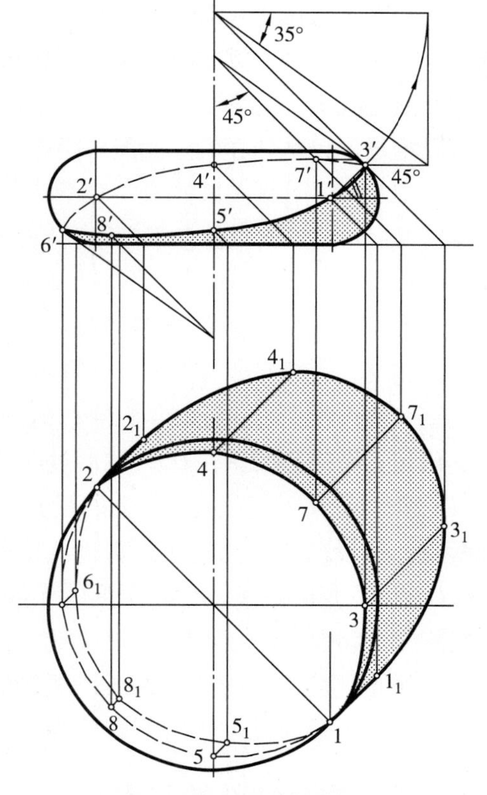

图7-50　环面的阴影

图7-51为与墙面相连的半个环面的V面投影图。阴点A（a'）、B（b'）、C（c'）、D（d'）和E（e'）是直接在立面（V面）图上（不用水平投影）求出的。图中根据空间点A、B、C、D和E的突出值作出了它们在墙面上的落影A_V、B_V、C_V、D_V和E_V。

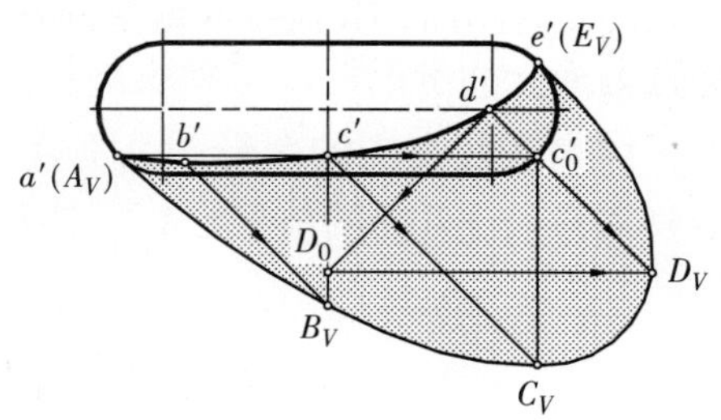

图7-51　与墙面相连的半鼓面的阴影

下面分析一下各阴点的突出值及其落影：

（1）阴点A和E就在墙面上，突出值为零，所以其落影A_V、E_V分别与a'、e'重合。

（2）阴点B的突出值等于b'到轴线的距离，所以过b'作45°斜线与轴线相交，即得落影B_V。

（3）阴点C的突出值等于c'到环面正面轮廓线的距离，所以，过c'向右作水平线与正面轮廓线相交于c_0'，再由c_0'向下作垂线，与过c'作出的45°斜线相交，即得落影C_V。

（4）阴点D的突出值等于d'到轴线的距离，所以，过d'向左下方作45°斜线与轴线相交于D_0，再过D_0向右作水平线，与过d'作出的45°斜线相交，即得落影D_V。

4.圆球的落影

图7-52表示了球面阴影的画法。在题设条件下，已知球面只在V面上有落影。为了看出图中作法的实质，首先要明确球面的阴线即是与球面相切的光线柱面和球的切线。此切线在空间是一个以球心为圆心的大圆。由于光线与H面和V面成相同的倾角（≈35°），所以这个阴线大圆投影在H面和V面上呈同样大小的两个椭圆。当变换H面为H_1面，使H_1面平行于光线，并作出已知球面的新投影以后，这个阴线大圆在新投影面H_1上的投影将是一段直线。这段直线经过球心的新投影又垂直于光线的新投影。在新体系（H_1，V）中有了阴线大圆的新投影a_1b_1，就不难作出此阴线大圆在V面和H面上的投影椭圆，以及球面在V面上的落影椭圆。从图7-52中还可以看出：

（1）阴线大圆在V面上的投影椭圆，其长半轴为R，而短半轴为$R\sin35°$或$R\tan30°$（因为$\sin35° \approx \tan30°$）。

（2）阴线大圆在V面上的落影椭圆，其短半轴为R，而长半轴为$R/\sin35°$或$R/\tan30°$。

以上两点说明，在球面立面图（即V面投影图）上的阴线椭圆和影线椭圆，它们的短半轴和长半轴之比，正好都近似地等于tan30°。因此，可以推导出仅从球面的立面图作阴影的方法：

（1）作阴线椭圆的长、短轴。过球心o'点作直线$c'd'$（=2R）垂直于光线在V面上的投影，则$c'd'$即为长轴。通过d'作与长轴成30°角的直线与从o'引出的在V面上的光线投影（即45°斜线）相交，得短轴$a'b'$。

（2）作影线椭圆的长轴和短轴。首先由突出值y_0作球心的落影O_V，然后过O_V作直线C_VD_V（=2R）垂直于光线在V面上的投影，得C_V和D_V两点，线段C_VD_V即为短轴。再过D_V作两条与短轴C_VD_V成60°角的直线，与o'引出的光线投影45°斜线相交，即得A_V和B_V两点，A_VB_V即为落影的长轴。

求出阴线与落影椭圆的长、短轴后，就可画出阴线和落影椭圆。

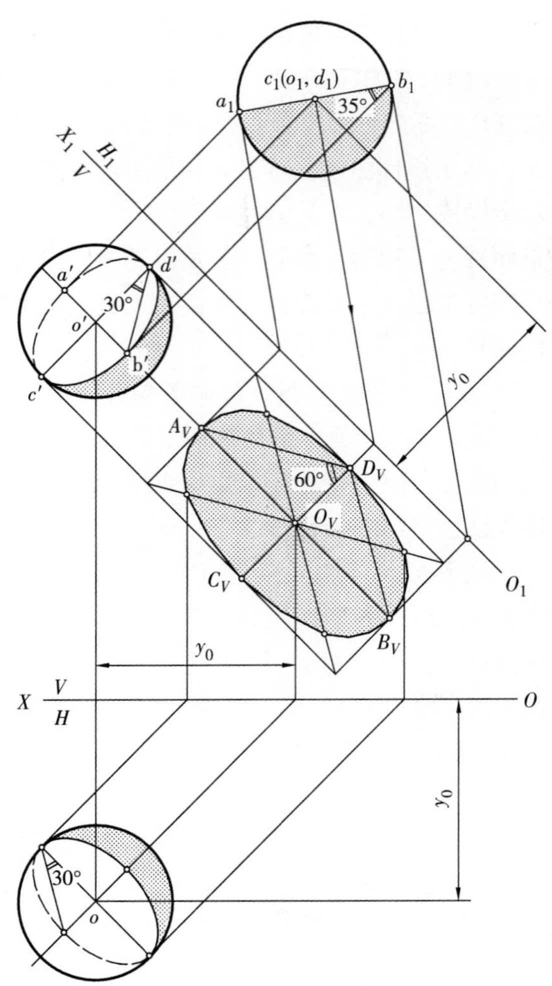

图7-52 球面的阴影

7.4.2 产品细部的阴影

图7-53所示柱头，其柱身是圆柱形，柱帽是正方形。柱身的阴线可按求圆柱阴线的方法作出。柱帽在柱身上的落影，是垂直于V面的左下沿AB和垂直于W面的前下沿AC二阴线的落影。为

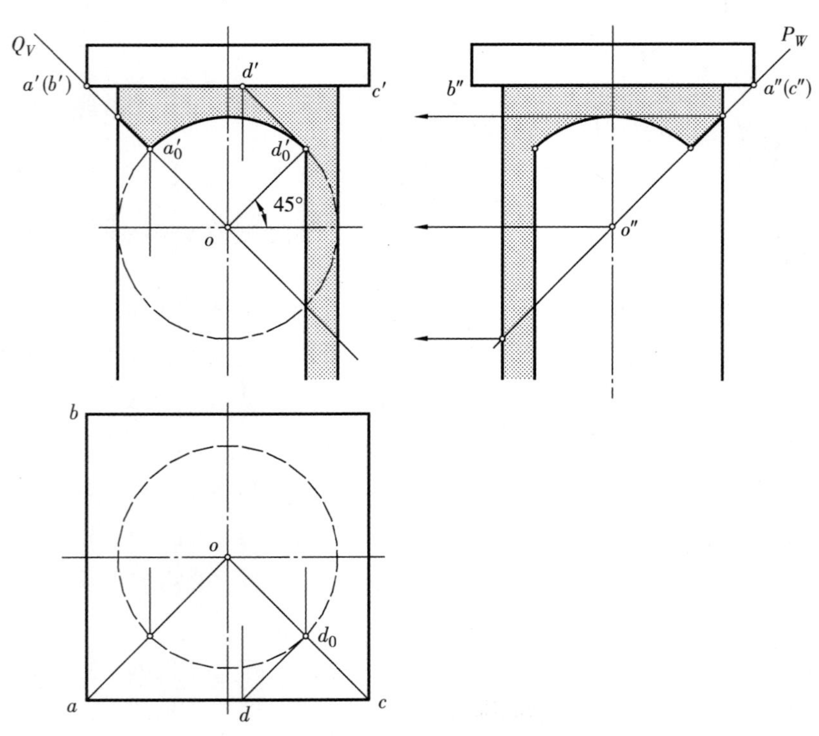

图7-53 方帽在柱身上的落影

此，需过阴线AB和AC作光截面并求其与圆柱的截交线，从而作出柱头立面阴影，其特性如下：

（1）AB落影的正面投影为45°斜线。因为过AB的光截面Q垂直于V面，它与圆柱的截交线为椭圆，投影在V面上积聚为一直线。

（2）AC落影的正面投影复现出圆柱的水平投影形状，因为过AC的光截面P与H面成45°倾角，它与圆柱的截交线为椭圆，而在V面上的投影是一个圆，此圆心就是光线投影$a'a'_0$和轴线投影的交点，半径等于圆柱的半径。

由此即可直接在柱头的立面图（即V面投影图）上作出阴影。

图7-54所示的柱头，其柱身和柱帽都是圆柱形的。在立面图上，除了它们本身都有阴面以外，柱帽的下底边缘阴线还要落影在柱身上。这里可用光线迹点法求影点，再把所求的若干影点用曲线光滑地连接起来，便完成落影的作图。

图中作出了A、B、C、D四个特殊点的落影。由H投影图可知，B点在过轴线的光平面P上，过B点作光线与柱身相交，得影点B_0。由于P面是柱头的对称平面，柱帽上的阴线及其在柱面上的落影也以该光平面为对称平面，因此，B点与其落影B_0间的距离最短，在立面图上b'_0是影线的最高点。因为A、C两点关于过轴线的光平面对称，所以过A、C两点的光线与柱面交点的正面投影为a'_0、c'_0等高，并且a'_0在柱身的正面最左轮廓素线上；c'_0在柱身轴线的正面投影上；D点在与柱身相切的光平面上。过D点的光线正好与柱面相切，切点D_0就是柱帽下底边缘在柱身上落影的过渡点。在立面图上d'_0应在柱身的阴线上，具体画法图中已用箭头表明。

图7-55表示出方帽在鼓面上落影的做法。

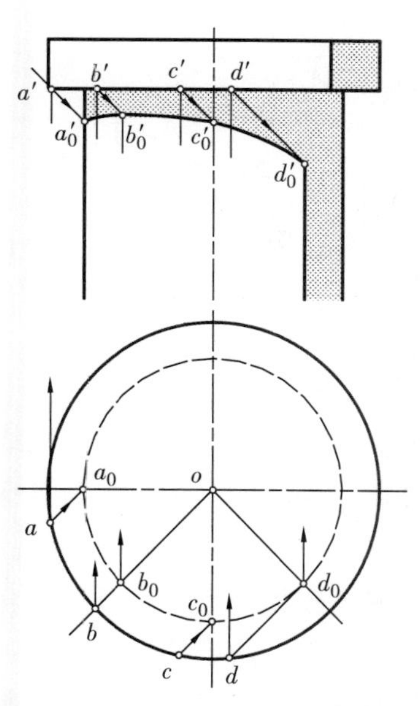

图7-54　圆帽在柱身上的落影

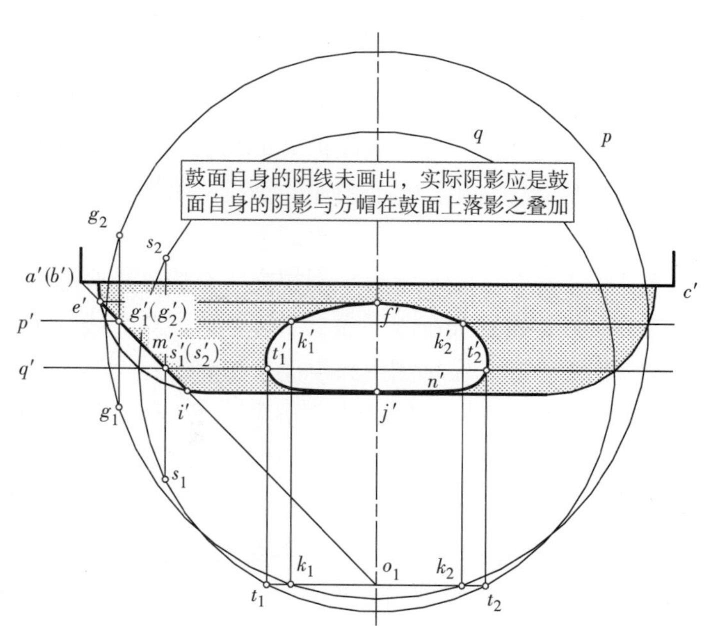

图7-55　方帽在鼓面上的落影

方帽阴线为正垂线AB和侧垂线AC。它们在鼓面上的落影曲线M及N的形状和高度均相同，并以过轴线的光平面为对称平面。M的正面投影m'为过a'（b'）的45°直线上的一段，它与鼓面的外形线相交得最高点E的正面投影e'和最低点I的正面投影i'。由e'和i'作水平线，与中心线相交可得N的正面投影n'上的最高点f'和最低点j'。为求出n'上的一些点，假想有一个水平面与鼓面交得纬圆P（p'），与M交得G_1、G_2，与N交得K_1、K_2。G_1G_2垂直于V面，它们的V面投影g'_1（g'_2）积聚成一点，是p'与m'在V面投影的交点。K_1K_2垂直于W面，k'_1 k'_2是p'上的一段直线，与G_1G_2等长。

若以p'为直径作圆周p，它可看作是纬圆的H面投影。由g'_1（g'_2）作连系线，得其H面投影g_1g_2。由$g_1g_2=k_1k_2$可在p上定出k_1、k_2，再投影到p'上便得k'_1、k'_2。

若以q'为直径作圆周q，它可看作是纬圆的H面投影。由s'_1（s'_2）作连系线，得其H面投影t_1t_2。由$s_1s_2=t_1t_2$可在q上定出t_1、t_2两点，再投影到q'上便得t'_1、t'_2。

若用此法再求一些点，即可作出n'。图7-55中，鼓面自身的阴线未画出，实际阴影应该是鼓面自身的阴影与方帽在鼓面上落影的叠加。

7.5 轴测图的阴影

在轴测图中加上阴影也同正投影图中加上阴影一样，会使图形更具有立体感、真实感，生动逼真，增强工业产品或建筑物造型的艺术感染力，可以更好地表达设计意图。

轴测图中的阴影，通常是绘制平行光线下的阴影，轴测阴影实际上是正投影阴影的轴测化（即立体化）。与正投影图阴影所不同的是，正投影图阴影中用的是常用光线，其方向是一定的，而轴测图阴影中光线的方向可以根据图面表现的需要而灵活选定。

轴测阴影光线的给定，可以如图7-56所示，用光线的轴测投影S及其在H面上的次投影s给出。两者的夹角α即是光线S对H面的倾角。一般把光线的轴测投影S叫做光线，把光线在H面上的次投影s叫做光线的投影。显然，在轴测阴影中所有的光线互相平行，所有光线的投影也互相平行。

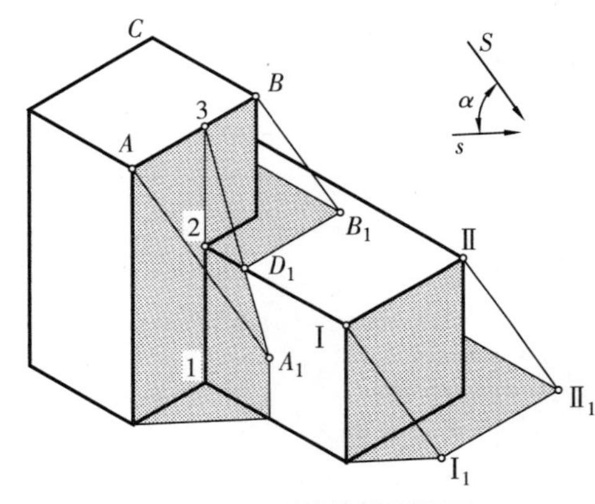

图7-56 形体的轴测阴影

作正投影阴影的基本方法，如光线迹点法、光截面法、返回光线法、延长直线扩大平面法等，在作轴测阴影中也都完全适用。前面所述的正投影阴影中直线落影的基本特性，如直线与承影平面平行，它的落影必平行于直线本身；直线与承影平面相交，它的落影必通过二者的交点；铅垂线在水平面上的落影，必与光线的水平投影相重合等，在轴测阴影中也是相同的。

图7-56中，左边形体阴线的落影，用光线迹点法可求出影点A_1，用扩大平面法，延长直线段12，与AB相交得点3，连接点A_1和3，可得影点D_1。直线AB和BC在水平面上的落影，与其自身平行。右边形体阴线的落影在确定Ⅰ、Ⅱ两点的落影位置后即可求出。

在作轴测阴影时，为了控制阴影的形态和大小，使作出的阴影图像较为理想，可以给定合适的光线。实际上根据画面构图和形体的特点可先选定某一点的落影位置，然后按照落影规则反求出光线和光线投影的方向，再求作形体的阴影。下面一例就是先给定某重要点的落影，然后反求出光线和光线投影的方向，再求作形体的阴影的实例。

例1：设雨篷上的A点在门上的落影为A_2，如图7-57所示，求作雨篷的阴影。

解　在图7-57中，AA_2连线便是光线的方向，AA_2在水平雨篷底面上的投影Aa_2就是光线在水平面上的投影方向。在所确定的这种光线条件下，阴线AC在门扇、墙面上的落影A_21、$2C_1$与阴线AC其自身平行，可作出其落影（影线段12可以用扩大门洞侧面与阴线AC相交的方法求出）。

连接Aa_2，得墙面上的a_1点，由a_1可得A点在墙面上的落影A_1，AB在门扇上的落影与在墙面上的落影A_1B平行（过A_2点作A_1B的平行线）。

点E在门上的落影可以这样求出：过点E分别作Aa_2和AA_2的平行线，得e_2和E_2点，点e_2和E_2的

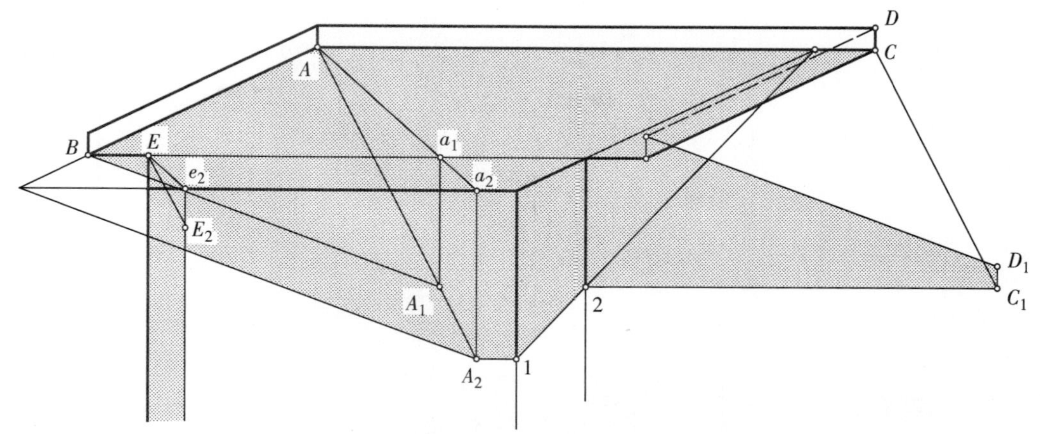

图7–57　雨篷轴测阴影的求法

连线一定为过E点的墙角的平行线在门上的落影。

过D点而垂直于墙面的阴线，与阴线AB平行。它们在墙面、门扇的落影仍然平行。其他的阴影线段不难作出。

例2：作出如图7–58所示的台阶在光线S–s照射下的阴影。

解　落影可用光线迹点法配合应用延长棱边扩大平面法作出。首先求右侧挡墙在台阶面上的落影。用光线迹点法作出点A的落影A_1后，AB线段的一部分在第一级踏面上的落影A_1D_1与AB平行；设想使第二级踢面扩大与AB的延长线交于点1，连线$1D_1$，D_1E_1就是AB在踢面上的落影，AB线段落影在第二级踏面上B_1处结束；BC在第二级踏面上的落影B_1F_1应通过此踏面扩大与BC延长线相交的交点2；BC在第三、四级台阶上的落影可循用上述的方法求出，并可以应用同一直线在互相平行的平面上的落影保持平行的原理，使作图简化。同理可作出左侧挡墙在地面上的落影。

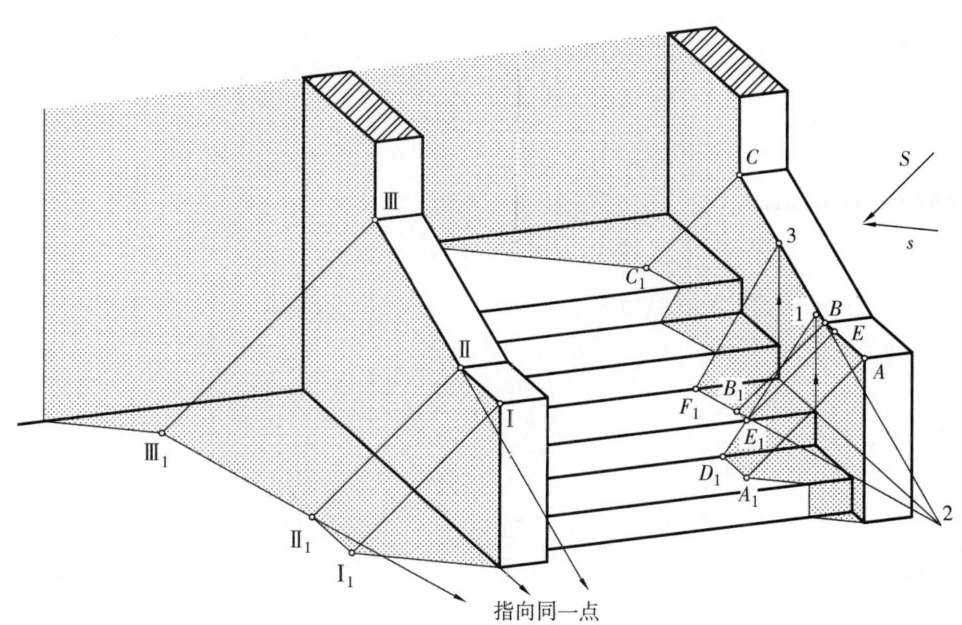

图7–58　门洞与台阶轴测图阴影的画法

第8章 透视图

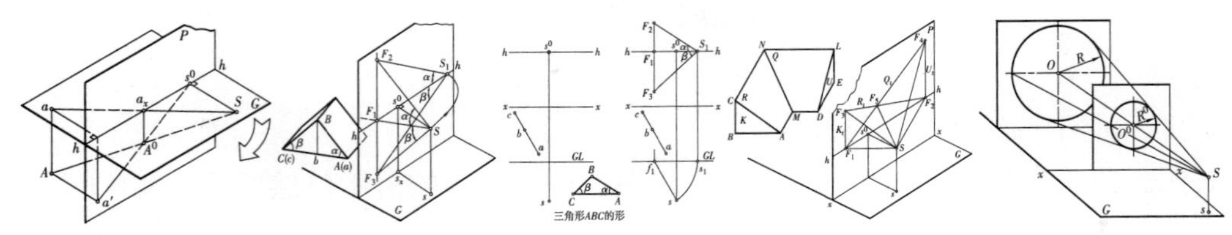

学习目标

（1）掌握点、线、面的透视原理及规律。

（2）一点透视与两点透视图的基本原理与画法。

（3）了解三点透视图的画法。

（4）熟悉任意光线时轴测图与透视阴影的画法。

学习重点

（1）灭点与灭线的概念及其应用。

（2）两点透视图的基本原理与画法。

轴测图（立体图）虽有立体感，但不与人们的视觉印象一致，并且观察者距离物体越近，这种差异就越明显。这是因为轴测投影属于平行投影，而人们的视觉印象相当于中心投影，即由点光源放射出的光线对物体的投影。本章介绍利用中心投影原理画出的与视觉印象相同的图，即透视图。

如图8-1所示，人眼透过透明的投影面（如玻璃）观察物体时，视线与投影面相交形成的图形便是透视图。同样大小的物体距眼睛近的，因视角大，在投影面上的尺度也大；距眼睛远的因视角小，表现在投影面上的尺度也小。另外，相互平行但不与投影面平行的线，其透视将不平行并且将交于一点，称为灭点；同样相互平行的面将有共同的灭线。这种"近大远小"和平行线、平行面有共同灭点、灭线的规律，是透视图的重要特点。在工业产品设计和建筑设计的方案设计阶段，透视图常常用来作为表现图，显示产品和建筑物建成后的形式，用以表达设计意图。

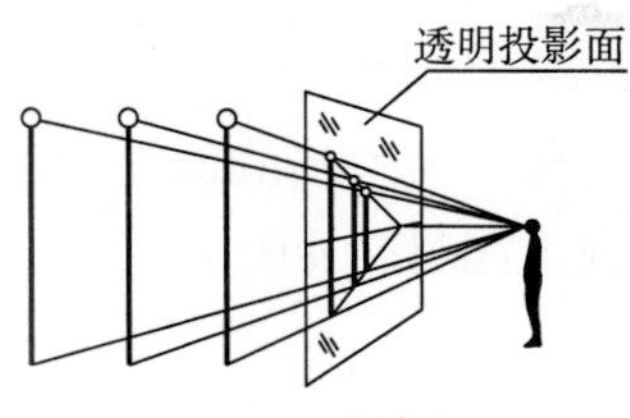

图8-1 透视图

8.1 概述

8.1.1 透视图的术语及其符号

为便于学习透视图的画法，先介绍有关透视图的术语及其符号，如图8-2所示。

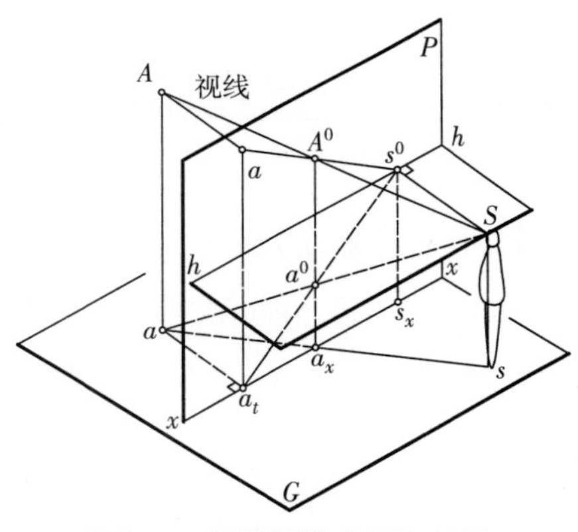

图8-2 透视图的术语与符号

基面（G）——绘制物体透视图时所在环境的地平面。

画面（P）——透视图所在的平面，一般P垂直于G，但画斜透视时P与G倾斜。

基线（x-x或GL）——画面P与基面G的交线。

视点（S）——投射线的集合点，即投影中心，通常为眼睛的位置。过视点S垂直于画面的视线称为主视线，如Ss^0。

站点（s）——视点S的水平投影。

心点（s^0）——视点S对画面的正投影，是主视线与画面P的交点（也称主点）。

视平线（h-h）——过视点的水平面与画面P的交线。

视距（D）——视点到画面的距离，D=Ss^0。

视高（H）——视点到基面的距离，通常是眼睛的高度，即H=Ss。

视线——视点S与物体上某点A的连线，如图8-2中的SA。

当画面为铅垂面时，心点s^0即位于视平线h-h上；视平线h-h与基线x-x的垂直距离即反映视高H；站点s与基线x-x的距离，即反映视距D。

连接视点S与物体（产品或建筑物）上各点的视线与画面的交点，称为物体上各点的透视，如A^0即为A点的透视；按物体上各点的顺序，连接各点的透视构成的图形，称为物体的透视图。

8.1.2 透视图的分类

当物体（产品或建筑物）与画面处于不同的相对位置时，将有不同特点的透视图。透视图按其与画面的相对关系，可以分为三类：

（1）平行透视（一点透视）。当画面P垂直于基面，并且P与长方体形状的产品或建筑物的一个主平面平行时，所作出的透视图称为平行透视。在此情况下，产品或建筑物有一组相互平行的主向轮廓线垂直于画面，其透视有一个灭点s^0，所以又称为一点透视，如图8-3a所示。

（2）成角透视（两点透视）。当画面P垂直于基面，而P与产品或建筑物的两个主要面成一倾角时，所作透视图称为成角透视。此时在画面上有两个灭点F_x及F_y，所以又称为两点透视，如图8-3b所示。

（3）斜透视（三点透视）。当画面P倾斜于基面时（如画面倾斜于产品或建筑物的三个主要面）所作出的透视图称为斜透视。此时在画面上有三个灭点F_x、F_y和F_z，所以又称为三点透视，如图8-3c所示。

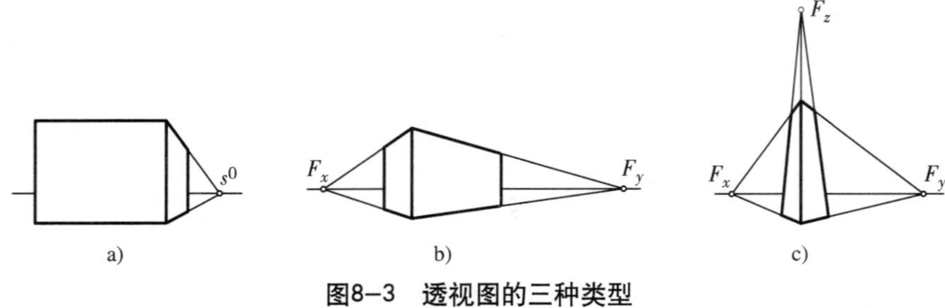

图8-3　透视图的三种类型

8.2　点、直线和平面的透视

8.2.1　点的透视

点的透视，即为通过该点的视线与画面的交点。如图8-2所示，为求作空间A点的透视A^0，首先过A点作一条视线，即连直线SA，然后求作视线SA与画面P的交点（迹点）A^0，A^0即为A点的透视。这种求作点的透视的方法叫做视线迹点法。

在图8-4a所示的投影图中，已知条件以两面投影分别列出的形式给出。下方的图为整个环境的俯视图，把基面G看作水平投影面，站点s是视点S的水平投影，点A的水平投影为a（A点的足）；基线GL是画面P的积聚投影（即xx）。上方的图（相当于画面P的主视图）把画面P看作正面投影面。心点s^0是视点S在画面P上的正面投影，a'是A点的正面投影；hh为视平线，xx是基面G在画面P上的积聚投影。为作图方便，通常不用画出G和P的边界，而直接将作透视图条件画成图8-4b的形式。

图8-4c为求A点透视的作图，其步骤如下：

（1）在基面上，连点s和a，它是视线SA的水平投影。连线sa与基线GL交于a_x。

（2）在画面上，连点s^0和a'，它是视线SA的正面投影。

（3）由sa和基线GL的交点a_x向上引垂线，与s^0a'交得A^0，与s^0a_t交得a^0。A^0为A点的透视；a^0为a的透视，是A点的次透视或基透视（参见图8-2）。

根据点的次透视位置，可以判明点对应于画面的远近：当点在画面P上时，点的透视就是该点本身，点的次透视必然在基线上；当点在基面G上时，点的透视与次透视互相重合；当点在画面P之前时，点的次透视在基线的下方；当点在画面P之后时，点的次透视在基线的上方，而且点在画面后愈远，则其次透视愈接近视平线；画面后无穷远处的点，其次透视位于视平线上。

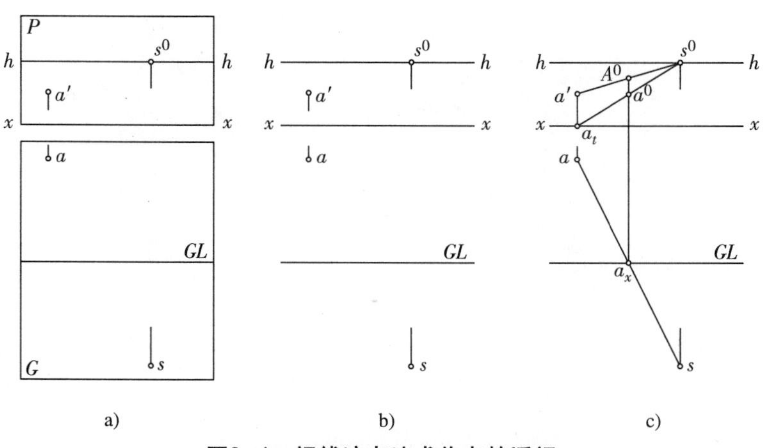

图8–4 视线迹点法求作点的透视

作图时为了节省图面，也可以如图8-5所示，把水平投影（基面G）和正面投影（画面P）重合，即以把画面上的视平线hh和基面上的基线GL重合的形式作图。画面上的基线xx可以不画出。图8-5a为已知条件，图8-5b为所求点透视的作图。

两面投影重合形式的空间关系如图8-6所示，可想象把基面G提高到与视点S重合的高度，使视平线hh与基线GL重合，再以此线为轴，将G面按箭头方向旋转到与P面重合。显然，不管是用两面投影分列还是两面投影重合的形式作图，透视结果相同。

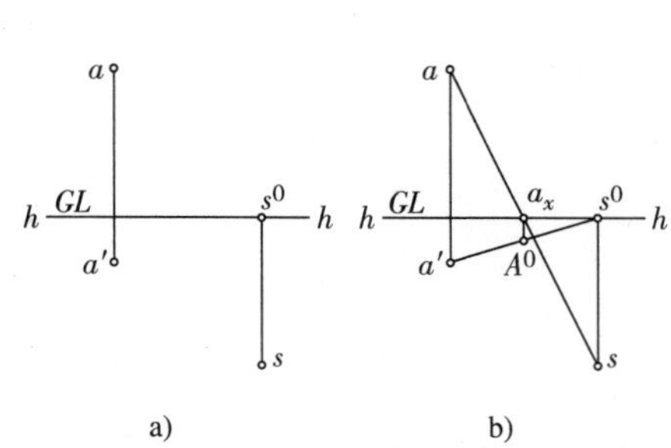

图8–5 P与G重合的视线迹点法求作点的透视

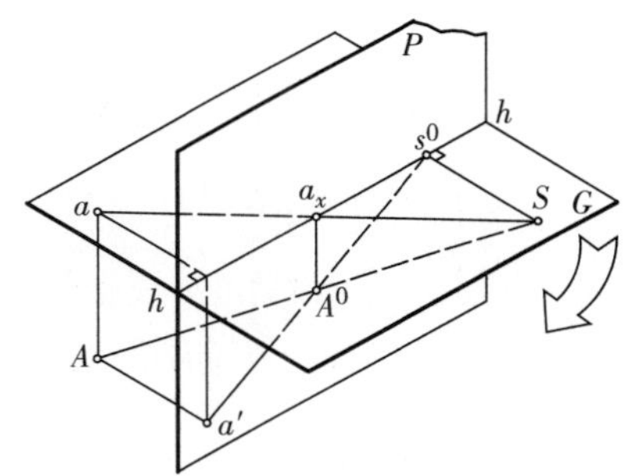

图8–6 G与S重合时点的透视

8.2.2 直线的透视

直线的透视，即为通过该直线的视平面与画面的交线。求直线的透视，也就是求作直线上任意两点的透视。

如图8-7a所示，直线AB的透视，是视平面△ABS与画面P的交线A^0B^0。用视线迹点法求得A、B两点的透视A^0、B^0，再用直线连A^0和B^0，则A^0B^0即为直线AB的透视。同理，直线a^0b^0即为直线AB的水平投影ab的透视，称为直线AB的次透视。

直线AB的透视在投影图中的具体作法表明在图8-7b中，图中是以两面投影分列的形式用视线迹点法求作的。

图8-8是以两面投影重合的形式用视线迹点法作直线AB的透视，作图步骤如下：

（1）作出过直线端点A、B的视线的水平投影sa和sb，它们与基线GL相交于点a_x及b_x，分别过a_x、b_x作铅垂连系线。

（2）作出过A、B两点的视线的正面投影s^0a'、s^0b'，其分别与连系线的交点，即为A、B两点的透视A^0、B^0，连线A^0B^0即是所求AB直线的透视。

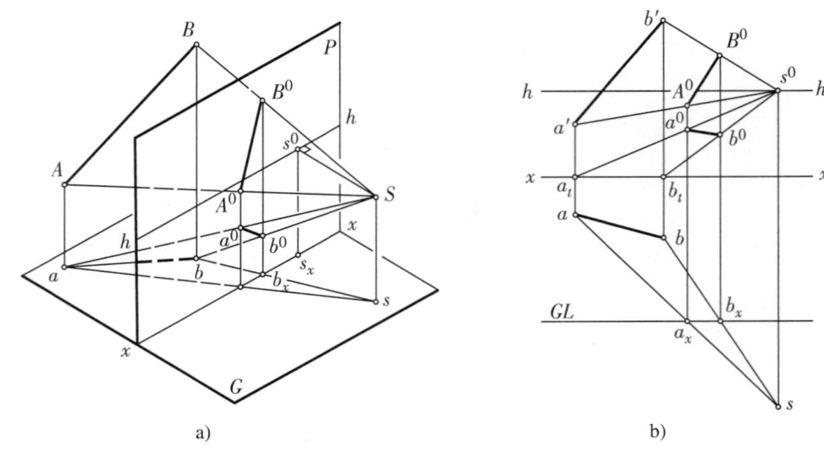

图8–7　直线的透视及其求作方法

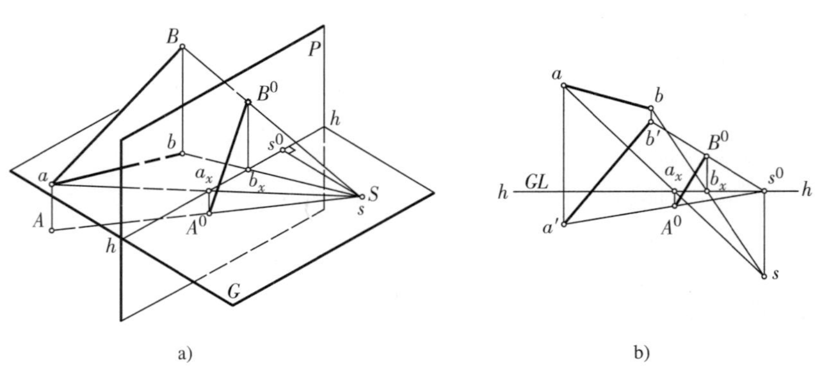

图8–8　*P*与*G*重合的视线迹点法求作直线的透视

用视线迹点法求直线的透视虽然直接，但直线多时很繁杂，如应用直线透视的灭点特性作透视图就较简单、准确，因而在绘制产品效果图或建筑透视图时被广泛应用。

1.直线的灭点

（1）灭点的概念。观望两条远去的铁轨，它们好像在远处相交于一点，站在笔直的大街上，向远处观望街景，街道两侧平行的边线，也好像在远处相交于一点。这一视觉印象所反映的就是透视现象。透视图与平行投影立体图（即轴测图）的区别是，在空间处于相互平行的直线（不平行于画面*P*），它们在透视图上相交于一点，这个点称为灭点。

在图8–9中，设直线*M*与画面交于点*A*，在*M*上取一点*B*，其透视为B^0。随着点*B*在直线*M*上逐渐远离点*A*，其透视B^0将沿画面上的一条线段*AF*逐渐移动而接近于点*F*。*B*点到达无穷远时，通过站点的视线就平行于已知直线*M*，其透视就到达*F*。这样的点*F*就称为直线*M*的灭点。点*A*是直线*M*的迹点，线段*AF*称为直线*M*的透视方向线。所以，直线的灭点就是直线上无穷远点的透视，即平行于此直线的视线与画面的交点。

设直线*N*为平行于*M*的另一条直线，*N*线的灭点也是*F*。所以互相平行的直线，它们的透视有一个共同的灭点。求作空间直线的灭点的方法，就是过视点作视线平行于已知直线，该视线与画面的交点就是已知直线的灭点。

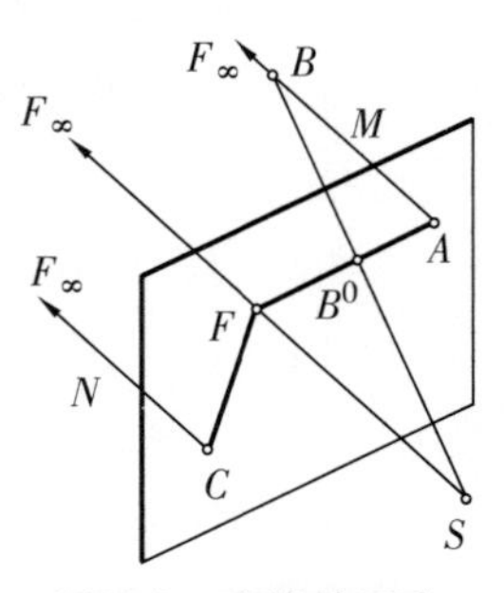

图8–9　直线的灭点

（2）各种位置直线的灭点

1）与画面相交的水平线。一切与画面相交的水平线，其灭点均在视平线上。因为平行于水平线的视线也是水平线，所以它们与画面相交于视平线上。在实际绘图中，最常见的是与画面成90°、45°、30°、60°等特殊角度的水平线。这类水平线的灭点如图8-10所示，其求法如下：

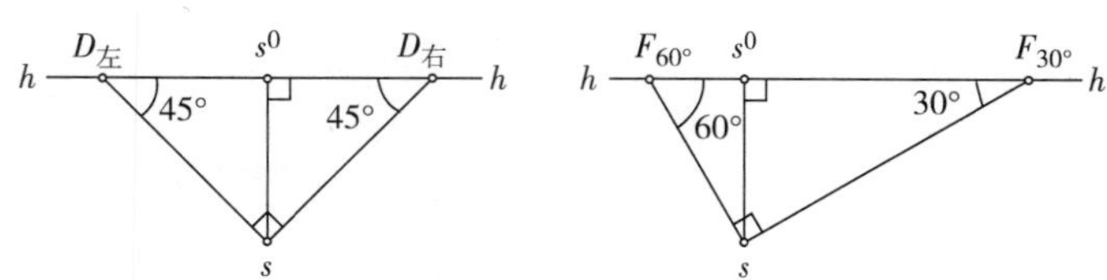

图8-10 与画面成特殊角度的水平直线的灭点

垂直于画面的直线，其灭点为心点s^0。

过视点S作与画面成45°角的水平视线，与画面相交得点$D_左$（或$D_右$），即为与画面向左（或向右）成45°角的水平线的灭点。因为$D_左$（或$D_右$）到心点s^0的距离正好等于视距Ss^0，所以这样的灭点称画距点。绘图时，若心点和视距已知，可直接在视平线上自心点向左、右各量取视距长，即得画距点$D_左$、$D_右$。

过视点S作与画面成30°和60°角的水平视线，分别与画面相交于点$F_{30°}$和$F_{60°}$，即为与画面成30°和60°的水平线的灭点。因为30°和60°互为余角，所以$F_{30°}$和$F_{60°}$又称余点。绘图时，若心点和视距已知，可按三角函数关系计算出，

$$s^0F_{30°} = \cot 30° \quad Ss^0 = \sqrt{3}Ss^0 \approx 1.73Ss^0$$

$$s^0F_{60°} = \cot 60° \quad Ss^0 = \sqrt{3}Ss^0/3 \approx 0.58Ss^0$$

依此，可在视平线上直接量得余点$F_{30°}$和$F_{60°}$。

2）与画面相交的倾斜线。一切与画面相交的倾斜线，其倾斜方向可由两个角度控制，一个是其水平投影与基线的夹角；另一个是本身与其水平投影的夹角（分上升角和下降角），其灭点如图8-11所示，求法如下：

由视点S作水平视线平行于直线AB和BC的水平投影（其水平投影在同一直线上），与视平线交得灭点F_1；再由S点作视线分别平行于AB和BC，它们与水平视线SF_1的夹角分别为上升角α和下降角β，并分别与画面交得上灭点F_2、下灭点F_3。因为视线SF_1、SF_2和SF_3在同一铅垂面内，这个铅垂面与画面的交线是一条铅垂线，所以，F_1、F_2和F_3必位于同一条垂直于视平线的直线上。

有上升角的倾斜线的灭点，又叫天点（或天灭点），它必位于视平线的上方；有下降角的倾斜线的灭点，又叫地点（或地灭点），它必位于视平线的下方。在画面上作天点和地点，可以通过重合视点法来实现。如图8-11所示，假想把铅垂面$\triangle F_2F_3S$以F_2F_3为轴旋转重合到画面上，得重合视点S_1，它必位于视平线上，且$\angle F_2S_1F_1=\angle F_2SF_1=\alpha$，$\angle F_3S_1F_1=\angle F_3SF_1=\beta$。

如图8-12所示的投影图上，若已知$\triangle ABC$的实形及其水平投影（积聚成一直线abc），并且底边AC为水平线。用上述重合视点法求其倾斜线AB和BC的灭点的作图步骤如下：

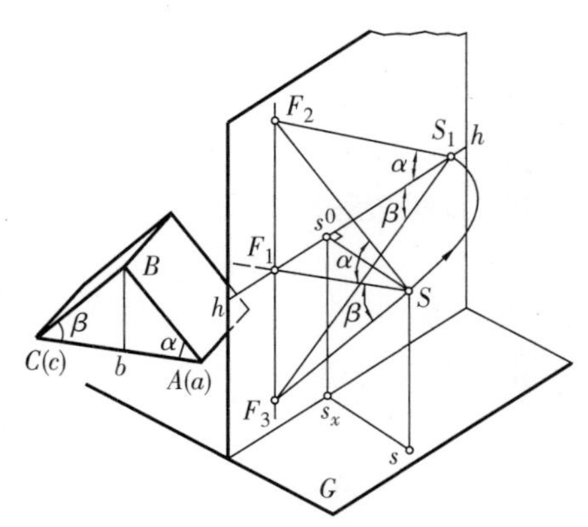

图8-11 倾斜线的灭点

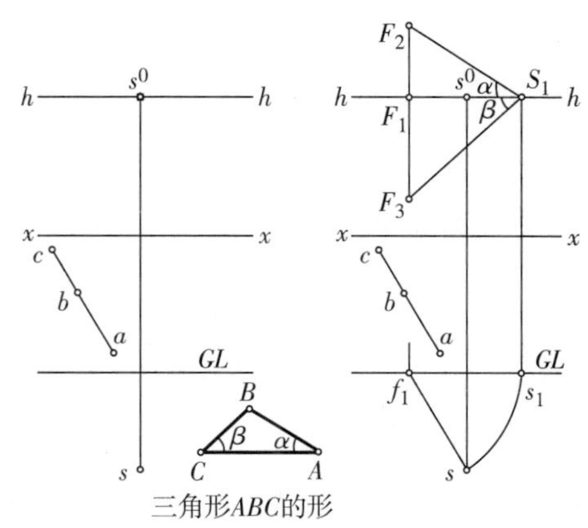

图8-12 倾斜线灭点的求法

① 在平面图中过站点s作视线的投影平行于ab和bc，与基线GL交得灭点的投影f_1；以f_1为圆心，以f_1s为半径作圆弧，与GL交得重合视点的投影s_1。

② 把GL上的f_1和s_1投向画面的视平线上，得灭点F_1和重合视点S_1，过S_1分别作与视平线成上升角α和下降角β的直线，交过F_1的铅垂线得天点F_2和地点F_3。

3）与画面平行的直线。与画面平行的直线没有灭点，因为由视点引出的与这类直线平行的视线也和画面平行。或者说其灭点在画面上无限远处。与画面平行的直线的透视，必然平行于该直线。

2. 求直线的透视

（1）水平线的透视。如图8-13所示，在基面上有一矩形$ABCD$。由于相互平行而不与画面平行的直线有共同的灭点，由它们的灭点和迹点便可求出其透视。由站点s作两组直线的平行线，与GL相交，向上引垂线，在hh线上可得二灭点F_1、F_2。将BC、CD二直线延长与GL相交可得直线的迹点。在画面上将迹点与相应的灭点相连便可求得四条直线的透视。这时相互平行的线都交于一个灭点：B^0C^0与A^0D^0交于灭点F_2，A^0B^0与C^0D^0交于灭点F_1。求出此四条直线的透视，即矩形平面的透视。如果这四条直线不在基面上，而是距基面有一定的高度，其灭点的位置仍不变，只是迹点位置将不在xx线上，也将相应提高。

（2）铅垂线的透视。如图8-14所示，有A、B、C、D、E五根等距电线杆，五根电线杆所在平面垂直于画面P。由于每根杆平行于画面P，所以杆所在的一组平行线没有灭点。但其顶部、底部的连线是垂直于画面的直线，其灭点是心点s^0。如果求出铅垂线顶部、底部连线的透视，铅垂线的透视高度便可以被确定。所以，由站点s作垂线定出心点s^0，由s^0与铅垂线顶部、底部二直线的迹点相连可得其透视。

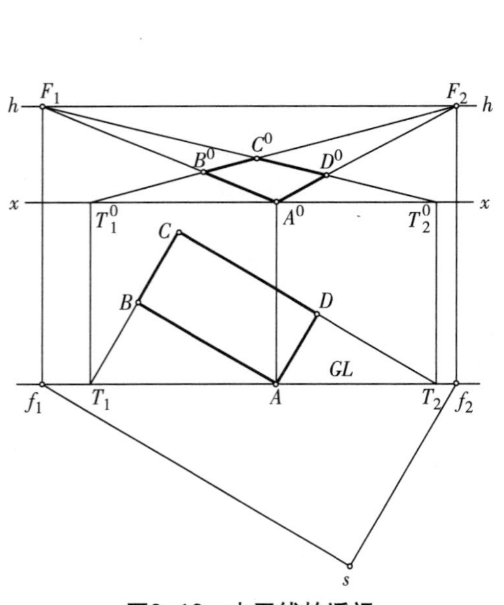

图8-13　水平线的透视

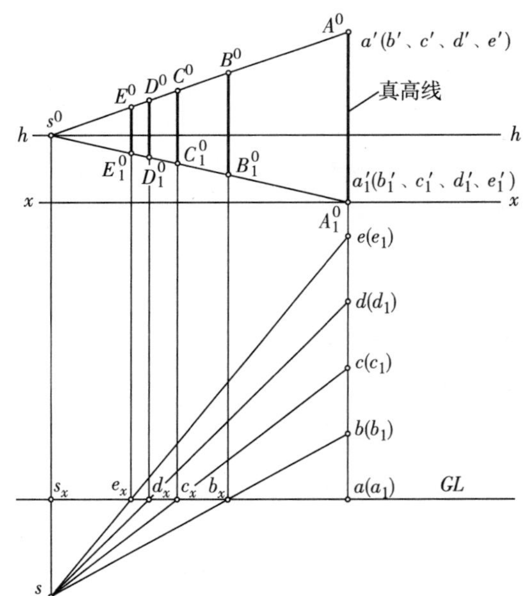

图8-14　铅垂线段的透视及真高线的应用

站点s与铅垂线的水平投影a、b、c、d、e的连线与GL相交可得铅垂线的透视宽度点a（a_1）、b_x、c_x、d_x、e_x，将这些点投向画面即求得这组铅垂线的透视$A^0A^0{}_1$、$B^0B^0{}_1$、$C^0C^0{}_1$、$D^0D^0{}_1$、$E^0E^0{}_1$。

从图中可以看出，铅垂线的透视仍然是互相平行的，其透视的高度是渐变的，愈远愈矮，其透视的间隔也是越远越窄。

值得注意的是：铅垂线AA_1位于画面上，它在画面上的透视反映了真实的高度。在绘制透视图时，为了确定各处的透视高度，常常要借助于这样的能反映线段真实高度的透视线，这种位于画面上的铅垂线称为真高线。

3.直线透视的分割

确定了直线的透视之后，可以采用定比分割的方法分割直线的透视。

如图8-15所示，已知直线AB，要将它分割为三等分，由A点任作一直线$A3$，先将$A3$分为三等分，然后将3与B相连，由2、1作$B3$的平行线便可将AB也分为三等分（分割为非等分的也可用同样的方法作出）。这个定比关系可以用于透视中。

（1）水平直线的透视分割。在图8-16中，A^0B^0为水平直线AB的透视。如要将其分为三等分，可过A^0作一直线平行于hh，即作一水平的画面平行线。由于此线平行于画面，可按实际尺寸分为三等分。然后延长直线B^03与hh相交得一交点V。直线AB与直线$A3$都是水平线，这两条直线间平行于B^03的直线的灭点就是视平线上的V点。为分割A^0B^0成三等分，由V与A^03上的1、2相连，便可定出A^0B^0上的分割点位置。

（2）任意二平行直线的透视分割。如图8-17所示，A^0B^0与C^0D^0是二平行直线的透视。A^0B^0或C^0D^0的透视分割均可以对方为辅助灭线。如要分割C^0D^0为定比线段，由C^0作一直线平行于A^0B^0，并将它作定比分割，得1、2、3三个点。连接3和D^0并延长，与A^0B^0相交于V。由V与1、2两点相连便可在C^0D^0上交得分割点1^0、2^0。这种任意二平行直线的透视分割方法叫平行互分法。

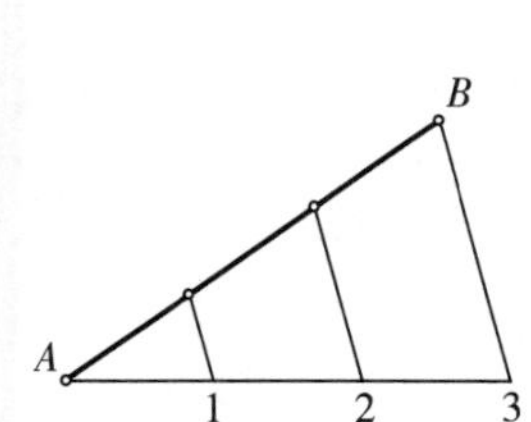

图8-15　直线的定比分割

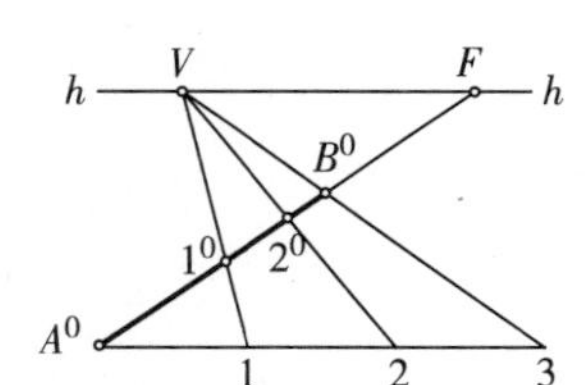

图8-16　水平直线的透视分割

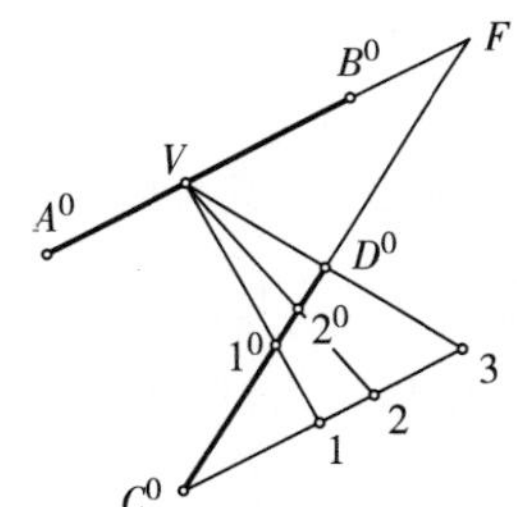

图8-17　任意二平行直线的透视分割

（3）铅垂线的透视分割。由于铅垂线是画面平行线，直线上各线段的透视长度之比等于各线段的长度之比，因此，可以在透视图上直接确定各分割点的位置，如图8-18a所示。也可以在视平线hh上任选一个灭点F，作透视线FA^0和FB^0，并把实际的AB直线平移到所作的透视线之间（可看作是真高线）。这样，就可以过AB上的分割点作透视线消失于灭点F，而求出A^0B^0上的各分割点，如图8-18b所示。

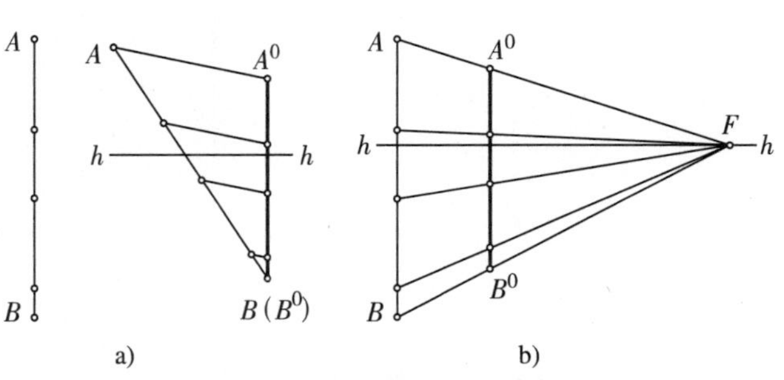

图8-18　铅垂线段的透视分割

8.2.3 平面的透视

1.平面透视的画面

绘制平面图形的透视，可以归结为作出此平面各边的透视，或求构成平面的各直线交点的透视。图8-19是用直线的灭点和心点求作位于基面上的L形平面$ABCDEG$的透视，心点s^0是过b、c、d、e各点所作垂直于基面的直线的灭点。图8-20是通过求多边形各顶点的透视来完成同一多边形的透视，作法已表明在图中。

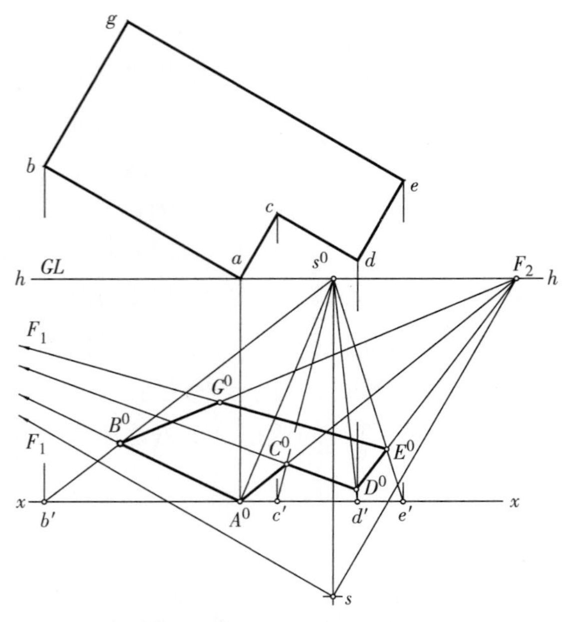

图8-19　用直线的灭点和心点求作多边形平面的透视

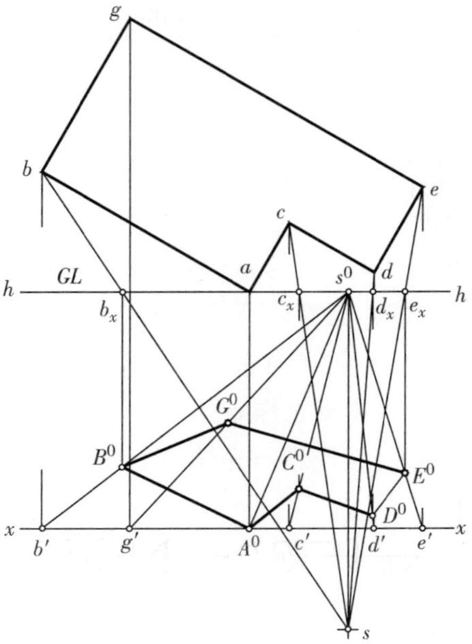

图8-20　用点的透视作平面多边形平面的透视

平行于画面的平面图形的透视，与该平面图形是一个相似形，其大小及在画面上的位置决定于平面与视点及画面的相对位置。图8-21为一平行于画面的五边形$ABCDE$的透视作图。其透视图$A^0B^0C^0D^0E^0$为一个与$ABCDE$相似的五边形。

2.平面的灭线

（1）灭线的概念。空间直线无限延长，其透视在画面上将终止于它的灭点。平面无限扩大，其透视在画面上则终止于它的灭线。如图8-22所示，由AC和BC两直线所决定的平面Q，与

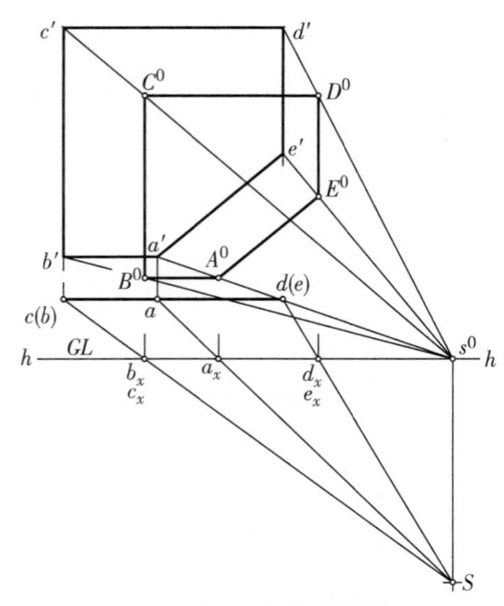

图8-21　画面平行平面的透视

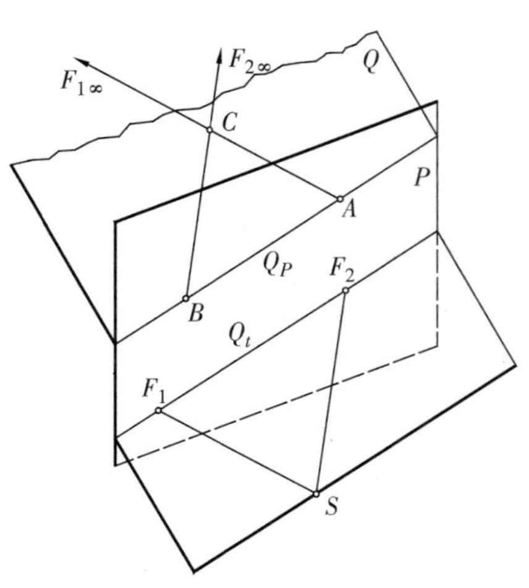

图8-22　平面的灭线

画面相交于直线Q_P，直线Q_P是Q平面的迹线，Q_P必过直线AC和BC的迹点A和B。当平面Q离开画面无限扩大时，则其上的直线AC和BC将延长而得两个无限远的点$F_{1\infty}$和$F_{2\infty}$。为求这两个无限远点的透视，过视点S作与直线AC和BC平行的两条视线，与画面相交得灭点F_1和F_2，由F_1和F_2所组成的直线Q_t便是Q平面上无限远处直线的透视，也就是Q平面的灭线。所以，求平面的灭线可归结为分别求出平面内任意两条相交直线的灭点的连线，或求出平行于此平面的视平面与画面的交线。由几何学知，两个互相平行的平面与第三个平面的交线必互相平行，所以平面的灭线和迹线必互相平行。与互相平行的直线共有同一个灭点一样，互相平行的平面的透视共有一条灭线。

（2）各种位置平面的灭线。根据平面的灭线为平行于此平面的视平面与画面的交线的定义，不难理解下列各种位置平面的灭线的特点：

1）水平面的灭线为视平线，图8−23a所示的平面Q的灭线Q_t在视平线上。

2）铅垂面的灭线必垂直于视平线，图8−23b所示的灭线R_t即垂直于视平线。

3）画面垂直面的灭线必过心点，图8−23c所示的平面I的灭线I_t即通过心点。

4）一般位置平面的灭线必倾斜于视平线，图8−23d中的J_t即倾斜于视平线。

5）平行于画面的平面没有灭线，或者说灭线在画面上无穷远处，图8−23e所示的平面K就没有灭线，即平面K上的任何直线都不与画面P相交。

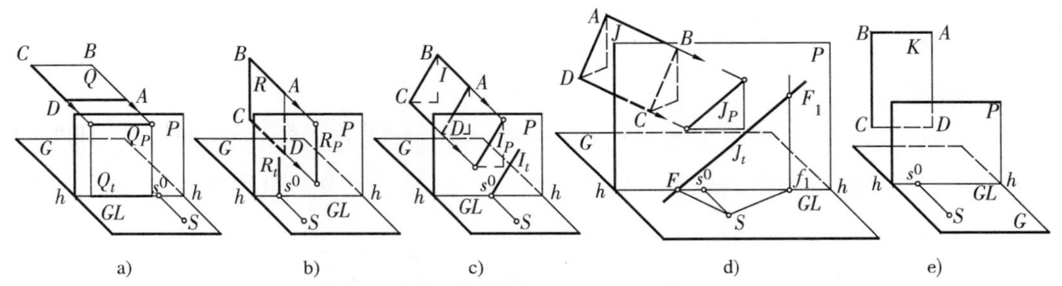

图8−23　各种位置平面的灭线

（3）两平面交线的灭点。由于平面的灭线可由此平面内两条相交直线的灭点求出，故图8-24所示的平面R的灭线可以这样求出，R内两条相交直线AM（水平线）和AC（画面倾斜线）的灭点是F_2和F_3（AC和AB在同一铅垂面内，故F_3必在过水平线AB的灭点F_1的铅垂线上），连F_2和F_3就可得R平面的灭线R_t。同理，Q平面的两条相交直线DM和DL的灭点是F_1和F_4（DL和DE在同一铅垂面内，故F_4必在过水平线DE的灭点F_2的铅垂线上），连F_1和F_4就得Q平面的灭线Q_t。由图可知，R_t和Q_t的交点F_5恰是R、Q两平面的交线MN的灭点。因为R平面内的所有直线的灭点必定在R平面的灭线R_t上，而Q平面内的所有直线的灭点必定在Q平面的灭线Q_t上，所以R、Q两平面交线的灭点必为R_t和Q_t的交点。

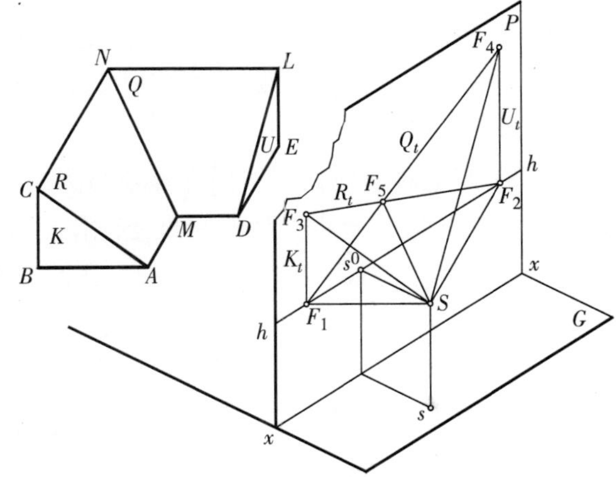

图8−24　两平面的交线的灭点

因此，我们可以得出一条重要结论：两平面交线的灭点，即为此两平面灭线的交点。

图8−25为在房屋透视图上作出各棱线的灭点和各棱面的灭线的实例。并在图中做了必要的标记，再请读者运用前面所述的直线的灭点和平面的灭线的有关知识，分析图中灭点、灭线与

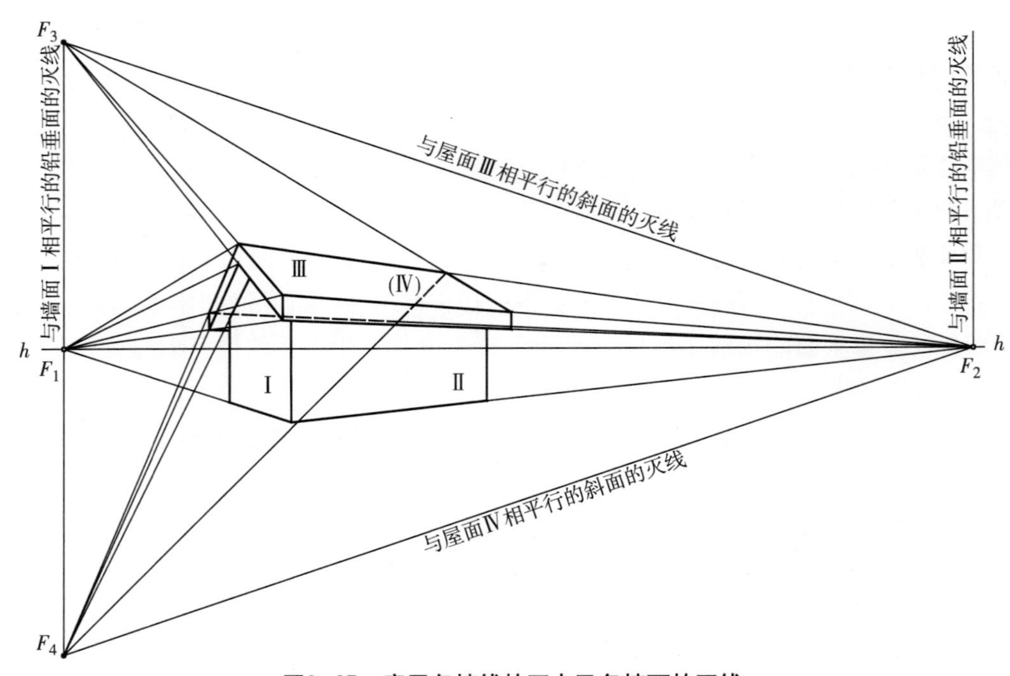

图8–25　房屋各棱线的灭点及各棱面的灭线

棱线、棱面的关系。

3.平面透视的分割

在实际绘制透视图时，经常需要对所求轮廓的透视进行分割。例如在建筑立面的透视中求墙面上门、窗、柱等建筑构件的位置；或在建筑物平面的透视中分隔房间、作地面分格等，可用透视分割的办法来完成。

（1）透视立面的分割。如图8–26所示，已知立面*ABCD*的透视$A^0B^0C^0D^0$，且$A^0B^0=AB$，要求按实际尺寸比例对该立面*ABCD*作垂直和水平分割。此处实际上是水平线和铅垂线透视分割的综合应用。过A^0点作水平线，并把立面上*AD*的垂直分割点不改变地移到此水平线上，并使*A*重合于A^0。连点*D*和D^0，在视平线上得灭点*V*。连点*V*和C^0，在基线上得*C*。显然，*DC*必垂直于视平线。再把立面的水平分割点不改变地移到*DC*上。这样，利用辅助灭点*V*，就可将立面透视进行垂直和水平分割。

图8–27是对透视立面作任意等分的例子。若作垂直三等分，可先对平面作水平三等分，然后，利用对角线与水平分线的交点便能作出竖向三等分。当对立面透视作二等分时，利用对角线的交点即可作出水平或竖向二等分，作四等分也如此。

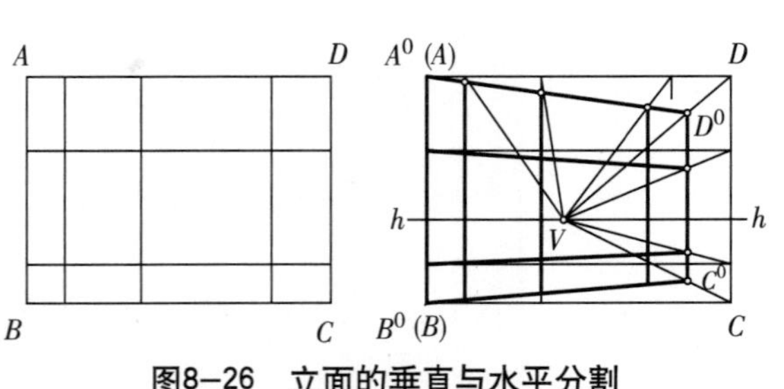

图8–26　立面的垂直与水平分割

图8–27　对透视立面的任意分割

（2）透视平面的分割。图8–28所示$A^0B^0C^0D^0$为某透视图，若对其A^0D^0和C^0B^0作定点分割，可利用平行互分法从角点A^0作直线A^0D平行于C^0B^0，及过角点B^0作直线B^0C平行于A^0D^0，然后在这两条线上分别截定分点如1、2、3、4、5、D或C等；连C和C^0并延长与A^0D^0相交于M_1；连D和D^0并延长与B^0C^0相交于M_2。最后，将1、2、3…点与M_1或M_2连线，即得各分点。同理可得另一方向的分割。

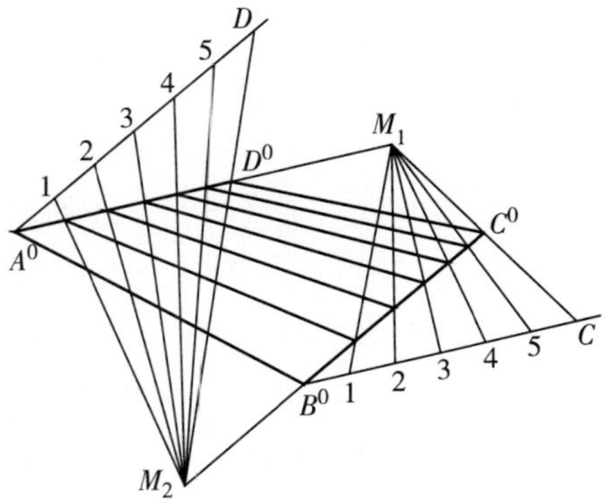

图8-28 透视平面的任意分割

（3）透视分割的应用

1）已知某水平面矩形$ABCD$的两点透视$A^0B^0C^0D^0$如图8-29a所示，要在纵横两个方向延续作出若干个与原矩形全等的矩形，步骤如下：

①如图8-29b所示，延长$A^0B^0C^0D^0$两边，求得两个灭点F_x和F_y。

②连接对角线A^0C^0得该对角线的灭点F_1。

③将F_1与B^0、D^0相连，即可作出连续矩形。

2）已知两等高相邻的立面矩形的透视$A^0B^0C^0D^0$和$C^0D^0E^0G^0$，如图8-30a所示，试再做一个相邻的等高矩形$E^0G^0M^0L^0$，使之与矩形$A^0B^0C^0D^0$对称。作图步骤如图8-30b所示：

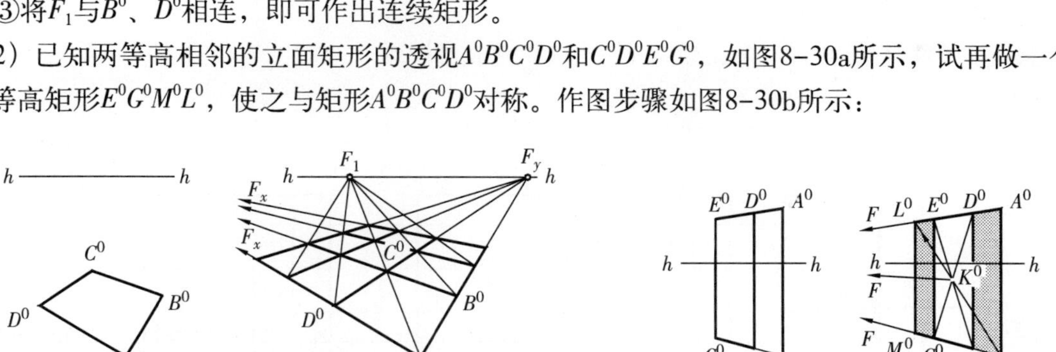

图8-29 水平矩形的延续　　图8-30 铅垂面矩形的延续

①利用对角线透视的交点求矩形$C^0D^0E^0G^0$的几何形心的透视K^0。

②连A^0E^0、B^0G^0交hh线于F点，即矩形透视的灭点，连FK^0。

③连接B^0K^0并延长交A^0F于L^0点。

④过L^0点作视平线的垂线可得M^0。

3）如图8-31所示，已知某楼房正立面及其透视$A^0B^0C^0D^0$，其中A^0B^0为真高线。试按图8-31a所示立面门窗位置画全其透视。

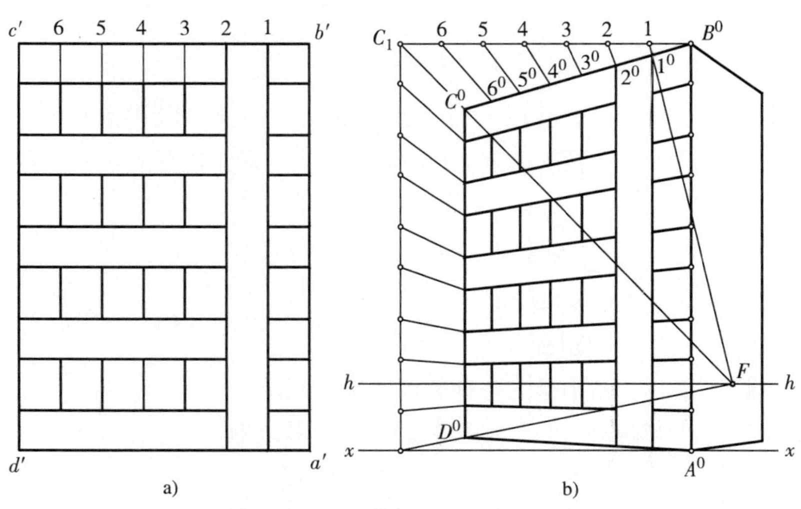

图8-31 某楼房正立面透视的画法

① 在原立面图8-31a上定1、2、… 6点，平移此立面图使b'与B^0重合。

② 连C_1C^0并延长得F。

③ 在图8-31b中连$1F$、$2F$、… C_1F等得1^0、2^0、3^0、4^0、5^0、6^0、C^0等点。

④ 高度方向利用与步骤③的同样方法取得个分割点的透视。

⑤ 将C^0D^0上的分割点与真高线上对应点相连，过1^0、2^0、… 6^0、C^0点做铅垂线。

⑥ 擦去多余的线段，加深轮廓线即可。

4）图8-32a为某立面墙上三个相等的窗立面图，已知一窗的外轮廓透视$A^0B^0C^0D^0$，如图8-32b所示，其中A^0B^0为真高线。完成该三窗透视的作图步骤如下：

① 在图8-32a上利用对角线确定参考点1、2、3、… 14、15等点。

② 在真高线A^0B^0上按步骤①所分割的比例进行分割得1^0、2^0、3^0、4^0点。

③ 求灭点F，将1^0、2^0、3^0、4^0点与灭点F相连。

④ 连对角线A^0C^0并延长的5^0、6^0、7^0点。

⑤ 连8^09^0点得9^0、10^0、11^0、12^0、13^0等点并完成透视图。

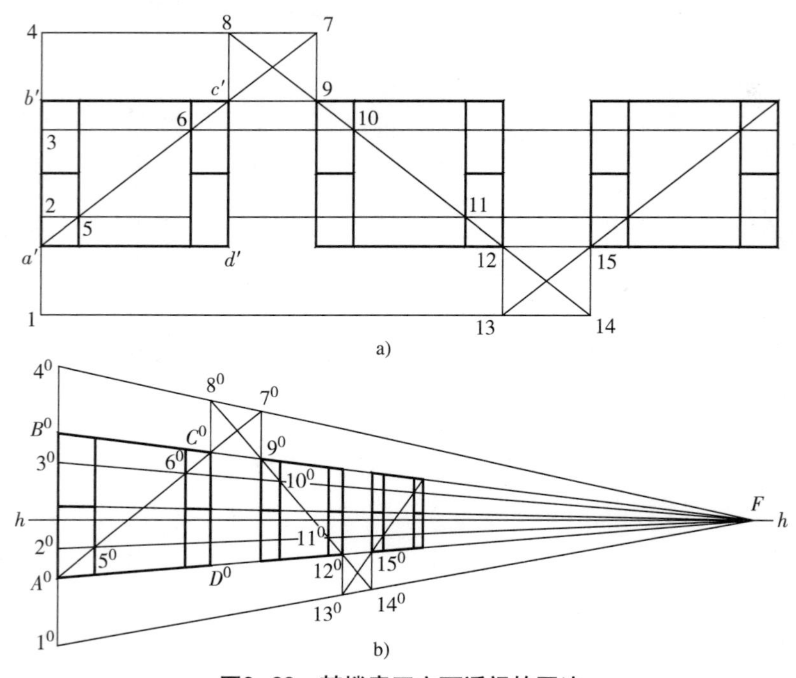

图8−32　某楼房正立面透视的画法

4.圆周的透视

（1）圆周透视的分析。观看圆周时，视线的集合近似一个以视点S为顶的圆锥面，如图8-33所示，则圆周的透视即为圆锥面与画面P的截交线。依画面位置的不同，圆周的透视多为圆或椭圆。

（2）平行于画面的圆周。如果圆平行于画面，其透视仍是圆，如图8-34所示，其作图步骤如下：

① 求出圆心的透视和半径的透视长度。

② 以圆心的透视为圆心，以半径的透视长度为半径画圆。

（3）不平行于画面的圆周。圆周构成的圆平面和多边形平面一样具有消失特性。为作图方便，可用外切正方形将圆周包络起来，外切正方形和对角线，与圆周分别相切、相交于八

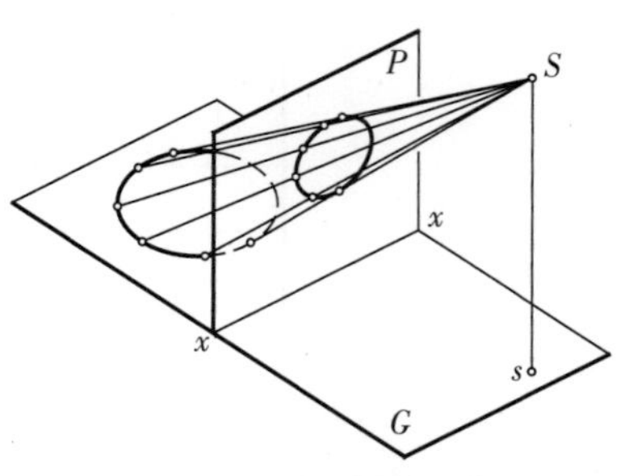

图8−33　圆的透视的形成

个点。在作图时，先作出外切正方形的透视，然后，再用“八点法”作出内切椭圆。

求作一水平圆周的透视，如图8-35所示，已知圆的外切正方形的一边A^0B^0重合于画面。首先过A^0和B^0分别作透视线到心点s^0，过B^0作对角线的透视线到画距点D；再过A^0s^0和B^0D的交点D^0，由D^0作基线的平行线交B^0s^0于C^0。四边形$A^0B^0C^0D^0$即为已知圆的外切正方形的透视。然后就不难用“八点法”画出所求椭圆。

图8-36是作一个与画面倾斜但垂直于基面的圆周的透视。已知灭点F和圆的外切正方形的一条边的透视A^0B^0。连A^0F和B^0F得正方形上下两边的透视。再过A^0作对角线的透视线到$F_{45°}$；由B^0F和$A^0F_{45°}$交得点C^0，由C^0向上引垂线交A^0F于D^0点。则$A^0B^0C^0D^0$即为已知圆的外切正方形的透视。然后用“八点法”可画出所求的椭圆。

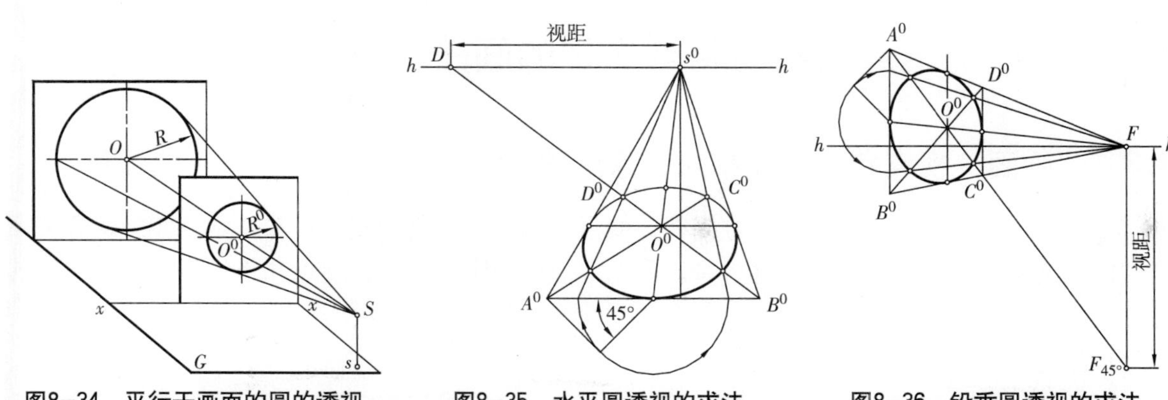

图8-34　平行于画面的圆的透视　　图8-35　水平圆透视的求法　　图8-36　铅垂圆透视的求法

图8-37为不同位置的水平圆和铅垂圆的透视变形特点：

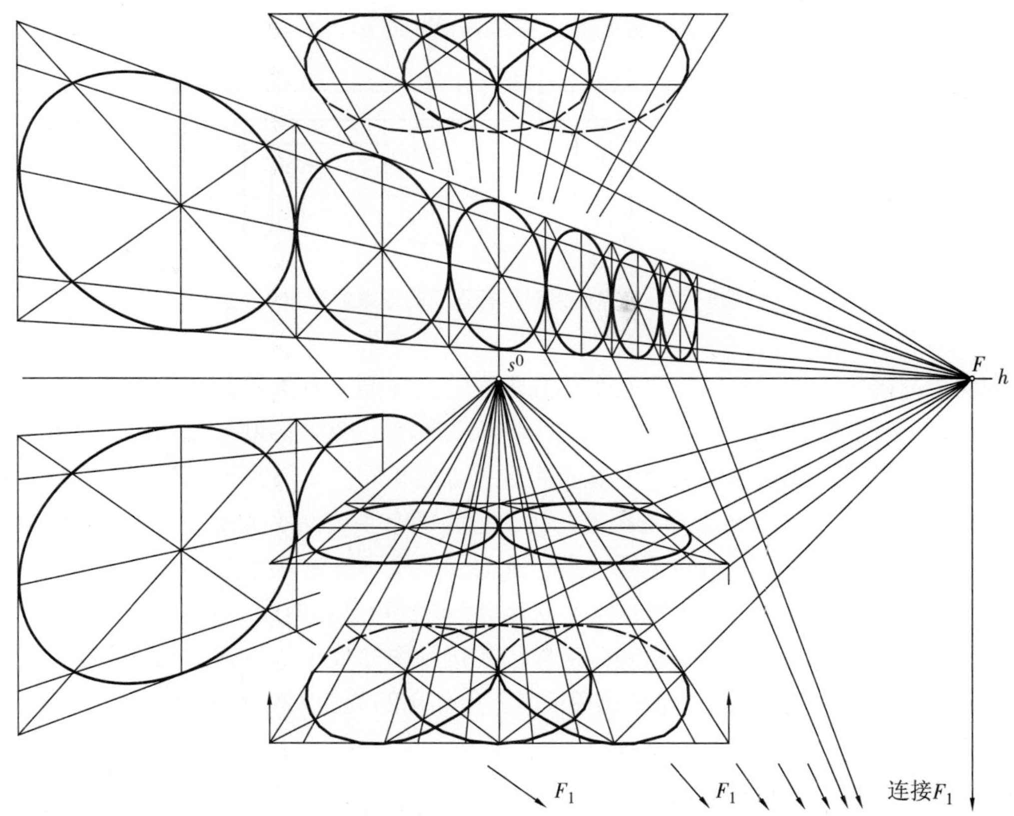

图8-37　不同位置的水平圆和铅垂圆的透视变形特点

当圆位于视平线以上（或以下），其透视向下（或向上）消失。

当圆位于视点的左上方或右下方，其透视变形呈左高右低。

当圆位于视点的右上方或左下方，其透视变形呈右高左低。

当圆心位于过视中线的铅垂面上，其透视变形保持左、右对称。

水平圆的高度越接近视平线，其透视变形椭圆就越扁，直到圆与视平线等高时，其透视变成一条线。

同理，从图8−37中还可看出铅垂圆的透视变形特点。位于同一铅垂面、同一高度上的大小相同的圆，其透视变形，由近至远越来越窄，越来越小。当圆位于视点的左上方时，透视变形呈左高右低；当圆位于视点左下方时，透视变形呈左低右高。

8.3 立体的一点透视与两点透视的画法

8.3.1 画面、视点和物体间相对位置的确定

绘制透视图之前，需要首先确定画面、视点和物体三者之间相对位置，这一相对位置关系将直接影响所作出的透视图的视觉效果。所以本节专门研究画面、视点和物体间相对位置及其对所作透视图的视觉效果的影响。

1.画面位置的确定

画面与建筑物的相对关系包括画面对被画物体（产品或建筑物）主要面的偏角及画面与物体的前后位置关系。当求作平行透视时，画面与物体的主要面平行，即画面偏角为零。平行透视常用来画街景、室内透视、纪念碑、大门等建筑物。这种透视作图较简单。当与画面垂直的主视线在正中时，透视图具有平稳、庄重、雄伟的效果，但有时可能显得呆板，如图8−38a所示。如将主视线偏离中线，图面效果会好些，如图8−38b所示。

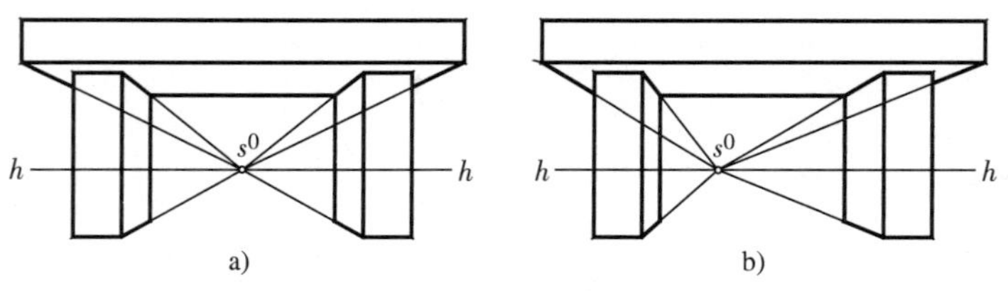

图8−38　心点位置对平行透视的效果的影响

当作成角透视时，画面与建筑物两个相互垂直的主要面应有偏角。成角透视的立体感强，图面显得生动。画面与主要面的偏角为了作图方便常取45°、30°或60°。偏角为45°时，心点与两个灭点的距离相等，被画物体两个主要面的透视变形相同，图面常显得单调，一般少用。偏角为30°或60°时，两个灭点与心点的距离一远一近，两个主要面的透视变形不同，图面效果较好。在作透视图时，为取得理想的透视效果，画面偏角也不一定取用上述的常用角度，而可以自定。如图8−39所示。另外，主视线的位置也影响到透视可见面的大小。

画面与建筑物的前后位置关系影响到所作出的透视图的大小。当画面在建筑物前面时，所作出的为缩小的透视图；当画面在建筑物后面时，所作出的为放大的透视图。

2.视点

在绘制透视图时，人的眼睛是固定不动的，人眼所见外界景物的范围有一定限度，其清晰视野如图8−40a所示，是一个以视点S为顶点，视中线为轴线，视角小于60°的圆锥体，叫视锥。

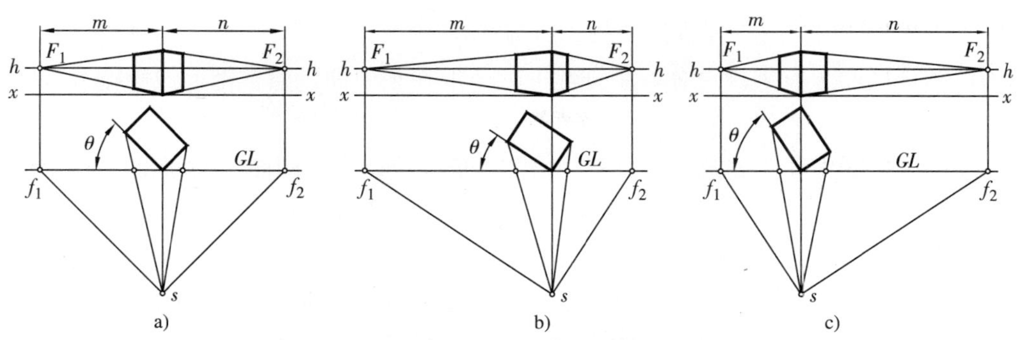

图8-39 画面偏角对透视效果的影响

视锥与画面P相交的圆的范围，叫视野。透视图像应位于此视野内，否则求得的透视图将出现失真现象。若把视锥向基面投影，可得到水平视角$\angle asb=\angle ASB$。此水平视角一般不超过60°（即半视角一般不超过30°），而最清晰视角为28°～37°（即半视角为14°～18.5°）。

在实际绘制透视图时，如图8-40b所示，以主视线的水平投影ss_x为分界线，其左半视角与右半视角往往不相等。我们把大的一侧叫大半视角，如$\angle ass_x$；把小的一侧叫小半视角，如$\angle bss_x$。同时也把透视图中的画宽以ss_x为分界分成两半，大半视角所对应的部分a_xs_x叫大半画宽；小半视角所对应的部分b_xs_x叫小半画宽。我们所说的控制水平视角不超过60°，实际上是通过控制大半视角不超过30°来实现。如图8-40b所示，水平视角$\angle asb<60°$，但大半视角$\angle ass_x<30°$。

大半视角的大小与大半画宽及视距有关，如图8-40c所示，设大半视角为$\alpha/2$，大半画宽为L_1，视距为D，则

因为 $\tan\alpha/2=L_1/D$，

所以 $\alpha/2=\arctan L_1/D$，

当$\alpha/2=26.5°$，$D/L_1=2.0$；

当$\alpha/2=18.5°$，$D/L_1=3.0$；

当$\alpha/2=14°$，$D/L_1=4.0$。

所以，为了使绘制的透视图处于清晰视角范围内，我们通常把D/L_1的比值控制在3～4的范围内。在实际绘图时，若以垂直视角为控制视角，其控制方法相同。

一般的情况下，可以采用如下的方法确定视点的平面位置。

第一种方法，如图8-41a所示：

①过建筑物平面图中所选定的点（如墙角点b）作画面迹线GL，使GL与平面图的前沿ab成所需的画面偏角θ（一般选30°）。

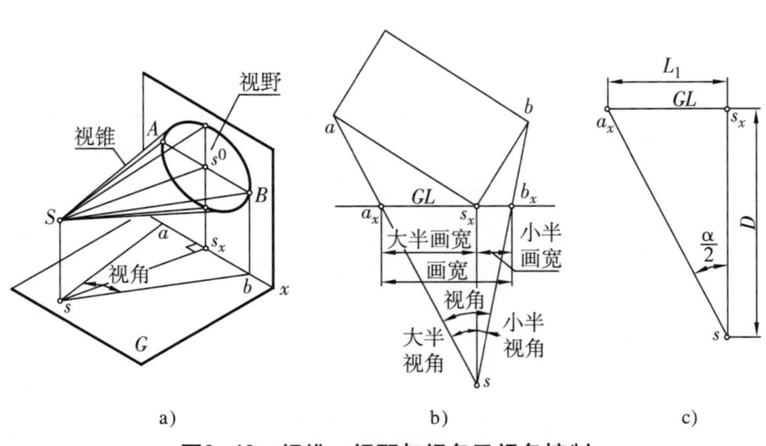

图8-40 视锥、视野与视角及视角控制

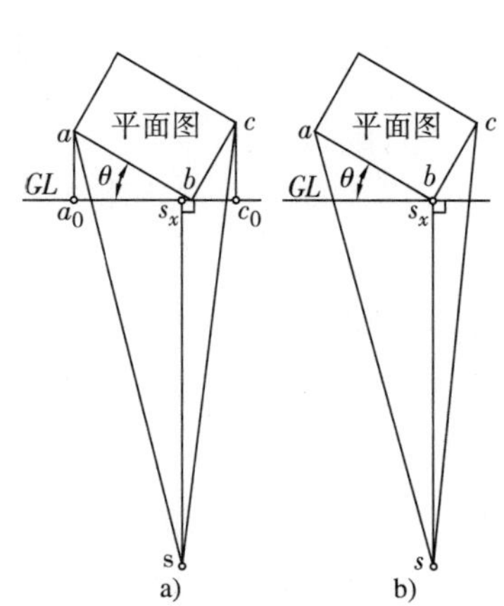

图8-41 视点位置的确定

②过极边墙角a和c，向GL作垂线，得近似画宽a_0c_0。

③为使透视图面上有主次之分，主视线一般不取在正中间，通常把近似画宽分成三等分，在中间1/3区域内确定主视线方向。

④在③所确定的主视线方向上截取3～4倍的近似大半画宽，即图中的a_0s_x的3～4倍确定视点的平面位置s。

第二种方法，如图8-41b所示：

①过平面图中的选定点（如墙角点b），根据所需的画面偏角θ，确定画面迹线GL。

②过墙角点b作GL的垂线，即主视线的水平投影。

③在此垂线上确定视点（站点）的平面位置，使得大半视角$\angle asb$在允许范围内。

3.视高的确定

视高即视点高度或视平线高度，不同的视高影响到对被画产品在高度方向上的可见部分。图8-42是一个带雨篷的长方形建筑形体按不同视高作出的成角透视图。

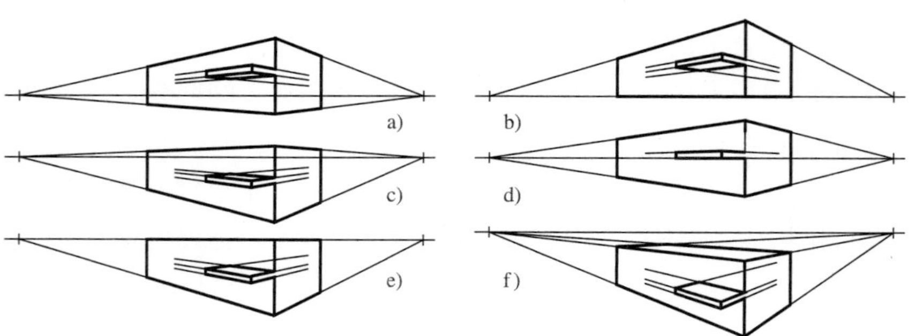

图8-42　视平线高度对透视效果的影响

图8-42a的视高取在雨篷与地面中间，大致与人的眼睛同高，所作出的透视效果与人的视觉印象一致。图8-42b的视平线与地面线重合，地面线无变形，而屋檐线透视变形大，建筑显得高大、雄伟，同时透视作图也较简便。图8-42c的视高取在雨篷与屋顶之间，见不到屋顶。图8-42d的视高与雨篷相平，大致在房屋高度的1/2处，地面线与屋檐线的透视变形程度近似，雨篷见不到顶面或底面，缺乏立体感，这种视高作出的透视图显得呆板。图8-42e的视高接近屋顶，地面线透视变形大，这种透视利于表现建筑附近的环境。图8-42f的视高在屋顶之上，透视图可看到屋顶，它可用于表现建筑群体的布置，如同在空中向下看，所以这种图也叫鸟瞰图。为表现室内家具布置，室内透视通常也可取高视点。

8.3.2　透视图的基本画法

1.建筑师法

用灭点、迹点法作直线的透视，以产品上可见点的视线的水平投影与画面迹线GL的交点确定可见面的透视宽度，以真高线确定各点的透视高度，这样的作透视图的方法叫建筑师法，现举例说明其画法。

例1：根据平面图和侧面图用建筑师法作图8-43所示建筑形体的两点透视，画面位置及画面偏角已知。作图步骤如下：

（1）根据前面所述确定站点的原则与方法确定站点s。

（2）过站点s作平行于建筑形体两个主向面上的水平线ab和bc的视线的投影，与画面迹线GL交得灭点的投影f_1和f_2。

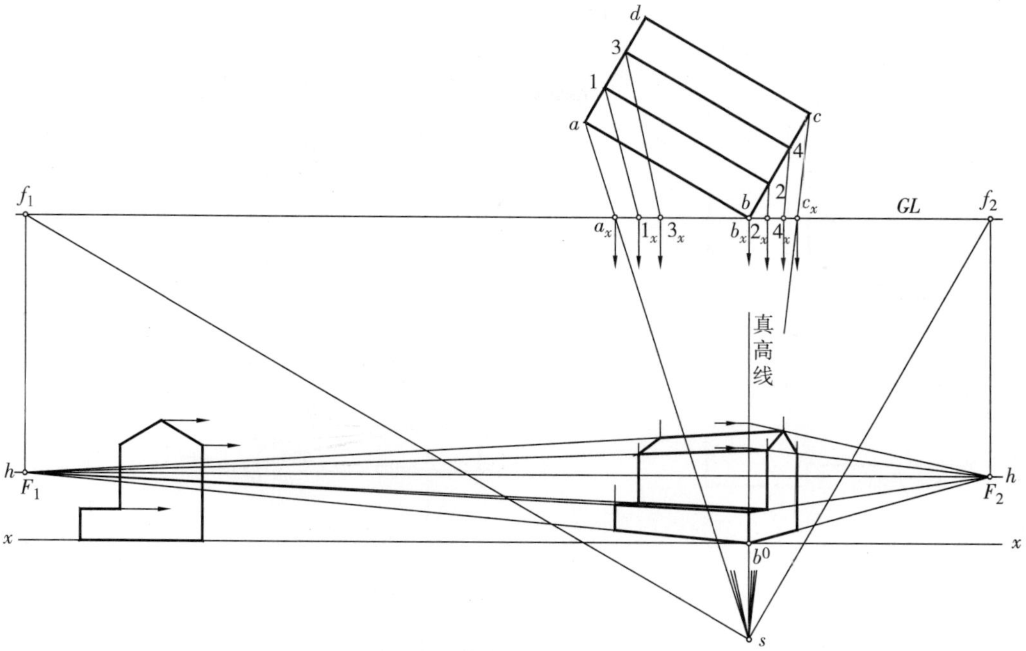

图8–43 建筑师法作房屋的两点透视

（3）根据选定的视高在平面图下方适当位置作视平线hh和基线xx。

（4）从平面图中的f_1、f_2向下引垂线投影到视平线上得灭点F_1、F_2，并作出ab和bc的透视方向线b^0F_1和b^0F_2。

（5）作站点s与各可见点a、1、3、2、4、c所引视线的投影，与画面迹线GL交得a_x、1_x、3_x、2_x、4_x、c_x点，从这些点向下引垂线，可截得透视图中的各透视宽度。

（6）过点b^0作真高线，由侧面图中各高度点引水平线，在真高线上交得各真高点。各真高点与灭点F_2连线，可截得各透视高度，从而完成透视图。

例2：用建筑师法求作图8–44所示建筑形体的两点透视图（成角透视图）。

分析：从图8–44a中可见，该形体与画面成30°角的水平线灭点超出图面之外，使作图困难。现介绍一种节约图面的方法——视线变换法完成作图，方法如下：

（1）在画面的适当处，画视平线hh和基线xx，因该形体有两个高度，所以在画面上定出高度上线Ⅰ和高度上线Ⅱ。

（2）在已经作好的视平线hh和基线xx以及两个高度上线Ⅰ和Ⅱ上，根据已知条件中平面图角点a与点s_x的距离及画面偏角，在画面上按已知的图形按比例抄出其平面图，如图8–44b所示。

（3）过心点s^0作GL（亦为hh）的垂线，并截取s^0s_1=视距/2，得变换视点的投影s_1。将b、c等点到画面的距离也均缩短1/2，得点b_1、c_1、d_1、e_1和f_1，连线b_1s_1、c_1s_1、d_1s_1、e_1s_1和f_1s_1即得变换视线的水平投影，这些变换视线的水平投影与GL的交点b_x、c_x、d_x、e_x和f_x便是透视宽度点，其作图原理为三角形相似原理。所以，在实际绘图时，也可以根据图样幅面的大小，截取s^0s_1=视距/n，其他点到画面的距离也均缩短1/n即可，这样所求得的各点相应的透视宽度线的位置（如e_x、d_x、b_x、c_x等）是不变的，读者可以自己证明之。

（4）过形体各可见角点视线的正面投影$b's^0$、$b_2's^0$、$c's^0$、$c_2's^0$、$d's^0$、$d_1's^0$、…可与相应的透视宽度线相交，确定了各点透视B^0、B_2^0、C^0、C_2^0、… 依次连接各点透视即为形体的透视，如图8–44b所示。

例3：按图8–45所示的已知条件用建筑师法绘制一点透视。其作图步骤如下：

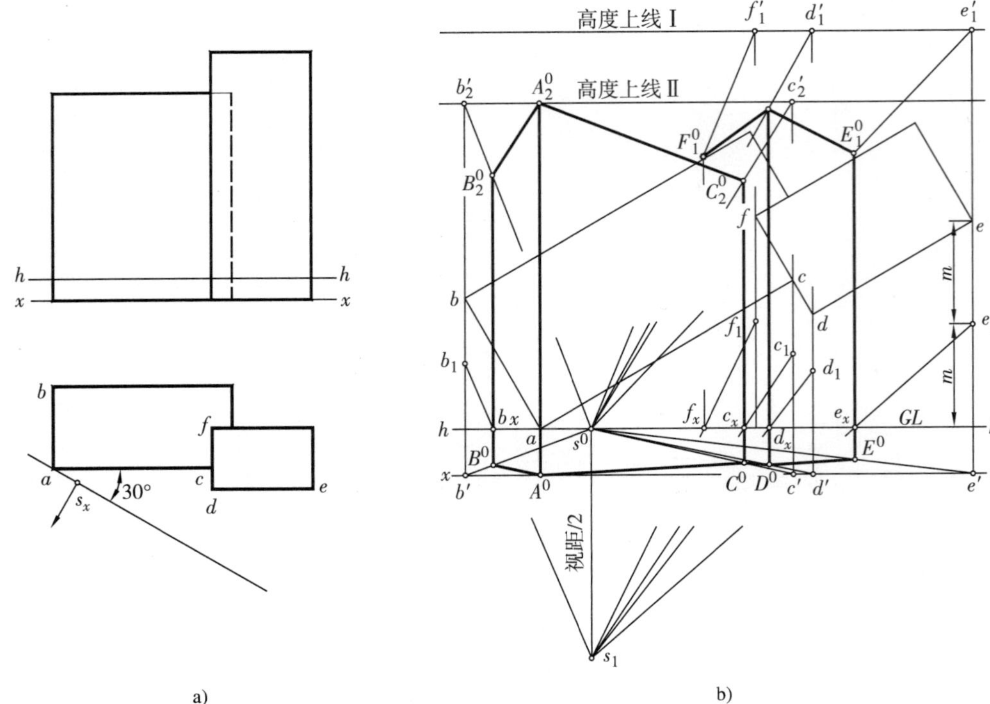

图8-44　利用视线变换法作成角透视

（1）在平面图中作画面迹线GL。为作图方便，一般使GL重合于房屋的墙面线，在本例中GL重合于ab。所以该一点透视图中ab所在的平面反映实际形状。

（2）确定站点s，使大半视角$\angle ass_x \approx 30°$。

（3）从站点s向平面图中各个可见点连视线的投影$s1$、$s2$、$s3$、$s4$、$s5$、$s6$，与GL线相交得透视的宽度点1_x、2_x、3_x、4_x、5_x、6_x。由这些宽度点向下引铅垂线。

（4）在平面图与站点之间的空画面上，根据视高作出视平线和基线。

（5）过平面图中GL上的s_x点沿铅垂向下投到视平线hh上，得心点s^0。此图中凡是垂直于画面的线（是互相平行的）均消失于该心点s^0。这些通过心点s^0的视线与从平面图中各透视宽度点1_x、2_x、3_x、4_x、5_x、6_x向下引的透视宽度线相交。

利用真高线便可完成一点透视图。

2.量点法

如图8-46a所示，设基面G上有一条直线AB，它与基线xx相交成α角。AB的延长线与xx线交于点T。作视线$SF // AB$，得AB的灭点F。连迹点T和灭点F，得AB透视方向线TF。为在TF上求得点B的透视B^0，首先过点B在G面上作一辅助线BC，使它对AB和xx夹成相等的角θ，即$\triangle TBC$为等腰三角形，其底边为BC。再作视线$SM // BC$，得BC的灭点M。连迹点C和灭点M可得BC的透视方向线CM。CM与AF的交点即为点B的透视B^0。$\triangle SFM$也是以SM为底边的等腰三

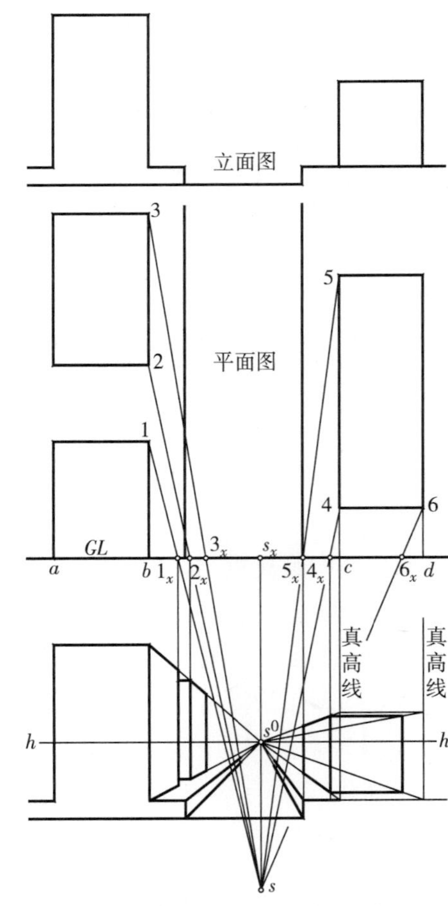

图8-45　用建筑师法作一点透视图

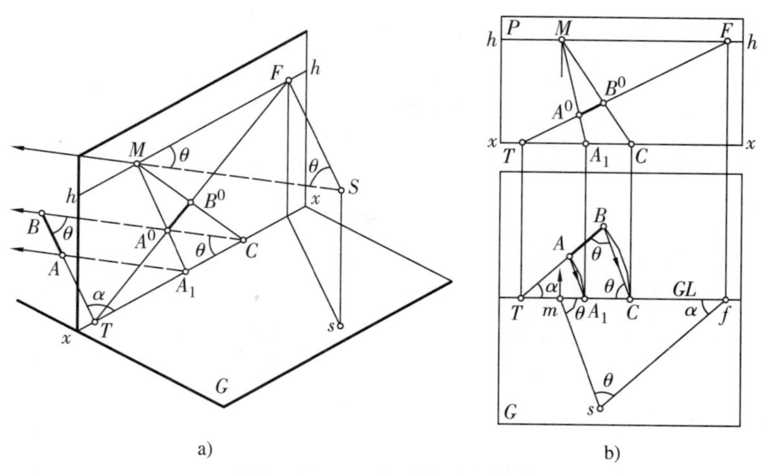

图8-46　量点法的基本原理

角形。△*SFM*∽△*TBC*。

为使上述作图能直接在画面上进行，把画面*P*和基面*G*平放在如图8-46b所示的位置，保持左右投影关系。则图8-46a所示的求直线*AB*的透视可以很方便地作出。

图8-47是用量点法作基面上由四条直线构成的矩形平面*ABCD*的透视。在视平线上取$f_1m_1=f_1s=F_1M_1$、$f_2m_2=f_2s=F_2M_2$，定出量点M_1、M_2；在基线上取$A^0B_1=ab$、$A^0D_1=ad$，连B_1M_1与透视线A^0F_1交得B^0，连D_1M_2与透视线A^0F_2交得D^0，连D^0F_1与B^0F_2交得C^0，四边形$AB^0C^0D^0$即为所求。

读者可以验证量点法求得的结果与建筑师法求得的结果相同。

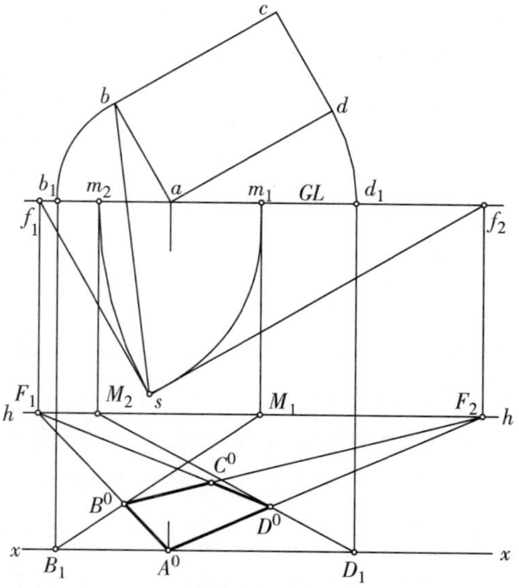

图8-47　用量点法求平面矩形的透视

图8-48是用量点法作建筑形体透视的实例，长方体高为13个单位，正面长20个单位，侧面宽7个单位，视平线高5个单位，视距为16.5个单位，正面与画面的偏角θ=30°，该长方体的透视作图步骤如下：

(1) 如图8-48所示，在视平线*hh*上定出心点s^0，在过s^0的真高线上用视距16.5个单位，从s^0

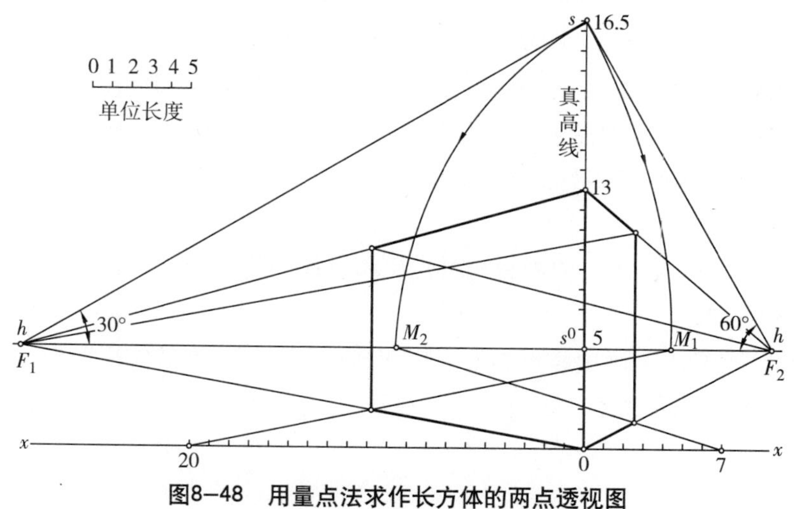

图8-48　用量点法求作长方体的两点透视图

向上（或下）定出重合视点s。

（2）由s点分别向左、右作与视平线成30°、60°的视线，在视平线上分别交得两个主向灭点F_1和F_2。

（3）以F_1点为圆心、sF_1为半径作圆弧至视平线上，得量点M_1，同样，以F_2点为圆心、sF_2为半径作圆弧至视平线上得量点M_2。

（4）在真高线上，由0点和高度为13单位的点分别向灭点F_1、F_2作透视方向线。

（5）在基线上0点左20个单位处的点向量点M_1作透视线与$0F_1$相交，得正面透视宽度；0点右7个单位处的点向量点M_2作透视线与$0F_2$相交，得侧面透视宽度。

（6）求其余各点的透视便作出了该长方体的透视。

3.网格法

网格法常在画工业产品展厅的鸟瞰图时使用。

绘画鸟瞰图时，视点较高。为使透视图不失真，如图8-49所示，视高H、视距D与垂直方向的视角三者应保持一定的关系。

因为$H/D=\tan\varphi$

所以$H=D\tan\varphi$

当$\varphi=30°$时，$H=0.58D$

当$\varphi=45°$时，$H=D$

当$\varphi=60°$时，$H=1.73D$

而视距D又受水平方向视角α的制约。前述水平方向大半视角以不大于30°为宜，在垂直方向φ也不宜大于30°。通常，以选择视高H=0.6D左右为最佳。

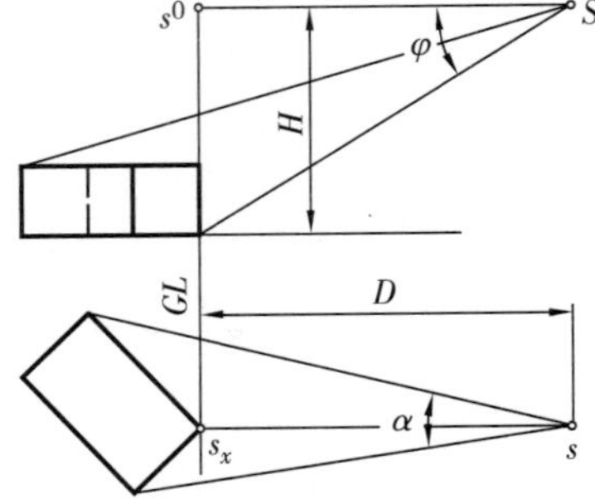

图8-49　鸟瞰透视图基本参数关系

用网格法绘制鸟瞰图的一般步骤如下：

（1）将限定要表现的产品或建筑物在平面图范围，用网格包络起来，网格的单位大小和形式根据对控制图面上产品或建筑物的位置是否有利、是否便于作图而定。

（2）画出网格的透视图，并在网格的透视图内作出产品或建筑物平面轮廓的透视。

（3）用绘制平面图的同一比例尺，在真高线上量取各产品或建筑物的高度。为便于作图，真高可集中在1～2条真高线上。从各真高点向灭点连线即可作出产品的高度透视，例如用网格法作图8-50所示建筑群的一点透视鸟瞰图的作图步骤如下：

（1）在图8-50所示的已知的平面图上，作正方形方格网，并对其网格线编号。

（2）在画面上先画一条水平基线，将网格最近的一边位于基线上。再根据选定的视高在xx上方画出视平线hh，确定心点s^0，本例心点约在左右对称的位置。

（3）以视中线投影与GL的交点s_x为起点，利用变换视距长度法，取视距长度的1/10（视距/10）在视中线投影上得站点s_1，从垂直于画面的网格边线ab端点a，取ab/10变换长度在画面垂线上得点b_1，连线s_1b_1交GL得方格网角点b的透视横向位置控制点b_x，从b_x作铅垂线与网线ab的透视线as^0相交得点b的透视B^0。

（4）从GL上的各网点向s^0作透视线与过点B^0和点10的连线相交，再过它们的交点分别作水平线，即得网格的透视。

（5）在网格的透视上先画出建筑物的平面图透视，再用真高线画出各建筑物的透视，最后还可画出道路和树木等的透视。

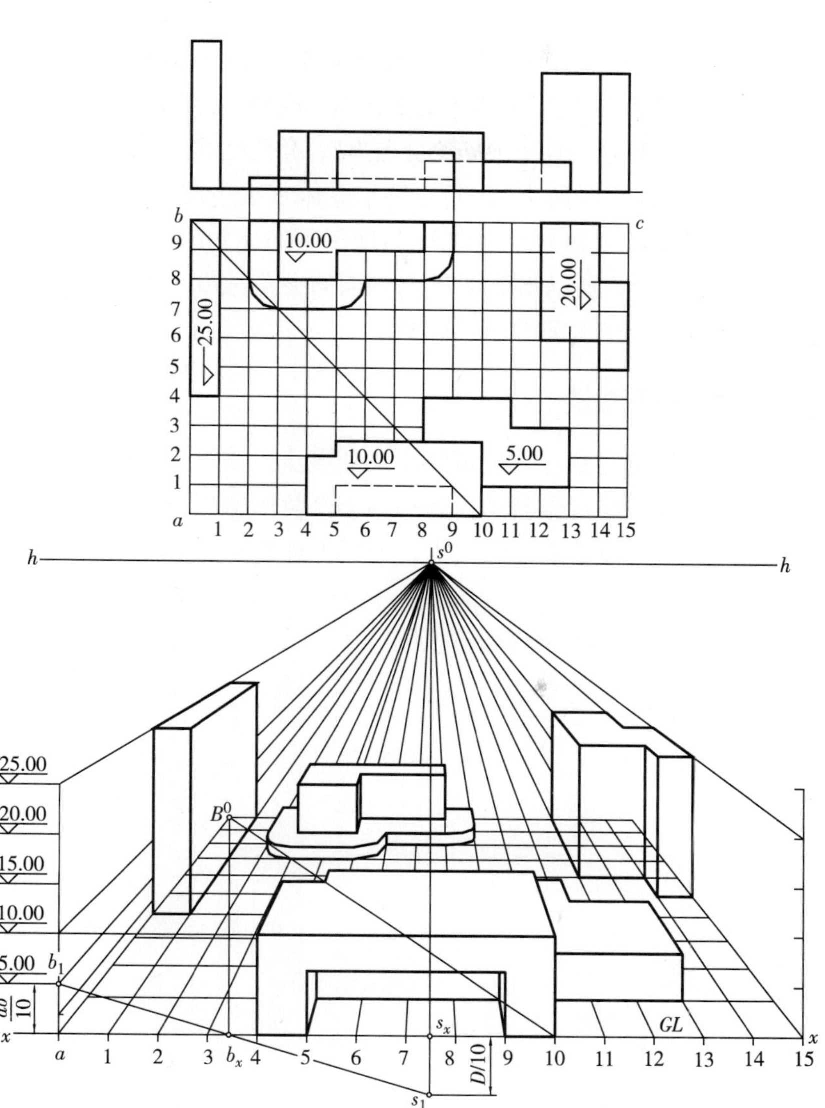

图8-50 用网格法画建筑群的一点透视鸟瞰图

8.4 斜透视图的画法

8.4.1 斜透视的几何关系

斜透视即三点透视，常用来绘制大型工业产品或高大建筑物时使用，以表现其宏伟高大的效果。如图8-51所示，设画面K与基面G的倾角为θ（$\neq 90^\circ$）。为绘图方便，把视点S定在包含四棱柱体的铅垂线AD并垂直于画面K的平面内。过视点S分别作视线平行于立体的三个主向AB、AC和AD，与画面相交得三个灭点F_1、F_2和F_3。$\triangle F_1F_2F_3$的各边是四棱柱相应侧面的灭线，称此三角形为灭线三角形。直线F_1F_2是视平线。实际上，通过视点S画出的平行于各个主向的三条视线，构成一个以视点S为顶点的

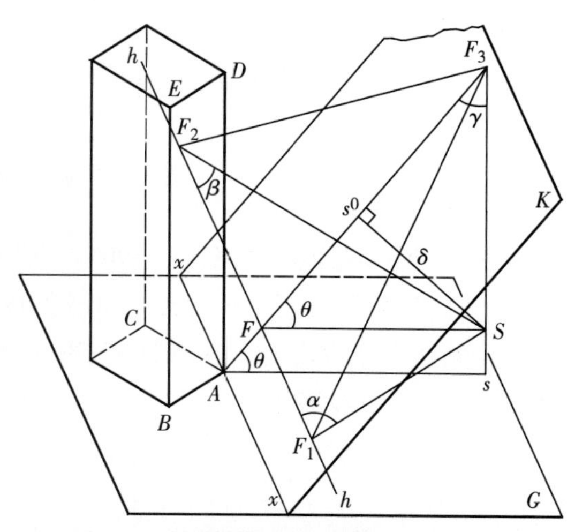

图8-51 斜透视四个基本参数的几何关系

直角四面体，它与画面的交线就是灭线三角形。因此灭线三角形只能是锐角三角形。过视点作视线S垂直于画面，所得的垂足为心点s^0，心点不会落在视平线hh上，但心点s^0为$\triangle F_1F_2F_3$的垂心。Ss^0之长为斜透视的视距δ。F_3s^0连线与视平线hh的交点为F，角F_3FS等于画面倾角θ（<90°）。

可以看出：视线SF_1与视平线所夹的α角必等于立体水平主向AB与视平线的夹角。同理，视线SF_2与视平线的夹角β等于立体水平主向AC与视平线的夹角β，且$\alpha+\beta=90°$（被画物为长方体）。$\triangle SFF_3$也是直角三角形，所以铅垂线SF_3与画面的夹角$\gamma=90°-\theta$、心点s^0（视距δ）、倾角θ和偏角α（或β），是作斜透视图的四个基本参数。

8.4.2 斜透视图基本作图法

常用的斜透视图基本作图方法也有建筑师法和量点法。在此只介绍建筑师法。用建筑师法绘制斜透视图的基本原则是：先按做斜透视图的四个参数作出其相应的侧面图、平面图，再从视点向物体上各点引视线，求得与画面的交点，最后把这些交点转移到透视图上，即可按透视的消失特性作出透视图。

例1：求作图8-52所示长方体的仰观斜透视图。

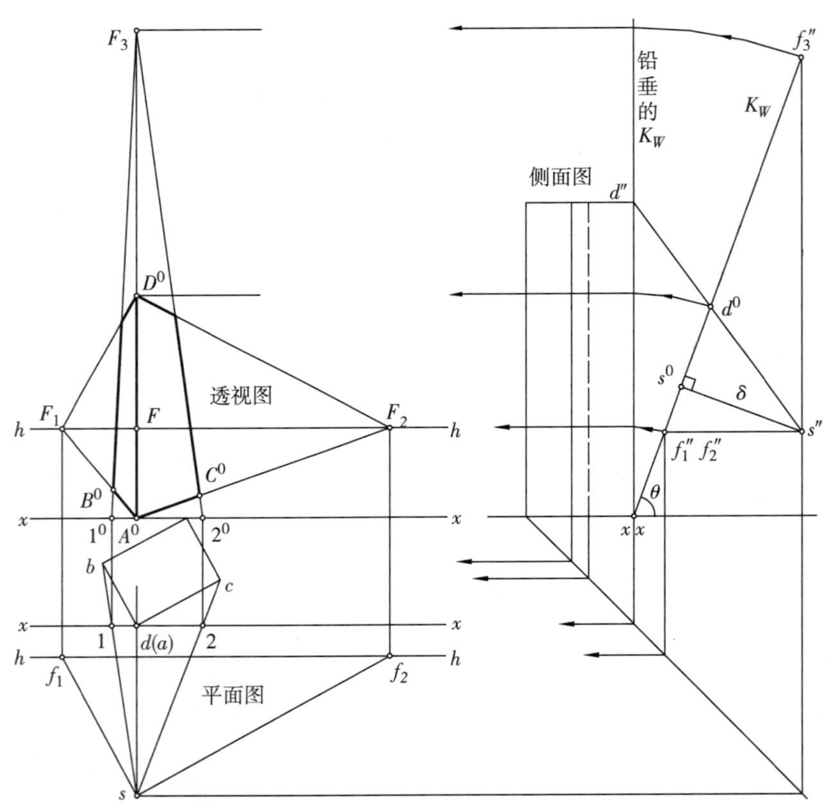

图8-52 建筑师法作长方体的仰观斜透视图

解：画面与基面的倾角θ小于90°，其作图步骤如下：

（1）在侧面图上，由视点s''分别引水平线和铅垂线，与画面K_W相交得f_1''、f_2''和f_3''（f_1''和f_2''在侧面图上重合）。再求D点透视的侧投影d^0。然后，以基线为轴，把画面旋转到铅垂位置，把所求各点投向正立放置的画面，该正立放置的画面位置相当于三视图中主视图的位置。

（2）在平面图（该平面图位置相当于三视图中俯视图的位置）上，由站点s分别引两条平行于长方体两个水平主向视线的投影，与视平线的投影线相交得f_1、f_2，再把它们投到画面上的视平线上。由s点向平面上各可见交点引视平线的投影与基线xx相交（如点1、2），再把这些交点投到画面上的基线xx上（如点1^0、2^0）。

（3）在画面上有了三个主向灭点，即两个水平主向的灭点F_1和F_2及铅垂方向（高向）的灭点F_3，即可应用这些灭点完成透视图。

例2：求作图8−53所示长方体的鸟瞰透视图。

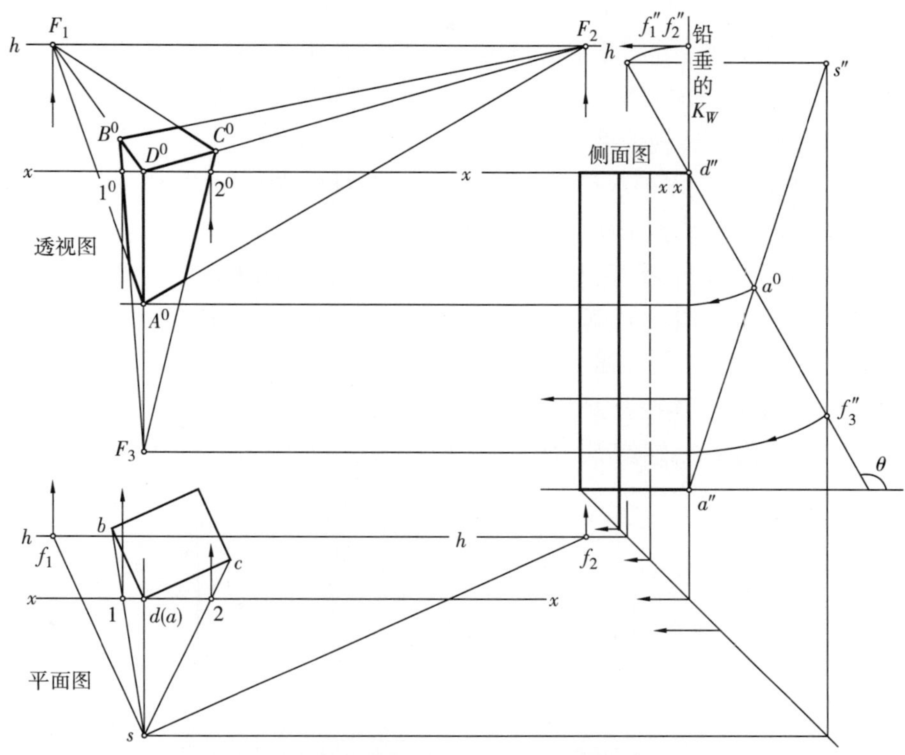

图8−53　建筑师法作长方体的鸟瞰透视图

解：画面与基面的倾角θ大于90°。其作图步骤如下：

（1）在侧面图上由s''分别引水平线和铅垂线与K_W相交得f_1''、f_2''和f_3''（f_1''和f_2''在侧面图上重合）。再由s''向长方体上的a''引视线的投影，与K_W交得A点透视的侧投影a^0。把画面K_W以基线xx为轴转成铅垂位置，将画面上求得各点投到正立放置的画面上。

（2）在平面图上仍同前法求得f_1和f_2，并投到画面的hh上得F_1、F_2。由s向平面图上各可见点引视线的投影与基线xx相交为1、2等点，再把这些交点投到画面的基线xx上得1^0、2^0等点。

（3）应用三个主向灭点F_1、F_2和F_3即可完成透视图。

8.5　透视的简易画法

8.5.1　两点透视图的简易画法

按前述的理论和方法绘制透视图，可以保证图形的准确性，但需很大图样纸面，难以预测完成图的效果。所谓简易作图法是根据投影的原理和一些几何关系推演出来的。它的优点是可以克服上述弊病，但是，实际上作图过程并不见得简单，图形的准确性也较差。不过，透视图主要是用以表现物体的形象，并非为生产的依据，故在表达效果设计时也常常使用。

由于绘制产品的透视图时，常将其整体看作一个长方体，然后再作局部分割、堆砌、组合，最后对外面、曲面分别进行处理、细化。故本节着重介绍直角平行六面体的画法。

透视图中可以自由确定的元素是有限制的，直角平行六面体具有相互垂直的12条棱线，在两点透视图中，除铅垂棱线的透视方向仍保持铅垂外，其余x、y两个轴向的棱线应分别通过左、右两个主向灭点。而且，这两个主向灭点应处于同一条视平线上，因而作图时可以根据欲表达的效果自由确定4条线，下面以立方体两点透视图的简易画法为例说明其作图步骤。

（1）如图8-54a所示，任意画出三根直角坐标轴的透视O_1X、O_1Y、O_1Z，在O_1Z上取一点A，使O_1A等于立方体的边长；过A作立方体另一边的透视AB（比O_1X的斜度要小）。这4条线很重要，要经周密思考，要考虑到画成后的透视效果。因为它们一经确定，就意味着透视角度、视平线、灭点等都已确定，透视效果也就随之而定了。

（2）如图8-54b所示，作一水平线垂直于O_1Z，并分别交O_1X、O_1Y于O_2、O_3；过O_2作直线$O_2q//O_1Z$，并与AB相交于q，作矩形O_3O_2qr，连线Ar并延长。

（3）如图8-54c所示，以水平线O_2O_3的中点为圆心，O_2O_3为直径画弧交O_1Z于m，分别以O_2、O_3为圆心，O_2m、O_3m为半径画弧，交O_2q、O_3r于p、n两点；连接O_1p并延长与Aq的延长线相交于B；连O_1n并延长与Ar的延长线相交于D；再作$BC//O_1Z//DE$。

（4）如图8-54d所示，连接两对角线BE、CD，得交点k；过k作$ks//O_1A$，与BD相交于s，再连接O_1k、As并延长相交于F，连接BF、DF，便画出了立方体的成角透视图。

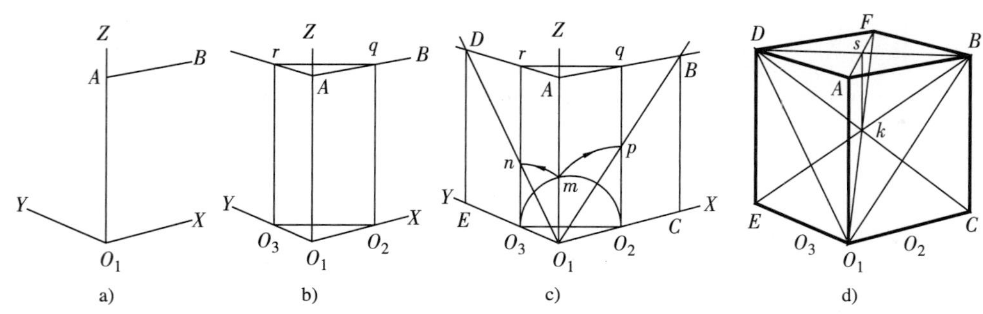

图8-54　两点透视图的简易画法

8.5.2　透视图的放大方法（利用小图放大透视图）

（1）已知站点s的位置和主点s^0至灭点F_1、F_2的距离，先用小图画灭点在画幅外的立方体的成角透视，然后将画好的透视图放大。

1）如图8-55a所示，在适当位置选一点a，连接as^0，在as^0上取点$a/3$，使$a/3$至s^0的距离等于$as^0/3$；在视平线hh上$F_1s^0/3$处定点$F_1/3$、在$F_2s^0/3$处定点$F_2/3$；在过主点的铅垂线上$ss^0/3$处定$s/3$；并定出小图的量点$M_1/3$、$M_2/3$。

2）如图8-55b所示，通过点$a/3$作水平线为小图的基线，用量点法画出边长为大立方体边长1/3的立方体的成角透视。

3）如图8-55c所示，把小图的可见顶点与主点s^0连线并延长。

4）如图8-55d所示，从a点起作一系列与小图各边相平行的直线，与小图各顶点与主点s^0的连线相交得大图的各顶点，完成与小图相似的放大了的透视图。

（2）已知小的透视图放大为所需的透视图

1）图8-56的作图步骤如下：

①在视平线上任选一点O。

②连接Oa、Ob、Oc、Od、Oe、Og，并延长。

③根据所需图形大小，在Oa等延长线上任选一点，如在直线Oa的延长线上选定A点，作$AD//$

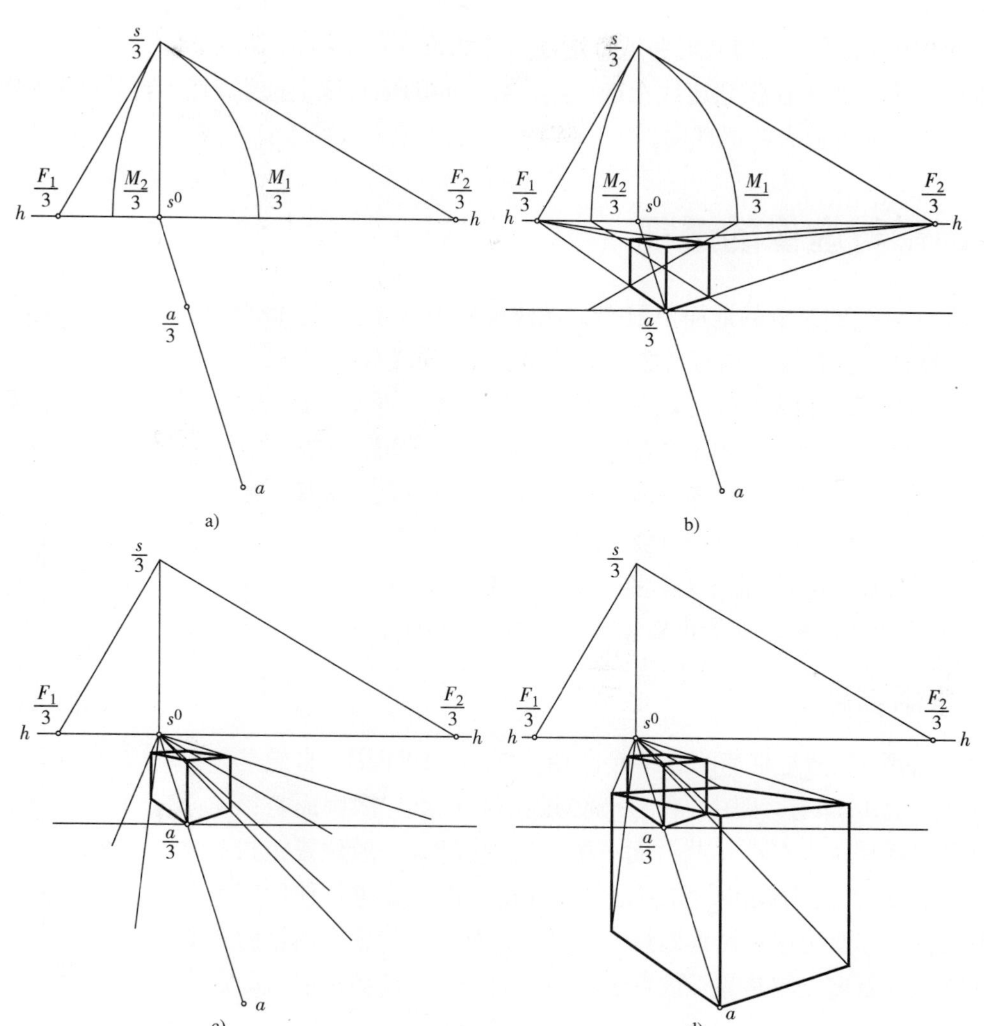

图8-55 透视图的放大方法

ad交Od的延长线于点D。

④过A、D点分别作ab、cd、eg等的平行线。$ABCDEG$即为所需的放大的透视图。

2）图8-57的作图步骤如下：

①过近灭点F作铅垂线，在铅垂线上任取一点N。

②连接Na、Nb、Nc、……Ng并延长。

③根据所需图形大小，在Na的延长线上选定点A。作$AD//ad$。

④过A、D点分别作ab、cd、eg等的平行线。$ABCDEG$即为所需的放大的透视图。

3）图8-58的作图步骤如下：

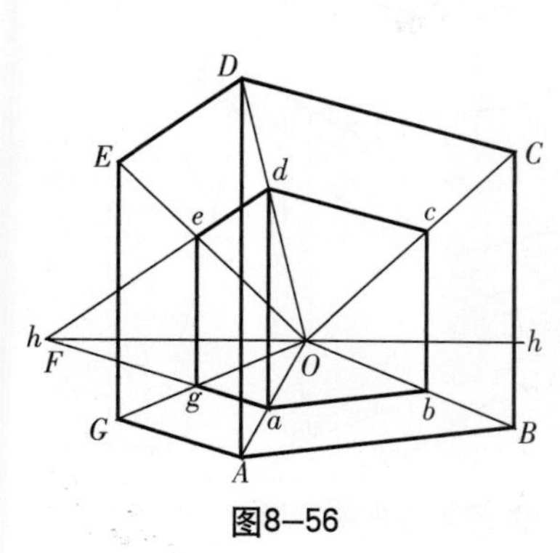

图8-56

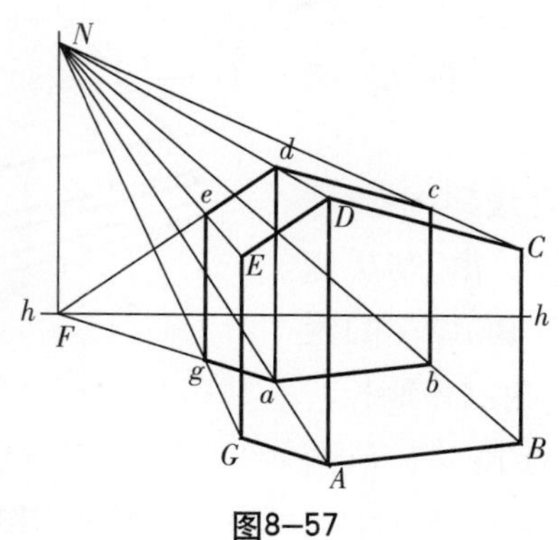

图8-57

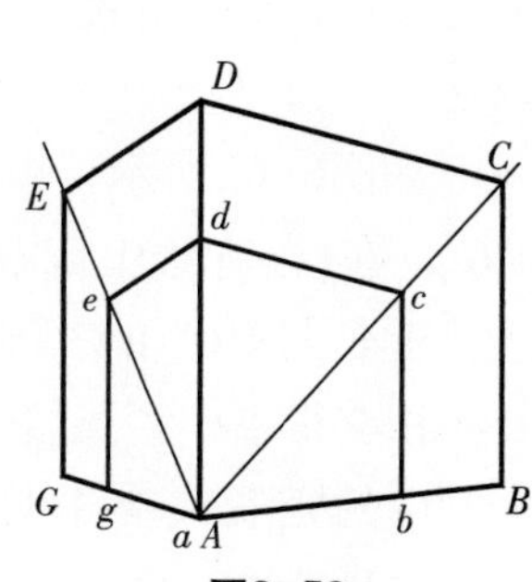

图8-58

①以小图中a点为基点向其他各顶点连线，并延长。

②视所需大小在上述任意连线上选一点，如在ad的延长线上选定D点，再从D点依次作小图各边的平行线，即得放大的透视图。

8.6 倒影与虚像的透视

产品在十分平整光滑的地面上展出，或建筑物坐落在河岸、水池旁，会出现倒影。若房间里有镜子，物件就会在镜子里有虚像。倒影和虚像总称为镜像。

如图8-59所示，设R为镜面，由物理学上的成像原理知，像与物体的大小相等，互相对称（以镜状平面为对称面）。图中P为画面，S为视点。画面上的A^0、a^0和A^0_1分别为A、a和A_1的透视。i_1、i_2为视线（光线）的入射角与反射角。图中的A点与其像A_1便是以R面为对称面相互对称，两者呈对称图形，其特点是：

（1）对称点的连线垂直于对称面，如图中$AA_1 \perp R$。

（2）对称点到对称平面的距离相等，如图中$Aa=aA_1$。

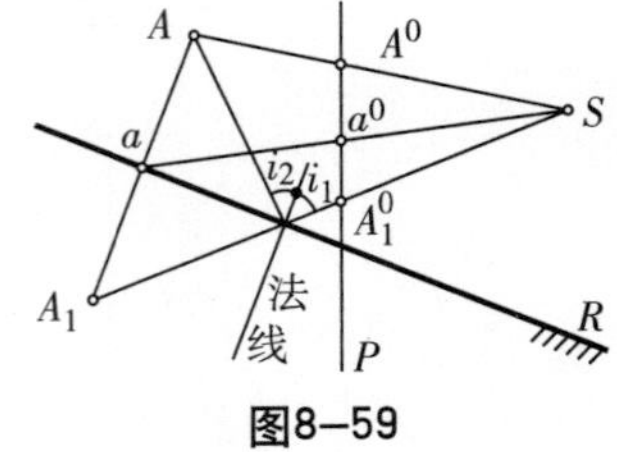

图8–59

8.6.1 水中倒影

如图8-60所示，R是平静的水平面，AA_1垂直于水平面R，自然是一条铅垂线，且$Aa=aA_1$，图中P和S分别为画面和视点。因画面是铅垂面，所以在透视图中$A^0a^0=a^0A^0_1$（而在图8-59中因R为一般位置镜状面，故$A^0a^0 \neq a^0A^0_1$）。由此可以得出结论，在透视图中要求作任何一点的水中倒影，只要把这点铅垂地投到水面上，再以此投影点沿投影线向下量取一段距离，使其等于该点到投影点的距离，所截得的点即为所求的倒影。

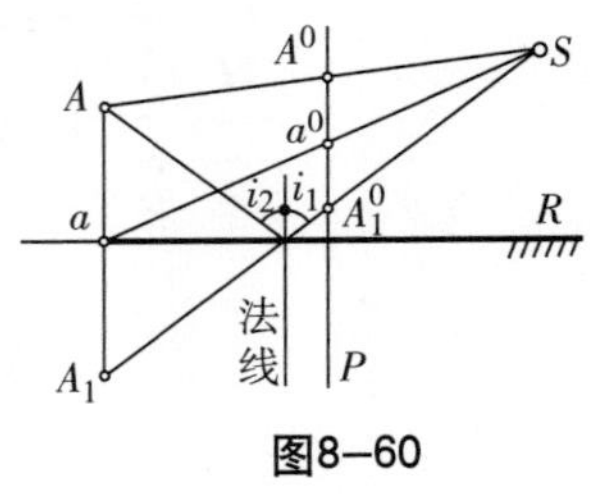

图8–60

图8-61是一个由透视图求作水中倒影的例子。由于倒影的透视与物体的透视以水平面为对称面，所以，只要求出建筑物透视图中各交点的倒影便可作出建筑物倒影的透视。如先求出角点A^0在水平上的投影a^0，再铅垂向下截取$A^0_1a^0=a^0A^0$，则A^0_1点就是A^0点的水中倒影。其余各点的倒影可以用相同方法求得。

作图时应注意，两个对称图形的透视消灭特性是相同的，但倾斜线倒影的灭点不同于倾斜线透视的灭点，如A^0C^0的灭点为F_3，其倒影$A^0_1C^0_1$的灭点为F_4；A^0D^0的灭点为F_4，其倒影$A^0_1D^0_1$的灭点为F_3。

同样道理可以求得斜透视的倒影。其平行于三个主向的直线的倒影仍消灭于三个主向灭点，倒影的透视高度可用平行互分法确定。

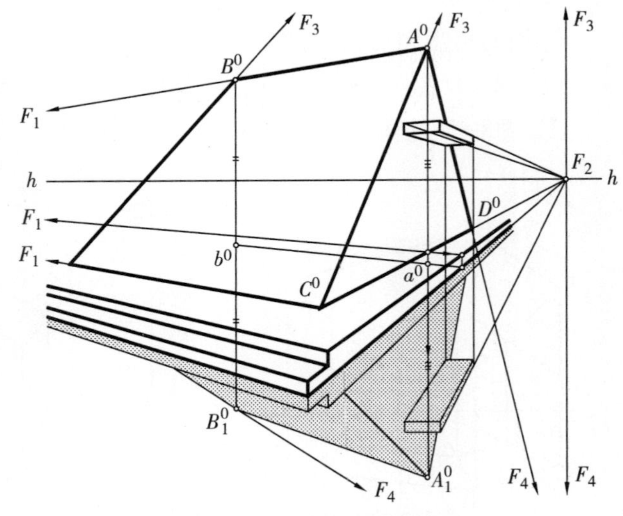

图8–61 建筑物的水中倒影

如图8-62所示，由C^0作直线C^01平行于A^0G^0，在C^01直线上截取中点2，由2与D^0相连并延长与A^0G^0相交于V。连$V1$与C^0D^0的延长线相交得点C^0_1。连接C^0_1、F_2两点并延长，与A^0G^0的延长线交于A^0_1点。连接A^0_1、F_1两点，与B^0K^0的延长线交于B^0_1点。K^0 B^0_1 A^0_1 C^0_1

D^0G^0即为长方体斜透视的倒影。

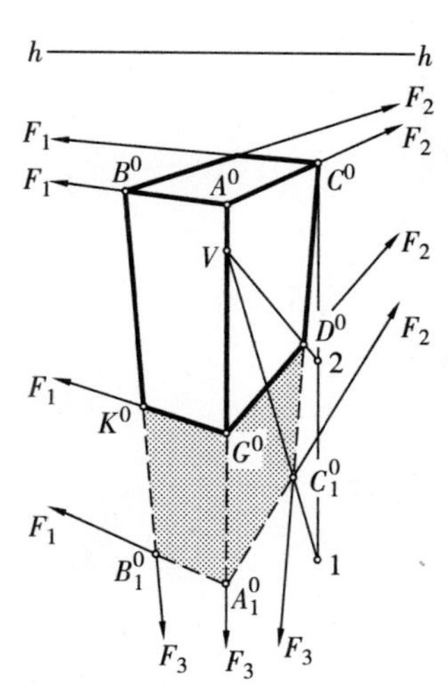

图8–62　斜透视的倒影

8.6.2　镜内虚像

图8-63a所示的落地镜面R同时垂直于画面和地面，为求A^0点的虚像，应先过其足点a^0作平行于视平线的直线，与镜面R的地面迹线12交于a_0，过a_0作对称轴a_03（铅垂线），即可求得A^0点的虚像A^0_1。显然，$A^03=3A^0_1$、$A^0a^0=A^0_1a^0_1$。图8-63b中的落地镜面R平行于画面，为求A^0点的虚像，应先分别过A^0及其足点a^0向心点s^0作透视图，再过a^0s^0与镜面R的地面迹线1 2的交点a_0作对称轴a_03。作出a_03的中点4，连A^04并延长与a^0s^0交得a^0_1，自a^0_1向上作铅垂线，与A^0s^0交得A^0_1，A^0_1即为A^0点的虚像。

图8-64为正面墙面上一平行于画面的镜中虚像，作图过程已在图中标出。

图8-65为一个室内一点透视图。左墙前有一面斜放于基面的并与画面相垂直的落地镜子Q。空间一点B的虚像的求法如下：

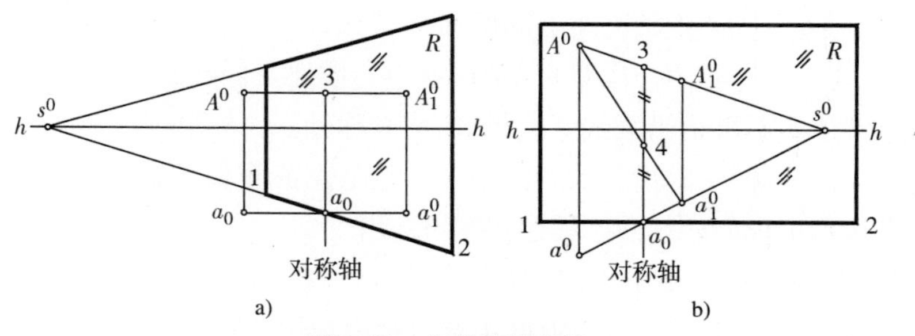

图8–63　点的镜面虚像

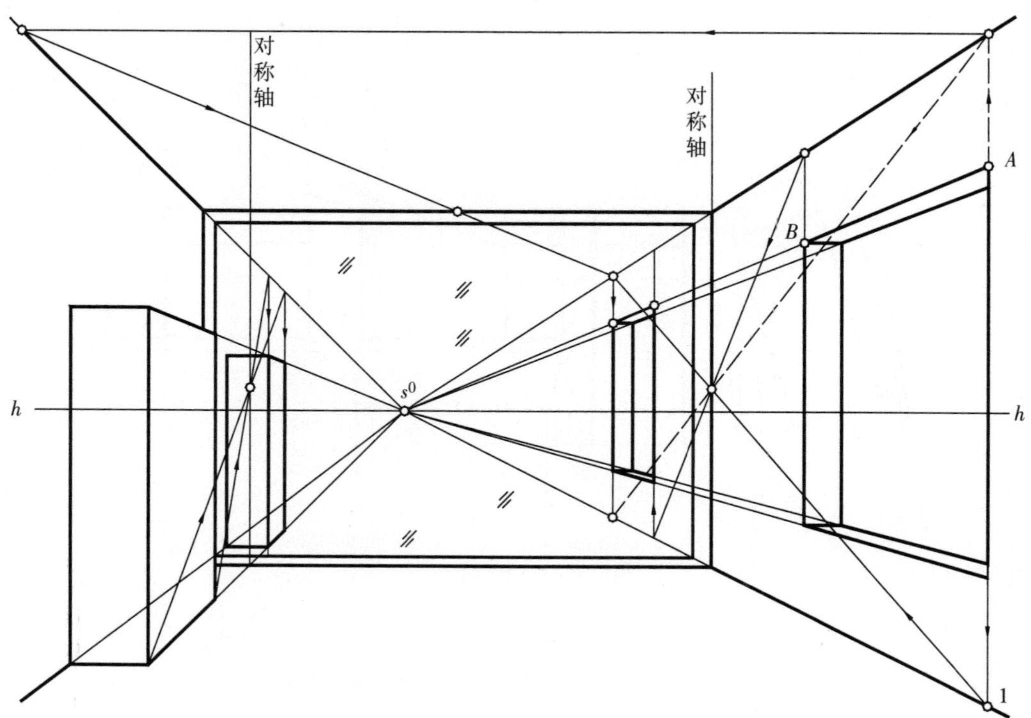

图8–64　平行于画面的镜中虚像

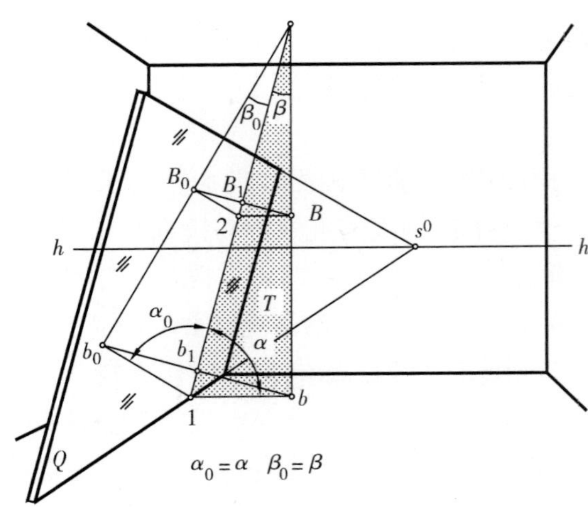

图8–65　点在倾斜镜面中的虚像

设点b为点B在基面上的投影，自b及B向镜面Q作垂线bb_1及BB_1，则bb_1及BB_1都是画面的平行线。要求出这两条垂线与镜面的垂足，可设想包含这两条垂线作一辅助平面T，此平面是画面的平行面，因此它与基面的交线$b1$是一条平行于画面的水平线，与镜面底边的交点为1。

平面T与Q的交线是过点1并在镜面上的画面平行线$1B_1$。自点b和点B向镜面所作的垂线与$1B_1$相交于b_1和B_1，量取$B_1B_0=B_1B$，B_0即为点B在镜中的虚像。同理，b_0即为点b在镜中的虚像。Bb是铅垂线，其虚像B_0b_0不再是铅垂线了，但$1B_1$为对称轴。

图8–66为室内两个镜面中的虚影的画法，一个是垂直基面和画面的镜面，一个是倾斜于基面但垂直于画面的镜面的虚像，作图过程已在图中标出。

图8–67为在室内的两点透视中作出的门、窗及桌子在墙面镜子里的虚像。设重合视点为F_1，则左墙上的门窗可通过矩形对角线中点法求出镜中虚像。矩形的高取为门高，O_1点为矩形的对角线交点。

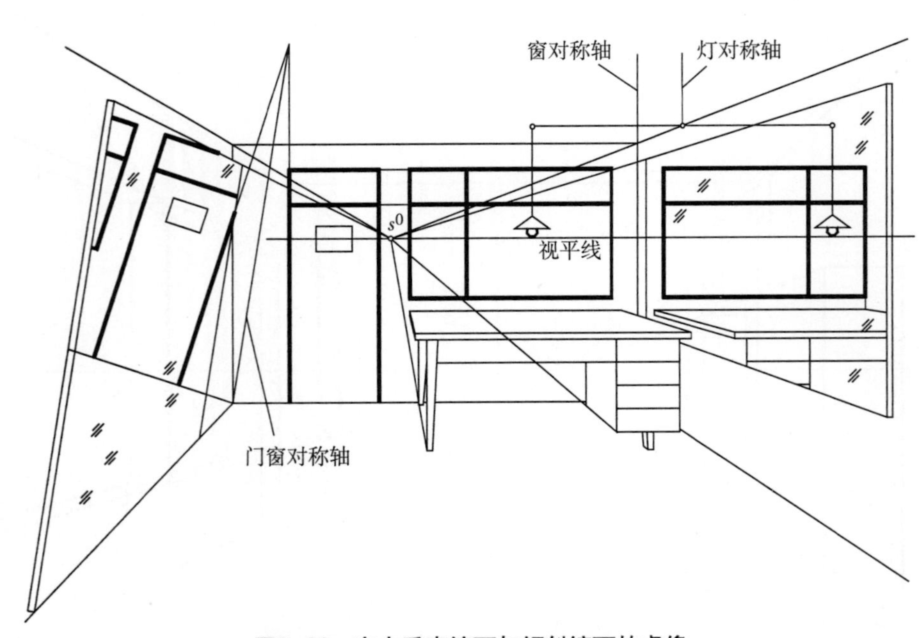

图8–66　室内垂直镜面与倾斜镜面的虚像

同理，桌在镜中的虚像也可以利用对角线交点来求，取矩形高为桌的高度，O_2点为矩形的对角线交点，连接对角线即可求得镜中虚像。

由此可知，镜内虚像的作图关键是在于找出位于各相应平面内的对称轴，有了对称轴，镜内虚像便容易作出。

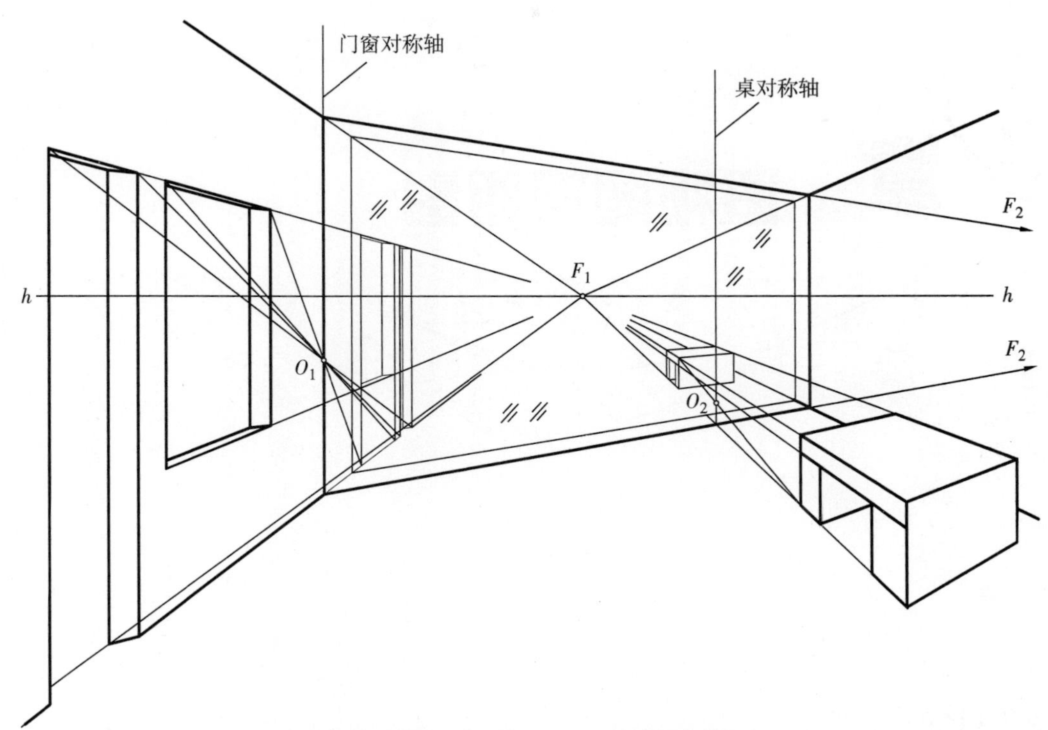

图8-67　室内的两点透视中门窗及桌子的镜中虚像

第9章 透视图的阴影

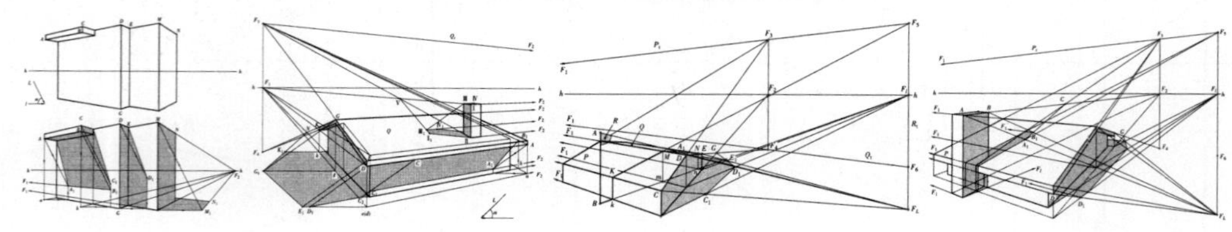

学习目标

掌握两点透视无灭光线和有灭光线的阴影、光线的给定及其阴影的求法。

学习重点

无灭光线的阴影、光线的给定及其阴影的求法。

9.1 概述

为了使透视图更富有立体感和真实感，应该在透视图中绘制阴影。透视图中主要是画在太阳光照射下的阴影，即平行光线下的阴影。按光线对画面的相应位置可以分为两大类：一类是与画面平行的光线，因为它们没有灭点，所以把这类光线称为无灭光线；另一类是与画面相交的光线，因为它们有灭点，所以把这类光线称为有灭光线。

作正投影图阴影的基本作图方法，有光线迹点法、光截面法、返回光线法、延长直线扩大平面法等。这些方法在作透视阴影时都完全适用。因为正投影阴影中直线落影的基本特性在透视阴影中也同样保持，即直线与承影平面平行，其落影必平行于直线本身；直线与承影面相交，其落影必通过两者的交点；铅垂线在水平面上的落影必与光线的水平投影重合等。所不同的是透视阴影需按中心投影作图（遵循透视投影中的消失规律）。无灭光线的方向可用光线和它的投影间的夹角α给定。无灭光线可以从左面来或从右面来。α角的大小可以根据图面的实际需要确定。有灭光线按选定的光点和足点来确定。

9.2 无灭光线的阴影

9.2.1 光线的给定

如图9-1所示，平行于画面的光线，因为没有灭点，所以它们的透视仍然平行，且光线投影的透视必平行于视平线。光线本身的透视L与其投影的透视l之间的夹角α，就是光线与地面的倾角α。

9.2.2 透视阴影作图举例

例1：如图9-2a所示，求作足球场地上足球大门框$ABCD$在无灭光线下的透视阴影。给定的光线来自左上方，光线及其投影的夹角为α。

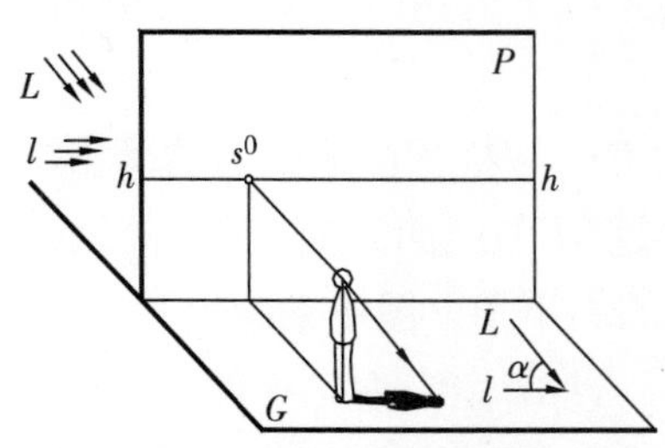

图9-1 无灭光线及其给定方法

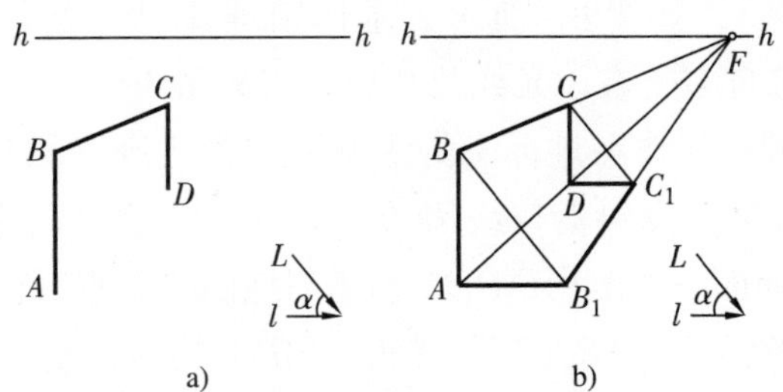

图9-2 无灭光线下求足球大门的透视阴影

解：如图9-2b所示，过A点作光线的水平投影l的平行线（即水平线），过B点作光线L的平行线，即可交得B点在地面上的落影B_1及铅垂线AB在地面上的落影AB_1。显然，B_1是用光线迹点法求得的。同理可以求得铅垂线CD在地面上的落影C_1D。因为BC是一条水平线，所以它在地面上的落影B_1C_1必与BC直线本身平行，在透视图上它们则有共同的灭点F。

例2：如图9-3所示，求作建筑物在无灭光线下的透视阴影。光线方向如图9-3所示，来自左上方，光线与其投影的夹角为α。

解：首先求雨篷在正墙面上的落影：用光线迹点法可求得A、B、C三点在墙面上的落影。A

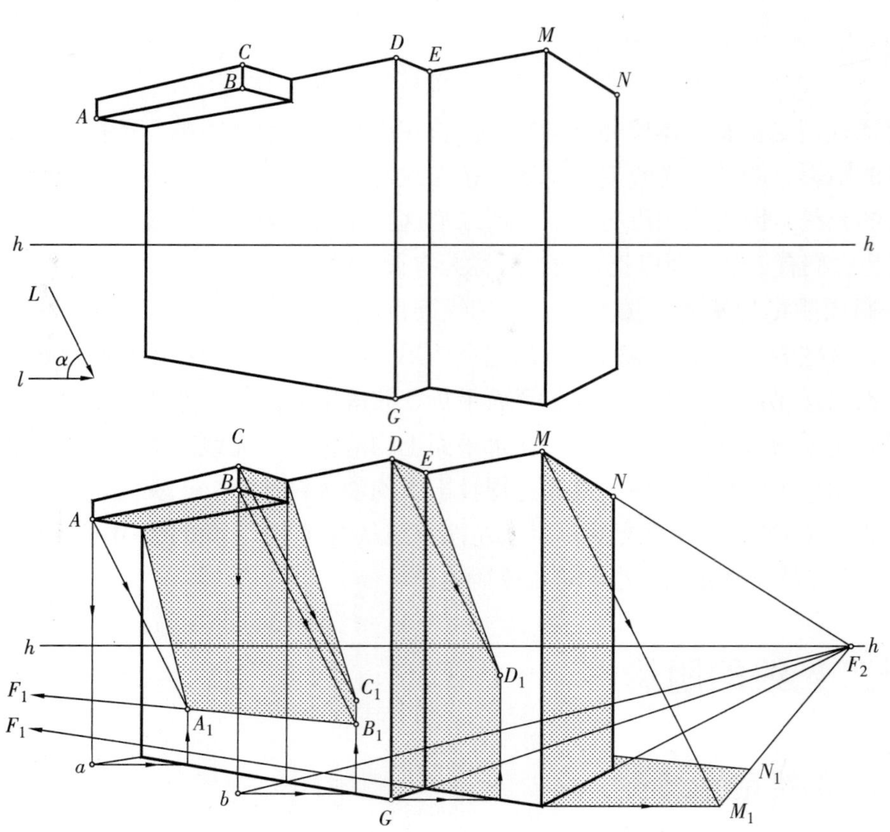

图9–3 在无灭光线下求作建筑物的透视阴影

点落影的求法是：过足a作l的平行线（水平线）与正墙面底线相交，过此交点向上作铅垂线，与过A点所作的L平行线（即过A点的光线）交得A_1，A_1就是A点的落影。同理可以求得B、C的落影B_1、C_1。显然$B_1C_1//BC$，A_1B_1与AB有共同的灭点（图中未画出）。

求侧墙面EDG的落影主要是用光线迹点法求D点在承影墙面上的落影D_1。求右侧墙面在地面上的落影的方法与上例相同，要注意的是过N点的后水平檐口线MN也是阴线，它在地面上的落影M_1N_1与其本身平行，在透视图上它们有共同的灭点。

例3：如图9–4所示，求作铅垂杆AB及建筑物在无灭光线下的透视阴影。光线如图9–4所示，来自右上方，光线及其投影的夹角为α。

解：房屋在地面上的落影可用光线迹点法分别求得角点C、D、E在地面上的落影C_1、D_1、E_1。显然，倾斜檐口线DE在地面上的落影D_1E_1的延长线必过DE与地面的交点G。同理，倾斜线CD在地面上的落影C_1D_1必过CD与地面的交点（该交点在图的右下角，图中未画出）。

求铅垂杆AB在倾斜屋面Q和P上的落影要用光截面法。过AB作铅垂光平面R。因为此光平面R平行于画面，所以与屋面Q的交线KM平行于屋面Q的灭线Q_t，与屋面P的交线MN平行于屋面P的灭线P_t。因此，在无灭光线下，透视图中的铅垂线在倾斜屋面上的落影总是平行于该倾斜面的灭线。

例4：如图9–5所示，求作建筑物在无灭光线下的透视阴影。光线方向如图9–5所示。

解：首先求作檐口在正墙面上的落影，用光线迹点法可得A点的落影A_1，再用延长直线扩大平面法可求得右侧人字檐口阴线AB在正墙面上的落影A_1B（即求出正墙面与AB的交点B，连A_1B即得）。作A_1F_2的延长线，可求得檐口AC的落影A_1C_1。

再用光线迹点法可求得C点在地面上的落影C_2及阴线CD、DE、EG和GK在地面上的落影C_2D_1、D_1E_1、E_1G_1和G_1K_1。过K_1向F_2作消失线，可求得后侧水平檐口阴线在地面上的落影。显

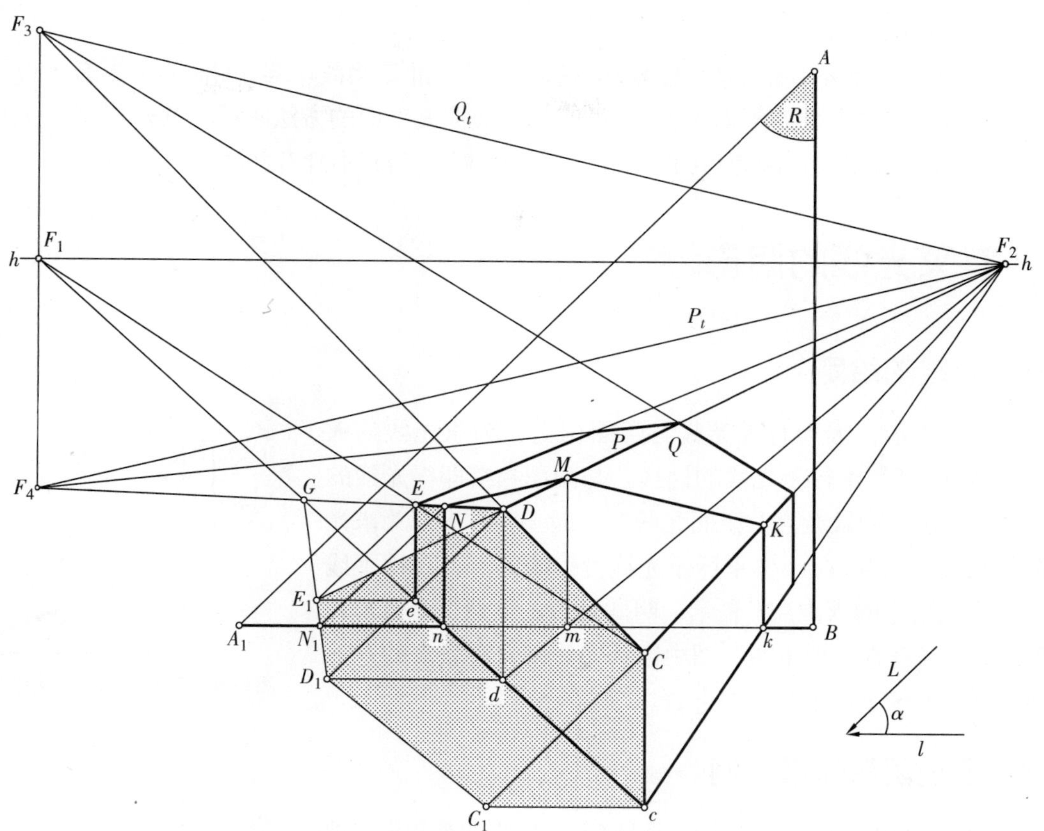

图9—4 铅垂杆AB及建筑物在无灭光线下的透视阴影

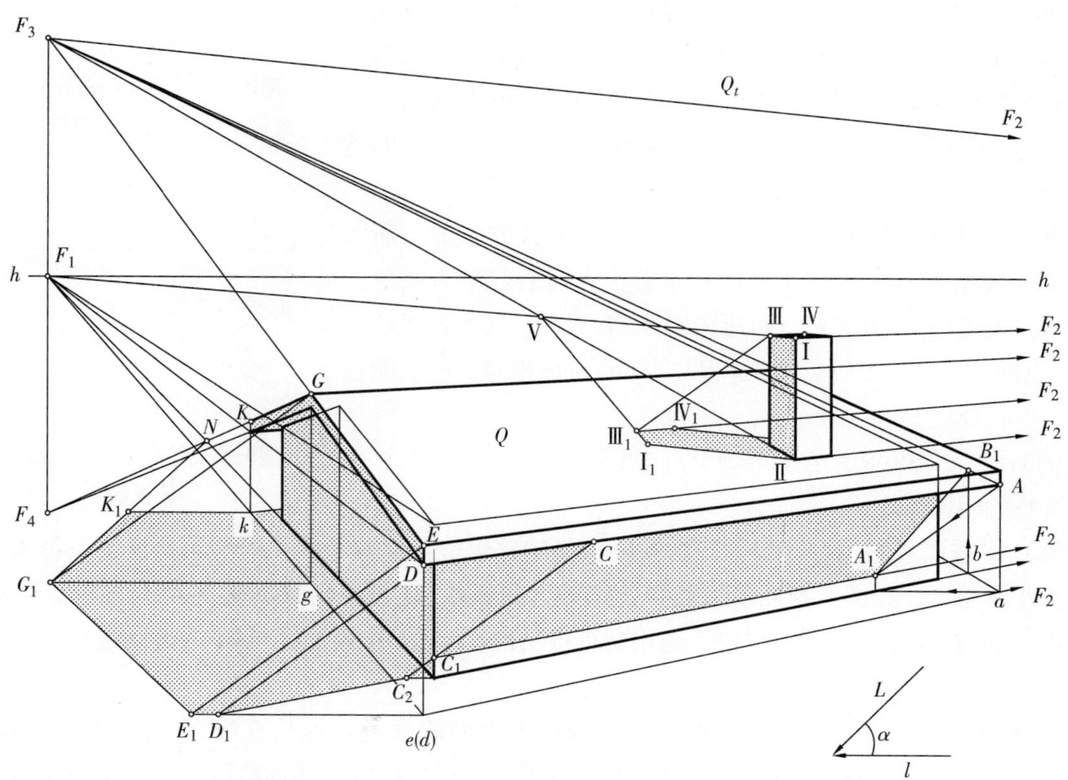

图9—5 求作建筑物在无灭光线下的透视阴影

然，图中的G_1K_1必过GK与地面的交点N。

最后作四棱柱烟囱在屋面Q上的落影，铅垂棱线ⅠⅡ是阴线，其在Q面的落影必平行于Q面的灭线Q_t。水平棱线ⅠⅢ的落影$Ⅰ_1Ⅲ_1$可用延长直线扩大平面的方法求得，其落影必过ⅠⅢ与Q面的交点V。水平棱线ⅢⅣ因为与Q面平行，其落影$Ⅲ_1Ⅳ_1$与其本身有共同的灭点F_2。

9.3 有灭光线的阴影

9.3.1 光线的给定

如图9-6所示，因为有灭光线与画面相交，为求光线的灭点，可以从视点S作平行于光线的视线，与画面相交即得光线的灭点，用F_L表示，叫做光点。空间光线在地面上有投影，为求光线投影的灭点，可从视点S作平行于光线投影的灭点，在视平线上可交得光线投影的灭点用F_l表示，叫做足点。显然，光点F_L和足点F_l的连线必垂直于视平线。图中因为光线来自观察者的左前方，所以光点F_L位于视平线的左上方。

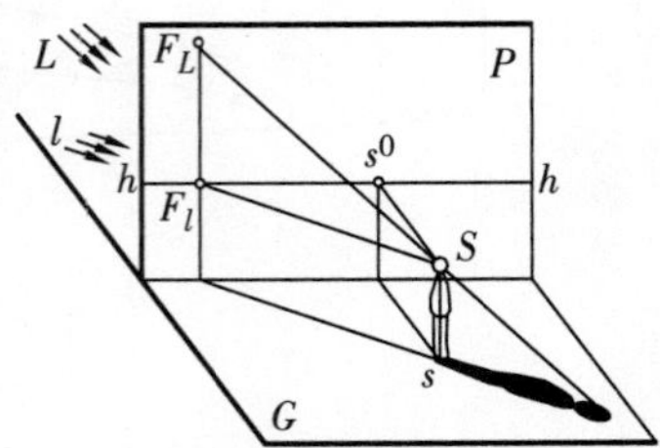

图9-6　有灭光线及其给定方法

9.3.2 透视阴影作图举例

例1：已知图9-7所示足球大门框$ABCD$及光线的F_L和F_l，求$ABCD$的透视阴影。

解：从图9-7可以看出，因为光点F_L在视平线的上方，所以光线来自观察者的前方。作图时先过点A向足点F_l作光线的投影，再过点B向光点F_L作光线，与地面相交可得B点的落影B_1。同理可以求得C点的落影C_1，即可完成作图。显然水平线BC在地面上的落影B_1C_1必与其本身平行，所以它们有共同的灭点F。

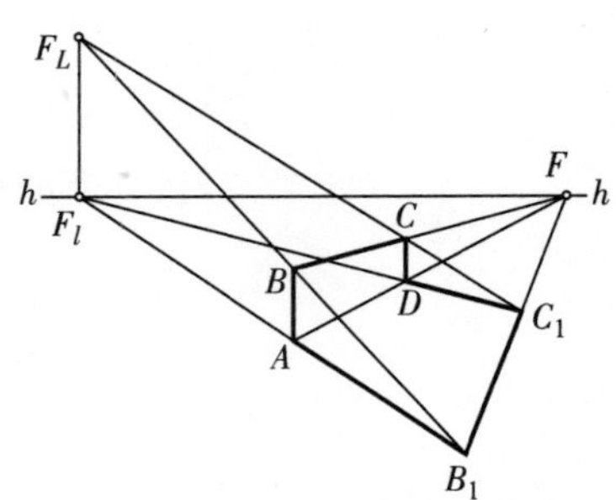

图9-7　足球大门框在有灭光线下的透视阴影

例2：如图9-8所示，求作铅垂墙面$ABCD$在有灭光线下的透视阴影。

解：从图中可以看出，因为光点F_L在视平线的下方，所以光线来自观察者的后方，光线是从左后上方向右前下方照射。作图时，先连接点A和点F_l，然后连接点B和点F_L，两条连线相交可得B点的落影B_1。点C的作图过程与点B的完全相同，已表明在图中，不再详述。

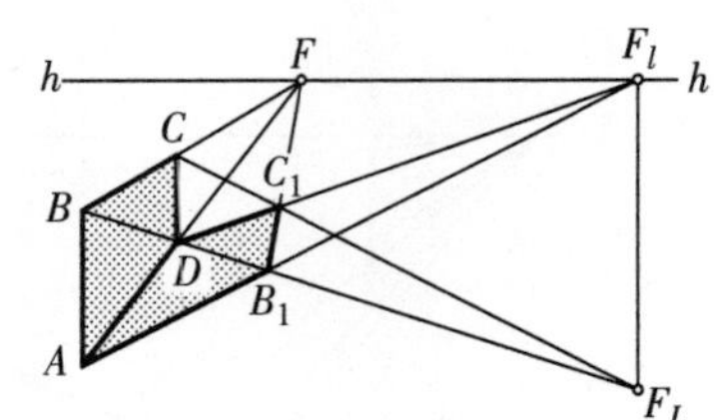

图9-8　有灭光线下铅垂面的透视阴影

例3：已知图9-9所示建筑物上点A落影在墙面Q上A_1点，求作建筑物的阴影。

解：作透视阴影也可以根据画面需要，先确定建筑物上某个阴点的落影，反过来再求光线的光点及其足点。如图中令挑檐阴点A在墙面Q上的落影为A_1点，则AA_1就是光线的方向，Aa_1就是光线投影的方向。延长Aa_1，与视平线相交可得足点F_l；过F_l作铅垂线与AA_1的延长线相交，可得光点F_L。

阴线AD在墙面Q上的落影可用延长直线扩大平面法求得：延长直线12，与AD交于3；连$A_1$3，与墙棱相交可得4，$A_1$4即为所求。AD与墙面R平行，所以在墙面R上的落影与AD平行，它们有共同的灭点，所以过4向F_2作透视线即可画出。同理可以求得AD在墙面P、T、U、V上的

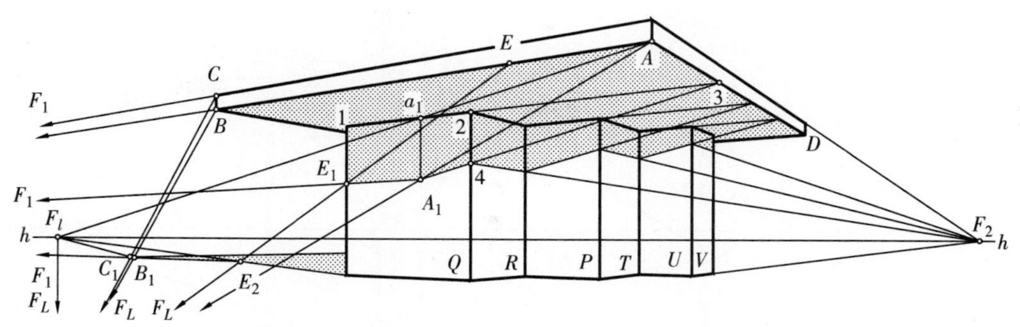

图9–9　建筑物在有灭光线下的透视阴影

落影。

阴线AB平行于墙面Q，它在Q面上的落影A_1E_1与AB有共同的灭点F_1。再用光线迹点法可求得阴线EB、BC在地面上的落影E_2B_1及B_1C_1，从而完成整个透视阴影作图。

例4：如图9–10所示，求作雨篷和门口的透视阴影（光点、足点已给定）。

解：首先可用光线迹点法求得雨篷阴点A在门上的落影点A_2，即过A点作光线的水平投影AF_l（把雨篷底面看作水平投影面），在门扇与雨篷底面的交线处得一交点a_2，从a_2向下作垂线与光线AF_L交于A_2，A_2即为A点在门上的落影。延长AB，与门的扩大面相交于B_0，连A_2B_0，即可求得AB在门上的落影。其余作图已表明在图中，不再详述。

例5：如图9–11所示，求作台阶的透视阴影。

解：阴线AC的落影可用光截面法和光线迹点法求得。阴线AB的落影可用延长直线扩大平面法求得。具体作法已表明在图中。

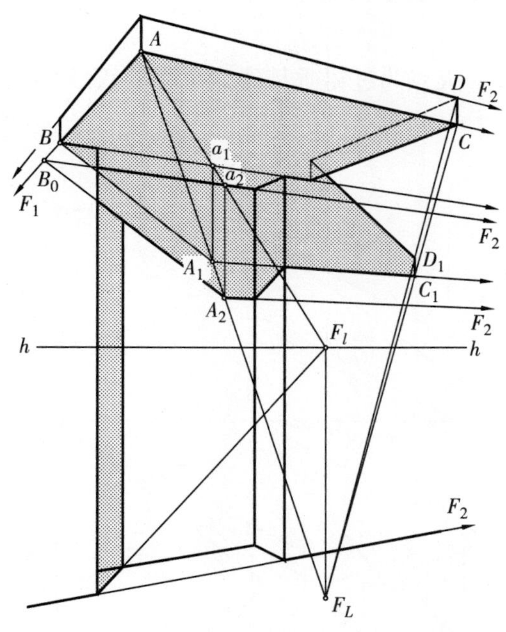

图9–10　雨篷、门口在有灭光线下的透视阴影

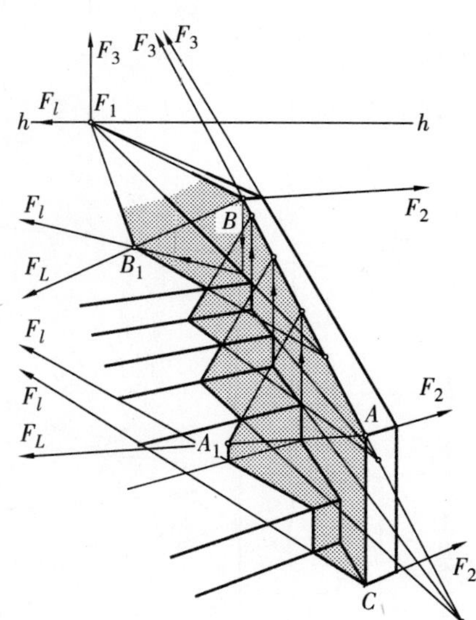

图9–11　台阶在有灭光线下的透视阴影

例6：求图9–12所示铅垂杆AB及建筑物在有灭光线下的透视阴影（已知F_l和F_L如图）。

解：用光线迹点法求得阴点C、D和E在地面上的落影C_1、D_1和E_1。显然，倾斜阴线DE在地面上的落影D_1E_1的延长线必过DE与地面的交点G。

求作铅垂杆AB在倾斜屋面P和Q上的落影要用光截面法，即铅垂杆AB和过AB一个光线组成

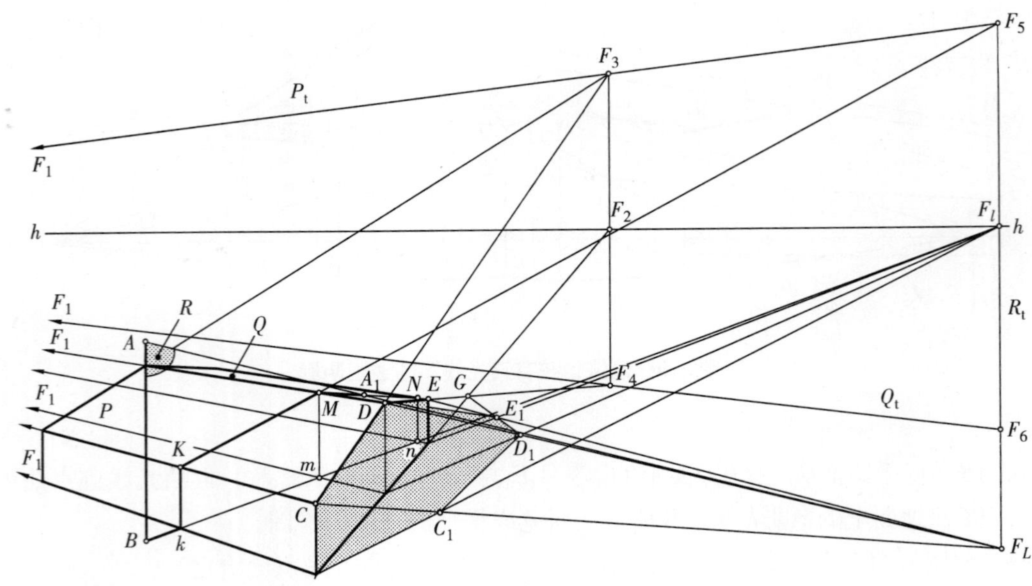

图9-12 铅垂杆AB及建筑物在有灭光线下的透视阴影

光平面R，光平面R与屋面P和Q的交线分别为KM和MN。因为KM是P平面和R平面的交线，所以它的灭点应是这两个平面的灭线的交点F_5。同理，MN的灭点应是F_6。A点在屋面Q上的落影可以用光线迹点法求得，即通过图中的点m和点n可求得N（这些点同在光平面R上），连接MN，则AF_L与MN的交点即为A点在屋面Q上的落影A_1（A_1点也在光平面R上）。

例7：已知带烟囱房屋透视图及其光线F_l和F_L如图9-13所示，作其在有灭光线下的阴影。

解：根据例6所示的方法，房屋在地面上的落影用光线迹点法求得。烟囱在屋面P上的落影用光截面法求得。

必须注意烟囱的铅垂棱线在屋面P上的落影，其灭点为过铅垂棱线光平面的灭线F_lF_L与P面灭线P_t的交点F_5。

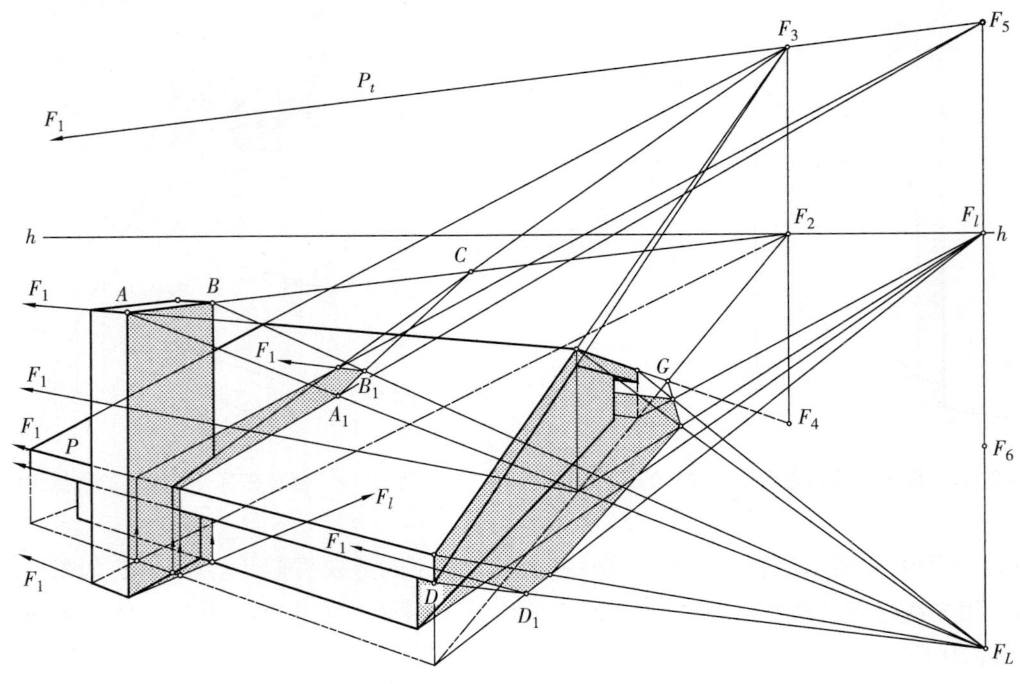

图9-13 求作建筑物在有灭光线下的透视阴影

水平线AB在屋面P上的落影A_1B_1必过直线AB与P面的交点C。点D所在的水平屋檐的落影必在过D_1与F_1的连线上。

9.4 斜透视阴影

在斜透视图中绘制阴影，其基本原理、方法与画面为铅垂面时相同。按光线与画面的相应位置不同，可以分为以下两类情况。

9.4.1 光线与倾斜画面平行时的阴影

如图9-14a所示，此时光线平行于画面K，即光线无灭点。但光线的投影与画面K相交，有灭点。在这种情况下，过铅垂线的光平面的灭线，必平行于光线本身。过灭点F_3作直线平行于光线，此直线与视平线的交点就是足点F_l。

图9-14b表明用光线迹点法求作一长方体的斜透视阴影。在视平线F_1F_2上选取一点作为足点F_l。灭点F_3和足点F_l连线的方向，即光线的透视方向。因光点F_L在无限远，所以过阴点A、B、C的光线皆平行于F_3F_l，而过阴点的足a、b、c的光线投影的灭点为足点F_l。由过阴点光线与其投影透视的交点可求得影点A_1、B_1和C_1，从而作出长方体斜透视的阴影。

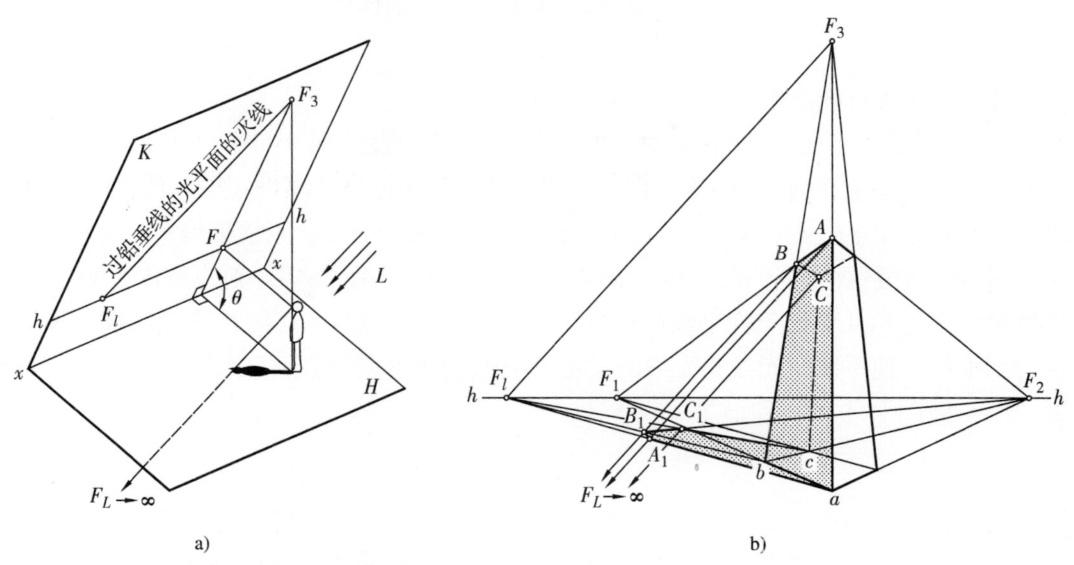

图9-14 光线与倾斜画面平行时光线无灭点，光线投影有灭点

9.4.2 光线与斜画面相交时的阴影

1.光线投影有灭点的阴影

光线与斜画面相交时，光线的投影有灭点的情况如图9-15a所示，光线及其投影均有灭点，光线的灭点为F_L（即光点），其投影的灭点为F_l（即足点）。F_L与F_l的连线，不垂直于视平线，但过灭点F_3。实际上F_3F_l是通过铅垂线的光平面的灭线，它与视平线的交点便是足点F_l。

用这种光线绘制斜透视阴影的作图如图9-15b所示。图中给出的物体为长方体。在视平线F_1F_2的左下方，任取一点F_L作为光点。F_L和F_3的连线与F_1F_2的交点F_l就是足点。长方体阴影作法是：先过阴点A、B和C作光线消失于光点F_L，再过阴点A、B和C的足a、b和c作光线的投影消失于足点F_l。所作光线与其投影透视的交点即为影点A_1、B_1和C_1。连接A_1、B_1、C_1与a、c可得长方体斜透视落影的轮廓。

由于直线AB和BC均平行于地面，它们在地面上的落影必平行于直线AB和BC自身，所以，图9-15b中点A_1与点B_1的连线必通过灭点F_1，而点B_1与点C_1的连线必通过灭点F_2。

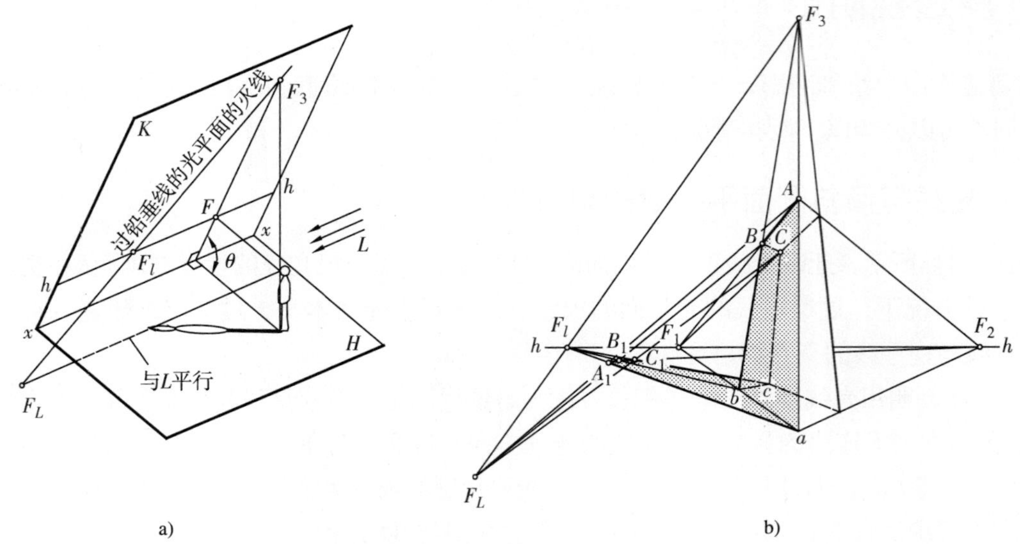

图9-15　光线与其投影均有灭点的情况

2.光线投影无灭点的阴影

如图9-16a所示，光线与画面K相交，有灭点。但光线的投影平行于视平线，无灭点。如前所述，光线的灭点一定在通过铅垂线的光平面的灭线上。由于光线的投影无灭点，所以光平面的灭线是一条通过灭点F_3又平行于视平线的直线。直线的投影必平行于视平线。

用这种光线绘制斜透视的阴影的作图如图9-16b所示。图中要绘制的物体也是一个长方体。作图时可在过F_3且平行于视平线F_1F_2的直线上任取一光点F_L。过阴点的光线都消失于F_L，而其投影都平行于视平线。光线与光线的投影的交点就是阴点的影点。由影点便可作出长方体的落影。

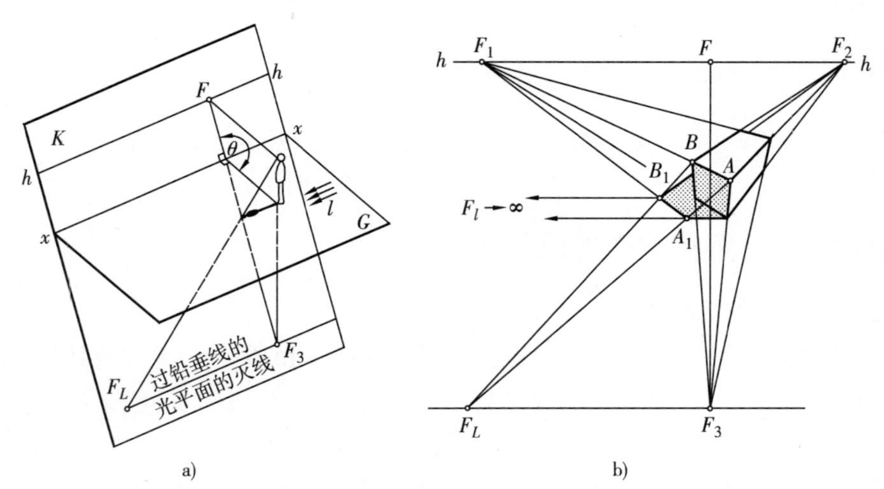

图9-16　光线有灭点但其投影无灭点的情况

参考文献

[1] 李平，张景田，季雅娟，等．画法几何及机械制图 [M]. 哈尔滨：哈尔滨工业大学出版社，2005.

[2] 黄皖苏，潘陆桃．画法几何及阴影透视 [M]. 北京：机械工业出版社，2005.

[3] 四川大学制图教研室．机械制图：上册 [M].3 版．北京：北京邮电大学出版社，2003.

[4] 四川大学制图教研室．机械制图：下册 [M].3 版．北京：北京邮电大学出版社，2004.

[5] 吴卓，王林军．机械制图 [M]. 北京：北京理工大学出版社，2005.

[6] 杨东拜．机械制图 [M]. 北京：中国计划出版社，2004.

[7] 陆润民，许纪旻．机械制图 [M]. 北京：清华大学出版社，2006.

[8] 王乃成．新编机械制图实用教程 [M]. 北京：国防工业出版社，2006.

[9] 马慧，赵红，于冬梅．机械制图 [M]. 北京：机械工业出版社，2007.

[10] 徐祖茂，杨裕根．机械工程图学 [M]. 上海：上海交通大学出版社，2005.

[11] 何铭新，钱可强．机械制图 [M].5 版．北京：高等教育出版社，2005.

[12] 李蜀光．绘画透视原理与技法 [M]. 重庆：西南师范大学出版社，1994.

[13] 赵景伟，魏秀婷，张晓玮．建筑制图与阴影透视 [M]. 北京：北京航空航天大学出版社，2005.

[14] 黄钟琏．建筑阴影和透视 [M].3 版．上海：同济大学出版社，2005.

[15] 吴雪梅．建筑阴影与透视 [M]. 哈尔滨：哈尔滨工业大学出版社，2005.

[16] 黄红武，王子茹，等．现代阴影透视学 [M]. 北京：高等教育出版社，2004.

[17] 王桂梅．形态的构成与表达 [M]. 天津：天津大学出版社，2001.

教材使用调查问卷

尊敬的老师：

您好！欢迎您使用机械工业出版社出版的“高等院校设计艺术类专业创新教育规划教材”，为了进一步提高我社教材的出版质量，更好地为我国教育发展服务，欢迎您对我社的教材多提宝贵的意见和建议。敬请您留下您的联系方式，我们将向您提供周到的服务，向您赠阅我们最新出版的教学用书、电子教案及相关图书资料。

本调查问卷复印有效，请您通过以下方式返回：

邮寄：北京市西城区百万庄大街22号机械工业出版社建筑分社（100037）

宋晓磊　（收）

传真：010-68994437（宋晓磊收）　E-mail：bianjixinxiang@126.com，814416493@qq.com

一、基本信息

姓名：__________职称：__________________职务：____________________________

所在单位：____

任教课程：____

邮编：_______________地址：____

电话：_______________电子邮件：____

二、关于教材

1. 贵校开设艺术设计类哪些专业或专业方向？

□环境艺术设计　□平面设计　□产品设计　□服装设计

□视觉传达设计　□ 新媒体设计　□其他_________________________________

2. 您使用的教学手段：□传统板书　□多媒体教学　□网络教学

3. 您认为还应开发哪些教材或教辅用书？__________________________________

4. 您是否愿意在机械工业出版社出版图书？您擅长哪些方面图书的编写？

选题名称：____

内容简介：____

5. 您选用教材比较看重以下哪些内容？

□作者背景　□教材内容及形式　□有案例教学　□配有多媒体课件

□其他____

三、您对本书的意见和建议（欢迎您指出本书的疏误之处）________________________

____

____

____

四、您对我们的其他意见和建议____

____

____

请与我们联系：

100037　北京百万庄大街22号

机械工业出版社•建筑分社　宋晓磊　收

Tel：010－88379775（O），68994437（Fax）

E-mail：bianjixinxiang@126.com，814416493@qq.com

http://www.cmpedu.com（机械工业出版社•教材服务网）

http://www.cmpbook.com（机械工业出版社•门户网）

http://www.golden-book.com(中国科技金书网•机械工业出版社旗下网站)